系统工程

基于国际标准过程的研究与实践

郭宝柱 王国新 郑新华 何 强

等/编著

系统工程是实现成功系统的一种跨学科方法，为国内外航空航天等重大工程的成功做出了重要贡献。本书针对复杂产品研制过程中面临的挑战，借鉴国际知名企业实施系统工程的成功案例，以国际标准为框架，介绍了系统工程的基础知识、技术过程、管理过程、支持过程和实践应用情况。对于每个知识点，既有标准规定，又有技术讲解，还有案例分享。

本书是一本面向工程实践并与国际标准接轨的系统工程专著，凝聚了我国工程一线技术人员的智慧与经验，可以为系统工程在我国落地提供具体指导。

本书可作为军工单位、科研机构、高科技企业等工程一线的技术人员和管理人员的学习指导用书，也可供工科院校的师生以及系统工程学者参考，还可作为准备国际系统工程协会（INCOSE）系统工程专家（SEP）认证考试的参考书。

图书在版编目（CIP）数据

系统工程：基于国际标准过程的研究与实践 / 郭宝柱等编著.
—北京：机械工业出版社，2020.2（2024.6 重印）
ISBN 978-7-111-64706-5

Ⅰ.①系…　Ⅱ.①郭…　Ⅲ.①系统工程　Ⅳ.①N945

中国版本图书馆 CIP 数据核字（2020）第 025529 号

机械工业出版社（北京市百万庄大街 22 号　邮政编码 100037）
策划编辑：何士娟　　责任编辑：何士娟
责任校对：李　杉　刘雅娜　　责任印制：常天培
固安县铭成印刷有限公司印刷

2024 年 6 月第 1 版　第 4 次印刷
184mm×260mm · 19.25 印张 · 486 千字
标准书号：ISBN 978-7-111-64706-5
定价：138.00 元

电话服务
客服电话：010-88361066
010-88379833
010-68326294

网络服务
机　工　官　网：www.cmpbook.com
机　工　官　博：weibo.com/cmp1952
金　书　网：www.golden-book.com
机工教育服务网：www.cmpedu.com

本书编委会

主　编： 郭宝柱

副主编： 王国新　郑新华

编　委： 何　强　温跃杰　曹　松　陈红涛
谢伟华　段海波　鲁金直　赵献民
姚铁崭　黄百乔　庞　博　周科源
张玉新　周国勇　王　昕

当前，我国正在实施创新驱动发展战略和制造强国战略，并提出了“中国制造2025”行动纲领，全面推动我国工业技术进步和产业升级。要实现这些目标，就需要我国工业企业大力实施自主创新，在基础性、战略性领域，从模仿跟踪升级为并跑领跑。然而，当前我国大部分企业依然在模仿集成和反向设计国外同类产品，当进入自主发展的“无人区”时，企业缺乏自主创新和正向设计的技术方法和管理经验，这是我国工业企业在实施自主创新发展时遇到的严峻挑战。在自主发展时，如果我们在基本方法上走了弯路，将付出惨痛的代价。

在当今技术发展迅速、国际竞争激烈的环境下，我国核、航天、航空、兵器、船舶、电子等行业正在积极跟踪国际系统工程的发展动态，工作在一线的技术和管理人员，尤其是中青年骨干，应具有强烈的紧迫感和使命感，自发地跟踪和研究系统工程技术和工具，并应用到实际工作中。这些中青年骨干在一线工作中也将逐渐成长为兼具理论基础和实践经验的系统工程专家。

为了推动我国系统工程领域的整体发展，大批中青年骨干在航天系统工程专家的指导下自发组织起来，成立了中国系统工程爱好者协会（CCOSE）。协会成立5年以来，始终秉承“研究系统工程，应用系统工程，推广系统工程”的理念，长期坚持开展系统工程相关的研究实践、交流推广和科普宣传等工作，有效地团结集聚了一大批活跃在我国航天、核工业、航空、船舶、兵器、电子、装备论证、汽车、医药等工程科技领域一线的科研与管理骨干，长期坚持开展学术沙龙活动，组织开展培训，撰写系统工程专著，对推动系统工程方法在我国各工业领域的研究发展和实践应用起到了重要的作用。这些工作也得到了中国系统工程学会的肯定和认可，学会决定在北京理工大学机械与车辆学院设立“科普工作站”，组织相关工作。

系统工程是从工程实践（尤其是大型装备工程）中发展起来的，其应用效果最突出的领域也是在工程领域。但是，我国已出版的系统工程相关专著和期刊，多数是在讲理念、方法以及在社会经济领域的应用，介绍系统工程方法如何在工程中应用的专著寥寥无几。为此，CCOSE决定撰写一本能够指导在工程中应用系统工程的专著。

系统工程涉及的知识很多，如何组织书稿内容是一个难题。考虑到国际标准凝聚了世界各国在系统工程领域的共识和成功经验，编委会最终决定基于国际标准 ISO/IEC/IEEE 15288：2015 *Systems and Software Engineering — System Life Cycle Processes* 的框架来组织全书内容，并将书名确定为“系统工程：基于国际标准过程的研究与实践”。

本书共分为5篇13章，由郭宝柱研究员确定总体思路和基本观点，郑新华具体负责组织统稿。

基础篇 介绍了系统工程的基本概念、系统工程标准规范以及系统生存周期。其中，第1章由郭宝柱、郑新华和曹松撰写，段海波和赵献民补充完善；第2章由段海波和郑新华撰写；第3章由段海波和郑新华撰写，何强补充完善。

技术篇 介绍了系统工程的14个技术工作过程，分为3章。本篇由何强主笔，赵献民补充完善，王昕参与了完善工作。

管理篇 介绍了技术管理过程、协议过程和组织的项目使能过程。其中，第7章由曹松撰写，周国勇补充完善；第8章由温跃杰撰写，姚铁崭补充完善；第9章由温跃杰撰写。

支持篇 介绍了系统工程的专业活动以及基于模型的系统工程方法。其中，第10章由陈红涛撰写，黄百乔补充完善；第11章第一稿由谢伟华撰写，第二稿由鲁金直撰写。

实践篇 介绍了系统工程裁剪与融合以及系统工程的应用情况。其中，第12章由温跃杰和郑新华撰写；第13章由温跃杰和郑新华撰写；周科源、黄百乔以及中国北方车辆研究所的兰小平、中国商用飞机有限责任公司的刘泽林分别提供了有关行业的情况，庞博补充完善。

本书由郭宝柱、王国新副教授负责总体审稿工作，周科源、庞博、张玉新分别负责各章节的审稿工作。

本书在第二次印刷时，中国电子科技集团公司第七研究所的刘从越、中国铁道科学研究院的陈波提出了很好的意见和建议，在此对他们表示衷心的感谢！

在国内外诸多因素的推动下，我国系统工程又面临着新的发展机遇。正如中国系统工程学会原理事长、国际系统研究联合会原主席顾基发研究员所说，“中国系统工程的第二个春天即将到来”。希望这本书能成为迎接这个春天的邀请函。

作者简介

Writer' Brief

郭宝柱

郭宝柱，研究员、博士生导师、国际宇航科学院院士，多个重大航天工程总师。历任研究所副所长、航天工业总公司科研生产局长、国防科工委系统一司司长兼国家航天局副局长、中国航天科技集团公司科技委副主任等职。致力于项目管理和系统工程研究，投身航天四十多年，负责过卫星、运载火箭、导弹武器科研生产组织管理，组织制定并实施了中国航天工业总公司多项科研生产和质量管理改革措施，为推动航天质量发展做出了重要贡献。获得多项科技进步奖。指导组建 CCOSE。

王国新

王国新，北京理工大学机械与车辆学院教授，博士生导师，北京市人车协同与智能决策国际联合实验室副主任，IEEE MBSE 分委会技术委员会委员，中国图形学会第七届理事会数字化设计与制造专业委员会委员。主要从事系统工程、知识工程、智能设计等方面的研究工作。主持或参与国家自然科学基金项目、国防基础科研项目等 40 余项，发表学术论文 100 余篇，获批发明专利 20 项，出版专著 3 部，获得省部级奖项近 10 项。指导组建中国系统工程学会科普工作站。

郑新华

郑新华，正高级工程师，现就职于奇安信科技集团股份有限公司。中国系统工程学会监事，北京信息科技大学兼职硕士生导师，国际注册信息系统安全专家（CISSP），国际注册系统工程专家（CSEP）。曾参与策划并实施中国探月工程和我国多个重大航天工程的软件工程及信息化工作，参与编制 GB/T 22032—2021、GB/T 20261—2020、Q/QJA 692—2019 等十余份标准，参与编制系统工程相关专著近十部，在国内外发表论文三十余篇。参与组建 CCOSE 和中国系统工程学会科普工作站。

何　强

何强，北京索为系统技术公司首席系统工程师，索为系统工程研究院院长，副总裁，《科技导报－体系工程》编委。研究方向：系统工程、MBSE、工业互联网等领域的应用研究。致力于系统工程在工程实践中落地应用，先后完成了多家企业的系统工程和MBSE应用规范与指南编写。著有《工业APP开启数字工业时代》（机械工业出版社）等著作。参与组建CCOSE和中国系统工程学会科普工作站。

温跃杰

温跃杰，中国空间技术研究院高级工程师，中国图学学会数字化设计与制造专业委员会秘书长，国际注册系统工程专家（CSEP）。神舟学院研究生及国际客户授课教师，主讲系统工程、创新管理、项目管理、3D快速成型等课程。获国防科技企业管理创新二等奖等奖项，拥有多项专利及软件著作版权，并参与系统工程标准的修订。参与组建CCOSE和中国系统工程学会科普工作站。

曹　松

曹松，副研究员，现就职于中国科学院国家空间科学中心。主要研究方向为系统工程、项目管理、战略规划。曾参加多项国家重大航天任务。发表论文20余篇，申请发明专利多项。《航天系统工程通用要求》编写人之一。曾作为主讲讲师，为航天科技集团、航天科工集团、航发集团等做系统工程和项目管理的专题培训。在“系统工程”微信公众号上连续发表八篇系统工程系列科普文章，引起强烈反响。参与组建CCOSE和中国系统工程学会科普工作站。

陈红涛

陈红涛，高级工程师，现就职于华为技术有限公司，曾就职于中国航天系统科学与工程研究院。长期致力于系统工程方法、基于模型的系统工程（MBSE）、SysML、领域建模语言的研究、推广、应用。参与编著《工程方法论》，参与编写《航天系统工程通用要求》等系统工程标准，发表《从面向对象视角认识基于模型的系统工程》、《基于模型的系统工程的基本原理》等文章。

谢伟华

谢伟华，高级工程师，现就职于中国航天系统科学与工程研究院。具有近20年项目科研和项目管理工作经验。现主要应用系统工程方法和系统思维，开展军工项目科研管理工作。曾研究和推进“航天系统工程经验助力企业发展”等活动。

段海波

段海波，博士，高级工程师，安世亚太公司标准化总工程师。INCOSE CSEP（2017），MATRIZ 三级认证（2005）。ISO TC184/SC4 和 ISO/IEC JTC1/SC7 注册专家；SAC/TC159/SC4、SAC/TC28/SC7 委员，SAC/TC28/SC41/WG4 工作组专家，IEEE 智能制造标准委员会委员。研究方向：数字工程、系统工程与 MBSE、工业数据与数字化制造、数字孪生与物联网、基于正向设计的数字化研制体系，以及上述领域的标准化。CCOSE 和中国系统工程学会科普工作站核心成员。

鲁金直

鲁金直，洛桑联邦理工大学博后研究员，瑞典皇家理工学院博士，北京中科蜂巢科技有限公司首席技术官。国际注册系统工程专家（CSEP），国际工业本体组织系统工程工作组负责人，IEEE SMC MBSE 技术委员会委员。发表论文40余篇，为 INCOSE IS，SOSE Worldcist 等会议程序委员。主要研究领域有基于模型的系统工程、基于模型的系统工程工具链研发、联合仿真、基于模型的系统工程企业转化方法等。CCOSE 和中国系统工程学会科普工作站的核心成员。

赵献民

赵献民，研究员，就职于沈阳飞机设计研究所。参与国家某重点项目系统工程实践，提出对象过程方法（OPM）改进方案。CCOSE 和中国系统工程学会科普工作站的核心成员。

姚轶崭

姚轶崭，研究员，长期承担网络与信息安全工作，利用系统科学方法研究信息安全问题，获国家科学技术进步一等奖1次。CCOSE 和中国系统工程学会科普工作站的核心成员。

黄百乔

黄百乔，研究员，就职于中国船舶工业系统工程研究院，北京航空航天大学工学博士，发表系统工程与体系工程相关文章30多篇。CCOSE和中国系统工程学会科普工作站的核心成员。

庞 博

庞博，高级工程师，载人航天器研制团队主要成员，完成了多艘载人航天器全寿命周期的系统工程管理工作。曾获军队科技进步二等奖。CCOSE和中国系统工程学会科普工作站的核心成员。

周科源

周科源，研究员级高级工程师，中国原子能科学研究院室放化所39室副主任。负责或参与多个国家重点项目，参与软件与系统工程相关国标修订。CCOSE和中国系统工程学会科普工作站的核心成员。

张玉新

张玉新，博士，吉林大学汽车仿真与控制国家重点实验室副教授，主要研究方向为自动驾驶系统安全工程、车辆动力学与控制等。CCOSE和中国系统工程学会科普工作站的核心成员。

周国勇

周国勇，北京艾思贝斯科技有限公司技术总监，从事高安全高可靠领域的系统和软件分析设计及验证工作近20年。CCOSE和中国系统工程学会科普工作站的核心成员。

王 昕

王昕，上海斯铠崴信息科技有限公司技术总监，曾作为咨询实施方参与多家企业系统工程体系建设，获得多个系统工程有关认证。CCOSE和中国系统工程学会科普工作站的核心成员。

目录

>>> 前言
作者简介

基础篇

第 1 章　系统工程概述

1.1　系统工程的发展历程　… 002
1.2　系统工程概念辨析　… 004
1.3　系统工程的内容框架　… 011
参考文献　… 014

第 2 章　系统工程相关标准指南

2.1　国外系统工程相关标准的发展历程　… 017
2.2　国外系统工程相关手册指南　… 024
2.3　我国系统工程相关标准指南　… 027
参考文献　… 032

第 3 章　系统生存周期的模型及应用

3.1　系统生存周期相关概念辨析　… 033
3.2　系统生存周期模型的多维特征　… 035
3.3　生存周期阶段模型　… 043
3.4　转阶段评审　… 047
3.5　系统生存周期模型应用案例　… 048
参考文献　… 052

技术篇

第4章 系统定义与分析

4.1 业务或使命分析过程 … 054
4.2 相关方需要与需求定义过程 … 061
4.3 系统需求定义过程 … 078
4.4 架构定义过程 … 090
4.5 设计定义过程 … 102
4.6 系统分析过程 … 108
参考文献 … 113

第5章 系统实现与验证

5.1 实现过程 … 114
5.2 集成过程 … 116
5.3 验证过程 … 118
参考文献 … 120

第6章 系统移交与运行维护

6.1 移交过程 … 121
6.2 确认过程 … 122
6.3 运行过程 … 125
6.4 维护过程 … 127
6.5 弃置过程 … 129
参考文献 … 130

管理篇

第7章 技术管理过程

7.1 项目策划过程 … 133
7.2 项目评估与控制过程 … 135
7.3 决策管理过程 … 137
7.4 风险管理过程 … 139

Contents

7.5　技术状态管理过程　… 141
7.6　信息管理过程　… 144
7.7　测量过程　… 146
7.8　质量保证过程　… 148
参考文献　… 150

第 8 章　协议过程

8.1　采办过程　… 152
8.2　供应过程　… 156
8.3　案例　… 159
参考文献　… 161

第 9 章　组织的项目使能过程

9.1　生存周期模型管理过程　… 163
9.2　基础设施管理过程　… 168
9.3　组合管理过程　… 171
9.4　人力资源管理过程　… 176
9.5　质量管理过程　… 182
9.6　知识管理过程　… 187
参考文献　… 192

支持篇

第 10 章　专业工程活动

10.1　与经济、价值有关的特性　… 196
10.2　工程系统本身的特性　… 198
10.3　与工程系统的环境有关的特性　… 198
10.4　与制造有关的特性　… 199
10.5　与使用和操控有关的特性　… 201
10.6　与可用性有关的专业工程　… 202
10.7　有关案例　… 208
参考文献　… 213

第 11 章 基于模型的系统工程

11.1 MBSE 特点 … 215
11.2 MBSE 的开发方法 … 216
11.3 系统工程相关模型 … 223
11.4 本体设计方法 … 232
11.5 验证方法 … 233
11.6 基于模型系统工程工具链 … 237
参考文献 … 239

实践篇

第 12 章 系统工程的裁剪与融合

12.1 系统工程过程裁剪 … 242
12.2 系统工程体系的融合 … 248
参考文献 … 250

第 13 章 系统工程的应用

13.1 典型工程专业的应用情况 … 251
13.2 我国应用系统工程的情况 … 253
13.3 系统工程的应用展望 … 259
参考文献 … 260

Contents

附录

附录 A 重要术语定义 … 261
附录 B 缩略语 … 264
附录 C 国外系统工程标准指南手册列表 … 265
附录 D 文档模板 … 277
D.1 业务需求规格说明（BRS）模板 … 277
D.2 运行概念（OpsCon）文档 … 279
D.3 相关方需求规格说明（StRS）模板 … 288
D.4 系统需求规格说明（SyRS）模板 … 291

基 础 篇

第 1 章　系统工程概述

第 2 章　系统工程相关标准指南

第 3 章　系统生存周期的模型及应用

第1章　系统工程概述

Chapter One

本章介绍了系统工程的发展历程，明确了系统工程的内涵，解析了相关概念，说明了系统工程的主要内容。系统工程在复杂系统的管理中发挥了重要作用，得到了我国各界人士的高度重视。但是，由于多方面的原因，系统工程在我国也存在多种理解，造成了研究和实践工作的混乱。本书所提的“系统工程”，是指建造和管理人工系统的方法，不同于系统科学、系统思维或者系统理论。本章可以使读者了解系统工程的有关背景知识，明确系统工程的内涵和外延，为掌握后续章节的内容奠定基础。

1.1　系统工程的发展历程

人类在长期的生产实践活动中，逐渐形成了朴素的系统思想——把事物的各个组成部分联系起来，从整体角度进行分析和综合的思想。系统思想古已有之，但是，“系统工程”这个概念出现的时间还不到100年，是一门新兴的工程方法和专业，正处在快速发展时期，相关的方法和技术还在不断涌现并改进，应用领域不断拓展。

1.1.1　国际系统工程的发展历程

第二次世界大战以后，科学技术迅猛进步，社会经济空前发展。在“冷战”竞争的大背景下，以美国为代表的西方国家启动了许多重大科技工程。这些工程在规模上越来越大，时间要求越来越短，层次结构越来越复杂。要组织这样的大型工程任务，个人的经验已经无能为力，需要采用科学的组织管理方法。信息科学和计算机的发展大大提高了信息收集、存储、传递和处理的能力，为实现科学的组织和管理提供了强有力的手段。正是在这样的背景下，系统工程首先从军事和大型工程系统的研制工作中产生了。

美国系统工程专家霍尔（Arthur D. Hall）在1962年出版的专著《系统工程方法论》中推测，我们今天所熟知的“系统工程（Systems Engineering）”一词是贝尔实验室系统工程总监Gilman先生于1950年在麻省理工学院第一次提出的。

1956年，兰德公司在多年开展咨询研究的基础上，提出了“系统分析”（Systems Analysis）方法。系统分析的目的是根据系统目标和评价指标来寻求最优方案。系统分析和系统工程几乎是并行地发展起来的，这两个名词之间也常出现混用现象。

1961年，美国启动“阿波罗工程”，1972年成功结束。在工程高峰时期，两万多家厂商、200余所高等院校和80多个研究机构参与研制和生产工作，总人数超过30万人，耗资255亿美元。为了完成这项庞大和复杂的计划，美国航空航天局（NASA）成立了项目办和总体设计部，以对整个计划进行组织、协调和管理。在执行计划过程中，NASA自始至终都在采用系统分析、网络技术和计算机仿真技术，并把计划协调技术发展成随机协调技术。由于采用了成本估算和分析技术，这项史无前例的庞大工程基本上按预算完成。“阿波罗工程”的圆满成功使世界各国开始接受系统工程。

1957年，美国的H·H·古德和R·E·麦克霍尔合作发表了第一本完整的系统工程教科书——《系统工程：大规模系统设计导论》；麦克霍尔又于1965年发表了《系统工程手册》一书。这两本书以丰富的军事素材论述了系统工程的原理和方法。1962年，霍尔发表的《系统工程方法论》一书反映了作者长期从事通信系统工程的成果，内容涉及系统环境、系统元素、系统理论、系统技术、系统数学等方面。霍尔还于1969年提出著名的霍尔模型，即系统工程的三维形态分析模型。20世纪60年代末，关于军事和工程等硬系统的系统工程方法论已臻于完善。硬系统（或称良结构系统）是指机理清楚、能用明确的数学模型描述的系统，如物理系统和工程系统。对于硬系统，可以通过定量研究方法计算出系统的行为和最优的结果。

1969年7月，美国空军颁布了世界上第一部系统工程标准——MIL-STD-499《系统工程管理》（Systems Engineering Management），目的是为政府有关人员编写、评价和确认投标书，进行合同谈判以及指导承包商准备系统工程管理计划等提供一组准则。1974年，经过修订的系统工程标准499A正式发布。

为了得到一个更确切的系统工程描述文件，从1991年开始，美国军方和工业界经过广泛的讨论和协调，在1994年完成了MIL-STD-499B草案。因为美国国防部采办政策的改革，MIL-STD- 499B没有被批准为美国军用标准，而是经过少许修改以后，被采用为EIA IS 632和IEEE 1220商用标准。

与此同时，美国工业界开始主动关注系统工程。当时，大型军工企业存在一个普遍现象：工程师往往只了解自己本专业的知识，缺乏对系统整体的考虑，从而影响复杂系统的研制工作。针对这个问题，1989年，通用动力公司主办了一场研讨会，与会人士一致认为：合格系统工程师的短缺已经是一个全国性的问题，需要政府、企业和学校的通力合作才能解决。1990年，波音公司主办了另一场会议，进一步明确了系统工程过程中的核心活动和相关人才培养问题，决定成立全国系统工程协会（National Council On Systems Engineering，NCOSE）。从1991年开始，NCOSE每年都会举行交流会，并逐渐有美国之外的专家参与会议。1995年，NCOSE正式更名为国际系统工程协会（International Council On Systems Engineering，INCOSE）。INCOSE从1994年开始发布《系统工程手册》，目前已经发布到4.0版。

2002年，国际标准组织（ISO）和国际电工委员会（IEC）参考EIA 632等标准，发布了系统工程领域的第一个国际标准：ISO/IEC 15288:2002《系统与软件工程——系统生存周期过程（Systems and Software Engineering —System Life Cycle Processes)》。从ISO/IEC 15288:2008版本开始，美国电气和电子工程师协会（IEEE）参与制定该标准，并将此标准等同采纳为IEEE标准。ISO/IEC/IEEE 15288:2008得到了ISO、IEC、IEEE、INCOSE、PSM和其他相关组织的共同承认。目前，15288标准发布了第三个版本——ISO/IEC/IEEE 15288:2015。

近些年来，随着信息化技术的发展，企业（尤其是高科技企业）的科研生产和人、财、物管理活动，已经高度依赖信息化手段。系统工程的管理与这些信息化手段高度融合，并正在向“基于模型的系统工程（MBSE）”快速发展。基于模型的系统工程被认为是目前比较主流的一种系统工程方法，它的核心思想是采用模型取代相关设计文档，使产品开发过程中的信息实现形式化表达，进而提升产品的研发效率与效能。

1.1.2 我国系统工程的发展历程

我国传统文化中蕴含着系统思想。《易经》《尚书》提出了蕴含有系统思想的阴阳、五行、八卦等学说；《黄帝内经》把人体看作是由各种器官有机联系在一起的整体，主张从整体上研究人体的病因；长城、大运河、都江堰以及《梦溪笔谈》中叙述的皇宫重建工程均体现了朴素的系统思想。

我国系统工程的发展则是近几十年的事情：它首先从我国航天工业发展起来，钱学森是我国系统工程专业的创建者和奠基人。1956 年，钱学森向我国政府提交了《建立我国国防航空工业的意见》，我国成立了国防部第五研究院，钱学森任首任院长。从此以后的 20 多年，钱学森就一直在领导我国的导弹和航天的研制工作，基于我国相当薄弱的工业基础和人才队伍，运用先进的组织管理方法，研制出了先进的导弹、火箭和卫星。

1961 年，国防部颁布《国防部第五研究院暂行工作条例（草案)》，这就是我国航天系统工程管理的开端。1962 年，我国自行研制的第一枚近程导弹 DF-2 飞行试验失败后，钱学森组织科研人员认真总结了经验与教训，在此基础上修改了《国防部第五研究院暂行工作条例（草案)》。它的核心内容有三项：第一要强调总体设计，第二要遵循研制程序，第三要充分进行地面试验。

这三条规定是对研制工作科学规律认识的深化，奠定了我国航天系统工程的基础，对航天事业初期的建设与发展起到了重大作用。后来，中国航天又进行了组织机构调整，将各研究院从专业研究院转变为型号研究设计院；并逐渐形成了“一个总体部、两条指挥线”管理机制。至此，在钱学森等人的领导下，中国航天从科学技术、组织原理和体制机制等多方面综合创新，形成了一套科学有效、具有鲜明中国特色的组织管理方法。这套组织管理方法随后在我国军工领域得到广泛应用。

钱学森一直关注国际先进技术（包括组织管理技术）的发展，1964 年就提到了“系统工程”这个概念。1978 年，钱学森发表了《组织管理的技术——系统工程》，将中国航天组织管理的成功经验归纳为系统工程，并对系统工程的概念、内涵、应用前景等做了说明。钱学森指出：总体设计部的实践，体现了一种科学方法，这种科学方法就是“系统工程”（Systems Engineering)；“系统工程”是组织管理“系统”的规划、研究、设计、制造、试验和使用的科学方法，是一种对所有“系统”都具有普遍意义的科学方法。并指出系统工程在国家社会经济各个领域有广阔的应用前景。这篇论文被认为是系统工程在我国发展的一个里程碑，并逐步掀起了全国研究和应用系统工程的热潮。

由于国外对定量化系统思想方法的实际应用有不同的名称，我国有学者建议，把用系统思想直接改造客观世界的技术，通通称为“系统工程”；直接为这些工程技术——系统工程服务的一些科学的理论，称为“运筹学”。这个定义扩大了“系统工程”的含义，与国外 Systems Engineering 的含义（指建造和管理人工系统的方法）有很大区别。

近年来，随着科研生产信息化的发展和与国外交流合作的深入，基于信息化的系统设计与系统工程管理得到了我国各工业部门的高度重视。航空航天等军工企业带头开始推行系统工程的研究和应用，掀起了新一轮的系统工程研究和应用的高潮。

1.2 系统工程概念辨析

在工程研制工作中，系统工程师需要同时面对系统使用要求不明确、技术途径不明朗、研制周期不确定等挑战，追求实现技术上合理、经济上合算、研制周期短、整体性能优化的系统研制目标。这就需要应用系统工程方法，同时采取其他技术手段和管理手段，实现整个工程技术开发过程和进度、经费和性能指标三要素的平衡进展。

在讨论系统工程具体方法之前，需要明确本书所提系统工程的内涵，澄清有关概念，这既是理解系统工程具体方法和技术的基础。

1.2.1　系统工程的概念

在国外，特别是在国外的工程领域，虽然对于 Systems Engineering 的定义也存在不同的描述，但它的内涵是清晰的，无论是政府机构、工业部门或者是高等院校，都是有共识的。而在我国，关于“系统工程”的内涵，却是众说纷纭。因此，首先需要明确“系统工程”的概念，将它与其他相关概念进行区分。

西方分析哲学提倡在讨论一个观点时，首先要从语言的角度对概念辨析清楚。对于中文“系统工程”这个词汇，其实它有不同的含义。如果不辨析它所指的是哪个含义，那么，对它的讨论或者争论可能就是各说各话。首先，中文的“工程”在不同的场合，可以分别对应为“engineering”或“project”，但这两个词的含义区别很大；同时，中文中表示修饰关系的结构助词“的”在很多场合可以省略，如“伟大的祖国”也可以说成“伟大祖国”。因为这两点原因，人们在讲“系统工程”时，可能是指不同的东西。在很多场合，人们将复杂的、需要用系统思维来解决的问题都称作“系统工程”，比如“××是个系统工程”，其含义是“××是个系统的工程”，这里的“系统工程”对应的英文翻译是“Sysmatic Project”，而不是“Systems Engineering”。

系统工程一般包括分析、设计、验证等工作，系统分析只是系统工程的一个步骤；系统分析的目标是提出最优的系统设计方案，而不是系统工程的全部。因此，不可以将系统分析等同于系统工程。

本书讨论的是工程实践领域的系统工程方法，是指建造和管理人工系统的方法。作为一种跨学科的方法，它从需求出发，综合多种专业技术，通过分析—综合—试验的反复迭代流程，开发出一个整体性能优化的系统。2015 年，国际系统工程协会（INCOSE）发布了系统工程手册 4.0 版，给出的系统工程定义是：“系统工程是一种实现成功系统的跨学科的方法和途径。它专注于在开发周期的早期阶段就定义客户的需要和所需要的功能，将需求文档化，然后通过设计综合和系统确认来推进工作，同时考虑运营、成本与进度、性能、培训与支持、测试、制造、弃置等所有的问题。系统工程将所有的专业和专家群体集成为一个团队，形成一个结构化的开发过程，实现从概念到生产到运营。系统工程综合考虑所有客户的商业需求和技术要求，其目标是提供一个满足客户需要的合格产品。”

1.2.2　系统工程的内涵

钱学森提出了现代科学技术体系，其中就包括系统科学这个部类。系统科学是从系统的角度来研究客观世界的科学，分为三个层次：在工程技术层次，是系统工程；在技术科学层次，系统工程的学科基础，包括运筹学、控制论、信息论等；在基础科学层次，就是系统学。系统科学经过系统论通向马克思主义哲学。系统科学的体系结构见表 1－1。

表 1-1 系统科学的体系结构

哲学总论	马克思主义哲学
哲学分论	系统论
基础科学	系统学
技术科学	运筹学、控制论、信息论等
工程技术	系统工程

根据系统科学的体系结构，系统工程是系统科学的组成部分，是系统思想在具体实践中的体现。系统工程的内涵主要从以下几个角度分析。

1. 从空间角度分析

在空间角度，强调总体设计、分解与集成相结合。

从近代科学到现代科学，科学方法论经历了从还原论方法到整体论方法，再到系统论方法。系统论是整体论与还原论的辩证统一，它既要着眼于系统整体，同时也要重视系统组成部分，并把整体和部分辩证统一起来，最终是从整体上研究和解决问题，它既超越了还原论，又发展了整体论。系统论既强调对系统内部各组成部分微观机制的认识，更强调对系统组成部分、层次之间的相互联系的分析，特别是整体目标的实现。系统工程就是系统论思想的具体体现，这些工作在系统总体设计中得到体现。

总体设计首先从需求以及大系统约束条件出发，经过分析、综合得到一个初步的系统体系结构和一组性能参数，而不是一开始就陷入细节而忽略对整体的把握。然后，对一个看起来复杂的工程系统逐级分解，即根据研制对象的特点，把系统细分，直到一个易于掌控的层次，并使它们成为成千上万研制任务、参加单位和人员的具体工作。根据系统总体要求和宏观约束，逐级进行专业化的详细分析、设计，然后，再从部件、分系统到系统逐级协调、集成与试验，对系统内部的相互联系以及整体性能进行验证，最后得到满足使用要求的系统产品。系统工程方法不追求局部性能的最优，而是综合系统各方面要求以及环境条件约束，发挥设计者的聪明才智，精细设计系统各组成部分在信息、能量和物质交流界面上的协调关系，开发出满足要求、整体性能最优的系统，实现系统整体功能和性能的涌现。

对系统工程的讨论，经常引用 Forsberg 和 Mooz 的 V 形图来描述系统工程的分解–集成过程，如图 1-1 所示。

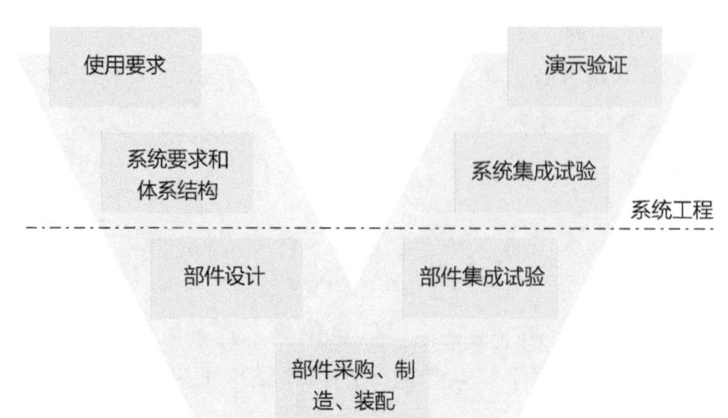

图 1-1 系统开发 V 形图

如果在时间轴上把 V 形图展开（图 1－2），则可以更清楚地说明在整个研制过程中系统工程总体设计、分解展开，经过部件研制试验，最后系统工程综合集成的过程。

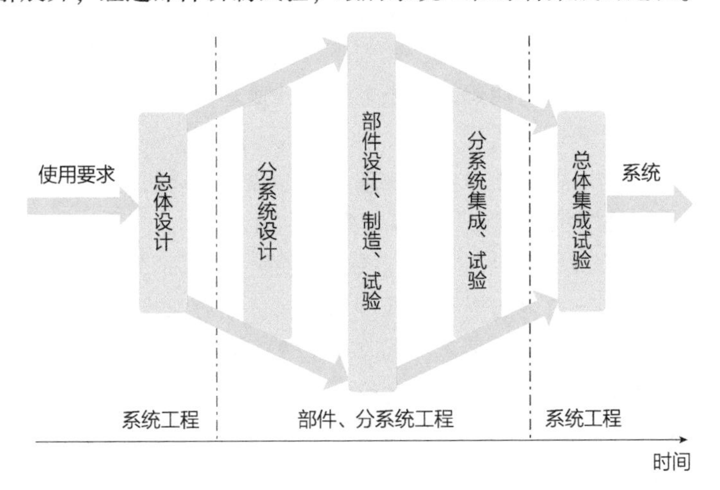

图 1－2　系统开发 V 形图展开图

总体设计、集成和试验是系统工程师或总体设计部的任务，他们是系统工程方法的直接实践者，是技术开发和管理的决策者。系统工程师不但要具有工程专业方面广博的知识和系统研制的实践经验，还要善于利用分析问题和解决问题的系统观点和方法。在工程系统研制流程中，系统工程师分析用户的需求，通过设计、试验逐步把需求演化为真实系统，在不同研制阶段，根据自己承担的任务范围做出正确的技术和管理决策。同样，分系统和部件研制单位也要确保满足总体对分系统提出的功能和性能要求，同时满足与其他相关分系统之间的协调关系。

2. 从时间角度分析

在时间角度，覆盖系统全生存周期，分阶段开展工作。

生存周期也称为“生存周期”或“寿命周期”，对应英文为“Life Cycle”。任何一个系统都要经历从产生到消亡的历程，我们把这个历程称为系统的生存周期。对于人工系统来说，它的生存周期一般从概念研究开始，一直到退役处置。

从产生到消亡的历程中，系统的状态会发生变化。根据系统的不同状态，可以将系统的生存周期分为几个阶段，不同的阶段表示系统的不同成熟状态。在系统的不同阶段，系统的目的、形态、功能以及系统与环境的关系都有所不同，相关方对系统的需要也不同。例如，对于航天器，其生存周期是从一个新概念的诞生开始，历经设计、制造、发射和应用阶段，直到失效退役。有了生存周期的概念，就可以从宏观、全局的角度来考虑系统及其与环境的关系，以便在全生存周期内有序、充分地满足相关方的需要。系统生存周期早期的活动对于后期的结构和功能有重要影响，因此，系统的结构和功能一般在早期的生存周期阶段被定义，在早期的生存周期阶段就要考虑后续生存周期阶段的需求，以便在早期做出科学、可行、优化的决策。例如，对于人工系统来说，在概念阶段和开发阶段定义系统需求并开发系统解决方案时，就要邀请负责其他阶段研制工作的专家参与权衡分析，以便做出科学的决策，不影响生存周期后期的研制工作。

目前，不同应用领域有不同的生存周期阶段划分标准。根据 ISO/IEC/IEEE 24748－1:2018，典型的系统生存周期阶段包括概念、开发、生产、使用、保障和退役六个阶段（详细介绍请见本书第 3 章）。

3. 从逻辑角度分析

在逻辑角度，反复应用分析—设计—验证过程，将系统要求转化为系统结构。

系统开发是一个认识不断深化的过程，人们不可能一开始就对系统需求、系统结构、系统各部分之间的关系以及系统环境有明确、清晰的结论，而是要遵循理论与实践相结合、不断螺旋上升的认识过程。系统工程就以过程（Process）的形式，对系统重复开展分析—设计—验证的过程，实现对系统认识的不断深化和系统实现的持续改进。通过迭代的方式对系统不同组成部分重复应用，通过递归的方式对系统不同层级重复应用。

系统工程过程自顶层开始，最终应用于系统研制的全流程，分析—设计—验证反复进行，是逐步深化的问题解决流程。它自始至终跟踪使用要求，把要求逐步转化为系统规范和一个相应的体系结构。不同的标准定义了不同的系统工程过程，参照 ISO/IEC/IEEE 15288:2015 的规定，系统工程过程包括技术过程、技术管理过程、组织的项目使能过程和协议过程四大类（详细介绍见本书第 4 ~9 章)。

4. 从方法角度分析

在方法角度，定性方法与定量方法相结合，重视建模与仿真。

在对系统定性认识的基础上，对系统进行科学的定量描述，也是系统工程的基本方法。定性描述是定量描述的基础，定量描述为进一步深入地定性分析服务。

建模与仿真是现代系统工程不可或缺的手段。首先，需要利用已知的基本科学定律，经过分析和演绎建立系统的模型，然后把系统的模型转化为仿真模型，进行仿真试验。建模和仿真可以使系统设计人员在计算机上对设想的或者真实的系统进行设计和试验，定量地分析系统性能，准确地预测系统行为，从而对选定的方案给出总体评价，指导进一步的优化方案和参数，避免设计失误，实现最优。

1.2.3 系统工程的相关术语

为了明确本书所提“系统工程”的内涵，本节将进一步解释相关术语。

1. 系统（System）

系统（System）是由相互作用和相互依赖的若干组成部分结合成的具有特定功能的有机整体。理解“系统”这一术语的关键有三点：

1）它至少包含两个组成部分。

2）组成部分之间存在关联关系。

3）由于组成部分之间的相互关系，使得系统的功能不等于所有组成部分功能的累加，而是会涌现出新的功能。

系统可以被划分为多个层级，常见系统层级划分如图 1 - 3 所示。

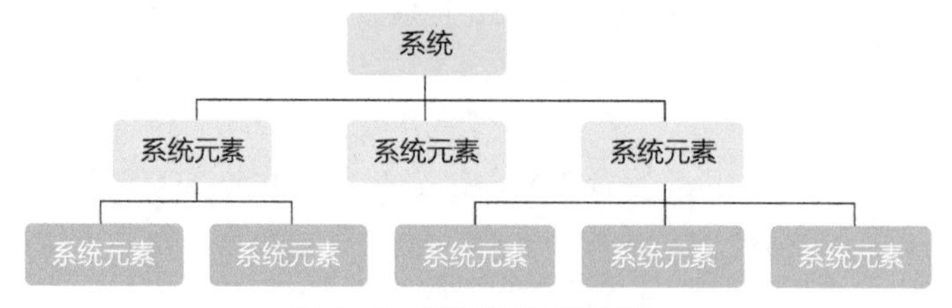

图 1-3 常见系统层级划分

系统的价值不在于形式，而在于功能，在于形式所承载的功能。图1-3的树状结构有时被称为产品分解结构（Product Breakdown Structure，PBS）。系统的功能可以用功能分解结构（Function Breakdown Structure，FBS）描述。因为形式承载着功能，所以FBS与PBS之间存在映射关系。事实上也可以按照FBS划分系统的层级，尤其是软件密集型系统，按照FBS划分系统的层级更利于对某些技术问题的理解。FBS与PBS之间不同的映射关系（图1-4）即不同的系统架构（Architecture）。

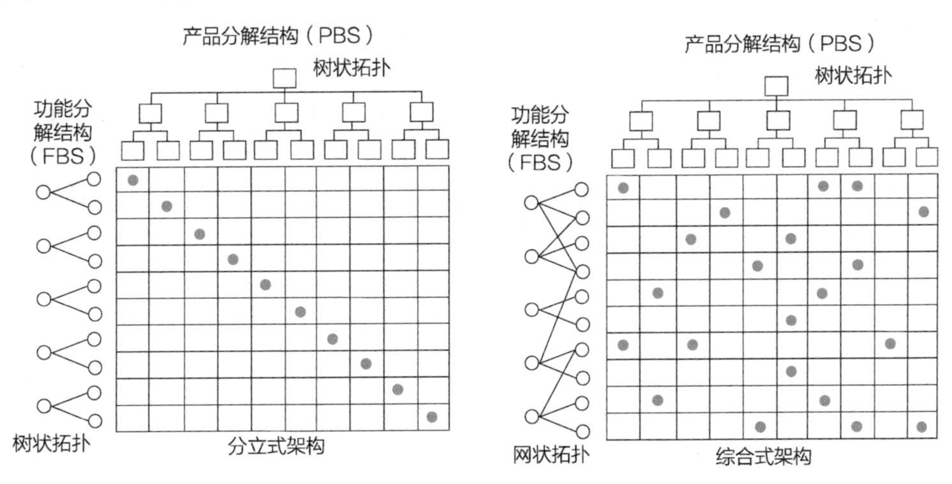

图1-4　FBS与PBS之间的映射关系

2. 工程（Engineering）

工程（Engineering）一词最早产生于18世纪的欧洲，本来专指作战兵器的制造和执行服务于军事目的的工作，后扩展到许多领域，如制造机器、架桥修路等。工程以集成建造为核心、以新的存在物为标志，着重解决“做出了什么”的问题，强调改造客观世界的实际效果。工程活动由产品驱使，主要社会角色是工程师。工程活动的成果主要是各类人工系统。将实际改造世界的物质实践活动和建造实施过程知识化，形成的就是工程方法，是一种面向实践的技能和方法，主要成果形式是工程原理、设计和施工方案等。工科高等院校里的工程学科专业，例如，电子工程、机械工程和软件工程等，传授与研究的就是我们非常熟悉的关于工程的技能和方法，培养的就是各个方面的工程师。

3. 体系（System of Systems，SoS）

近年来，人们所研究和建造的系统的规模和复杂性不断增大，人们就用“体系”来描述这类系统。体系（System of Systems，SoS，也译为“系统之系统”）是指系统的组成部分是管理上和（或）运营上相互独立的系统。SoS由成员系统组成，系统由组成部分组成；SoS和系统都具有涌现性。SoS与系统有相似之处，又有显著的差别。两者之间的简要对比见表1-2。

表1-2　系统与SoS的简要对比

对比项	成员类	成员能力	成员范围	目的	生存周期
系统	组成部分	不能独立运行	确定	确定	确定
SoS	成员系统	能独立运行	可变	可变	不确定

SoS 具有以下特征：

1）SoS 内的成员系统可独立运行，同时又相互关联，共同发挥作用。

2）成员系统具有各自的生存周期。一些成员系统可能在其生存周期的研发过程中，而另一些则已经进入运行阶段。在极端的例子中，SoS 中老的成员系统可能已经列入退役时间表，而此时新的成员系统还未开始。SoS 类似不断新陈代谢的有机体，也像一个俱乐部，不时有新成员加入，也时有成员退出。

3）SoS 的初期需求通常不太明确，对 SoS 的需求随着成员系统的成熟而成熟。

4）SoS 的复杂性是一个重要问题。随着成员系统的增加，SoS 的复杂性以非线性的方式增长。更为严重的是，相互冲突或缺乏数据接口标准可能使通过成员系统接口进行数据交换变得十分困难。

5）管理问题困扰整个 SoS。每个成员系统都有自己对应的项目，需求协调、预算限制、进度、接口和技术升级更加剧了 SoS 的复杂性。

6）SoS 的边界是模糊的，甚至是开放的。除非某个人能定义和控制 SoS 的范围，并管理成员系统的边界，否则没有人能够控制外部接口的定义。

7）SoS 工程永远不会完工。即使 SoS 的所有成员系统都已经开始，项目管理也必须继续考虑不同成员系统生存周期的变化，如新技术会给一个或多个成员系统带来影响，引发对成员系统开展技术升级。

8）SoS 的目的是不稳定的，是“善变”的。

4. 系统思维（Systems Thinking）

系统思维（Systems Thinking），也被称为系统思考，是把认识对象作为系统，从系统和组成部分、组成部分和组成部分、系统和环境的相互联系、相互作用中综合地考察认识对象的一种思维方法。系统思维注重从整体出发考虑问题，避免片面和近视的局部思维方式，加强顶层设计和整体谋划；同时处理好方方面面的关系，解决好各项措施之间的关联性和耦合性。

在构造复杂系统或提供复杂服务时，企业所面对的问题都不是单一的问题，也不是相互孤立的问题。问题往往有多个层级且数量较多，问题之间存在广泛的联系。把所面对的问题集合看作整体系统，把其中的单一问题看作是系统的组成部分，一组单一问题相互关联构成整体问题，这就是所谓的“把问题看作是系统”的思维方式。如果把问题看作是系统，那么构造系统的方法与认识问题、分析问题和解决问题的方法就能统一了。系统思维的关键是关注“整体”，并且关注“关联关系”。“不谋全局者，不足谋一域”是对系统思维中关注整体思想的准确诠释。

另外半句话“不谋万世者，不足谋一时”也与系统工程关注全生存周期的思想是一致的。

经常有人说“我们要用系统工程思想，把这个项目做好”。这句话中所说的“系统工程思想”，其实是“系统思维”或者“系统的观点和方法”。

5. 项目管理（Project Management）

人们经常将“系统工程”与“项目管理”混淆，因此，在此做进一步的探讨。

（1）性质不同 项目管理是为创造独特的产品、服务或成果而进行的临时性工作。而系统工程是研制出一个满足用户需求的复杂系统产品（如飞机、卫星、轮船和手机等）的方法和途径。

（2）关注点和成功判据不同 系统工程关注的重点是被研制的复杂技术“系统”本身。也就是说，系统工程是“产品导向”的，系统工程的成功判据是研制出的系统是否达到了功能和性能的指标，是否满足用户的期望与需求。而项目管理是“工作导向”的，项目管理致力于项目的全面成功；除了产品功能、性能技术指标外，项目的成功还需要考察投入成本、研制进度以及客户满意度等关键成功要素。

（3）生存周期不完全相同 系统工程讨论的生存周期，是以被研制的“系统”为关注点，可以说是产品的生存周期，因此系统生存周期是按照系统在不同阶段的不同形态划分的。而项目更多是以“工作”为视角，按照每个阶段不同的工作内容来划分阶段。

（4）负责人不同 系统工程由系统工程师负责，项目管理由项目经理负责。系统工程师是项目中的技术负责人，对产品能否达到指标、满足用户要求负责；而项目经理对实现项目总目标负全责。系统工程师应在项目经理的领导和支持下，在项目的约束条件（经费、进度、资源、风险等）下确定技术方案，完成研制工作；而项目经理要对系统工程师提供“人、财、物”等的支持，保证技术工作顺利开展。

项目管理为了保持其通用性而不涉及技术，因此几乎所有项目管理书籍都不探讨技术管理，不涉及系统工程。但是在实践中，认为进行项目管理就是实施了系统工程，或者加强系统工程就是注重项目管理，这些观点都是错误的，这样都可能会因为忽视总体技术而导致技术研制工作面临巨大风险。

常见的问题是，项目所研制的每个部件、每个分系统都是合格的甚至是性能优良的产品，但是要么集成不到一起以形成系统，要么集成到一起的系统不能正常工作或者不能满足系统整体指标要求。因此，在工程项目的实施中必须贯彻系统工程方法，强调总体技术。美国国防部规定所有的工程项目，都必须采用严格的系统工程方法。

项目管理致力于项目的全面成功。除了系统工程关注的产品功能、性能技术指标外，项目的成功还需要考察与技术指标相互影响、相互制约的投入成本、实施进度甚至客户满意度等关键成功要素。在此基础上，还要进一步关注与外部的竞争合作关系、对内部战略规划的支撑作用、组织治理和文化等其他绩效指标，这些内容并不是系统工程方法关心和能解决的。

如果只关注通过系统工程完成产品本身的研制成功，而忽视了项目的多重制约因素，也将导致严重的后果。例如，一个达到技术指标但经费严重超支、进度远远落后的产品，无论是面向战场的武器装备，还是面向市场的智能电子产品，都将面临失败。

因此，NASA 强调，应自觉将系统工程置于项目管理的背景下，在项目各制约因素下实践系统工程方法；同时，项目管理也应在“人、财、物”等方面为系统工程实践提供有力支撑。项目管理与系统工程不是两个独立的方法体系，国际上的相关组织也在积极研究如何通过协调项目经理和系统工程师的角色，更好地确保项目的成功。

1.3 系统工程的内容框架

正如本章 1.1 节所说，系统工程正处在发展过程中，其内涵、内容、应用领域等还在不断调整变化过程中，因此不同的学者、机构、行业乃至国家，都对系统工程的内容提出了不同的观点。参考霍尔模型（详情见本书第3章），下面分别从系统生存周期、系统工程过程和系统工程专业技术三个方面来详细讨论。

1.3.1 系统生存周期

任何系统都要经历一个从产生、发展到衰落、消亡的生存周期。从系统的观点来看，在时间维度下就要考虑系统的全生存周期，因此系统工程覆盖了系统整个生存周期。为了协调、有序地开展工作，需要将系统生存周期划分为多个阶段。在各阶段的工作中，既要保证本阶段任务目标的实现，又要充分考虑本阶段工作对系统总目标的影响以及对系统生存周期其他阶段的影响。

不同的标准给出了不同的生存周期模型（表1－3）。它们之间存在比较明确的对应关系。在这些模型中，15288标准划分阶段最为简洁，因此，本书采用15288标准的规定，将（人造）系统的系统生存周期划分为概念阶段、开发阶段、生产阶段、使用阶段、保障阶段和退役阶段六个阶段。详细说明请见本书第3章。

表1－3 典型系统生存周期阶段划分情况

标准/规范	生存周期阶段	备注
ISO/IEC/IEEE 15288、ISO/IEC 24748 系列标准	概念，开发，生产，使用，保障，退役	六个阶段
ANSI/EIA 632 系列标准	前系统定义，系统定义，子系统设计，详细设计，最终产品物理集成测试与评估	五个阶段，不包括系统使用至退役阶段
IEEE 1220 系列标准	系统定义，子系统定义（分为概要设计，详细设计，制作、装备、集成和测试三个子阶段），生产，支持	六个阶段，无退役阶段
美国国防部《系统工程基础》	概念和技术开发阶段，系统开发和演示阶段，生产和部署阶段，维护和处置阶段	四个阶段，将多项工作合为一个阶段
NASA《系统工程手册》	概念研究，概念和技术开发，初步设计和突破技术，正式设计和建造，系统装配，集成和试验，发射，运行和维护，退役处理	九个阶段，开发工作阶段划分很细
我国卫星研制阶段	任务综合论证阶段，可行性论证阶段，方案设计阶段，初样研制阶段，正样研制阶段，发射和在轨测试阶段，在轨运行和离轨处置阶段	七个阶段

1.3.2 系统工程过程

系统工程过程体现了系统工程方法的主要内容。ISO/IEC/IEEE 15288:2015 和 ISO/IEC/IEEE 24765:2017 将过程（Process）定义为：“将输入转化为期望输出的一组相互关联或相互作用的活动。”系统工程过程的行为主体是组织及组织内的角色，系统工程过程的行为客体是目标系统及其描述数据。人工系统从无到有，经历提出问题、定义数据和实现实体等流程。而这个流程是由组织及组织中的人实施的。过程将主体系统与客体系统紧密衔接起来。

不同组织或者同一个组织在不同的时期，会给出不同的规定。下面简要列出几个典型标准和指南的情况。

1. 美国国防部（DoD）《系统工程基础》

它将系统工程过程分为两类：技术过程，包括需求分析、功能分析和分配、设计综合六个过程；系统分析与控制过程，相当于系统工程的管理过程，包括工作分解结构、技术状态管理、技术评审与审计、权衡研究、建模与仿真、度量、风险管理等活动。

2. 美国航空航天局（NASA）《系统工程手册》

它将系统工程过程分为三类：系统设计类过程，包括相关方期望定义、技术需求定义、逻辑分解定义和设计方案定义四个过程；产品实现类过程，包括产品实现、产品集成、产品验证、产品确认和产品移交过程五个过程；技术管理类过程，包括技术规划、需求管理、接口管理、技术风险管理、技术状态管理、技术数据管理、技术评估、决策分析八个过程。

3. 我国军标 GJB 8113《武器装备研制系统工程通用要求》

它将系统工程过程分为两类：技术过程，包括需求分析、技术要求分析、体系结构设计、单元实施、产品集成、验证、移交、确认八个过程；技术管理过程，包括研制策划、需求管理、技术状态管理、接口管理、技术数据管理、技术风险管理、研制成效评估、决策分析八个过程。

4. 国际标准 ISO/IEC/IEEE 15288《系统和软件工程——系统生存周期过程》

它将系统全生存周期模型分为四类：协议过程组、组织的项目使能过程组、技术管理过程组和技术过程组。具体包括 30 个系统工程过程（SEP）（见表 1－4）。INCOSE 指南采用此标准的规定，也分为四类共 30 个过程。

表 1－4 ISO/IEC/IEEE 15288：2015 标准的过程

协议过程组	组织的项目使能过程组	技术管理过程组	技术过程组
1. 采办过程	1. 生存周期模型管理过程	1. 项目计划过程	1. 业务或使命分析过程
2. 供应过程	2. 基础设施管理过程	2. 项目评估和控制过程	2. 相关方需要与需求定义过程
	3. 组合管理过程	3. 决策管理过程	3. 系统需求定义过程
	4. 人力资源管理过程	4. 风险管理过程	4. 架构定义过程
	5. 质量管理过程	5. 技术状态管理过程	5. 设计定义过程
	6. 知识管理过程	6. 信息管理过程	6. 系统分析过程
		7. 测量过程	7. 实现过程
		8. 质量保证过程	8. 集成过程
			9. 验证过程
			10. 移交过程
			11. 确认过程
			12. 运行过程
			13. 维护过程
			14. 弃置过程

从上面列举的几个典型标准可以看出，各标准所包含过程的种类和数量均不相同，其中15288标准所包含的过程种类和数量最多、最全。虽然15288标准所包括的过程超过了一般意义的系统工程的工作内容，但是这些内容也是与系统工程工作相关的。因此，本书采用15288标准规定的系统工程过程作为系统工程过程的框架，但同时提供了过程裁剪的指南，为用户合理采用这些过程提供指导。

1.3.3 系统工程专业技术

在复杂产品的研制工作中，除了需要各种专业技术以外，还需要从系统总体的角度考虑一些系统相关的特性，如可靠性、安全性、可维修性等，并有专门的技术提供支撑。这些特殊工程专业通常是跨学科的，它们应用特殊的专业知识和方法支持被开发的系统在未来真实、复杂的环境下正确发挥它的使用效能。这些专业技术为系统工程的实施提供了直接的指导，实现这些系统总体有关特性的方法，称为专业工程（Specialty Engineering）。详细介绍请见本书第10章。

本书除了介绍以上三部分主要内容外，还会介绍系统工程标准的情况、当前典型的系统工程方法（基于模型的系统工程）以及系统工程的应用情况，从而为读者提供一个全面、完整的系统工程知识图景。

本章首先介绍了系统工程的发展历程，让读者对系统工程的产生背景及发展趋势有一个宏观的了解，然后详细阐述了系统工程的内涵及关键概念，这是正确理解本书其他内容的基础。目前，关于系统工程的概念众说纷纭，而本书所讲的系统工程是指建造和管理人工系统的方法，这是本书的基本定位。最后，本章介绍了系统工程的内容框架：因为不同专家、组织和标准对系统工程内容的规定各不相同，而本书从内容全面性和权威性两方面考虑，决定采用15288标准所确定的内容框架。

本章内容是理解全书其他内容的前提和基础，只有深入理解本章的观点，才可能正确理解后续各章节的具体内容。

参考文献

[1] 钱学森. 论系统工程：新世纪版［M］. 上海：上海交通大学出版社，2007.
[2] 郭宝柱. 大型复杂工程项目的系统管理研究［D］. 北京：北京航空航天大学，2006.
[3] 郭宝柱. "系统工程"辨析［J］. 航天器工程，2013，22（4）：1－6.
[4] 曹松. 第六回：系统工程与项目管理的关系（1）［Z］. 微信公众号：系统工程. 2017.
[5] 曹松. 第七回：系统工程与项目管理的关系（2）［Z］. 微信公众号：系统工程. 2017.
[6] 郑新华，曲晓东. 钱学森系统工程思想发展历程［J］. 科技导报，2018，36（20）：6－9.
[7] INCOSE. 系统工程手册：系统生存周期流程和活动指南［M］. 张新国，译. 北京：机械工业出版社，2017.

第2章　系统工程相关标准指南

Chapter Two

本章概述了国内外的系统工程相关标准、指南和手册的发展历程，重点介绍了有代表性的若干标准和手册概况，并展望了系统工程相关标准和标准化工作在新形势下的发展趋势。

本书的书名强调“基于国际标准的研究与实践”。这一选题反映了编委会关于标准和标准化工作对系统工程相关的研发、教学、推广和实施工作重要性的认识。

“如无必要、勿增实体”，这句14世纪逻辑学家威廉提出的“奥卡姆剃刀定律”，生动形象、一针见血地点明了标准化工作的目的和本质：简化（人类生产生活中）不断增长的复杂性。而系统工程正是我们直面复杂性挑战的科学方法论。正如作为系统工程领域的顶层标准——国际标准ISO/IEC/IEEE 15288（以下简称“15288标准”）的各个版本（2002、2008、2015）在其引言中所述：“人工系统的复杂性已经达到了前所未有的水平。这为创造和利用系统的组织带来了新的机遇，也增加了挑战。这些挑战存在于系统生存周期的全过程和系统架构的每个层次中。本国际标准采用系统工程方法，为人工系统生存周期的描述，提供了一个共同的过程框架。”

系统工程和标准化在应对复杂性这个首要目的上殊途同归。这也揭示了为什么在系统工程相关的研发、教学、推广和实施中要借助标准和标准化来简化其中的复杂性；当然，标准研发和标准化工作也要运用系统工程方法来破解复杂性，这是另外的话题，不在本书讨论范围内。

回顾系统工程领域标准化工作的历史和系统工程标准体系的形成过程，有助于我们利用相关标准来指导系统工程相关研发、教学、推广和实施的实践。

图2－1按照时间顺序回顾了系统工程领域重要的标准、指南和手册的发展历程，给出了从美国军标MIL－STD－499、美国国家标准ANSI/EIA 632、国际标准IEEE 1220，到15288标准的发展变化，辅以INCOSE《系统工程手册》、SEBoK知识体系和NASA《系统工程手册》的发展变化，并给出了与之对应的若干国内系统工程标准。

附录C按照时间顺序，以15288标准为主线，详细列出了系统工程过程相关标准、指南和手册各个版本的发布时间和替代继承关系（截至2019年3月）：

1）列出了15288标准各个子系统的相关国际标准的版本演变，包括系统工程技术过程组、技术管理过程组和组织项目使能过程组所属或相关的过程，如需求工程、架构、集成、验证和确认，系统工程计划、项目管理、风险管理、技术状态管理、文档化（信息管理的工作成果）、测量、质量保证，质量管理等过程。

2）对15288标准超系统的各个兄弟姐妹，如术语和生存周期管理等基础标准、15288应用指南，以及系统工程过程在产品线工程、企业工程、中小型组织（25人以下）、体系工程中的应用，该表列出了相关国际标准的版本演变，但对过程评估和软件工程本表一般只列出相关国际标准的最新版本。

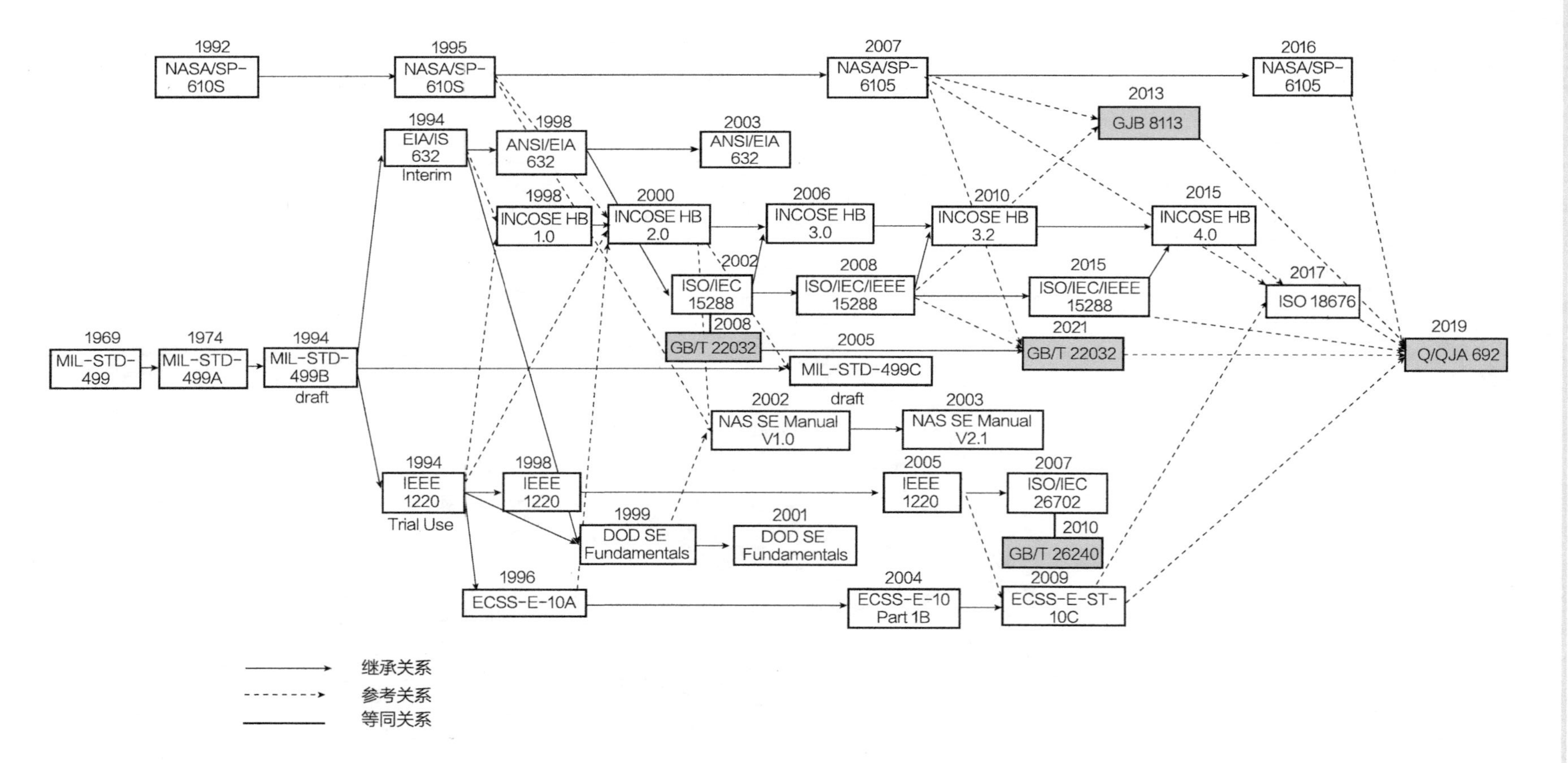

图2-1 系统工程重要标准、指南和手册的发展历程

3）限于篇幅，该表未包括六性综保相关国际标准。

4）与15288标准无直接关联的系统工程建模和数据的国际标准，只列出最新版本。

5）INCOSE系统工程手册和NASA系统工程手册只列出主要版本；美国各政府部门和企业的系统工程手册只列出最新版本。

6）NATO、欧盟和欧空局只列出与15288标准直接相关的标准。

7）最后，该表给出了与15288标准相关的全部在研国际标准列表。

2.1 国外系统工程相关标准的发展历程

2.1.1 美军标499

系统工程在20世纪五六十年代蓬勃发展，但无论工业界还是美国国防部，都对系统工程没有系统性的认识。系统工程在当时还是新鲜事物。

为了指导承包商以及军方采办项目人员，美国空军系统司令部在1965年发布了一本手册——AFSCM 375－5《系统工程管理程序》。该手册在“介绍”中提到：在最近几年（指1960年左右），已经开始设计及开发逐渐复杂的军事系统；专注可靠性、维修性、生存性、工具、运输、安全、人员表现及系统试验的专家已经产生一种认识，即一个系统不只是由设备拼成。在《系统工程管理程序》的叙述中，所有系统的组成必须共同工作并且有一个共同的目的，即基于所给输入产出单一的一套最佳输出。对一致性的绝对需要要求有一种能够引领一个复杂军事系统成功设计的创造性技术的组织。这种创造性技术的组织就叫作“系统工程”。在手册里，系统工程包含了很多方面，例如系统方法、系统分析、系统综合、功能分析、需求分析、可靠性分析、维护与维护性任务分析及类似功能。《系统工程管理程序》为随后制定系统工程标准提供了基础。

1969年，美国国防部发布了第一个系统工程标准MIL－STD－499《Systems Engineering Management》（以下简称499）。该标准由美国空军空间与导弹中心（AFSMC）牵头起草。

经过5年的使用后，1974年美国国防部发布了该标准的修订版，标准名称改为MIL－STD－499A《Engineering Management》（以下简称499A）。499A的使用期非常长久，一直到20世纪80年代末90年代初，美国国防部着手对该标准进行修订，新标准的名称是MIL－STD－499B《Systems Engineering》（以下简称499B）。1991—1994年连续公开了499B的四个草案版。然而，20世纪90年代初进行的国防采办改革，使得499B的编制工作发生了转折。1994年，新入主美国国防部的佩里签署命令，进行基于性能规范和采用适用民用标准的军标改革。这使499B的草案没有转为正式发行版；另一方面，美国国防部长办公室于1995年正式下发通知，终止使用499A。499A的废止以及499B的未正式发布，使得军方在国防采办中缺乏由军方制定的对系统工程的具体指导和规定。

1994年，两个协会发布了关于系统工程的暂行标准：EIA/IS 632《Systems Engineering》（内部标准）和IEEE 1220《IEEE Standard for Application and Management of the Systems Engineering Process》（试用）。这两个标准都基于499B，后来都在1998年修订为正式版本。2002年，国际标准化组织发布了与系统工程相关的ISO/IEC 15288。这三个标准可以作为美国军方具体指导和规范系统工程应用的参考（美国国防部均发布了采纳通知）。

2005年，The Aerospace Corporation的Systems Planning and Engineering Group为美国空军太空

司令部（Air Force Space Command）的空间与导弹系统中心（Space and Missile Systems Center）制定了MIL-STD-499C《Systems Engineering》（简称499C），但此标准没有正式发布。

2.1.2 美国国家标准ANSI/EIA 632

ANSI/EIA 632—2003由美国国家标准研究所（ANSI）与电子工业联盟（EIA）联合发布，INCOSE和DoD资助了该标准的编制工作。它的前身是EIA/IS 632—1994《Systems Engineering》，目的是提供一个商用标准，以代替MIL-STD-499B。后来，EIA/IS 632—1994更名为ANSI/EIA 632—1998《Processes for Engineering a System》，定位为美国系统工程界的顶层标准，适用于政府机关以及所有的工业部门和技术领域。ANSI/EIA 632—2003是对ANSI/EIA 632—1998的再次确认，内容未做更动。

这个标准虽然是EIA的Systems Engineering Committee提出的，但是标准全文却没有提系统工程的定义，而是从"工程化一个系统"的角度来说明需要开展的工作。

制定ANSI/EIA 632—1998的目的是为系统工程或改进工程的研制者提供一套综合的基本过程：

1）为研制者建立、完善一套全部协调的要求，并可以用于系统的可行性和费效解决方案。

2）安全要求包含在费用、进度和风险约束内。

3）为了在产品生存周期内满足购买方的需求，改变一个系统或其任何部分，而修改系统。

4）提供系统的退役和报废的安全和（或）费效要求。

该标准将系统生存周期划分为系统预先定义、系统定义、子系统设计、详细设计、最终产品物理集成测试与评估五个阶段，也可以概括为方案（系统预先定义）、创造（系统定义、子系统设计、详细设计）和实现（最终产品物理集成测试与评估）三大阶段。

该标准定义了五类共13个过程，包括：

1）采办和供应。采办过程、供应过程。

2）技术管理。计划过程、评估过程、控制过程。

3）系统设计。需求定义过程、方案定义过程。

4）产品实现。实现过程、转移到使用过程。

5）技术评估。系统分析过程、需求确认过程、系统验证过程、最终产品确认过程。

ANSI/EIA 632标准包括的系统工程管理措施主要体现在技术管理过程类中，未按独立过程进行描述。例如，在控制过程中，提到要开展的工作包括追踪需求、技术状态管理、变更管理、接口管理、风险管理、数据和文档管理、信息库管理等。

从标准的名称可以看出，该标准关注一个工程系统实现的所有过程，不仅仅局限在系统工程本身。它详细说明了系统工程在企业中应用的环境以及与项目、企业的关系。按照研制系统的逻辑顺序，首次明确提出了采办供应、系统设计、产品实现等具体工作过程，对具体工作有明确的指导性。

2.1.3 国际标准IEEE 1220

IEEE 1220系列标准由IEEE Computer Society资助制定，编制人员包括INCOSE、EIA、ANSI的代表，并与AIA、DoD、EIA、ISO/IEC/JTC1/SC7等组织进行了协作。IEEE 1220在1994年发布了试用版，1998年发布了完整版。IEEE 1220—2005沿用了IEEE 1220—1998的主要内容，只

是参考ISO/IEC 15288:2002标准对有关术语和定义进行了更新。ISO/IEC/IEEE 26702:2007则是根据ISO/IEC标准制定的规范，对IEEE 1220—2005进行了适应性的调整，主要内容保持不变。我国等同采纳了ISO/IEC/IEEE 26702:2007标准，发布为GB/T 26240—2010《系统工程 系统工程过程的应用和管理》。

该标准没有给出系统工程的定义，但定义了一个企业开发产品（包括系统和软件）的所有技术工作的需求，以及为产品提供生存周期保障（维持和改进）的过程。它规定了一个建造系统的集成的技术方法，和在整个生存周期应用及管理系统工程过程的需求。系统工程过程以递归方式应用，来开发或改进产品以满足市场需求，并为系统的开发、制造、测试、分发、运营、保障、培训和退役等同步地提供相关的生存周期过程。

该标准提供了在系统工程环境中开发产品的方法，用以生产一个合格的、有竞争力的产品，为企业提供可接受的投资回报，获得相关方满意并满足公众需求。它定义了一个贯穿系统生存周期的跨学科任务，将相关方的要求、需求和约束转换为一个系统解决方案。该标准将系统生存周期划为六个阶段，见表2-1，各阶段含义见表2-2。

表2-1 IEEE 1220中系统生存周期阶段的划分

系统定义	子系统定义			生产	保障
	概要设计	详细设计	制造、装配、集成和测试（FAIT）		

表2-2 IEEE 1220中系统生存周期各阶段的含义

生存周期阶段	目 的
系统定义	建立系统定义，关注满足操作需求的系统产品
子系统定义——概要设计	启动子系统设计，创建子系统级规约和设计目标基线，以指导部件开发
子系统定义——详细设计	完成子系统直至最底层部件级的设计，并为每个部件创建部件规约和构建目标基线
子系统定义——制造、装配、集成和测试（FAIT）	进行子系统制造、装配、集成和测试
生产	生产系统产品
保障	提供操作员和用户服务，完成系统演化

该标准将定义了八个系统工程过程：需求分析、需求确认、功能分析、功能验证、综合、设计验证、系统分析、控制。

系统工程管理的工作主要体现在控制过程中，具体包括数据管理、技术状态管理、接口管理、风险管理、基于性能的进度测量、知识库等工作。

ISO/IEC/IEEE 26702:2007以后，ISO/IEC负责制定系统工程标准的组织JTC1/SC7就参与到了15288标准的制定工作中，ISO/IEC/IEEE 26702标准不再发展后续版本。在ISO/IEC/IEEE 15288:2008中，还有对15288标准与1220标准关系的论述，以及如何协同应用两个标准的指导；后来，ISO/IEC/IEEE 26702:2007（即IEEE 1220—2005）被ISO/IEC/IEEE 24748-4:2016替代。

2.1.4 国际标准 ISO/IEC/IEEE 15288

ISO/IEC/IEEE 15288《Systems and Software Engineering — System Life Cycle Processes》（系统与软件工程——系统生存周期过程）由国际标准组织（ISO）和国际电工委员会（IEC）组成的联合技术委员会（JCT1）制定。

到目前为止，15288 标准发布了三个版本，分别是 ISO/IEC 15288:2002、ISO/IEC/IEEE 15288:2008 和 ISO/IEC/IEEE 15288:2015。

ISO/IEC 15288:2002 主要继承了 ANSI/EIA 632:1998 标准的内容，该标准成为 INCOSE 系统工程手册 3.0 版的重要依据。美国电气和电子工程师协会（IEEE）于 2004 年直接采纳了 ISO/IEC 15288:2002 标准。从 15288 标准的 2008 版本开始，IEEE 参与制定该标准，并将此标准等同采纳为 IEEE 标准；15288 标准的 2008 版本得到了 ISO、IEC、IEEE、INCOSE、PSM（实用软件和系统度量）和其他相关组织的共同承认，该标准成为编制 INCOSE 系统工程手册 3.2 版的依据。中国国家标准化管理委员会等同采纳 ISO/IEC 15288:2002，确定为 GB/T 22032—2008《系统工程　系统生存周期过程》。

从 2008 年以后，15288 标准与 ISO/IEC/IEEE 12207《Systems and Software Engineering — Software Life Cycle Processes》同步进行改版升级，两个标准的结构与内容保持协调，部分过程名称与结构以及术语定义保持一致，以实现两个标准的协同应用。它们的最终目标是实现这两个标准生存周期过程的集成和深度融合。ISO/IEC/IEEE 15288:2015 发布以后，INCOSE 同步更新了系统工程手册，发布 4.0 版，其核心内容保持完全一致。

15288 标准建立了一个通用过程框架，用于描述采用系统工程方法构建的人工系统的生存周期。

该标准将系统工程定义为一种跨学科的方法，用于支配技术上和管理上的工作。该工作是将相关方的需要、期望和限制条件转换为一个解决方案并在全生存周期中支持这个解决方案。这个生存周期从初期的方案跨到系统的退役。它为采办和供应系统提供过程定义和描述；它有助于创建、使用和管理现代系统的各方改进沟通和合作，以便它们能够以一种集成一致的方式进行工作。另外，这个框架也可用于评估和改进系统生存周期过程。

本标准有以下应用模式：

1）被组织使用：以帮助建立所期望过程的环境。组织可以应用这个环境从全生存周期来开展并管理项目和进行中的系统。在这种应用模式下，该标准可用于评价某个已建立环境是否与这个标准一致。

2）被项目使用：以帮助选择、构造和应用已建立环境的元素来提供产品和服务。在这种应用模式下，本标准用于评价项目与已建立环境的一致性。

3）被需方和供方使用：以帮助建立关于过程活动的协议。通过这个协议，确定并执行这个标准中的过程和活动。在这种应用模式下，本标准用于指导达成协议。

4）被过程评估者使用：在组织的过程改进工作中，本标准作为用于过程评估的参考标准。

虽然这个标准没有建立管理系统，但是它倾向于与 ISO 9001 质量管理系统、ISO/IEC 20000（IEEE STD 20000）服务管理系统和 ISO/IEC 27000 信息安全管理系统保持一致。

ISO/IEC/IEEE 15288:2015 将系统全生存周期模型分为四组：协议过程组（Agreement Processes）、组织项目使能过程组（Organizational Project-Enabling Processes）、技术管理过程组（Technical Management Processes）和技术过程组（Technical Processes），具体包括 30 个系统工程过程（见图 2-2）。与 ISO/IEC/IEEE 15288：2008 相比，ISO/IEC/IEEE 15288:2015 增加了五个过程，

分别是知识管理过程、质量保证过程、业务或使命分析过程、设计定义过程和系统分析过程。

技术过程组		技术管理过程组	组织项目使能过程组
业务或使命分析过程	集成过程	项目计划过程	生存周期模型管理过程
相关方需要与需求定义过程	验证过程	项目评估和控制过程	基础设施管理过程
系统需求定义过程	移交过程	决策管理过程	组合管理过程
架构定义过程	确认过程	风险管理过程	人力资源管理过程
设计定义过程	运行过程	技术状态管理过程	质量管理过程
系统分析过程	维护过程	信息管理过程	知识管理过程
实现过程	弃置过程	测量过程	
协议过程组：采办过程	供应过程	质量保证过程	

图 2-2　ISO/IEC/IEEE 15288:2015 中定义的系统工程各过程组和所属过程

协议过程组的任务是在组织内部或外部的项目之间建立关系。

组织项目使能过程组为项目的使能系统提供足够的组织环境，为建立、支持和监督项目提供资源和基础设施，并评估目标系统的质量和进度。

技术管理过程组在系统生存周期的各阶段提供完整的项目管理过程，以保证生存周期各阶段对目标系统进行了适当的计划、评估和控制活动。

技术过程组在系统全生存周期中迭代完善以实现最终的系统产品，它提供可选择的技术过程，用于创建符合协议要求的全生存周期各阶段的产品和服务。技术过程在系统全生存周期内的各系统层次中迭代应用，促使要求逐步转变为系统设计，创建符合要求的全生存周期各阶段产品，直至满足任务目标的最终产品。

因为 INCOSE 新版系统工程手册中的过程定义与描述与 ISO/IEC/IEEE 15288:2015 中完全一致，所以，ISO/IEC/IEEE 15288:2015 各过程的详细描述将在后续章节中进行展开。

2.1.5　围绕 15288 标准化工作的新进展

近十多年来，系统工程领域标准化工作的进展，除了 15288 标准本身的升级（即系统工程领域内各标准的协调一致）外，更重要的进展是在超系统层面与软件工程领域标准化工作的协同和协调一致，在更高的超系统层面构建生存周期过程管理的标准体系，以及在这两个超系统层面的协调一致下指导 15288 内部各个子系统（即单一过程或有关联的若干过程构成的过程集合）细化的标准化工作。

ISO/IEC JTC1/SC7 最初成立于 1987 年，由 ISO/TC97（信息技术）和 IEC/TC83（信息技术设备）两个委员会中软件相关职责联合组成，最初命名为“软件工程”，2000 年更名为“软件和系统工程”。系统工程和软件工程开始了“一个屋檐下”的国际标准化工作。但由于两个领域间的文化差异和互不认同，各工作组和分委会只关注各自负责的狭窄领域，各组织内部之间的所有层级缺乏为寻求共性的有效沟通、集成和资源利用，甚至一些标准的主题和内容之间还存在部分或整体上的竞争。这一切造成了系统工程和软件工程两个领域的标准化工作在针对不同的受众对象，使用不同的术语、过程集、过程结构和规定等级；造成了标准间缺乏共性却不乏冗余、不兼容和不一致的低效率和低效果的过程，而无法同时使用相关标准；造成了无法针对现实中的问题或应用需求提供有效的共性解决方案；最终造成标准的“孤岛”。

为解决上述问题，ISO/IEC JTC1/SC7 于 2003 年启动了 15288 和 12207 两个标准的标准化协调一致工作（图 2-3），IEEE 和 INCOSE 等相关组织参与，目标是广泛考虑各领域受众及其应用需求，形成统一的共用词汇、过程集合和结构、规定等级。

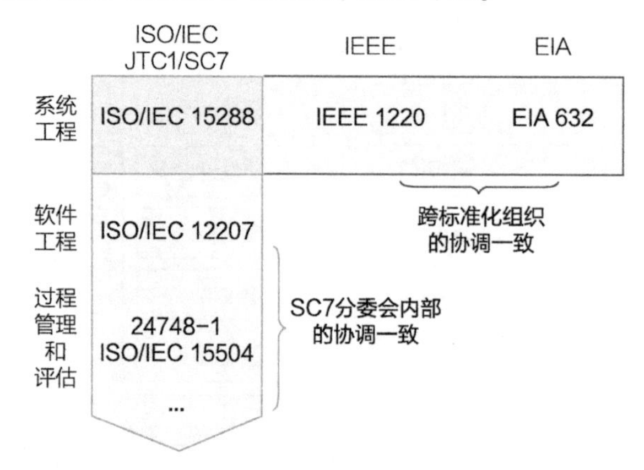

图 2-3 ISO/IEC JTC1/SC7 启动的标准化协调一致工作

这项工作的最初成效是，跨标准化组织（ISO、IEEE 和 EIA）初步梳理了 ISO/IEC/IEEE 15288、EIA 632 和 IEEE 1220 三个系统工程过程标准之间的关系（图 2-4）。

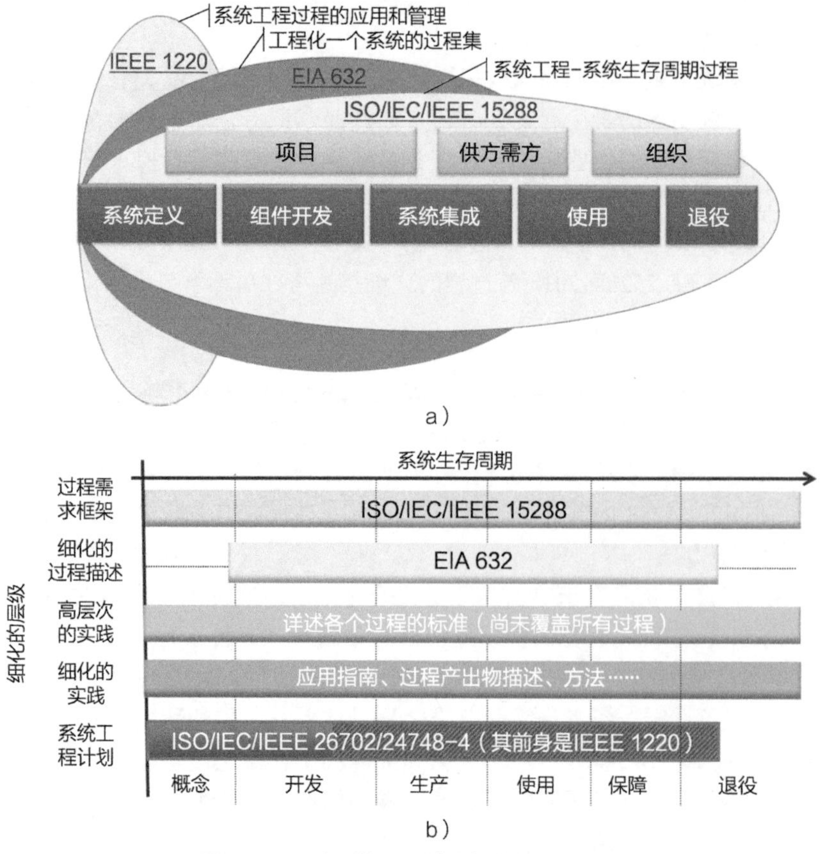

图 2-4 三个系统工程过程标准之间的关系

另外一个维度上（在 ISO/IEC JTC1/SC7 内部），形成了在 15288 和 12207 之上的更高一层的顶层标准 ISO/IEC/IEEE 24748－1（系统工程和软件工程的生存周期管理指南，最新版是 2018），如图 2－5 和图 2－6 所示。

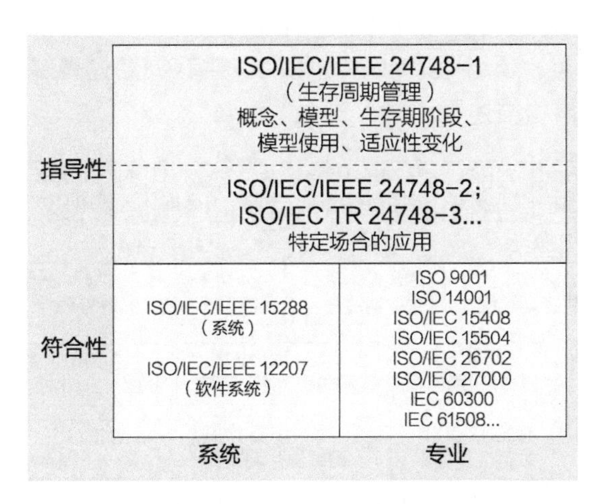

图 2－5　以 ISO/IEC/IEEE 24748－1 为顶层标准的生存周期管理标准体系

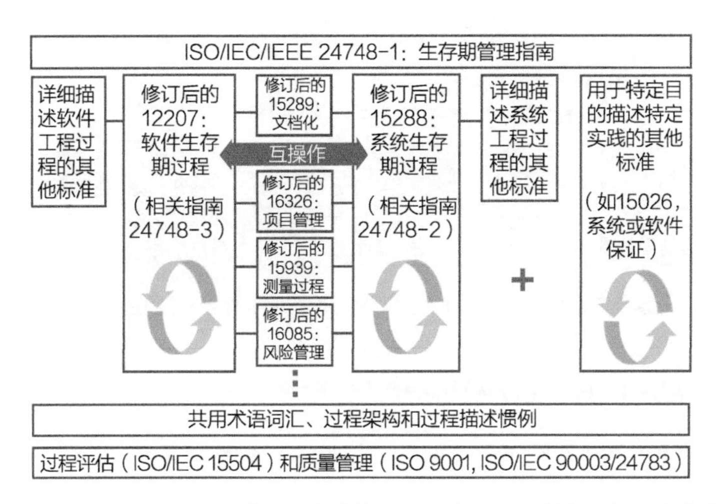

图 2－6　以 ISO/IEC/IEEE 24748－1 为顶层标准的 15288 和 12207 协调一致初步成果（2007 年）

ISO/IEC/IEEE 24748-1 标准有两个重要版本：ISO/IEC TR 24748-1：2010 和 ISO/IEC/IEEE 24748-1：2018。

作为 15288 标准和 12207 标准协调一致的阶段性成果，ISO/IEC TR 24748-1：2010

1）建立了生存周期相关概念和模型（详见 3.1 节），以及如何分别在 15288 和 12207 的场景下使用相应的生存周期模型。

2）详细比较了 12207 标准和 15288 标准的 2002 版和 2008 版，提供了版本过渡的建议。

3）为相应的生存周期模型提供一个过程参考模型，以方便使用新版 15288 和 12207 标准，并为其应用指南提供开发框架和使用建议。

4）提供了在特定项目、组织环境、领域、学科和专业中使用生存周期模型的建议。

与 ISO/IEC TR 24748-1：2010 相比，ISO/IEC/IEEE 24748-1：2018 进一步完善了生存周期相

关概念术语定义（详见3.1节）和共同框架，以及系统和软件生存周期管理的指南；支持在组织或项目中使用生存周期过程，以及与其他过程标准（如测量、项目管理和风险管理等领域的标准）的关系。

在此基础上，形成了面向系统工程和软件工程的生存周期管理标准体系（图2-7），包括基础和框架层（术语和分类、顶层框架和知识体系）、生存周期过程层、应用指南层、过程详述层、评估和治理层以及产出物描述层。

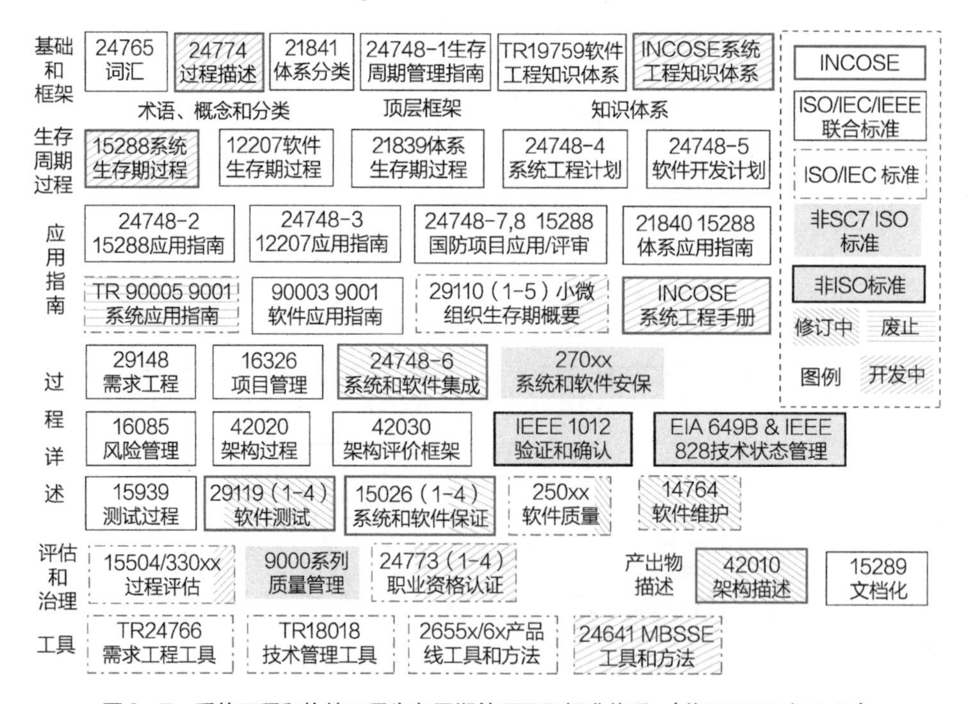

图2-7 系统工程和软件工程生存周期管理国际标准体系（截至2020年8月）

2.2 国外系统工程相关手册指南

本节重点介绍《INCOSE 系统工程手册》和《NASA 系统工程手册》。

2.2.1 《INCOSE 系统工程手册》

《INCOSE 系统工程手册》的版本变化情况见表2-3。

表2-3 《INCOSE 系统工程手册》的版本变化情况

版本	时间	变化描述及原理
草稿	1994	由洛克希德、TRW、诺格、福特航天、系统管理中心等国防/航天公司编制，具体很浓的美国国防特征，准备提交INCOSE进行评审
1.0	1998	被INCSOE正式批准发布，对系统工程过程进行了更新和更广泛的覆盖；更多的INCOSE成员作为作者加入进来；基于EIA 632（内部）版和IEEE 1220标准
2.0	2002	在功能分析等多个主题上进行扩展，此版本是CSEP考试的基础
2.0A	2004	在2.0版的基础上缩减25%的篇幅，仍具有很浓的美国国防特征

（续）

版本	时间	变化描述及原理
3.0	2006	基于 ISO/IEC 15288:2002，内容去掉了美国国防的重点，成为一个精简版本
3.1	2007	增加详细说明，提交给 ISO/IEC 考虑作为 ISO/IEC 的技术报告
3.2	2010	基于 ISO/IEC/IEEE 15288:2008，再次提交给 ISO/IEC 考虑作为 ISO/IEC 的技术报告
3.2.1	2011	根据 ISO/IEC 的审查意见进行修改完善，成为 ISO/IEC 技术文件（ISO TR 16337）
4	2015	基于 ISO/IEC/IEEE 15288:2015，并与系统工程知识体系手册（SEBoK）保持一致

2015 年 3 月 23 日，ISO/IEC/IEEE 15288:2015 通过投票，5 月 15 日正式发布。几乎与此同时，同年 7 月 16 日，《INCOSE 系统工程手册（第 4 版）》正式发行。

从《INCOSE 系统工程手册》的发展历程可以看出，从 3.0 版本开始，INCOSE 就与 15288 标准保持一致。《INCOSE 系统工程手册》已经分别针对 ISO/IEC 15288:2002、ISO/IEC/IEEE 15288:2008、ISO/IEC/IEEE 15288:2015 版本进行了及时的改版。这表明《INCOSE 系统工程手册》是对全球共识的系统工程知识进行的阐述和发展。

《INCOSE 系统工程手册》对 15288 标准进行了详细阐述，提出了操作方法，并引入了当前先进的技术和工具。因此，《INCOSE 系统工程手册》可作为国际通行系统工程标准的操作手册。

《INCOSE 系统工程手册》体现了 INCOSE 组织对系统工程理念、知识和实践的共识，它及时吸收了 INCOSE 各企业成员、个人成员和工作组的最新研究和实践成果。因此《INCOSE 系统工程手册》也体现了国际各行业对系统工程知识的共识，凝聚了各领域系统工程的最佳实践。

《INCOSE 系统工程手册（第 4 版）》的主要内容包括技术过程组、技术管理过程组、组织项目使能过程组和协议过程组，以及跨领域的系统工程方法、专业工程活动这几部分。对于过程组下的每个过程，按照统一的模板进行描述，包括输入、活动、输出、控制和使能项五个部分。

技术过程组从开发需要（Needs）和需求（Requirements）开始，用于定义系统的需求，将需求转化为有效的产品，而需要可以实现产品的重复生产，使用产品提供所需的服务，维持提供服务，当产品退役时弃置产品。它使系统工程师能够与其他专业的专家、系统相关方、操作者和制造者有效交互，以创建充分的需求集并在性能、环境、外部接口和设计约束规定范围内形成系统解决方案。如果没有技术过程组，那么项目失败的风险会非常高。

技术过程组包括 14 个过程（图 2-2）。相对于以前的系统工程标准，新增了业务或使命分析过程、设计定义过程和系统分析过程 3 个过程，用来强调技术活动与组织的关系，并更加重视技术实现方案。

技术管理过程组被用来建立和改进计划、执行计划、根据计划评估实际进展，并控制执行直到全部完成。单个技术管理过程可以在项目生存周期的任何时候以及任何层次被调用。本章所列的过程聚焦于与项目技术协调有关的过程。系统工程师眼中的生存周期是从产品概念到产品退役，项目经理眼中的生存周期是从项目开始到项目结束，两者虽有不同，但工作紧密相关。

技术管理过程组主要包括 8 个过程：项目计划过程、项目评估和控制过程、决策管理过程、风险管理过程、技术状态管理过程、信息管理过程、测量过程、质量保证过程。

组织项目使能过程组有助于确保组织的能力，通过启动、支持和控制项目来采办或供应产品或服务。本章聚焦于与实现系统相关的组织的能力，不包括通用的商业管理目标。组织可以裁剪这些过程。

协议过程组是帮助组织达成关于目标系统的关键商业活动。15288 标准的一个重要贡献是识别出系统工程师对达成协议的贡献。一旦启动一个项目，就可以定义采办和供应关系。当一个组织没有能力满足其要求时，就可以启动协议关系。当投资方希望以更经济、更及时的方式满足其需要时，也可以启动采办过程。协议过程组的一个独特活动是与合同和商业关系有关。

2.2.2 《NASA 系统工程手册》

20 世纪 40 年代，随着地对空导弹的研发成功，美国工业界逐渐形成了系统工程方法雏形。60 年代，美国阿波罗登月计划的成功实施，使得系统工程方法、项目管理理论相继问世，成为大型复杂技术项目研发的重要成功经验。但是 NASA 系统工程过程与要求体系的建立却始于 20 世纪 80 年代后期。20 世纪 80 年代挑战者号航天飞机失事后，美国宇航局（NASA）在反思中意识到，每一项宇航计划和项目都是一项艰巨而复杂的系统工程，如果没有一套完整、规范的关于系统工程过程与要求的规章、标准和手册，就很难保证任务的成功。因此，在 80 年代后期，由 NASA 总工程师直接负责和领导，开始了全面构建（制定）航天系统工程过程与要求的规章、标准和手册的工作，并在后续工作中不断修订、完善和发展（如系统工程手册经历 3 次修订），以此作为组织宇航计划和项目全生存周期活动的依据与准则，使全生存周期中的每一阶段工作和活动能有的放矢地开展，技术和产品也不断成熟，最终成功地完成了任务并满足了相关方的期望。

20 世纪 80 年代末，NASA 在组织内全面举办系统工程讲座，大多数人认为系统工程工作存在着不少未解决的问题，引起了 NASA 最高管理层的重视。在 1989 年的 NASA 系统工程教育会议上，马歇尔航天飞行中心以及其他中心的代表强烈要求，希望把各自的系统工程讲稿形成文件。

《NASA 系统工程手册》致力于为 NASA 全体人员提供有用的总体指导和相关信息，提供系统工程应用于 NASA 时的一般描述。手册的目的是提升全 NASA 对系统工程认知的一致性，并促进系统工程实践。手册提供了 NASA 相关的观点和特定用于 NASA 的数据。

1992 年 9 月，SP-610S《NASA 系统工程手册（第 1 版）》出版发行。从人们对第 1 版的反映中可以看出对这本手册有着强烈的市场需求。SP-610S 出版之后，有人认为其是“菜单”式的思考方式，开始担心并试图证明“菜单”式的逻辑思考是有危险性的。系统工程文件是从总结实际工作经验出发，制定成“菜单”式的系统工程文件，再将“菜单”式的系统工程文件应用于实际的工程。按照逻辑推理的观点，一个过程存在逻辑上的缺陷，即这个过程可能是不正确的，因为有时会忽略经验和通常的感觉。第 1 版的目的偏重于教学课程，但是专业人员更需要系统工程手册。

基于以上考虑，NASA 出版了 SP-610S《NASA 系统工程手册（第 2 版）》，1995 年 6 月，它代表了整个 NASA 最佳的想法。根据计划，第 2 版也包含了一些工程项目管理和计划控制的内容，这反映了系统工程、工程项目管理和计划控制 3 个学科领域的不可避免的有机联系。这本手册也将项目生存周期写进了系统工程过程改进任务报告《NASA 项目和计划的系统工程过程》（JSC-49040）。系统工程过程改进任务项目生存周期与《总系统项目和计划的管理》

（NMI7120.4/NHB 7120.5）协调一致，但是在系统工程方面更加详细。

自从1995年NASA发布SP-610S之后，在美国和国际标准的框架下，NASA的系统工程有了迅猛发展。借鉴了ISO9000和CMMI的思想和方法来改进产品研发和发布工作，以减少任务失败的影响。在系统工程方面的经验教训已经写入了NASA一体化行动小组的报告、哥伦比亚航天飞机事故调查委员会的报告。由此产生了NASA总工程师办公室提高NASA系统工程基础和能力的倡议，以获得更有效的NASA工程系统和生产更高质量的产品，进而实现任务的成功。此外，NASA建立了系统工程政策和要求。在这样的背景下，NASA总工程师办公室对《NASA系统工程手册》进行了修订和更新。

《NASA系统工程手册》当前最新的版本是NASA/SP-2016-6105 R2。修订后的手册将系统工程基本概念和技术带给NASA技术人员，以使他们认识NASA系统和NASA环境的性质。新版本的系统工程手册更新了系统工程的知识结构，提供了对了解当前NASA最佳实践的指导，并根据新的NASA系统工程政策修订了手册。

《NASA系统工程手册》的更新体现在两方面：自顶向下兼容NASA的高层政策和自底向上汇集NASA在本领域的从业者智慧。这种方法建立了科技情报与NASA系统工程过程之间的桥梁，便于在NASA内部更好地开展系统工程实践。这本修订后的手册还试图说明良好实践及方案的原则，而不是强调完成某个任务的特定方法。

2.3 我国系统工程相关标准指南

我国从20世纪70年代至今翻译出版的系统工程相关标准、指南和手册（部分）见表2-4。表中的标准、指南和手册大致可以分为以下五类：

1）对国外（主要是美国）系统工程指南和手册的引进、翻译和出版，包括20世纪80年代末90年代初引进美国国防系统管理学院的几版《系统工程管理指南》，以及近年来对《NASA系统工程手册》、《INCOSE系统工程手册》和《FAA系统工程手册》的引进。

2）借鉴国外指南和手册，结合行业实践和产品特点，定制开发的指南和手册，如《中国商用飞机有限责任公司系统工程手册》。

3）将国际标准转化为国家标准，包括GB/T 22032—2008等同采用ISO/IEC 15288:2002、GB/T 26240—2010等同采用ISO/IEC/IEEE 26702:2007、GB/Z 31103—2014等同采用ISO/IEC TR 19760:2003。

4）国内自主开发的系统工程相关国家标准、国家军用标准和行业标准，包括GB/T 28173—2011《嵌入式系统　系统工程过程应用和管理》、GJB 8113—2013《武器装备研制系统工程通用要求》、Q/QJA 692—2019《航天系统工程通用要求》。其中，Q/QJA 692—2019标准总结了我国航天实施系统工程的成功经验，充分借鉴了国内外系统工程标准的最新成果，提出了航天系统工程的定义、系统寿命周期、系统工程过程、系统工程管理、航天系统工程组织管理等内容，具有较强的创新性。

5）目前正在研发、即将发布的标准，包括《航空工业MBSE标准体系规划》中的23项标准和ISO/IEC/IEEE 15288:2015的国标化新版，以反映国内系统工程标准化工作的最新进展。

表2-4 国内系统工程相关标准、指南和手册（部分）

序号	标准代号/出版社	标准、指南和手册名称	备 注
1	国防工业出版社（1982）	系统工程和管理指南（A Guide to Systems Engineering and Management, 1976）	作者曾在洛马工作,五机部(前兵器部)1976年内部翻译该书
2	航空工业出版社（1988）	系统工程管理指南（1983年第1版，洛克希德导弹和空间公司）	等同于 Lockheed Missiles & Space Company, SE Management Guide (1983), Defense Systems Management College. Contract MDA 903-82-C-0339
3	GJB 897—1990	人-机-环境系统工程术语	被替代
4	国防工业出版社（1991）	系统工程管理指南（美国国防系统管理学院）	等同于 Booz, Allen & Hamilton Inc., SE Management Guide（1986）, Defense Systems Management College. Contract MDA 903-85-C-0171
5	航空工业出版社	美国系统工程管理	同上（1991）
6	宇航出版社（1992）	系统工程管理指南（防务系统管理学院）	国防科工委军用标准化中心译,武器装备研制管理译丛。等同于 AD-A223168 SE Management Guide（1989）, Defense Systems Management College
7	GJBZ 20221—1994	武器装备论证通用规范	共六部分，被替代
8	EJ/T 829—1994	核工业技术状态管理规范	
9	GB/T 16642—1996	计算机集成制造系统体系结构	废止,被替代。等同于 CEN ENV 40003:1990
10	GB/T 19017—1997	质量管理 技术状态管理指南	被替代。等同于 ISO 10007:1995
11	GJBZ 20488—1998	武器装备和军用设施 人-机-环境系统工程通用要求	
12	GJB 3206—1998	技术状态管理	被替代
13	QJ 3118—1999	航天产品技术状态管理	
14	GJB 3732—1999	航空武器装备战术技术指标论证规范	
15	GJB 3883—1999	舰舰导弹武器系统论证规范	
16	GJB 3660—1999	武器装备论证评审要求	
17	GB/T 18757—2002	工业自动化系统 企业参考体系结构与方法论的需要	被替代。等同于 ISO 15704:2000

（续）

序号	标准代号/出版社	标准、指南和手册名称	备　注
18	GB/T 18999—2003	工业自动化系统　企业模型的概念与规则	等同于 ISO 14258:1998
19	GJB 5283—2004	武器装备发展战略论证通用要求	
20	GJB 897A—2004	人-机-环境系统工程术语	
21	HB 7807—2006	航空产品技术状态（构型）管理要求	
22	GJB 5709—2006	装备技术状态管理监督要求	
23	GB/T 16642—2008	企业集成　企业建模框架	等同于 ISO 19439:2006
24	GB/T 18757—2008	工业自动化系统　企业参考体系结构与方法论的需求	等同于 ISO 15704:2000/Amd. 1:2005
25	GB/T 19017—2008	质量管理体系　技术状态管理指南	等同于 ISO 10007:2003
26	GB/T 22032—2008	系统工程　系统生存周期过程	等同于 ISO/IEC 15288:2002
27	GB/T 22454—2008	企业集成　企业建模构件	等同于 ISO 19440:2007
28	GJB 1909A—2009	装备可靠性维修性保障性要求论证	
29	GJB 6878—2009	武器装备作战需求论证通用要求	
30	GB/T 26240—2010	系统工程　系统工程过程的应用和管理	等同于 ISO/IEC/IEEE 26702:2007
31	GJB 3206A—2010	技术状态管理	
32	GB/T 28173—2011	嵌入式系统　系统工程过程应用和管理	
33	HB/Z 20002—2011	航空产品技术状态（构型）管理要求实施指南	
34	GJB 900A—2012	装备安全性工作通用要求	
35	电子工业出版社	NASA 系统工程手册	（2012）等同于 NASA/SP - 2007 - 6105 Rev1
36	GJB 8113—2013	武器装备研制系统工程通用要求	
37	机械工业出版社	INCOSE 系统工程手册: 系统生存周期流程和活动指南	等同于 INCOSE - TP - 2003 - 002 - 03. 2. 2 2011
38	GB/T 30999—2014	系统和软件工程　生存周期管理过程描述指南	等同于 ISO/IEC TR 24774:2010

（续）

序号	标准代号/出版社	标准、指南和手册名称	备 注
39	GB/Z 31103—2014	系统工程 GB/T 22032（系统生存周期过程）应用指南	等同于 ISO/IEC TR 19760:2003
40	GB/T 32423—2015	系统与软件工程 验证与确认	
41	GJB 2116A—2015	武器装备研制项目工作分解结构	代替 GJB 2116—1994
42	电子工业出版社	FAA 系统工程手册（2017）	等同于 FAA SE Manual v1.1 2015
43	机械工业出版社 (2017)	INCOSE 系统工程手册：系统生存周期流程和活动指南	等同于 INCOSE - TP - 2003 - 002 - 04 2015
44	上交大出版社	中国商用飞机有限责任公司系统工程手册 (2017)	民机系统工程与项目管理丛书
45	GJB 8892—2017	武器装备论证通用要求	共 28 个部分
46	GJB 9156—2017	装备论证仿真数据校核、验证与认证通用要求	
47	HB/Z 20045—2018	军机系统安全性分析指南和方法	
48	GB/T 36247—2018	基于模型的航空装备研制 企业数字化能力等级	
49	GB/T 36248—2018	基于模型的航空装备研制 数据交换	
50	GB/T 36249—2018	基于模型的航空装备研制 技术数据包	
51	GB/T 36250—2018	基于模型的航空装备研制 企业数字化能力等级评价	
52	GB/T 36251—2018	基于模型的航空装备研制 数据发放与接收	
53	GB/T 36252—2018	基于模型的航空装备研制 数字化产品定义准则	
54	Q/QJA 692 — 2019	航天系统工程通用要求	中国航天科技集团有限公司标准
55	待批稿	基于模型的航空产品系统生存周期管理	《航空工业 MBSE 标准体系规划》共 23 项标准：航空产品技术流程，需求管理方法，系统需求定义方法，需求定义规范……
56	GB/T 22032—2021	系统与软件工程 系统生存周期过程	等同于 ISO/IEC/IEEE 15288:2015

表2－4之所以说是部分列表，有如下考虑：

1）以ISO/IEC/IEEE 15288：2015为纲，与15288标准范围或目的相同或相似的中文版指南、手册和标准都被纳入其中。

2）系统工程技术过程组下的各个技术过程，只有验证和确认（V&V）过程有明确对应的国家标准；而武器装备论证可以作为需求相关技术过程的应用特例，表2－4选取了适用于所有武器装备论证的通用性国家军用标准和部分典型装备论证的行业标准。

3）对于系统工程技术过程组下的各个技术管理过程，表2－4只考虑了与技术过程密切相关的技术状态管理，列出了全部相关的国家标准、国家军用标准和行业标准；但对与风险管理相关的国家标准和国家军用标准，由于相关标准的内容与系统工程的关联性不强，表2－4未做考虑。

4）系统工程过程下的各专业活动，如六性，表2－4只考虑了系统工程技术过程密切相关的安全性，列出了通用装备和典型装备安全性的通用标准，对软件等专门领域的安全性标准未做考虑；对可靠性、维修性等其他六性相关标准未做考虑。

5）作为系统工程应用的三大领域（企业、产品、服务）之一，表2－4纳入了企业架构和企业建模的全部国内标准。

6）作为系统工程活动的工作成果之一，表2－4只列出了工作分解结构（WBS）最新版的武器装备通用国家军用标准，未列出早期版本和舰船、直升机等具体产品的相关国家军用标准以及航空、航天等相关行业标准。

对比附录C和表2－4，可以看出国内系统工程领域标准化工作的一些不足和改进方向。

例如，国内系统工程领域的标准化工作成果尚未形成体系，需求工程、体系工程、架构等领域尚无国家标准，部分现行国家军用标准和行业标准与ISO/IEC/IEEE 15288:2015（对应未发布的新版GB/T 22032）尚有不协调、不一致的地方，需要协同多方力量进一步加快对系统工程领域国外标准化工作及其成果的研究、应用、消化吸收和本土化。

国内系统工程领域的现有标准化工作成果与项目管理、质量管理等领域现有标准的接口和协调尚有进一步改进余地。例如，WBS是连接系统工程和项目管理的桥梁，即WBS是系统工程工作的输出，是项目管理工作的输入。但GJB 2116A—2015没能明确这一点。GJB 2116A—2015更多关注了WBS和下游项目管理等的关系，对系统工程相关方法在定义和构建WBS过程中所起的作用强调不够，对WBS与系统工程相关标准指南的关系关注不够。这个标准化方面的缺憾需要通过未来系统工程和MBSE的推广实施以及行业实践来补充完善。

诸如GB/T 32423—2015《系统与软件工程 验证与确认》《商飞系统工程手册》和《航空行业MBSE标准体系规划》等结合企业和行业具体实践而进行的标准化自主开发等亮点工作，在此不再赘述。

标准化工作的目的和本质，是简化（人类生产生活中）不断增长的复杂性。标准化工作的特点是需要不断克服过去形成的传统习惯。在某个时间点上看，遵照或参照标准指南完成规定动作，相当于作为基础的地板；而以探索创新的方式完成没有硬性规定的自选动作，相当于扩展顶棚的高度。从某个时间跨度上看，不断总结经验教训，形成标准和指南，用来指导工作，形成行业最佳实践，同时通过丰富复杂的客观实际来不断挑战、验证和确认标准和指南，提出修改完善的需求，这样构成了一个不断以地板为天花板提供支持并将天花板建构为地板的持续改进的闭环。

经过半个世纪的天花板和地板之间建构支持的发展演化，系统工程领域初步形成了比较完备的标准体系，为系统工程的研发、教学、推广和实施打下了坚实的基础。系统工程的应用领域从人工物理系统（类似于常说的技术系统）向人工抽象系统（如商业系统、法律、政治等）、进而向更广泛的人工系统和社会系统挺进，开始关注社会、经济、生态环境等人类可持续发展的重大议题，正在成为新一轮科技革命和产业革命所导向的智能社会所需的若干基础设施（如物联网、赛博物理系统、智能制造等）的关键使能技术。

对于国内高校、研究机构、企业和IT厂商而言，系统工程的研发、教学、推广和实施与欧美先进水平相比还有很大差距，这在系统工程领域标准化工作的推进和成果上也有所体现。系统工程相关能力的提升本身就是个系统工程，与人才培养、技术发展水平和市场需求等工业基础能力密切相关，没有捷径可走。如果说有所谓的捷径，那么借鉴欧美在系统工程领域标准化方面的成果和最佳实践，应该是国内系统工程业界同仁的必由之路。

鉴于15288标准是系统工程领域的顶层标准，本书以该国际标准2015年最新版为框架，组织和展开全书内容。与INCOSE和NASA现有的系统工程手册相比，本书通过专业的分析和丰富的案例，提供15288标准的深度解读和实施指南。

参考文献

[1] 松浦四郎. 工业标准化原理［M］. 熊国凤，薄国华，译. 北京：技术标准出版社，1981.

[2] SEBOK. Guide to the systems engineering body of knowledge［EB/OL］.（2018－06－22）［2019－04－20］. https://www.sebokwiki.org/w/index.php?title=Guide to the Systems Engineering Body of Knowledge（SEBoK）&oldid=54557.

第 3 章　系统生存周期的模型及应用

Chapter Three

本章辨析了系统生存周期、阶段、过程等关键概念和系统生存周期的多维特征，明确了系统工程过程，特别是系统工程的技术过程可以并应该应用于系统工程生存周期的各个阶段，介绍了系统生存周期模型的典型应用。

生存周期，在工程领域也称为生命周期或寿命周期。鉴于 15288 标准及相关标准讨论的主体是没有生命的人工系统（Man - made System），因此本书将相关标准（指南和手册）中提到的“Life Cycle”这一术语对应的中文名称确定为生存周期，而不是生命期或生命周期。而且系统工程领域现有的三个国家标准的名称中用的也是生存周期：GB/T 22032—2008《系统工程　系统生存周期过程》，GB/T 30999—2014《系统和软件工程　生存周期管理　过程描述指南》，GB/Z 31103—2014《系统工程 GB/T 22032（系统生存周期过程）应用指南》。有了系统生存周期的相关概念和模型，就可以从宏观、全局的角度来考虑人工系统及其与环境的关系，在生存周期内有序、充分地满足相关方的需要。

3.1 系统生存周期相关概念辨析

ISO/IEC/IEEE 15288:2015 标准的名称是《Systems and Software Engineering — System Life Cycle Processes》，《INCOSE 系统工程手册》的英文名称是《Systems Engineering Handbook — A Guide for System Life Cycle Processes and Activities》。本书第一章重点介绍和辨析了“系统工程”的概念，在进一步展开本书内容之前，本章有必要先对上述标准手册名称中的生存周期（Life Cycle）、过程（Process）和活动（Activity）等概念进行辨析，理清它们之间的关系。

ISO/IEC/IEEE 15288:2015 和 ISO/IEC/IEEE 24765: 2017 对生存周期（Life Cycle）、生存周期模型（Life Cycle Model）、生存周期过程（Life Cycle Processes）、过程（Process）、过程目的（Process Purpose）、过程成果（Process Outcome）、过程参考模型（Process Reference Model）、过程评估模型（Process Assessment Model）、项目阶段（Project Phase）、（系统生存周期）阶段（Stage）、活动（Activity）、任务（Task）等术语做了明确定义，见附录 A。

从 ISO/IEC/IEEE 15288:2015 标准和上述术语定义中可以得到两点推论。

1）新版 15288 标准和 ISO/IEC JTC1/SC7 下辖的其他生存周期管理和软件工程过程标准中的过程定义（见图 3 - 1）与 IDEF0 方法（ISO/IEC/IEEE 31320 - 1:2012）中的活动元模型定义（见图 3 - 2）等价。

2）可以建立图 3 - 3 所示系统和软件生存周期管理标准体系（图 2 - 7）过程相关基础概念的本体模型，有助于理解各标准之间的底层内在联系和贯彻实施相关标准。限于篇幅和本书主题，图 3 - 3 是各部分的简化模型（过程管理和评估相关的很多概念没有包括其中），图中粗实线代表继承和泛化关系，细实线代表属性关系，虚线代表实例关系。

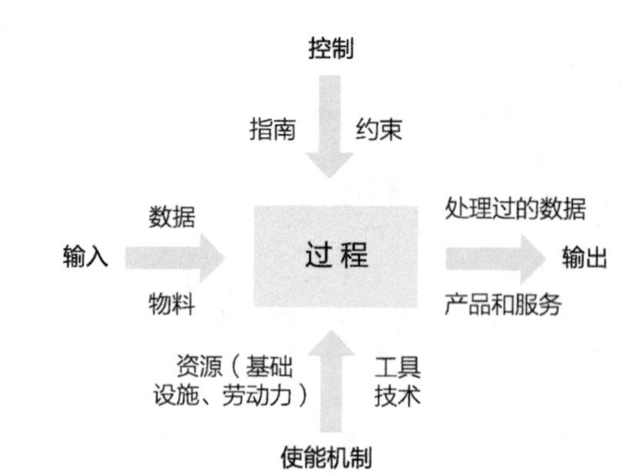

图 3－1　新版 15288 标准中的过程（Process）元模型

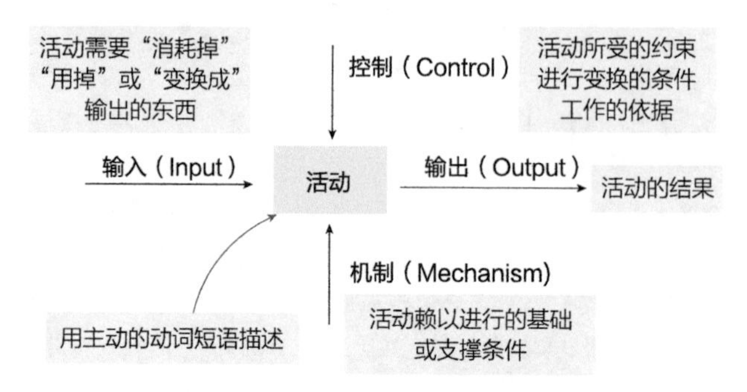

图 3－2　IDEF0 方法的活动元模型

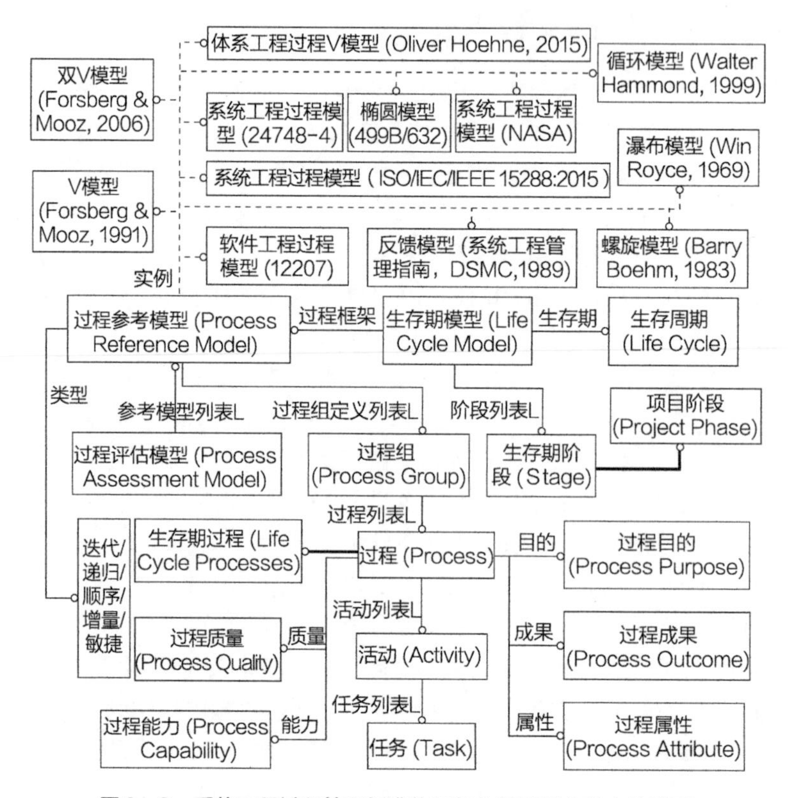

图 3－3　系统工程过程管理标准体系部分基础概念的本体模型

3.2 系统生存周期模型的多维特征

由 ISO/IEC/IEEE 15288:2015 标准对生存周期模型的定义和图 3－3 的术语概念本体模型可以得出一个重要结论：生存周期模型的两个属性——过程框架（指向过程参考模型）和阶段列表（指向生存周期阶段）是两个独立变量，即某个生存周期选定的过程参考模型要应用于该生存周期的各个阶段。例如，系统工程过程与系统生存周期阶段是两个不同的互相正交的维度。

这一结论有何现实的工程意义呢？长期以来，人们对产品设计和制造，特别是复杂产品生存周期中的设计和制造活动有个误解——认为产品设计活动只发生在产品生存周期的早期阶段，如立项论证或需求分析、概念设计和详细设计阶段；产品制造活动只发生在产品生存周期的中期阶段，如工程研制和生产阶段。但真实情况是，设计和制造，尤其是设计，是贯穿产品生存周期的活动，而不仅仅局限于产品生存周期的某个阶段，对于复杂产品更是如此。例如，在立项论证阶段的验证机试制、工程研制阶段的工艺设计和工装设计、使用维护阶段的维修性改进设计等。造成这一误解的根本原因是，把产品的设计制造和生存周期简单化地看成是沿时间轴的一维线性串行活动，混淆了产品由无到有由生到死的、物的成熟度不断提升的过程（生存周期阶段）和在产品生存周期中各相关方、特别是研发人员不断解决各种问题的人的思维过程（过程参考模型）。

例如，在美国国家航空航天局（NASA）的系统研发流程中（图 3－4），也同时表示系统生存周期阶段与系统工程过程两个维度。其中，图中顶层部分描述了系统生存周期阶段及项目评审（项目转阶段评审）活动，反映了从概念探索到系统退役的项目演进阶段和关键决策点。中间部分描述了每个阶段的技术开发过程及主要的系统评审活动。系统工程技术过程从 A 前阶段到 D 阶段进行 5 次递归，C－D 阶段将一个系统工程技术过程分为两部分，由虚线框标出。A 前阶段、A 阶段和 B 阶段迭代执行相同的技术过程，逐步提高系统定义的成熟度等级。图中最下部分描述每个阶段的 8 个技术管理过程，系统工程技术管理过程从 A 前阶段到 F 阶段递归使用 7 次。

早在 20 世纪 60 年代，伴随系统工程在曼哈顿计划、阿波罗登月等重大项目上的成功实践，美国工程界总结了系统工程的理论和方法，提出了后来大家熟知的“硬系统”方法论。其中的重要标志是：1962 年，霍尔（Arthur D · Hall）出版了《系统工程方法论》（*A Methodology for Systems Engineering*）一书，强调要把系统工程看作一种解决实际问题的程序，用形态分析的方法把系统生存周期阶段和问题求解的逻辑步骤分成两个维度，用时间维和逻辑维的二维形态分析矩阵定义和组织系统工程活动。1969 年，霍尔提出了系统工程的三维形态分析模型，即霍尔模型（图 3－6）。

霍尔从时间、逻辑和知识三个维度来描述了一个系统工程项目。

（1）时间（阶段）维 从时间的角度，项目分为七个阶段：项目集规划或组合设计、项目计划和初步设计、系统开发或实施项目计划实现、生产或建造、发布上线、运行或使用、退役下线。

（2）逻辑（步骤）维 对于每一个阶段，都要按若干个步骤来解决问题。霍尔列出了七个步骤：问题定义、价值系统设计、系统综合、系统分析、优化、决策、行动计划。

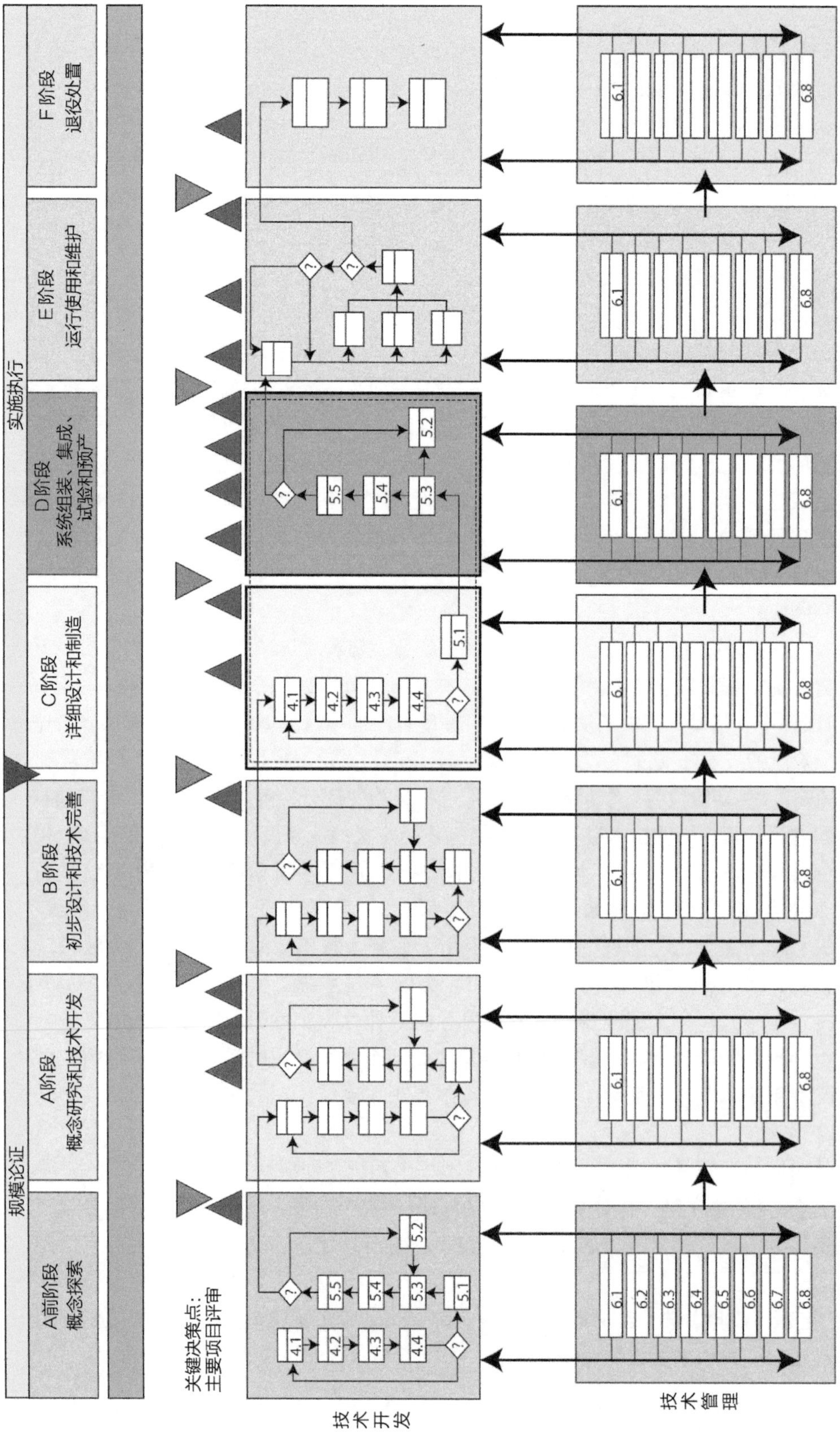
规模论证
实施执行
A前阶段
概念探索
A阶段
概念研究和技术开发
B阶段
初步设计和技术完善
C阶段
详细设计和制造
D阶段
系统组装、集成、
试验和预产
E阶段
运行使用和维护
F阶段
退役处置
关键决策点：
主要项目评审
技术开发
技术管理
4.1
4.2
4.3
4.4
5.1
5.2
5.3
5.4
5.5
6.1
6.2
6.3
6.4
6.5
6.6
6.7
6.8

图3-4 系统工程过程在项目生存周期不同阶段的循环

对于系统工程过程，它们在应用时可以进行迭代和递归。迭代和递归是过程的两种基本属性，在技术过程中，存在大量的迭代与递归现象。

复杂系统往往可以分解为不同的层级结构，不同层级的问题往往具有逻辑上的一致性或相似性，可以使用相同的过程来解决问题，这就是过程的递归。递归是为了通过层层分解细化使问题得到解决。如图 3 -5 所示的系统工程双 V 模型，在架构 V 的系统层、子系统层以及最底层技术状态项层，系统工程技术过程基本一致，这就是系统工程过程在系统架构各层级上的递归。通过过程递归，让复杂系统逐层分解细化并最终定义和实现系统对象。

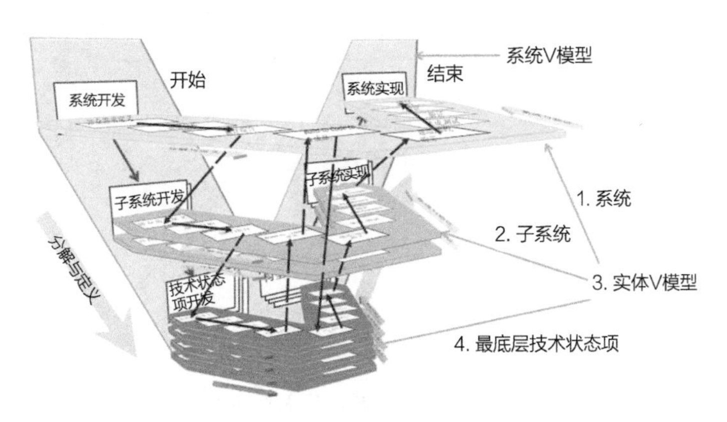

图3-5　系统工程双 V 模型

迭代是为了应对需求的不确定性和不稳定性，让待解决问题能够得到更好的结果，针对同一个对象或事物，将已经做过的过程重新再做一遍或部分重做。迭代是工程实践中不可避免的事，这也符合事物发展过程的正常规律。在迭代过程中需要重点关注的，一是控制系统状态，二是控制迭代规模。

迭代可能在很多情形下发生，可以是在同一个层级中的迭代，也可以是跨层级的迭代，还可以是跨项目阶段的迭代。只要是针对已经做过的同一个对象再做一次都属于迭代。理想的迭代应不跨层级、不跨项目阶段，在同一个项目阶段、同一个项目层级内将问题解决好。因为迭代就意味着重复的劳动，这会带来额外的成本以及开发周期的延长。

在工程实践中，需要加强里程碑管理以减少跨阶段的迭代。不能让“迭代”成为轻率搁置问题的接口。已经发现问题或预测到可能发生问题的事项，就应该在该里程碑前处理掉。让多数迭代在某一阶段内进行，尽量减少跨阶段（跨里程碑）迭代的规模，使不同阶段的研发活动相对隔离，避免不同阶段之间过多的相互干扰。

（3）知识（专业）维　系统工程可以应用到许多领域，在上述二维结构的基础上增加第三维——专业维，表示学科领域的形式化、结构化递减关系，形成系统工程三维结构。1969 年发表的霍尔模型原版如图 3 -6 所示。

逻辑维和时间维将各时间阶段和逻辑步骤综合起来，形成所谓的系统工程二维活动矩阵（表 3 -1），是系统分析和设计的有效工具，为解决大型复杂系统的规划、组织和管理提供了一种统一的思想方法，因而得到广泛应用。

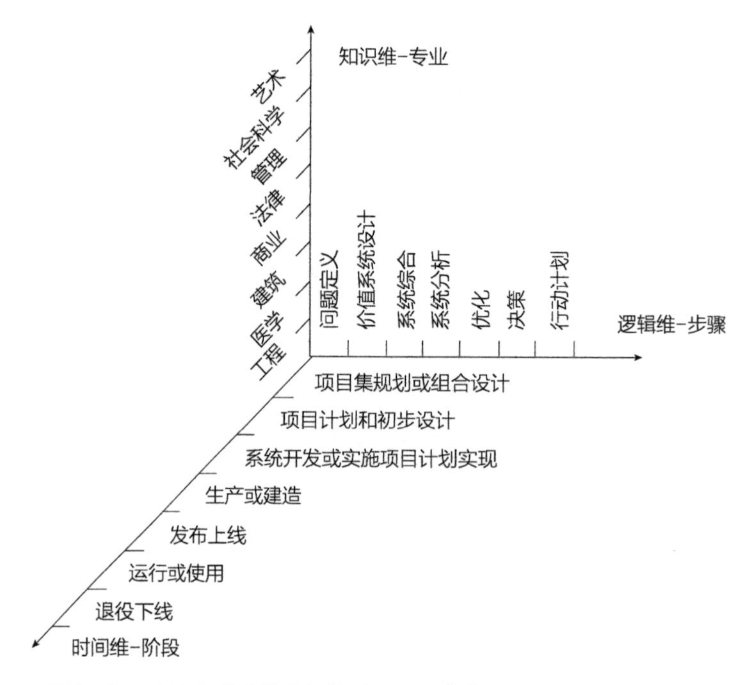

图 3-6　1969 年发表的霍尔模型原版（来源：Arthur David Hall Ⅲ）

表 3-1　霍尔模型的系统工程二维活动矩阵

时间维	逻辑维						
	明确问题	确定目标	系统综合	系统分析	系统评价	决策	实施
规划阶段	a_{11}	a_{12}					a_{17}
方案制定阶段	a_{21}						
开发研究阶段	a_{31}						
生产制造阶段				a_{44}			
安装实施阶段							
运行阶段	a_{61}						a_{67}
更新改进阶段	a_{71}	a_{72}				a_{76}	a_{77}

图 3-7 所示为基于霍尔模型的系统工程超细结构，它显示了开展系统工程活动的全过程。它以步骤维的七个步骤为一个循环周期（一个阶段），经过多次循环而汇聚为一个理想的系统。

霍尔模型提出的分别按照阶段和步骤的角度来循序渐进地构建系统的思路，将系统工程过程按逻辑维（人和组织分析问题 - 解决问题的维度）和时间维（物演化成熟的维度）严格分开；把产品研发的一维线性过程，增加了一个维度，变成了二维平面。增加一个维度意味着看待问题或系统视角的改变，利用空间和新特征来寻找解决问题和系统增值的机会，使得霍尔模型成为传统系统工程方法和模型的基础。

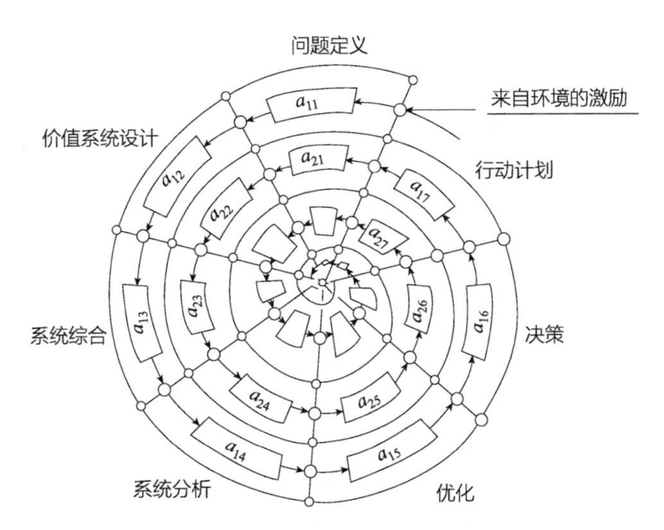

图 3-7　基于霍尔模型的系统工程超细结构

如果把人们建立的产品研制和生存周期管理的各种模型看作一个系统，那么霍尔模型应用形态分析就是将系统工程过程模型由一维变二维、由二维变三维，使得系统生存周期管理模型系统内的研制人员的思维过程模型和研制对象的系统成熟度演进模型两个子系统之间，以及模型系统和超系统环境（模型系统的应用对象——系统研制实践和研发体系建设等）之间的相互作用及其属性达到最佳匹配状态。

基于霍尔模型，美国国防部于 1974 年正式发布了系统工程标准 MIL-STD-499A，1994 年该标准升级为 MIL-STD-499B（图 3-8）。

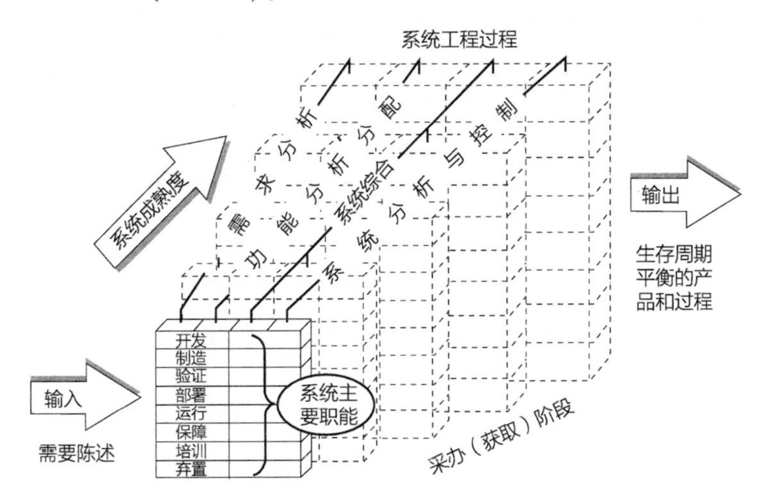

图 3-8　MIL-STD-499B（系统工程过程在系统生存周期阶段的应用）

因此，在系统生存周期和系统工程技术过程的关系描述中，不能仅仅使用描述系统工程技术过程的实体 V 模型从左至右推进来说明阶段和成熟度划分，这是两个不同维度的事物。在每一个生存周期阶段，都有一次系统工程技术过程及技术管理过程在不同的细节程度和成熟度上的递归应用。

以霍尔模型为代表的传统系统工程方法在 20 世纪欧美各国航空航天、国防军工行业和我国航天行业都取得了广泛的成功应用，但在世纪之交，传统系统工程遇到了巨大挑战：信息技术和网络技术的迅猛发展极大地增加了各种人工系统的复杂程度，彻底改变了人类的战争模式和生活方式，使得靠以霍尔模型为核心、基于文档的传统系统工程方法已无法掌控这种复杂性。

以霍尔模型为核心、基于文档的传统系统工程方法缺乏有效的技术手段支持复杂产品和系统由需求到功能的转换和分解、需求及设计变更的追踪管理、涉及多学科领域团队和系统元素间交互指数级增长的界面接口/设计方案量化表达、权衡优化和沟通决策以及设计方案对相关方需求的验证确认（V&V），造成系统集成验证时出现大量的诸如发热、振动、电磁干扰等不期望的故障效应（图3－9）。这时，霍尔模型的系统工程二维活动矩阵变成了缺乏有效沟通交流的抛墙式的篱笆墙网格。

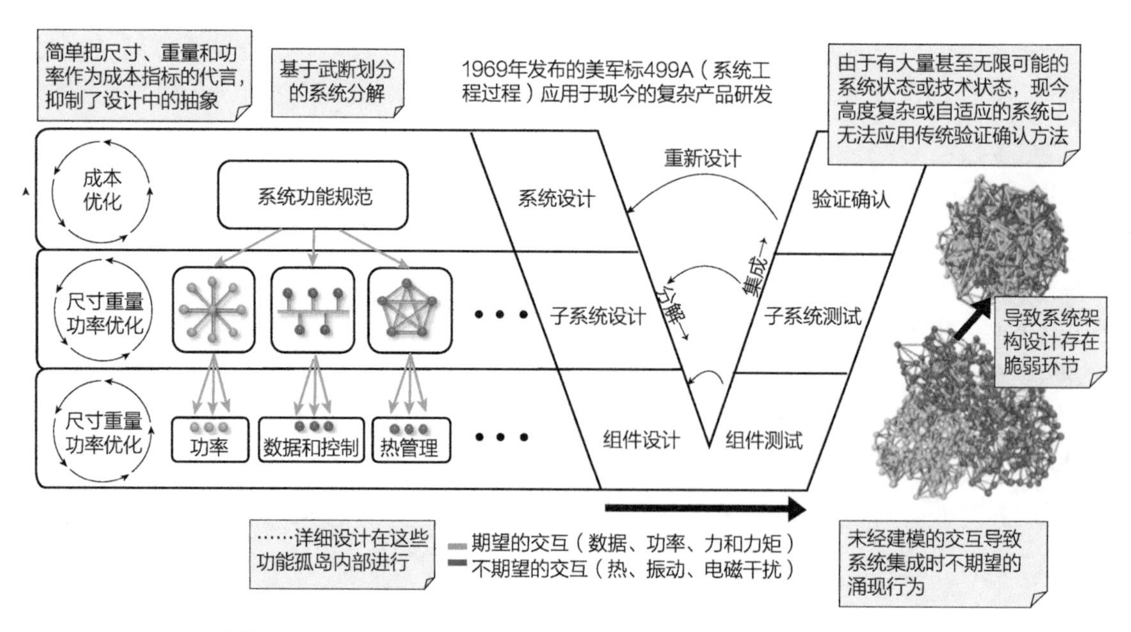

图3－9 传统系统工程方法应用于复杂产品和系统研发时面临的技术困难（来源：DARPA）

世纪之交，基于模型的系统工程（Model-Based Systems Engineering，MBSE）作为新一轮科技革命和产业革命条件下复杂产品研制和生存周期保障的全新研发范式，登上了历史舞台。作为一种形式化的建模方法学，MBSE为了应对基于文档的传统系统工程工作模式在复杂产品和系统研发时面临的挑战，以逻辑连贯一致的多视角系统模型为桥梁和框架，实现跨领域模型的可追踪、可验证和动态关联，驱动人工系统生存周期内各阶段和各层级内的系统工程过程和活动（表现为过程参考模型），使其可管理、可复现、可重用，进而打破专业壁垒，破解设计和工艺、研发和制造、研制和使用维护的分离，极大地提高沟通协同效率，实现复杂产品和系统研发的企业内各专业部门间、供应链扩展企业各成员单位间以及客户与研制方之间的信息共享和协同，实现以模型驱动的方法来采集、捕获和提炼数据、信息和知识。

MBSE新范式对基于霍尔模型的传统系统工程方法和过程提出了新要求，即如何对霍尔模型进行修订发展，以适应系统工程新范式的需要。

由于MBSE新范式的引入，企业信息化建设中顶层的基于MBSE的系统工程过程子系统和底层的数据管理与信息协同子系统将分别成为复杂产品研制的跨业务、跨组织、跨地域协同工作平台的“中枢神经系统”和“经络系统”。于是霍尔模型的系统工程二维活动矩阵构成的篱笆墙网格，将拓展为横跨系统生存周期、系统工程全过程和企业智力资产价值链全过程的三维协同空间。

基于此，安世亚太公司的段海波博士对原霍尔模型进行了修改、扩展和抽象，用 DIKW（数据－信息－知识－智慧）的认知维替换知识（专业）维，将时间（阶段）维改为系统维，将逻辑（步骤）维抽象逻辑维，将时间的概念引入上述三个维度，得到了系统生存周期模型的一个通用框架（图 3－10）。

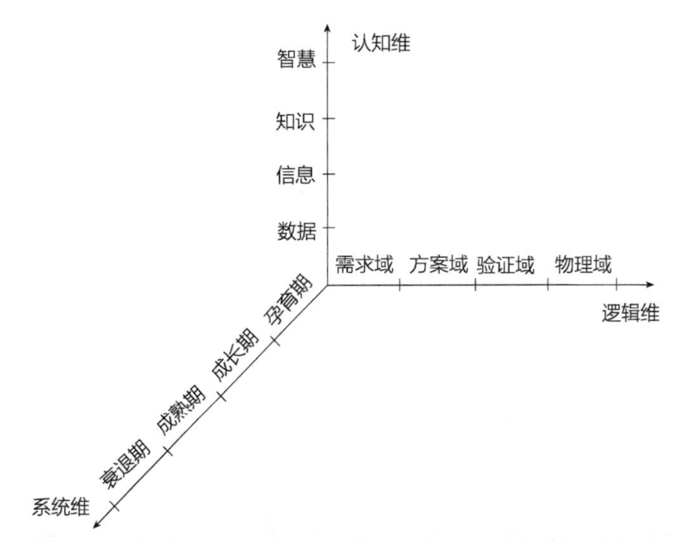

图 3－10 对霍尔模型扩展抽象后得到的系统生存周期模型通用框架

系统维是系统生存周期模型的阶段属性或称系统生存周期阶段模型，保证组织做正确的事。系统维是面向外部客户、聚焦在移交给客户的产品或服务的主流程，是物的维度。这一维度箭头的含义是，伴随时间流逝所关注人工系统（SoI）本身的成熟度（Readiness）的提升。本书所讨论的系统或项目生存周期（Stage 或 Phase），对应于系统维。

逻辑维是系统生存周期模型的过程框架属性，即过程参考模型所代表的系统工程的核心技术过程和活动，保证组织正确地做事。逻辑维是面向组织内部、聚焦在系统工程过程执行和管控的辅流程，是事的维度。这一维度箭头的含义是，伴随时间流逝，系统过程能力（Capability）成熟度（Maturity）的提升。本书所重点讨论的各种系统工程过程和过程组，对应于逻辑维。

认知维是 DIKW 的认知流，反映了人和组织智力层次结构在 MBSE 新范式的助力下价值递增的顺序，对应技术管理过程组和组织性项目使能过程组。认知维记录了主观世界认识和改造客观世界的认知过程和结果，关注组织能力建设和个体自身成长，是人的维度。这一维度箭头的含义是，伴随时间流逝，组织和个人能力（Competency）成熟度（Maturity）的提升。

这样，霍尔模型扩展后得到的系统生存周期模型通用框架中三个维度的箭头都有了实际的业务意义。特别是，从知识维到认知维的变化，不但克服了霍尔模型原知识维存在的抽象性、严肃性、普适性、指导性和实操性的问题，而且可得到更多有益的启示。

DIKW 的认知维为系统生存周期管理模型系统补全了控制装置和度量装置，让系统工程技术管理过程组和组织性项目使能过程组在基于 MBSE 新范式下的系统生存周期模型通用框架内有了用武之地。

基于霍尔模型的传统系统工程过程的媒介是文档，无法起到对系统工程过程的控制和度量功能，需要的人的全面参与；而在通用框架下，由于模型的一致性、动态关联等特性和相关 IT 工具的支持，人的参与在减少，系统生存周期管理模型系统可以依靠自身完成部分控制和度量功能，而且效率比基于文档的传统模式大幅提高。模型替换文档成为系统工程新范式的沟通媒介后，沟通的频率和有效性大幅提高，后期返工大幅减少，因而信息/能量传递损失大幅减少，系统生存周期管理模型系统的信息/能量传递效率大幅提高。

为进一步提高信息/能量传递效率，减少各领域模型间沟通、格式转换、互操作的信息/能量转换损失，系统生存周期全过程的信息表达交换和共享标准、本体工程、以架构为中心的模型管理、系统生存周期全过程数据协同中枢等各种以一种能量场贯穿整个模型系统工作过程的努力应运而生。

这一系统生存周期模型通用框架的第三维——**认知维**，目前尚未反映在图 3 - 3（系统工程过程管理标准体系部分基础术语概念的本体模型）中，也未反映在图 2 - 7（面向系统工程和软件工程的生存周期管理标准体系）中，但在附录 C（国外系统工程标准指南手册列表）中已有所体现，即以 ISO 10303 - 233：2012 为代表的系统工程相关数据标准以及相关新标准的研发制订。可以预见，为迎接将霍尔模型的系统工程二维活动矩阵构成的篱笆墙网格拓展为横跨系统生存周期、系统工程全过程和企业智力资产价值链全过程的三维协同空间这一新趋势，系统工程相关的两个标准化组织 ISO/IEC JTC 1/SC 7 和 ISO TC 184 将进一步协同工作，构建满足图 3 - 10所示系统生存周期模型通用框架需求的更加系统化、更加复杂多维的标准体系和术语概念本体模型。

将图 3 - 10 中的系统生存周期模型通用框架按照各维度的分类分形特性进一步实例化，得到可以指导系统工程实施和企业研发实践的系统生存周期模型通用框架实例化的三维模型（图 3 -11）。

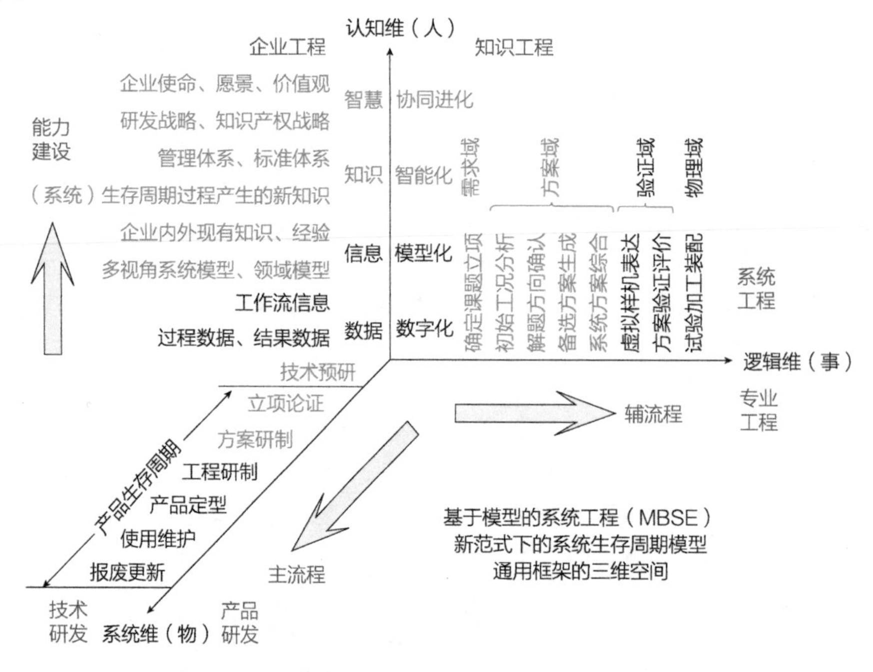

图 3 - 11　系统生存周期模型通用框架实例化的三维模型

3.3 生存周期阶段模型

生存周期阶段用来了解和管理在创建或使用系统时与成本、进度和功能相关的不确定性和风险。不同的生存周期阶段有不同的目标，描述了该系统在其生存周期中的主要进展和对整个生存周期产生的不同贡献。这些阶段提供了一个框架，这个框架内具有对项目和技术过程的高层视野和控制能力。

根据 ISO/IEC/IEEE 24748－1:2018，典型的系统生存周期阶段包括概念、开发、生产、使用、保障和退役。表3－2对各典型系统生存周期阶段进行了描述和说明。

表3－2　典型的系统生存周期阶段

生存周期阶段	目　的	决策选项
概念	定义问题空间：探索性研究，方案选择；刻画解决方案空间；明确相关方要求；探索想法和技术；优化相关方要求；探索可行的方案；提出可行的解决方案	开始后续阶段 继续当前阶段 转到或重启前一阶段 暂停项目活动 终止项目
开发	定义/优化系统需求；创造解决方案描述——架构和设计；实现初步的系统；集成、验证和确认系统	
生产	生产系统；审查和验证	
使用	操作系统来满足用户需要	
保障	提供可持续的系统能力	
退役	存储、归档或弃置系统	

图3－12对比了典型行业和产品的系统生存周期阶段模型，包括中美武器装备研制阶段划分对比，中美导弹装备研制阶段划分对比，以及波音、空客、庞巴迪和欧洲直升机公司的民用航空器研制阶段划分对比。图3－13给出了典型领域的生存周期阶段模型。

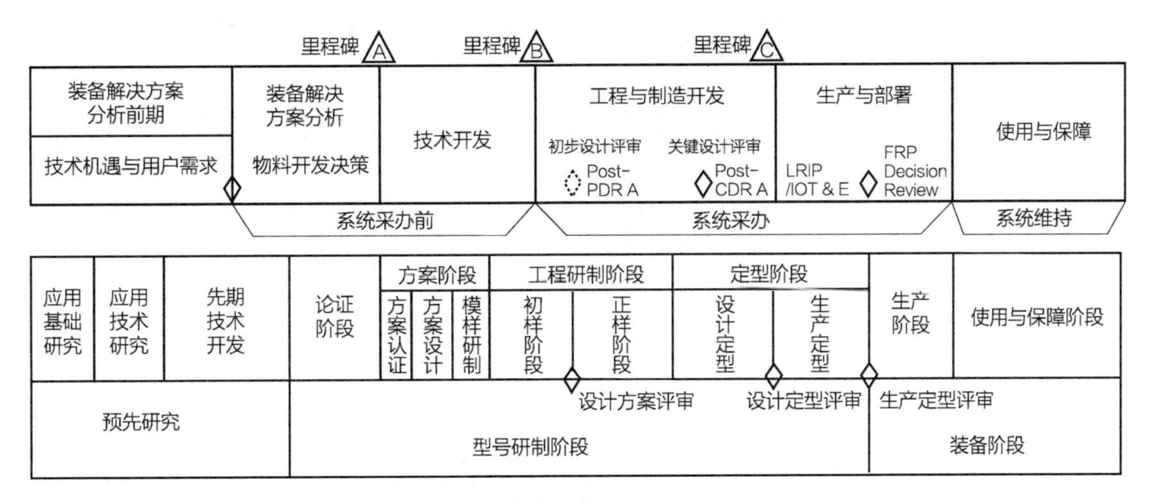

a）中美武器装备研制阶段划分对比

图3－12　典型行业和产品的系统生存周期阶段模型示例

阶段划分	中国武器装备				美国武器装备		
	地地导弹	飞航导弹	地（舰）空导弹	空间项目	战略导弹	弹载核武器	空间项目
阶段 1	任务需求分析阶段				研究阶段	方案研究阶段	0 阶段
阶段 2	可行性论证阶段				探索性发展阶段	可行性研究阶段	A 阶段
阶段 3	方案设计阶段					工程发展阶段	B 阶段
阶段 4	初样	初样	独立回路弹和地面设备初样	初样	高级发展阶段		
阶段 5	试样	试样	闭合回路弹和地面设备试样	正样	工程发展阶段（全面工程发展阶段）	生产工程阶段	C 阶段
阶段 6							D 阶段
阶段 7	设计定型（鉴定）阶段		在轨测试		生产阶段	首批生产阶段	E 阶段
阶段 8	试生产阶段						
阶段 9	批生产阶段					批生产和贮存阶段	
阶段 10	使用改进阶段						
阶段 11	退役阶段					退役和处理阶段	

b）中美导弹装备研制阶段划分对比

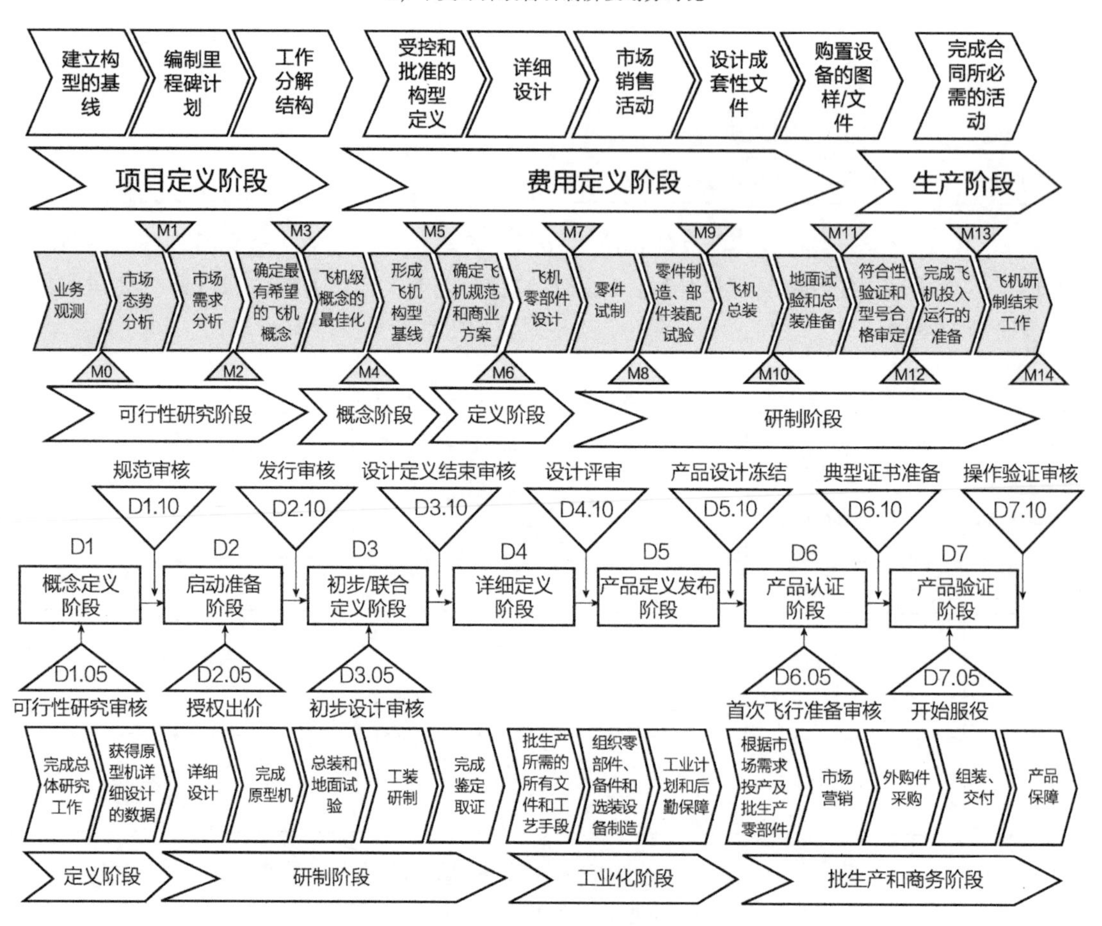

c）民用航空器研制阶段划分对比

图 3－12　典型行业和产品的系统生存周期阶段模型示例 （续）

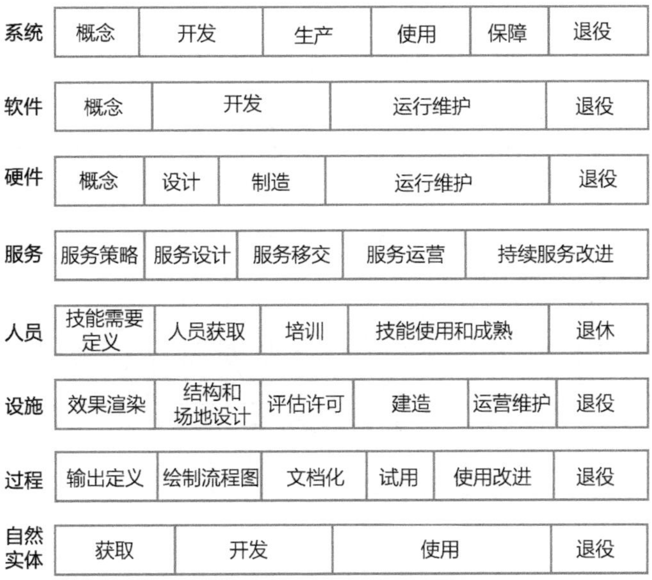

系统
概念
开发
生产
使用
保障
退役
软件
概念
开发
运行维护
退役
硬件
概念
设计
制造
运行维护
退役
服务
服务策略
服务设计
服务移交
服务运营
持续服务改进
人员
技能需要定义
人员获取
培训
技能使用和成熟
退休
设施
效果渲染
结构和场地设计
评估许可
建造
运营维护
退役
过程
输出定义
绘制流程图
文档化
试用
使用改进
退役
自然实体
获取
开发
使用
退役

图 3-13　典型领域的生存周期阶段模型

需要注意的是，虽然生存周期阶段对应图 3-10 或图 3-11 的系统维，但是，随着技术发展和经验积累，其实现形式发生了变化。这里所提的生存周期阶段的划分并没有绝对一致的原则使其相互对齐，某些阶段可以相互重叠，这些阶段也并不一定在时间顺序上相继发生。例如，ISO/IEC/IEEE 24748-1:2018 列举了一个生存周期阶段模型（图 3-14），可以看出，各阶段之间并不是简单的顺序传递关系，使用阶段和保障（支持）阶段通常是并行进行的。在并行工程的过程模型中，概念、开发、生产等阶段的关系也是并行的。

开发
迭代和递归可以
在所有路径发生
概念
生产
使用
退役
保障

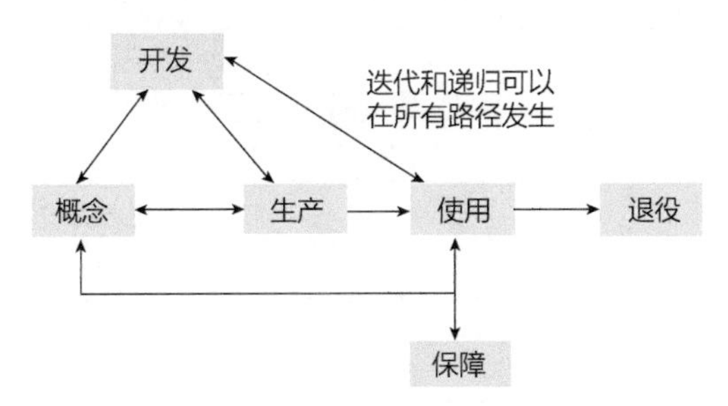

图 3-14　相互重叠的生存周期阶段模型示例

生存周期阶段内部的过程属于图 3-10 或图 3-11 的逻辑维，特定过程与特定的生存周期阶段并没有对应关系。相反，根据项目的范围和复杂性，在生存周期的每个阶段，应适当考虑和应用完整的系统工程过程集。图 3-15 示意了生存周期阶段和生存周期过程之间的关系，从一个侧面再次说明生存周期模型的两个属性——生存周期过程和生存周期阶段是两个相互独立的变量和正交的维度，即某个生存周期选定的过程参考模型要应用于该生存周期的各个阶段，即使某些过程在某些阶段的应用频率很低。

图 3－16 所示为生存周期阶段模型在目标系统及其各个使能系统中应用交互的示例。图 3－17可以认为是美国国防部装备采办综合框架（完整图可参考配套资源）的简化示意，即系统工程过程在武器装备生存周期内的循环应用示意。

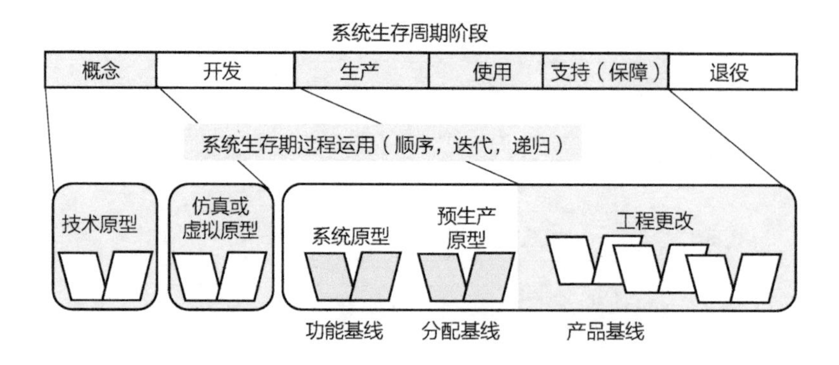

图 3－15　系统工程过程在系统生存周期各阶段的应用示意

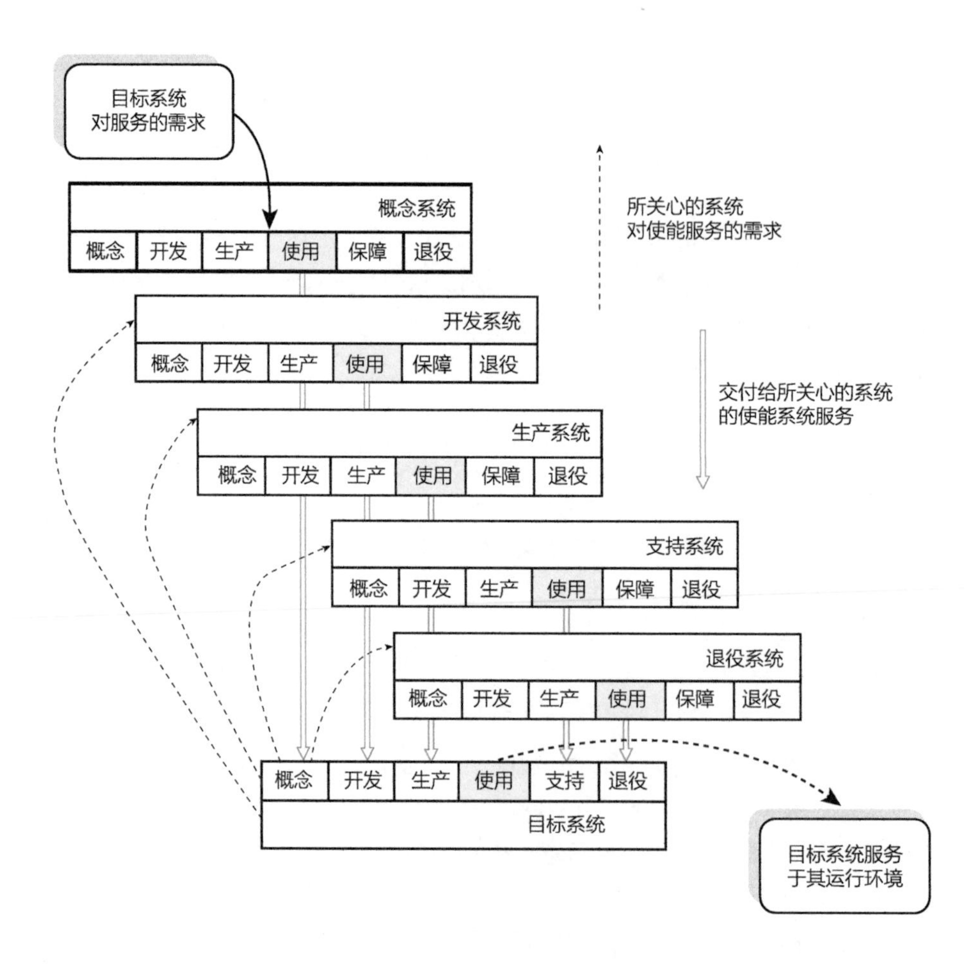

图 3－16　生存周期阶段模型在目标系统及其各个使能系统中应用交互的示例

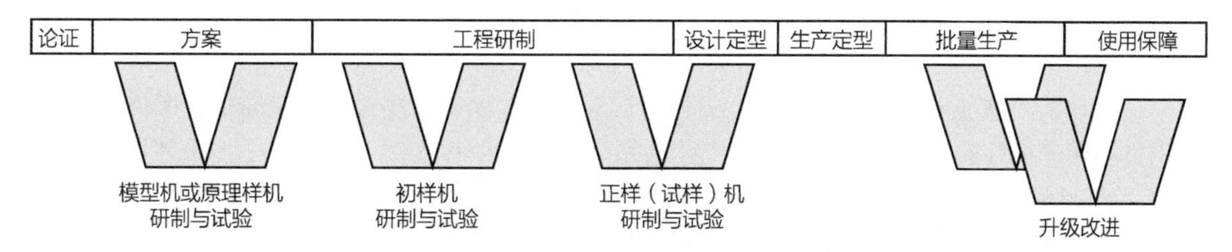

图 3－17 系统工程过程在武器装备生存周期内的循环应用示意

3.4 转阶段评审

当系统从一个阶段转向下一个阶段时，需要进行评审，也称为转阶段评审。《INCOSE 系统工程手册》称转阶段的节点为决策门，它的重要性高于一般评审（如研发单位内部组织的产品设计评审、测试评审等），即所有决策门都是评审点，但并非所有评审点都是决策门。

转阶段评审主要用来确定是否可以从生存周期的一个阶段进入下一个阶段。因为系统的生存周期阶段可能存在多种关联关系，所以必须对每个生存周期阶段定义清晰的入口准则和出口准则，以便确保每个生存周期阶段完成了其应该完成的所有工作，保证系统正常地往前进阶。根据系统生存周期所涉及的三个方面，转阶段评审主要从这三个方面来考虑：

1）质量是否可控：项目移交物仍然满足用户需求吗？

2）投资是否可控：经费是否充裕？

3）进度是否可控：产品是否能按时移交？

转阶段评审确保前置活动按要求完成并处于技术状态控制之下时，才开展新活动。

在转阶段评审进行决策时，决策结果可能是以下情况之一：

1）可接受——继续进行项目至下一阶段。

2）有保留的接受——有条件地继续项目，即完成评审提出的待办事项后，继续进行项目至下一阶段。

3）不可接受：不继续进行——延续本阶段工作，在准备就绪时重新评审。

4）不可接受：返回到前一阶段。

5）不可接受：暂停项目活动。

6）不可挽回：终止项目。

其中，前三项结论对应于我国工业部门当前常使用的评审结论：通过、有遗留问题的通过和不通过。对于后三项评审结论，我国当前很少使用，它们一般出现在非常严苛的评审工作中。

对于转阶段评审，需要重点关注以下问题。

1. 评审的数量

评审对于把控项目风险无疑具有重要的作用，但是，准备评审也需要一定的工作量，开展评审会带来一定的资源开销。在系统生存周期中，可安排评审的时间点（包括系统元素生存周期的评审点）很多。如何合理地确定评审点及其评审级别，是项目策划中的重要事项。平衡诸多评审的形式和频度被视为所有系统工程成功的关键因素。如果评审点太多，就可能给研发团队带来过多的工作负担；每个评审必须具有有益的目的，走形式的评审只会浪费大家的时间。项目经理需要综合决策，确定需要设立哪几个评审点；对于省去的评审点，项目经理需要采取措施来控制其风险。一种可行的方法是，并不减少评审点，而是充分借助信息化手段，提高评审的效率。

《INCOSE 系统工程手册》中提到，任何项目都具有至少两个决策门：启动项目的许可评审和项目移交的最终验收评审。我国航天工业在系统研制的生存周期中也规定了多个评审点，如系统立项、转阶段、出厂、定型等，也在各产品的需求分析、设计、测试等阶段安排了评审点；对于转阶段评审，要求专家、客户、开发方以及其他相关方都参与，这种评审就是 INCOSE 所指的决策门，需要认真准备评审资料，认真评审技术方案和产品状态。我国航天工业的某些单位，针对多任务并举、型号任务工作量急剧增加的情况，就对型号评审制度进行改革（合并不同层次组织的同类评审，减少外部评审，加强内部评审等），从而提高评审效率，减少研发团队的工作负担。

我国航空工业某些单位视情况组织内部评审，跨项目团队组建评审专家组，安排充足的时间（通常至少一周时间）开展实质性审查，既保证了审查的深度和广度，又加强了项目团队之间的技术交流，避免评审流于形式，收到了良好的效果。

2. 执行评审的形式

评审应该认真彻底地执行。评审是一个过程，而不是一个单独的事件。为了真正达到评审的预期目标，必须明确评审的准则，全面准备数据资料；选择合适的人选，邀请具备相应能力的同行专家和所涉及的相关方参加；评审要以证据为基础，必要时，应该查阅研制和试验的详细数据，或者去研制、试验现场；评审会前，评审委员应当提前分析研究资料，准备意见和建议；会上，各种观点和建议在评审会上充分讨论，最后由评委会做出书面评审结论；会后，评审意见要周知有关方面。

当评审成功完成时，评审通过的工作产物（如项目生存周期阶段的文件、模型或其他产品）就可以作为开展下一步工作的基础。这些工作产物应该置于技术状态管理之下。

3.5 系统生存周期模型应用案例

3.5.1 国内航天器研制的一般生存周期模型

航天器系统的生存周期由其系统的整体性、层次性、程序性和航天器系统对特殊环境的适应性所决定。航天器系统的生存周期，除与一般工程项目具有相同之处外，还要考虑航天器系统的特殊性。完整的航天器系统生存周期，应包括概念研究；先期技术开发；可行性论证；初步设计；详细设计；生产、装配、集成与试验；发射；在轨测试；使用维护和退役处置等阶段。在各类正式发布的技术文档中，其研制阶段不一定与这些阶段完全相同，但应该涵盖这些阶段的工作内容。

1. 概念研究

概念研究的目的是根据应用需求或者技术发展机遇，探索新原理、新概念、新技术，提出符合发展战略并与能力水平相适应的新项目。

概念研究是在应用基础和应用领域进行的广泛的、小规模的预先研究活动。研究的重点是航天工程任务的目的、目标和必要性，提出对新空间项目的初步要求，进行初步风险分析。研究的结果是一系列内容广泛、关系松散的研究报告或者科技论文。对于其中一些具有重大战略意义并与现有或预期能力水平相适应的研究结果，经过企业、部门或国家的筛选，将会列入相应的中长期发展规划。

2. 先期技术开发

先期技术开发是对于规划项目中尚不成熟的技术组织开展关键技术攻关，开发原理样机，演示验证技术的可行性，证明技术风险达到了可以接受的程度。

3. 可行性论证

可行性论证是用户部门和研制部门共同对于符合战略发展方向的工程和项目进行深入的经济、技术可行性论证和详细的风险分析，提出新工程项目和新系统的立项建议。

可行性论证根据航天工程任务的目标，定义大系统的运行概念（OpsCon），提出对新系统的使用要求和技术指标。运行概念是对未来新系统如何使用、应用体系如何运作的大总体设计。同时，提出新项目研制进度计划、经费预算和研制保障条件。可行性研究的结果是可行性论证报告和项目建议书。运行概念和使用要求是初步设计的主要输入。

4. 初步设计（方案设计）

初步设计工作首先由总体设计团队（系统工程师）进行任务分析，将使用要求转换为系统级功能、性能规范，完成总体方案设计。经过系统功能评审，建立功能基线。然后，通过对系统和分系统反复权衡分析，将系统级规范分解到分系统及主要部件，建立完整的系统和分系统设计规范，完成系统方案设计。经过初步设计评审，建立分配基线。

初步设计阶段组建项目团队，明确研制分工，制定项目管理计划、系统工程管理计划、物资保障计划，编制质量/产品保证大纲和标准化大纲。

初步设计阶段必须完成关键技术攻关工作。

5. 详细设计

在初步设计与工程模型试验的基础上完成系统详细设计。经过自下而上各级的详细设计评审，建立产品基线。产品基线描述产品详细的物理功能特征、验收要求和技术数据包，包括生产规范、产品配套表、材料规范、工艺规范和图纸，以及生产所必需的所有信息。

6. 生产、装配、集成与试验

根据产品基线进行正式产品的部件、分系统和系统的生产、装配、集成和试验。在飞行产品或试样产品状态下进行鉴定试验，有利于全面覆盖产品的特性。最后，完成验收试验。

7. 发射

在发射场对系统和分系统进行功能、主要性能参数以及相关接口的检查、测试和复验，确认系统功能、性能和状态符合或满足设计和发射要求，完成系统发射和部署。

8. 在轨测试

系统发射到达预定轨道后，按照用户要求在实际运行环境中完成功能、性能测试。成功测试之后，系统正式移交。

9. 使用维护

系统在轨测试和移交之后开始投入业务运行，并获得预期应用成果和经济、社会效益。运行期间，由用户或者保障方对系统运行状态进行监控，保持系统生存周期间的安全、稳定运行。研制方根据系统运行和使用情况进行技术总结，协助处理运行故障，获得的经验和教训可用于后续研制工作的改进。

10. 退役处置

系统到寿命末期或者出现不可恢复的故障时，由政府主管部门、用户、研制方和其他相关方按预定方案进行妥善的退役处置，避免对空间和地面环境产生不良影响。

3.5.2 欧空局空间项目生存周期

欧洲空间标准化合作组织（ECSS）将空间项目生存周期分为七个阶段。

1. 任务分析/需求识别阶段

项目发起方、顶层客户和最终用户代表完成。其主要活动是形成详细的任务陈述，包括任务需求，预期的性能、可依赖性、安全性目标，以及任务运行的物理和运行环境的限制；提出各种可能的任务概念，开发初步技术要求规范，进行初步项目评估和风险分析。

2. 可行性阶段

由顶层客户和一级供应商完成，工作报告提交给项目发起方和最终用户代表。其主要活动是根据需求详细论证可能的系统概念和运行概念，评估技术和项目的可行性；识别关键技术并提出先期开发建议；提出关键项目，详细分析风险；确定项目初步的管理计划、系统工程计划以及产品保证计划。可行性阶段后期进行初步要求评审（PRR）。

3. 初步定义阶段

明确初步组织分解结构；开发关键技术，进行可靠性和安全性评估，更新风险评估；确定项目管理、工程和产品保证计划；完成初步设计。在初步定义阶段期间进行系统要求评审（SRR），建立功能基线；在初步定义阶段结束时进行初步设计评审（PDF），建立开发技术状态基线（DCB）。

4. 详细定义阶段(Detailed Definition)

进行工程试验单元的生产和开发试验；完成客户—供应链上系统各层次的详细设计，定义内、外接口关系；进行关键产品和部件的生产、开发试验和预鉴定试验；更新风险评估；进行关键设计评审（CDR），建立设计基线（初步产品基线）。

5. 鉴定与生产阶段(Qualification and Production)

完成鉴定试验和相关的验证活动并进行鉴定评审，证明设计在极限条件下满足使用要求，偏离和超差可以接受；鉴定试验应考虑产品的继承性，鉴定件应当能够在设计、材料、工具和方法上代表最终产品技术状态。完成飞行硬件、软件和相关地面设备软件、硬件的制造、装配和试验，以及空间段和地面系统匹配试验；在阶段末期完成验收试验，进行验收评审和运行就绪评审（ORR）。

在鉴定评审和验收评审之后，依据批准的功能和物理特征文件，建立生产技术状态基线（PCB）。对于系列生产的产品，在功能技术状态验证（FCV）和物理技术状态验证（PCV）之后，建立生产技术状态基线。

6. 应用阶段(Operations/Utilization)

包括发射、在轨验证和运行使用。发射之前进行飞行就绪评审（FRR），确认空间段和地面段，包括支持系统（如跟踪系统、通信系统和安全系统）准备就绪；临发射前进行发射就绪评审

（LRR），确认运载火箭、空间段和地面段就绪，具备发射条件。在轨测试和试运行活动结束后，进行试运行结果评审（CRR），确认空间系统具备移交条件。移交后实施运行和保障活动，实现任务目标。任务结束时进行寿命末期评审（ELR），确认任务结束，所有在轨元素可以安全处置。

7. 弃置阶段(Disposal)

实现弃置计划，进行任务终止评审（MCR）。

3.5.3　NASA空间项目生存周期

对于飞行和地面支持项目，NASA生存周期将论证与实现分为下列七个阶段。

Pre-P A——概念研究（发现可行的备选概念）。
Phase A——概念和技术开发（定义项目，识别和着手必要的技术）。
Phase B——初步设计和突破技术（建立初步设计，开发必要技术）。
Phase C——正式设计和制造（完成系统设计，进行部件制造和编码）。
Phase D——系统装配、集成、试验与发射（部件集成、系统验证，运行准备和发射）。
Phase E——运行和维护（系统运行和维护）。
Phase F——退役处理（系统弃置，数据分析）。

1. 概念研究阶段

通常是概念研究团队持续的、关系松散的新思路研究，目的是依据应用需求和技术机遇，提出各种符合NASA战略计划和资源能力的任务概念，以便从中选择新项目（工程）。研究的重点是明确任务的意义、目的、科学目标，论述顶层的系统要求以及运行概念，评估技术成熟度和项目风险。概念设计用于支持可行性评价。

2. 概念和技术开发阶段

由一个与工程/项目相关的团队重新研究和明确任务概念，提出工程对项目的要求，保证项目列入NASA预算计划的合理性和可行性。其重点是分析任务要求、明确任务架构。经过系统和分系统反复权衡，详尽定义系统的顶层功能、性能要求、系统架构和运行概念。概念设计展现更多的工程细节，通过系统定义评审/任务定义评审（SDR/MDR）建立功能基线；同时，产生各种工程和管理计划。制定技术开发计划，开始技术开发活动；详细识别技术风险，对高风险关键领域开展仿真或者原理样机试验验证。

3. 初步设计和突破技术阶段

完成技术开发和演示，降低技术风险。将顶层性能要求分配到低层系统，形成空间和地面完整的系统和分系统设计规范，完成系统初步设计，确认功能基线。经过原理样机等试验验证和从系统到低层子项的一系列初步设计评审（PDR），建立分配基线。

4. 正式设计和制造阶段

制造更接近于实际硬件的工程试验单元，验证和确认系统设计可以在预定环境下实现其功能，定义、验证和实施生产工艺和控制，完成详细设计，通过从系统级到各层次的关键设计评审（CDR），建立产品基线。在硬件开始制造生产或者软件开始编码之前，每个最终产品都应当进行关键设计评审。对于批量生产，要进行生产就绪评审（PRR），保证生产计划、设施和人员就绪，以便开始生产。NASA将正式设计、制造与验证分为C和D两个阶段。C阶段进行正式设计，D阶段实现和验证最终产品。

5. 系统装配、集成、试验与发射阶段

进行部件和分系统的装配、集成、验证、确认和验收试验。鉴定试验在飞行硬件设计（包括分析和试验）以后开始，以保证飞行硬件或试样（Flight/Operations or Flight - type Hardware）满足预期环境下的功能性能要求。鉴定试验一般要定义一个硬件承受的最坏负荷和环境条件范围。系统发射后，进行在轨测试，证明系统具有完成预期任务的能力。

6. 运行和维护阶段

实现任务运行计划，开展维护保障活动，实现任务目标。

7. 退役处理阶段

实现系统退役处置计划。任务结束可能是根据预定计划，也可能是因为一个非预期的事件，如失效。另外，新技术发展也可能使得系统继续运行不经济。

本章辨析了系统生存周期、阶段、过程等关键概念，建立了系统工程领域过程管理方面的标准体系的基础概念本体模型，明确了生存周期模型的两个属性——生存周期过程和生存周期阶段是两个相互独立的变量和正交的维度，即为某个生存周期选定的过程参考模型，特别是系统工程的技术过程，要应用于该生存周期的各个阶段。

本章分析系统生存周期的多维特征，对霍尔模型扩展抽象后得到了系统生存周期模型通用框架和实例化的示例，明确了系统维、逻辑维和认知维分别代表系统生存周期模型中系统成熟度（Readiness）、过程能力成熟度（Capability Maturity）和个体组织能力成熟度（Competency Maturity）提升的维度和方向。

本章给出了典型行业和典型领域的系统生存周期阶段模型示例，介绍了系统生存周期模型在国内外航天行业的典型应用。

本书的后续章节将基于15288标准，主要围绕系统生存周期模型通用框架的逻辑维展开系统工程四个过程组的详细内容。

参考文献

[1] ARTHUR DAVID HALL III. Three dimensional morphology of saystems engineering [J]. IEEE Transactions on Systems Science and Cybernetics, 1969, 5 (2): 156 - 160.

[2] SEBOK. Guide to the systems engineering body of knowledge [EB/OL]. (2018 - 06 - 22) [2019 - 04 - 20]. https://www.sebokwiki.org/w/index.php? title = Guide to the Systems Engineering Body of Knowledge(SEBoK)&oldid = 54557 .

[3] 段海波. 从霍尔模型这一技术系统的发展进化看传统系统工程到现代系统工程的演变 [EB/OL]. 安世亚太微信公众号, 2015 - 11 - 20, https://mp.weixin.qq.com/s/5hc10 DM40P 6 Ahfoowlftqw.

[4] 李颐黎. 神舟号飞船总体方案的优化与实施，系统工程讲堂录（第二辑）[M]. 北京：科学出版社，2015.

[5] 郭宝柱. 空间项目的研制程序：循序渐进的研制过程 [J]. 航天器工程, 2014, 2 (1):1673 - 8748.

[6] INCOSE. 系统工程手册：系统生存周期过程和活动指南 [M]. 张新国，译. 北京：机械工业出版社，2017.

[7] 李勇，郑朔昉. 民用飞机研制阶段划分若干问题探析 [J]. 航空标准化与质量, 2008, 3:8 - 13.

[8] 毛健人，徐嫣. 浅析航天型号研制阶段的划分 [J]. 航天工业管理, 2009, 9:23 - 27.

[9] 中国人民解放军总装备部. 武器装备研制系统工程通用要求：GJB 8113—2013 [S]. 北京：总装备部军标出版发行部, 2013.

技 术 篇

第 4 章　系统定义与分析
第 5 章　系统实现与验证
第 6 章　系统移交与运行维护

第 4 章　系统定义与分析

Chapter Four

在构造系统的过程中，技术过程规定（或建议）解决技术问题的活动以及活动之间的关系。技术过程使系统工程师能够跨学科协调工程专家，多视角理解不同相关方的技术见解并促成其相互理解、谅解和协作。技术过程还须符合社会的期望和法规要求。这些过程产生一个适当的需求集并形成系统解决方案，在技术资源、经济可承受性、环境条件、风险等约束范围内提供可接受的系统或/和服务。如果没有合适的技术过程，项目失败的风险就会很高。一般来说，系统的技术过程开始于需要（Needs）和需求（Requirements）的开发（Ryan，2013），从需要向需求的转换如图 4－1 所示。

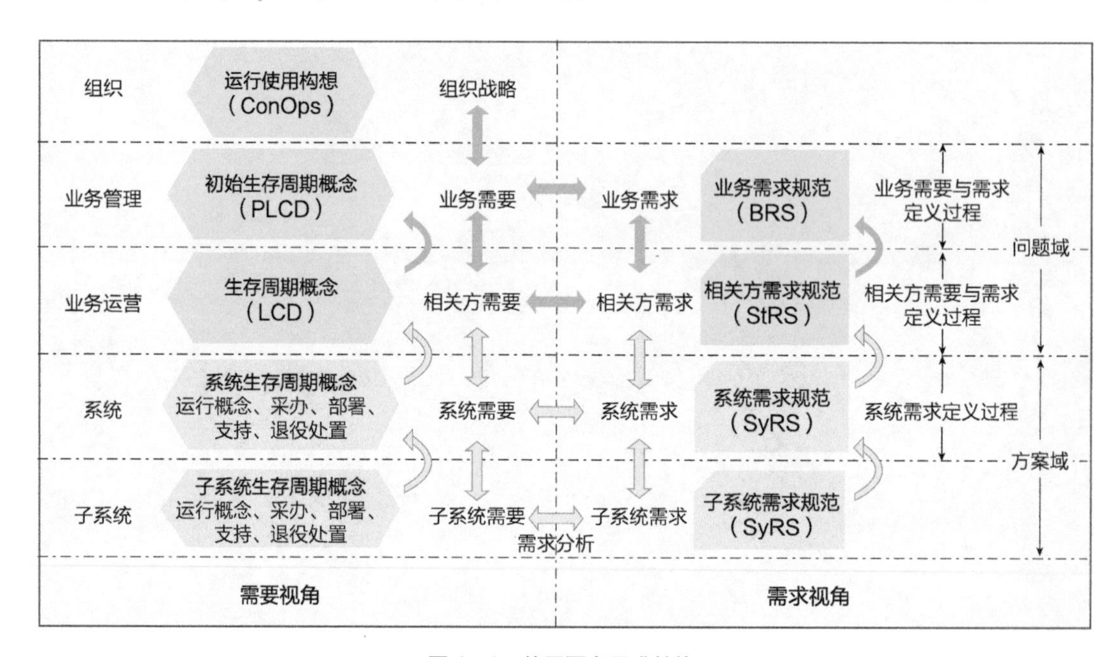

图 4－1　从需要向需求转换

业务或使命分析过程、相关方需要与需求分析过程处于问题域，而系统需求分析过程处于方案域。其中，业务或使命分析过程需要从业务管理层面去考虑问题，而相关方需要与需求分析过程需要从业务运营的角度去考虑问题。二者所处的层次不同，因而考虑问题的视角也不相同。

4.1　业务或使命分析过程

4.1.1　目的

如 ISO/IEC/IEEE 15288 所述：

业务或使命分析过程的目的是定义业务或任务的问题或机会、描述问题的解空间，并确定潜在的、可以解决问题或利用机会的解决方案类别。

业务或使命分析过程并不聚焦于特定的待开发系统，而是在一个更大的背景中识别潜在的需求，这种需求可能会成为开发某个系统或服务的理由。

4.1.2 概述

业务或使命分析过程主要从业务管理层面通过趋势分析、标杆研究等途径，分析并定义业务所存在的问题与差距，然后定义可以解决问题、弥补差距的可能的解决方案类别。

《INCOSE 系统工程手册》在业务或使命分析过程中引用了特别值得关注的两份文件——ANSI/AIAA G043A:2012 与 BABOK（IIBA，2009 国际商业分析协会）。ANSI/AIAA G043A:2012 主要介绍了如何开发概念文档，为系统需求开发做准备；而 BABOK 则从任务、技能与知识点等维度非常系统地介绍了如何分析企业与业务需要。

就像我们写立项报告论述必要性一样，业务需求是企业目的、目标或需要的高层级描述。业务需求描述了为什么要启动一个项目，项目将实现什么，以及哪些指标将被用来衡量项目的成功与否。

业务需求反映组织机构或客户对系统、产品高层次的目标要求，它们在项目视图与范围文档中予以说明；业务需求给出系统建立的战略出发点，表现为高层次的目标（Objective），它描述了组织为什么要开发系统。

为了满足客户的业务需求，需求工程师需要描述系统高层次的解决方案，定义系统应该具备的特性（Feature），特性说明了系统为用户提供的各项功能，限定了系统的范围（Scope）；参与各方必须要对高层次的解决方案达成一致，以建立共同愿景（Vision）。

由业务需求到相关方需求、再到系统需求的需求工程过程，本质上遵循从问题域到方案域的问题求解逻辑的系统工程过程。

4.1.3 活动描述

按照《INCOSE 系统工程手册（第4版）》中4.1章节所述，业务或使命分析过程包括一系列的输入输出和活动项，图4-2是根据《INCOSE 系统工程手册》IPO 图改编的业务或使命分析过程。

按照 ISO/IEC/IEEE 15288:2015 标准，业务或使命分析过程包括以下活动。

1. 准备业务或使命分析

本活动包含以下任务：

1）审查组织战略中关于组织所预期的目的或目标中被识别出的问题和机会。

2）定义业务或使命分析策略。

3）识别并计划必要的使能系统或所需的服务，以支持业务或使命分析。

4）获得或购买使能系统或服务的访问权。

2. 定义问题或机会空间

本活动包含以下任务：

1）在相关的权衡空间因素背景下分析问题与机会。

2）定义使命、业务或运行的问题或机会。

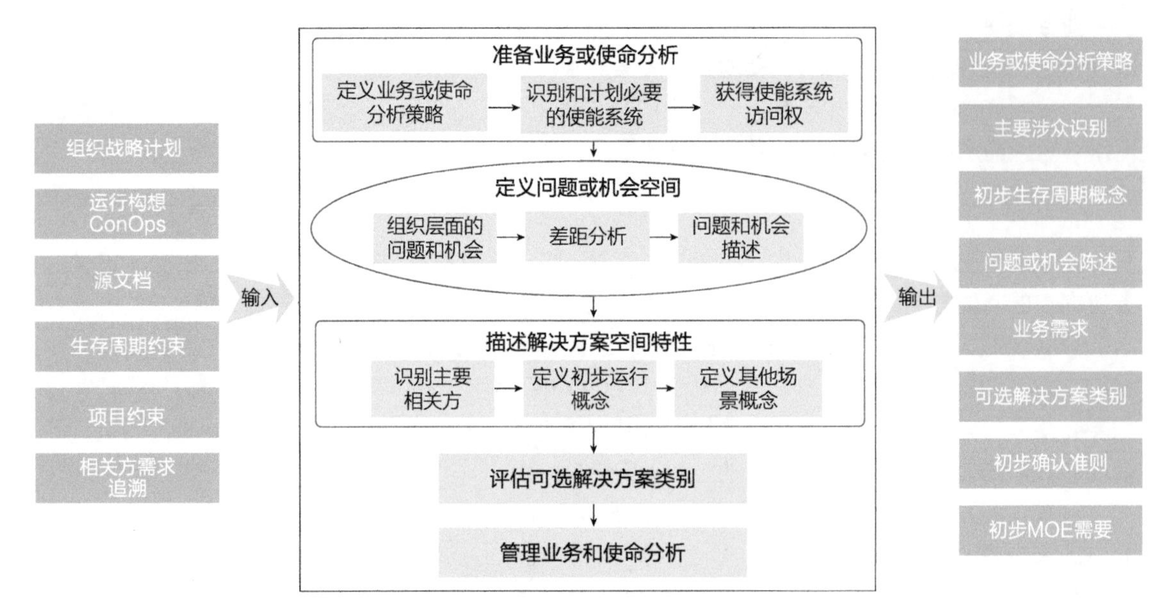

图4-2 业务或使命分析过程

3. 描述解决方案空间特性

本活动包含以下任务：

1）定义初步的运行概念以及生存周期其他概念。

2）在整个潜在解空间识别候选的备选解决方案类别。

4. 评估可选解决方案类别

本活动包含以下任务：

1）评估每一个可选解决方案类别。

2）选择首选解决方案类别。

5. 管理业务和使命分析

本活动包含以下任务：

1）维护业务或使命分析的可追溯性。

2）为建立基线提供关键信息项。

4.1.4 关键要素解析

在业务或使命分析过程中有两个关键的概念——Concept of Operations（ConOps）与 Operational Concept（OpsCon）——需要辨析清楚，同时，有三项输出成果需要关注——业务需求、业务或使命分析策略与可选解决方案类别。

1. ConOps 与 OpsCon 的区别

业务或使命分析过程的输入有一项是 ConOps，而输出项有初步生存周期概念文档，其中包含有一项重要的内容就是 OpsCon。这两个概念比较容易混淆，下面就这两个概念进行解析。

ANSI/AIAA G043A:2012 描述的“Concept of Operations”和“Operational Concept”通常可以互换使用，但是也存在重要的区别，每一个都有各自的目的，用来满足不同的结局。

按照 ISO/IEC/IEEE 29148：2011 需求工程标准，ConOps 是在组织层面，处理领导层运作组织的预期方式。它可能涉及使用一个或多个系统，单个系统仅仅是为达到组织目的的一个黑盒。ConOps 文件描述了关于整体运行或一系列业务运营使用将要被开发的系统、现有系统以及未来可能的系统的假设或意图。ConOps 通常在长远的战略规划和年度经营计划中出现。

ConOps 文件作为组织的基础，用来指导未来的业务和系统整体特性，了解项目的背景，并指导用户获取相关方的需求（ISO/IEC/IEEE 29148）。

按照 ISO/IEC/IEEE 29148：2011 需求工程标准，OpsCon 是一个系统的运行概念。文档描述系统将做什么（不是怎么做）和为什么这么做（论据）。一个 OpsCon 是面向用户的文档，从用户的视角描述了将要移交的系统的特点。OpsCon 文件是用来在采办方、使用者、供应商和其他组织要素之间沟通系统整体的定性或定量特性的。

在 INCOSE《系统工程手册——系统生存周期过程和活动指南》（张新国译）中，将 ConOps 翻译为“运行意图”，在《NASA 系统工程手册》（朱一凡等译）中将 ConOps 翻译成“运行使用构想”，它与组织的发展战略相关，而不限于组织计划拟开发的特定系统或服务。在本书中将 ConOps 翻译为“使用构想或作战想定”，其中，作战想定主要面向军事领域；OpsCon 翻译为“运行概念”。

图 4-3 明确地表达了 ConOps 与 OpsCon 之间的关系。ConOps 是在组织层面描述组织的预期运作方式、目的与目标。ConOps 的目的是提供组织（事业）运行的全局画面，描述了组织业务使用一系列系统的假设与企图。

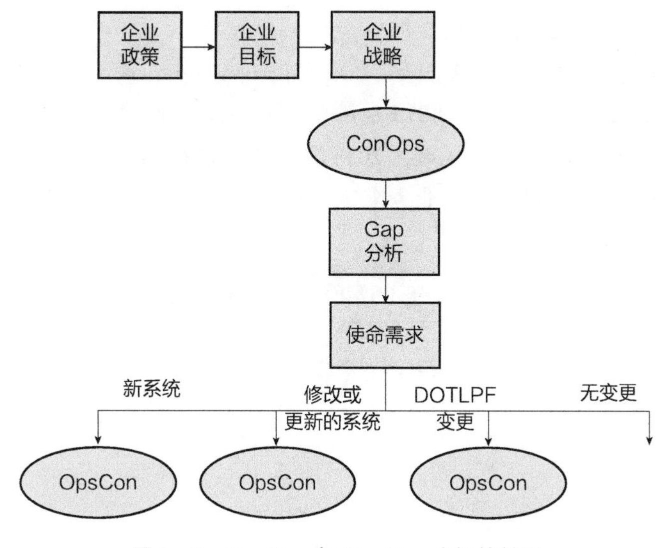

图 4-3 ConOps 与 OpsCon 之间的关系

而 OpsCon 是在系统层面，针对某一个特定的系统，描述系统为了完成使命任务将要做什么以及为什么这么做。采用场景和“What-if”思维在复杂和不确定的环境中规划和决策。让人们以一种创造性的方式思考、观察各种涌现的情况以减少对重要因素的忽视。

在工程领域，通常 ConOps 所描述的对象是多个系统组合形成的体系，因此定义者一定是站在某一个具体系统对象之上来看这个组合的。OpsCon 所描述的是一个确定的系统对象，在描述 OpsCon 的过程中，以某个特定系统对象为核心，将这个特定的对象纳入体系环境中去考虑，需要描述体系中的其他系统与目标系统之间的交互，是以某个特定系统对象为核心的一对多的关系表达；而描述 ConOps 时，需要考虑构成体系的所有系统之间的交互，是多对多的关系描述。

2. 业务需求规格说明（BRS）

业务需求描述了为什么要启动一个项目，项目将要实现什么，以及哪些指标将被用来衡量项目的成功。

业务需求规格说明（Business Requirements Specification，BRS）描述了组织如何寻求新的业务或改变现有业务以适应新的业务环境，以及如何利用系统促进业务。

业务需求规格说明在组织层面描述组织的环境、目的与目标、业务模型、信息环境，以及在业务运营层面描述业务运行模型、业务运行模式、业务运行质量水平、提案系统的概念和组织模式，是在业务管理层面一份非常重要的文件。

业务需求规格说明（BRS）的内容根据组织业务确定，业务管理对业务需求规格的内容负责。BRS 可以作为相关方参与需求过程的活动基础，比如，业务分析可以审查 BRS 并讨论业务模型和运行，业务管理可以审查 BRS，系统分析也可以审查 BRS 并讨论潜在的技术解决方案。典型的 BRS 包括组织需求和业务需求。

虽然在本章开篇就强调了业务或使命分析过程侧重于业务管理层面，相关方需要与需求定义过程侧重于业务运行层面，但业务管理与业务运行紧密关联，因此在很多领域，业务需求规格说明（BRS）通常与相关方需求规格说明（StRS）一起确定，在较早期的 ISO/IEC 15288：2002 标准中，这两个过程并没有拆分，同时在 ISO/IEC/IEEE 29148:2011 版本中，也是将业务需求与相关方需求置于同一份需求规格文档。

《业务分析知识体系》（Business Analysis Body Of Knowledge，BABOK）将业务需求和相关方需求拆分开来，ISO/IEC/IEEE 15288：2015 标准中也将业务或使命分析过程与相关方需要与需求定义过程分开。在 ISO/IEC/IEEE 29148：2018 需求工程过程标准中，业务需求规格说明与相关方需求规格说明被拆分为两份文档。业务需求规格说明的范例轮廓见表 4－1。在这两份需求规格说明中，有很多内容具有相似性。

表 4－1 ISO/IEC/IEEE 29148:2018 标准中的 BRS 范例轮廓

业务需求规格说明（BRS）
1. 简介
1.1 业务目的
1.2 业务范围
1.3 业务概况
1.4 定义
1.5 主要相关方
2. 参考
3. 业务管理需求
3.1 业务环境
3.2 使命、目的与目标
3.3 业务模型
3.4 信息环境

（续）

4. 业务运行需求
4.1　业务过程
4.2　业务运营策略与规则
4.3　业务运行约束
4.4　业务运行质量
4.5　业务结构
5. 提案系统初步运行概念
5.1　初步运行概念
5.2　初步运行场景
6. 其他初步生存周期概念
7. 项目约束
8. 附录
8.1　缩写与缩略语

关于业务需求规格说明（BRS）各信息项的具体内容，请参考附录 D.1。

3. 业务或使命分析策略

“业务或使命分析策略”是业务或使命分析过程中的第一项活动——准备业务或使命分析的输出物，很多人不太清楚“业务或使命分析策略”应该如何写，在《INCOSE 系统工程手册（第4版）》的附录 E 中，对于“业务或使命分析策略”仅给出了比较简单的描述：

开展业务或使命分析、确保业务需要被阐述并正式化为业务需求所需要的方法、进度、资源以及相关注意事项。

BABOK V2 对业务分析进行了比较详细的描述，业务分析策略包括：

（1）规划业务分析方法　需要选择一个方法来执行业务或使命分析，确定哪些相关方会参与决策、将要咨询哪些人、适应该方法的理由等内容。同时，分析师需要理解组织过程需要与目标，这些需要与目标包含与其他组织程序的兼容性、上市时间的约束、相关的法律法规以及监管框架等。

在业务或使命分析方法中，需要制定团队的角色、可移交的成果、使用到的分析技术、与相关方的互动时间与频率，并确定业务或使命分析过程的活动。

（2）规划业务分析活动与进度　确定业务分析必须执行的活动，必须产生的可移交成果，估算完成工作所需要的工作量，并确定相关的工具来度量这些活动的进展与成果。

针对一个给定项目，业务分析师需要确定有哪些活动、如何实现、工作量以及完成这些活动需要多长时间等。具体内容包括工作范围、可移交的工作分解结构（WBS）、活动清单以及对每一个活动与任务的评估。

（3）规划业务分析沟通计划　业务分析沟通计划是针对拟议的跟业务分析活动相关的沟通工作的安排，记录并组织业务分析工作、会议、走查或其他交流活动。

（4）规划需求管理过程　主要是确定需求变更过程，需要哪些相关方批准变更，发生变更时需要咨询哪些人、需要通知哪些人，以及评估需求的必要性等。

业务或使命分析策略会作为项目管理的输入融入项目管理中，从这个意义上讲，《INCOSE

系统工程手册（第4版）》中在每一个过程中所包含的准备活动，其成果——“关于×××业务或使命分析策略”——成为联系系统工程技术过程与技术管理过程(项目管理)的纽带。

4.1.5 案例——空中运输系统业务或使命分析

在空中运输系统的案例中，最初的业务使命就是解决从城市A到城市B的运输问题。按照业务或使命分析过程的相关活动，要完成从城市A到城市B的业务或使命分析工作，需要开展以下几项活动。

1. 完成业务或使命分析策划

1）按照SMART原则（Specific、Measurable、Achievable、Relevant、Time－Bounded）分析组织的使命、愿景与目标。

2）确定项目类型。通常的项目类型包括可行性研究、过程改进、组织变更、新系统开发(内部)、新系统开发（外包)、系统维护与增强、软件包选择。

3）确定业务分析可交付成果。例如，工作分解结构（WBS)、工作说明（SoW)、立项论证报告等。

4）确定业务分析活动。定义工作范围的一个很重要的工具就是WBS（工作分解结构)，通过不同方式产生活动清单。

2. 描述业务问题与机会

为了定义业务需要，问题一定要调查清楚，以确保有解决问题的机会。在问题与机会分析中，要注意以下几点：

1）分析问题的负面影响，尽量量化，如可能的利润丧失、无效、客户不满意、员工（股民）士气低落。

2）期望的利益（如利润增加、减少成本、增加市场份额)。

3）如何能够尽快地解决问题或者形成机会；不作为的代价与后果。

3. 确定期望的结果

可能包括：

1）形成新的能力。

2）增加利润，通过增加销售减少成本。

3）增加用户满意度。

4）增加员工（股民）满意度。

5）符合新规则。

6）增加安全性。

7）减少移交时间。

4. 找出并确定最优解决方案类别

在本案例中，地面运输、空中运输、水上运输是根据A、B两个城市之间的实际运输环境而确定三种解决方案类别，如图4－4所示。不同的解决方案类别决定了未来的业务技术路线与方向。根据性能、效率、维修性、后勤保障以及经济性标准进行权衡分析，评价出最可行的解决方案类别。评价过程中，需要考虑到技术的类型和成熟度、它的稳定性和增长潜力、技术的预期生命以及资源的数量等。可行性分析的结果对系统的使用特性有着深远的影响，包括可生产性、保障性、可弃置性以及其他一些类似的特性。因此，在进行可行性分析时，一定要考虑到全生存周期。

在本案例中，经过可行性分析后，确定了空中运输解决方案类别。

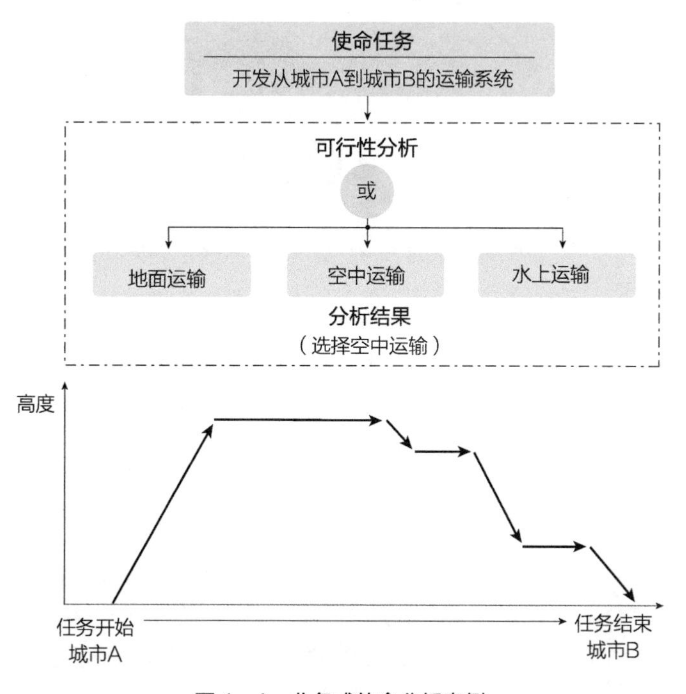

图 4 - 4　业务或使命分析案例

5. 定义初步运行概念

当确定了解决方案类别后，需要根据解决方案类别定义初步的运行概念。在空中运输系统中，顶层的初步运行概念在图 4 - 4 下部分的图形中通过任务剖面表达出来。空中运输系统将从城市 A 开始任务，起飞爬升—空中巡航—下降—进近—降落到达城市 B 结束任务。

在业务或使命分析过程中，还包括其他活动，本案例暂不对其他活动进行详细阐述。

4.2 相关方需要与需求定义过程

4.2.1 目的

如 ISO/IEC/IEEE 15288 所述：

相关方需要和需求定义过程的目的是针对一个将在确定环境中提供服务的待开发系统，从用户或其他相关方视角定义需求。

4.2.2 概述

如图 4 - 5 所示，相关方需要和需求定义过程是在问题域，从业务运行的角度考虑不同相关方的需要与需求。在整个生存周期过程的不同阶段，都是围绕如何满足相关方的需要和需求来开展的，准确地定义问题是项目成功的关键。《连线》(*Wired*) 杂志创始主编凯文·凯利在谈及“未来发展的12个趋势”时说：“**答案是免费的，有价值的是问题。**”从这句话可以看出，准确地定义问题对于解决问题来说是多么重要。

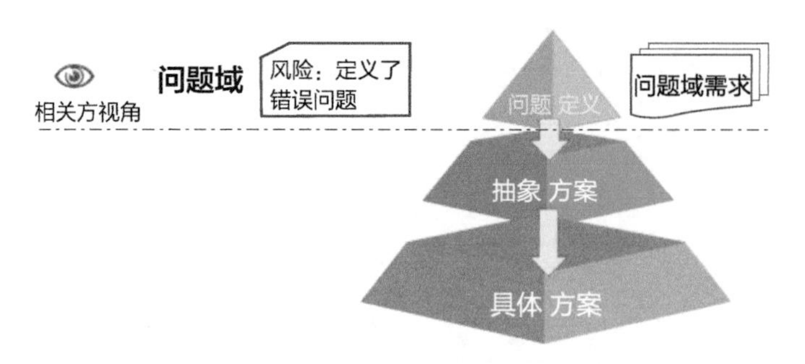

图4-5 相关方需要和需求定义问题（图片来源：IBM最佳实践）

相关方是对系统拥有合法权益的任何实体、个人或组织。在确定相关方的过程中：

1）在业务或使命定义过程中，从业务管理的角度确定主要的相关方。

2）在相关方需要与需求定义过程中，进一步考虑业务的整个生存周期不同阶段的相关方。

这包括可能受系统影响或能够影响系统的所有人员——用户、运行者、组织决策者、协议方、法规机构、开发团队、支持维护团队以及广泛的社会（在业务及提出的解决方案的背景环境内）。

在识别相关方后，需要采用不同的方法获取不同相关方的需要，然后对这些需要进行分析并转换成相关方需求集合。从需要到需求的过程，是一个典型的需求分析过程，需要从完整性、正式表达与达成一致三方面进行考虑。表4-2列举了需要和需求的典型区别。

表4-2 需要和需求的典型区别

需要（Need）	需求（Requirement）
“需要”是“需求”的输入内容之一	“需求”是“需要”经过需求分析后的结果
一个“需要”可以对应一条“需求”或者“需求”集	“需求”或“需求”集一定是为了满足某一个“需要”的
“需要”只是站在某个具体的相关方自己的立场所表达的意图与期望	“需求”必须是综合了各方立场的表达
“需要”表达意图与期望时不会特别考虑完整性，在特定的内容下很多隐含的信息被省略，因此容易被“断章取义”	“需求”必须对意图与期望进行完整的表达，必须结合特定Context挖掘出所有的隐含信息、约束、交互、关键特性等
“需要”所表达的意图与期望不考虑约束或约束隐含在特定内容中	“需求”一定有约束去描述范围与边界
“需要”所表达的意图与期望不考虑是否同其他相关方的意图与期望冲突	“需求”必须是经过多方权衡与协商后达成的共识

（续）

需要（Need）	需求（Requirement）
“需要”所表达的意图与期望是否可行没有经过科学地定义与分析	“需求”是必须经过定义与分析的可行的描述，而且是可验证的描述
“需要”所表达的意图或期望本身可能是一种不准确的表达，因为相关方有时并不那么专业，如“更快的马”	“需求”是经过分析后对意图与期望的准确表达
“需要”仅仅表达某一相关方主观上的愿望，并不考虑能否实现	“需求”不仅仅是一种主观愿望，还必须考虑客观上可实现

相关方的需求驱动着系统的开发，并且是进一步定义或明确开发项目范围的一个根本的要素。

相关方的需要与需求定义过程与工程实践中的用户需求获取与分析过程比较接近。但是，通常的工程实践活动对这个问题进行了大范围的简化，最典型的一种情况就是在对相关方识别的过程中，忽略了很多的相关方，有些型号甚至只考虑用户（军方）的需要。这种简化导致了从一开始就漏掉了很多关键要素。

可以说，工程实践中经常在产品研制后期发现很多问题，很多问题的根源就是在相关方需要与需求定义过程开始时埋下的。

4.2.3　活动描述

图4-6所示为根据《INCOSE系统工程手册（第4版）》相关方需要与需求定义过程IPO图改编的相关方需要与需求定义过程。

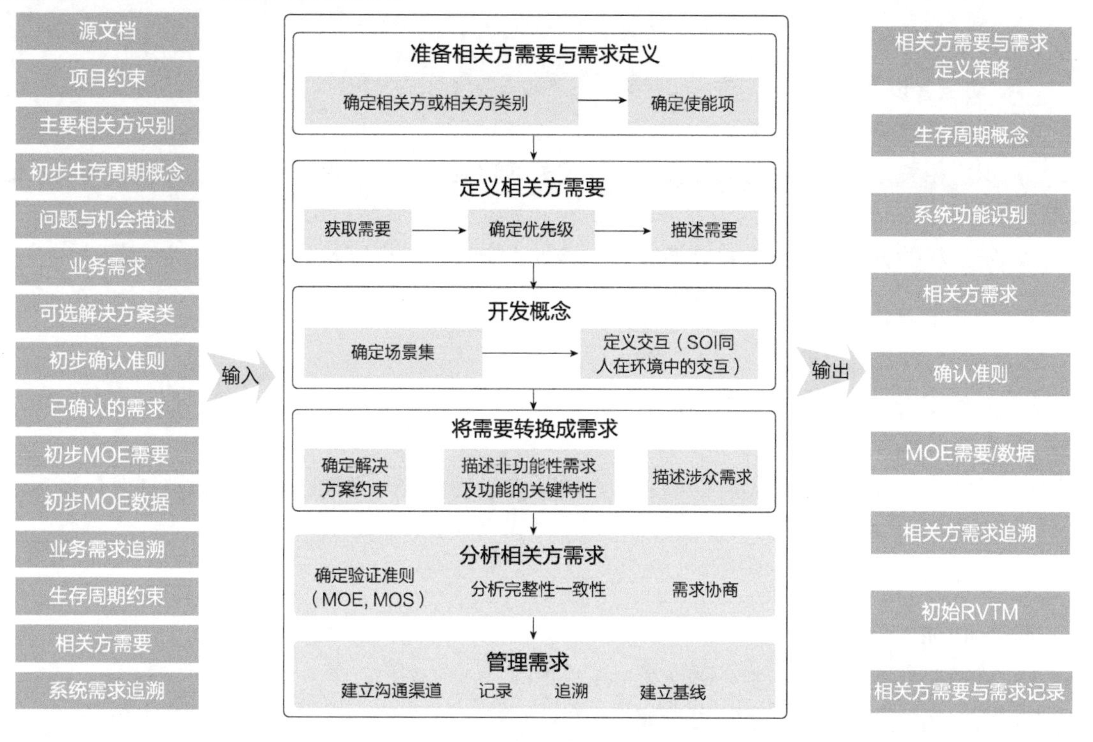

图4-6　相关方需要与需求定义过程

根据 ISO/IEC/IEEE 15288:2015，相关方需要与需求定义过程包括以下活动：

1. 准备相关方需要与需求定义

本活动包含以下任务：

1）识别贯穿系统生存周期对系统感兴趣的相关方。

2）定义相关方需要和需求定义策略。

3）识别并计划必要的使能系统或需要的服务以支持相关方需要与需求定义。

4）获得或购买使能系统或服务的使用权。

2. 定义相关方需要

本活动包含以下任务：

1）定义运行构想中的使用环境以及初步生存周期概念。

2）识别相关方需要。

3）确定需要的优先级并排序。

4）定义相关方需要与理由。

3. 开发概念

本活动包含以下任务：

1）定义一组典型的场景，以识别与预期的运行和其他生存周期概念相对应的所有需要的功能。

2）识别使用者与系统之间的交互。

4. 将需要转换成需求

本活动包含以下任务：

1）识别系统解决方案约束。

2）识别相关方需求以及与关键质量特性相关的功能，如质量保证、安全、保密、环境、健康等。

3）定义相关方需求，与生存周期概念、场景、交互、约束以及关键质量特性一致。

5. 分析相关方需求

本活动包含以下任务：

1）分析相关方需求的完整性。

2）定义关键性能度量。

3）反馈需求分析结果给相应的相关方以确认它们的需要与预期已经充分地被捕获并表达。

4）解决相关方需求问题。

6. 管理需求

本活动包括以下任务：

1）就相关方需求达成明确一致意见。

2）维护相关方需要与需求的可追溯性。

3）为选定的基线提供关键信息项。

4.2.4　关键要素解析

1. 如何确定相关方

系统开发**最大的挑战之一**就是确定相关方以及获取它们的需要。在大多数情况下，系统开发过程中都重点关注客户与使用者这两类相关方的各种需要。从武器装备开发来讲，多数研究院所都重点关注军方的各种诉求。对相关方的遗漏，造成了系统开发在一开始就对需求考虑不完整。如何完整地确定目标系统的所有相关方，是系统开发在一开始就必须确定的。

正如ISO/IEC/IEEE 15288所叙述的，需求是系统生存周期的主要驱动因素。根据系统开发模型，相关方需要的获取应该在开发周期一开始就开展，并且需要持续开展，相关方的需要与需求在开发周期中可能随着时间的推移和外部环境的变化而发生变化。

确定相关方或相关方类别在业务或使命分析过程和相关方需要与需求定义过程两个过程中来完成。

在业务或使命分析过程中，从组织业务管理层面确认主要的相关方。在相关方需要与需求定义过程中，主要从业务运行层面来确定目标系统在整个生存周期中的相关方。二者所关注的层面不一样。

在目标系统的所有相关方中，大致可以分为三大类相关方：

1）直接相关方。这类相关方会直接从目标系统受益。这类相关方比较容易识别，主要包括客户、最终用户。

2）有数据/信息/能量（包括力）/物质/操作五类交互的相关方。《INCOSE系统工程手册》中所描述的系统都是开放的系统，每一个系统都会运行在一个特定的运行环境中。因此，凡是与目标系统有上述五类要素交互的其他系统的所有者，都是目标系统的相关方。这类相关方（图4-7）主要包括交互系统（的所有者）和使能系统（的所有者）。

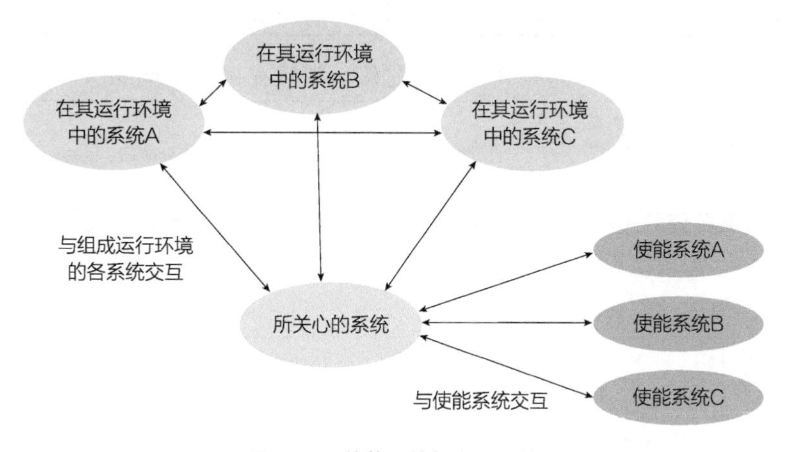

图4-7　使能系统与交互系统

3）施加影响/被影响的其他相关方，主要包括：

① 管理者（规划顾问组）。

② 使用人员。

③ 工程负责人。

④ 运营人员。

⑤ 维护人员。

⑥ 定义使命任务的合作方（如第三方咨询机构）。

⑦ 承包商。

⑧ 法律、法规/标准。

⑨ 相关管理当局。

⑩ 外部环境约束与威胁/技术约束/竞争能力。

通常，法律法规以及标准不仅仅包括了国家标准、行业标准，也包括了目标系统所在企业的企业标准以及各种程序文件等。

2. 相关方分析

确定完相关方后，接下来需要对相关方进行分析。对相关方的分析主要完成以下四方面的内容：

1）权利－利益分析。

2）权利－动态性分析。

3）影响力－重要性分析。

4）将上述分析结果通过相关方分析表示矩阵（表4－3）进行表示。

表4－3 相关方分析表示矩阵

编号	相关方	利益点					态度	影响力	重要性	应对策略
		体制与管理	资源	权利	约束	其他				
							+2	强	中	
							−1	中	高	
							+1	强	低	
							0	弱	高	
							+1	弱	中	

通过上述分析，可以确定不同相关方的优先级。随后在确定不同相关方需要的优先级时，应根据相关方的优先级来分析确定。

3. 获取相关方需要指南

（1）相关方需要获取过程 相关方需要获取六个活动：背景知识、收集需要、分类、冲突处理、优先级划分、需求检查。

获取相关方需要的过程如图4－8所示。

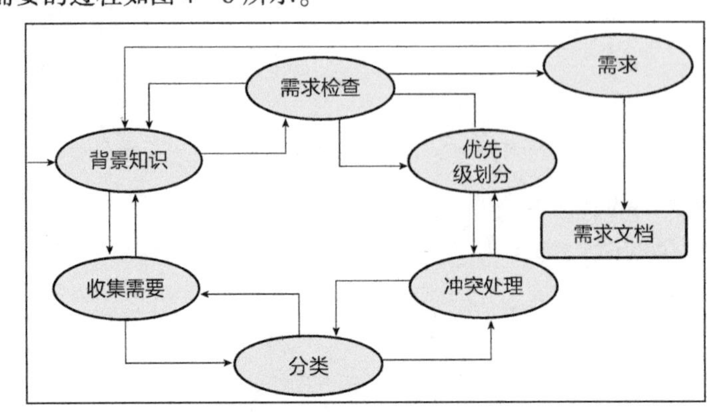

图4－8 获取相关方需要过程

（2）**相关方需要获取方法** 相关方的需要有多种来源：

1）对相关方的采访。

2）场景探索（通常通过相关方访谈）。

3）描述文档（可能来自于文档研究或市场研究）。

4）现有系统升级。

5）现有系统问题和修改建议。

6）模拟系统。

7）原型，部分系统，甚至简单的草图、产品模型。

8）新技术的机会。

9）研究。

10）调查问卷。

11）拟人化研究或分析的视频。

在不同的系统工程或需求工程书籍中，列举了很多的相关方需要获取的方法，这些方法适用于不同情况下的需要获取。

表4－4列举了17种需要获取方法，并对不同方法的优缺点进行了简单描述。这些方法在实践中可结合各自的优点进行组合应用。

表4－4 需要获取方法

序号	方法	优势	劣势
1	访谈	数据详尽；能得到宏观视角	耗时，不适于紧急数据收集；不适于领域需求；漏掉隐含信息
2	调查	快速获得数据；可以同时获得大量用户信息；成本低廉	数据量有限；不能提供关于系统的宏观视角
3	问卷	高效;比较清晰	不能深入了解领域主题;不能拓展思路;缺乏消除误解的机制
4	任务分析	提供任务情景，系统和用户交互关系;可用于任务分配	比访谈投入的精力更多，必须准确安排层级，需要细节
5	领域分析	通过其他领域实例来确认新需求;结构化定义	关注多领域知识而复杂；严重依赖专家
6	辨识	不需要成本	对需求分析是要求太高，需要了解业务、熟悉领域知识
7	凯利方格	易于辨识相似性与差异性；可展示抽象层次；易于需求追溯	需求属性复杂度表达受限
8	卡片分类	明确的优先级；获知客户知识对问题领域的覆盖情况	领域知识要求高；卡片组合复杂
9	类责任合作(CRC)卡	结构化、显性化	抽象层次比较高，细节不足，适合高层需求
10	阶梯法	通过询问与涉众建立紧密关系；层次关系明确，易于理解	需求量大，复杂度增加；增删需求，带来很大困难

（续）

序号	方法	优势	劣势
11	小组合作	利于协调冲突；可以直接评价需求；合作创造卓越	协调困难需要更多努力；不能保证精力投入；效率低
12	头脑风暴	提供创新创意；自由思考；适用于创新项目	容易陷入老生常谈；不适用于核心议题
13	联合应用开发（JAD）	解决问题的跨域决策方法；需求变更可控；可直接沟通；结构化	快速解决问题带来认识不足；需要领域大师
14	需求研讨会	提供更完备的需求收集主题；减少变更；适合复杂系统	时间和成本；小项目不适用；进展缓慢
15	人种志	收集定性需求；社会因素和行为模式	沟通不畅、价值观差异、文化差异而失败；心理学
16	观察	高可信；经常被用来确认和校核需求	大量的人员出差成本；容易将自己置于旁观者的角色
17	原型	对人机交互界面开发十分适用；开发全新系统；多方法联合使用	消耗时间和成本；变更会特别多

《INCOSE系统工程手册》推荐的需要获取方法如图4-9所示。

图4-9 《INCOSE系统工程手册》推荐的需要获取方法

ISO/IEC/IEEE 29148:2011中推荐的需要获取方法如下：

1）结合头脑风暴的结构化研讨会。

2）访谈、问卷调查。

3）环境或工作模式观察（如实践和运动研究）。

4）组织分析技术（如SWOT分析、产品组合）。

5）确定过程和系统基准。

6）技术文件审查。

7）市场分析或竞争系统评估。

8）模拟、原型设计、建模。

（3）相关方需要获取技术选择 在实际工作中，并没有所谓的“正确答案”告诉人们应该选用什么方法来获取相关方的需要，通常会应用到几乎所有的获取技术，或者几种获取技术的组合。在这种情况下，选用什么样的获取技术，主要取决于相关方与需求开发团队之间的领域知识和开发经验。

图4-10来源于IBM的系统工程最佳实践。该图提供了一个框架，用于确定适当的相关方需要获取技术。它在客户/用户体验和开发团队经验方面定义了四个主要类别：模糊问题型、销售/教学型、追赶型和成熟型。

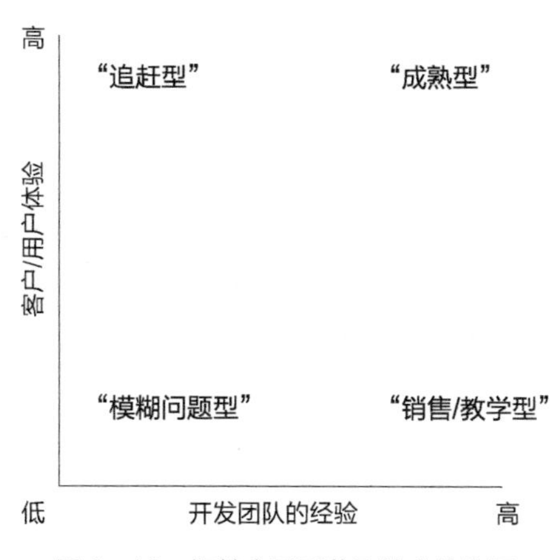

图4-10 相关方需要获取技术的选择

上述指南可以帮助我们选择哪一种方法：

1）追赶型：访谈、在目标环境中工作。

2）模糊问题型：头脑风暴、研讨会。

3）成熟型：问卷调查、研讨会、原型。

4）销售/教学型：原型。

4. 开发运行概念文档（OCD）

在开发生存周期概念过程中，"场景"一词经常被用来描述一个单线程的行为；在其他情况下也用来描述许多单线程并发运行的一个超集。场景和"What-if"思维是规划者应对未来运行情况必不可少的工具。

场景技术作为一种战略规划工具，在历史上一直被军事战略家所采用。构建场景作为一种方法，在复杂和不确定的环境中规划和决策。这一活动可以让人们以一种创造性的方式思考、观察各种涌现的情况以减少对重要因素的忽视，构建场景的行为可以促进内部以及组织之间的交流。场景构建本质上是一种人为活动，可能涉及与现有系统/类似系统运营商、潜在终端用户的访谈、一个接口工作组会议（IFWG）。这项活动的结果可以在许多使用建模工具和模拟的图形形式中捕获。

系统的创建或升级，对系统的未来使用和突发性同样具有不确定性。相关方需要和需求定义过程会捕获一系列生存周期概念文件中对相关方需要的理解，每个概念集中在一个特定的生存周期阶段，包括采办概念、部署概念、运行概念（OpsCon）、支持概念、退役概念。

概念文件的主要目标是在系统生存周期的早期捕获需求。通过自由地想象和描述某些过程来理解相关方的需要，但不考虑如何满足需要。它捕获系统在背景环境中与其他系统交互所必需的行为特征，并捕获人与系统交互（系统所必须提供的功能）的方式。了解这些运行过程通常产生：

1）满足客户/用户的需要和目标的特定来源以及派生需求。

2）为系统工程师和设计师定义设计、开发、验证与确认系统提供宝贵的洞察力。

3）减少在移交运营系统中潜在的系统缺陷风险。

概念开发主要的目标是与系统最终用户在早期阶段交流以确保对相关方的需要（特别是运行需要）有清晰的认识，性能需求的理由纳入决策机制，用于后续系统需求以及更低层级规格。现有/相似系统的操作者/潜在用户访谈、交流会、IPO 图、功能流框图（FFBD）、时间线图表、N^2图提供有价值的相关方输入，建立一个符合相关方需要的概念。

其他目标还包括：

1）提供运行需要和捕获源需求之间的可追溯性。

2）建立需求基础以支持系统整个生存周期，如人员需求、支持需求等。

3）建立验证计划基础、系统级验证需求，以及环境模拟需求。

4）生成业务分析模型，测试系统与其环境之间的外部接口的有效性，包括外部系统的相互作用。

5）提供系统能力计算，为超限的行为以及任务效能计算提供依据。

6）在每一个层级确认需求，从其他来源发掘隐含的被忽视的需求。

（1）运行概念文档（OCD）开发指南

1）建立 OCD 开发团队。

2）确定参与者——跨学科的团队：

① 领导者：由高级系统/需求工程师领导。

② 专业领域参与者：

- 运营领域专业人员；
- 所有学科专业人员；
- 系统环境相关领域专业人员。

③ 不同环节参与者：

- 系统工程师、架构师、系统实现者、测试人员；
- 客户/买家、客户和承包商经理。

④ 还包括以下参与者：

- 熟悉影响系统的开发和部署监管环境的参与者。
- 具有自然和人工操作环境方面渊博知识的参与者。

3）编写 OCD 内容。

（2）运行概念文档（OCD）模板

见附录 D.2。

5. 相关方需求规格说明书（StRS）

相关方需求规格说明（Stakeholder Requirements Specification，StRS）描述组织为什么开发或改变系统的动机，定义在使用系统情况下的流程、策略与规则，从用户的视角描述高层需求，从特定使用环境中派生出使用者、操作者、维护者等相关方准确清晰的需要。业务需求规格说明（BRS）描述业务环境，StRS 描述组织如何使用系统为业务带来价值。

StRS 的内容由相关方确认，相关方对 StRS 的内容负责。不存在对所有项目都适用的相关方需求规格说明书，ISO/IEC/IEEE 29148：2018 需求工程过程标准提供了相关方需求规格说明书的范例轮廓，见表 4－5。

表 4－5 ISO/IEC/IEEE 29148:2018 标准中的 StRS 范例

相关方需求规格说明（StRS）
1. 简介
1.1 相关方目的
1.2 相关方范围
1.3 概况
1.4 定义
1.5 相关方
2. 参考
3. 业务管理需求
3.1 业务环境
3.2 使命、目的与目标
3.3 业务模型
3.4 信息环境
4. 系统运行需求
4.1 系统过程
4.2 系统运行策略与规则
4.3 系统运行约束
4.4 系统运行模式与状态
5. 用户需求
6. 详细生存周期概念
6.1 运行概念
6.2 运行场景
6.3 采办概念
6.4 部署概念
6.5 支持概念
6.6 弃置概念
7. 项目约束
8. 附录
8.1 缩写与缩略语

关于相关方需求规格说明（StRS）各信息项的具体内容，请参考附录 D.3。

6. 需求评审

（1）需求评审流程

需求评审包含图 4－11 所示的六个步骤。

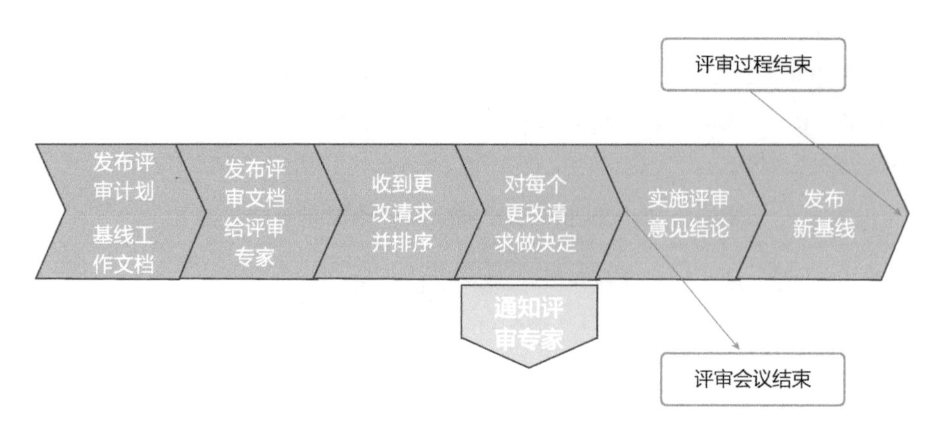

图4－11 需求评审过程

1）制定并发布评审计划。首先，需要确定评审人员。评审人员应包括客户、业务需求拥有者、系统工程师与业务分析师、供应商以及解决方案团队，如图4－12所示。确保已经代表了所有相关方类型，即便他们不能参加评审会议，他们所有的观点都必须处理。

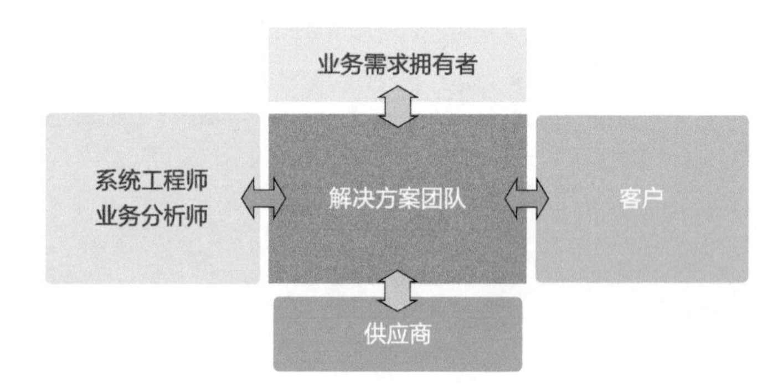

图4－12 需求评审团队组成

其次，完成需求评审相关准备工作，包括与需求评审员一起就需求审查日期达成一致、需求评审基线文档准备、需求评审会议准备等工作。

2）出具相关文档。在评审会议前至少两周给相关方需求规格打基线并提供一份需求规格的复印件给评审员。评审员指南有助于审查团队关注关键领域。考虑与这个任务相关的检查清单提供给审稿人。

3）接收并分析变更请求。实际的审查会议的目的是做决策，不审查文档。

鼓励相关方在审查之前提交变更请求（也称为审查项差异或RIDs），这样他们就可以进行分析，确保理解请求的意图，对相关请求进行分组，并评估变更的影响。

4）执行评审。召开评审会议。简要地概述主要风险和决策依据，目的是做出接受或拒绝评审前提交的每一个变更请求。变更请求也可能会进一步延迟而影响评估或探索性的工作的完成。

一旦决定了对于每个变更请求的结果，评审会议就结束。但是，审查过程将一直持续到所有被接受的变更请求的实现为止。

在评审中，所有关于行动确定、决策和问题识别等都必须有备忘录。

5）实现批准的变更。评审会议后更新相关方需求规范和其他相关文档，将批准的变更合并到其中。

6）结束评审。所有的接受变更请求合并到更新需求规格基线。

问题更新备忘录显示每个变更请求的状态/来自评审的行动项和审查委员会的建议。

相关方需求将会持续改变，然而随着进一步开发工作完成和变更影响范围的增加，需求变更的代价将会更加昂贵。因此需要有一个正式的变更控制过程来管理进一步的更改。

（2）需求评判准则

需求评审准则主要四个方面考虑：评审文档完整性、对需要或需求的满足情况、需求条目与需求集的质量、需要或需求满足的质量。

1）评审文档完整性。评审文档完整性，即发布给评审专家的待评审文档是否完整。完整性主要体现为基线工作文档的完整性，基线工作文档必须包括：

①相关方需求规格说明书。

②生存周期概念文档。

③需求验证与追踪矩阵（RVTM）。

④验证准则，包括 MOEs 与 MOSs。

⑤被识别出的系统功能清单。

⑥相关方需要（备查）。

⑦相关方需要与需求定义过程记录（备查）。

其中，相关方需求规格说明书、生存周期概念文档、需求验证与追踪矩阵（RVTM）、验证准则（包括 MOEs 与 MOSs）是相关方需求评审所需要的最重要的几份文档。

达标准则如下：

①上述移交物完整。

②与相关方需求规格说明书中对应的所有相关方的需要都齐备并且已经经过确认。

③具有正向与逆向的需求验证与追踪矩阵。

2）对需要或需求的满足情况。根据 RVTM 进行需要或需求满足程度分析。达标准则如下：

①所有的相关方需要都有对应的相关方需求相对应。

②对于不现实或不可行需要的协商过程有记录。

③上一级需求（业务需求）在本层级都有对应相关方需求条目去满足。

3）需求条目与需求集的质量。对于需求条目与需求集的质量的评审，主要通过两个检查单来执行，其一是需求规格说明书检查单，其二是相关方需求规格说明书检查单。

需求规格说明书检查单针对所有的需求规格说明书有效，见表4-6。

表4-6 需求规格说明书检查单

1. 完整 需求规格说明书包含系统移交范围内的上下文、约束和所有要求。包括： 1）系统的背景（基本原理、商业案例、相关方） 2）约束（时间、资金、资源、设计约束） 3）功能需求 4）质量需求（例如 ISO 9126） 2. 一致 需求规格说明书与产品移交范围是一致的（例如：这可能是一个迭代、增量、进化的步骤，发布……），每一条独立需求之间必须是一致的，没有冲突。

（续）

3. 结构化 需求规格说明书被结构化，以证明单条需求同整个需求集之间的连贯性（Coherence）与依赖性。 4. 可追溯性 需求规格说明书是唯一确定的，并且明确地同工作说明书（SoW）相关。 5. 可行性 需求规格说明书在资源约束范围内至少有一个设计和实现可被执行。 6. 简洁 需求规格说明书包含了必要的信息，并且尽可能简单地表达

来源：IBM 最佳实践。

对于相关方需求规格说明书的评审，还需要按照表 4－7 相关方需求规格说明书检查单进行检查。

表4－7　相关方需求规格说明书检查单

1. 需求描述符合相关方的语言吗? 需求应该是表达相关方需要的描述。这可以是一个简短、简明的陈述或一个精心设计的文字和图片。最好使用相关方自己的话。 2. 需求是否有优先级? 与需求的有关一些相关方优先级的标示。这可能表示为［“高、中、低”］［“必须、应该、可能、会”］等。 3. 需求是否有理由? 简要说明为什么相关方需要它（背景、环境、原因）。当相关方需求是解决方案而不是问题陈述时，这是特别有价值的。 4. 需求正确吗? 该需求是否描述了真正的需要、愿望或义务? 您是否确定了需求的根本原因? 5. 需求完整吗? 需求是否是一个完整的句子? 需求是否完全在一个地方进行展示，并且不强制读者查看额外的信息来了解需求? 6. 需求是否清晰? 需求是明确的且不会产生混淆吗? 大家都同意这个需求的含义吗? 7. 需求是否一致? 需求是否与其他需求相冲突? 术语的使用是否与其他需求和术语表中的术语一致? 8. 需求是否可验证? 您能确定系统是否满足需求吗? 是否可以定义一个清晰、明确的通过或失败标准? 是否可以通过检查、分析、演示或测试来确定需求是否得到满足? 9. 需求是否可追溯? 在需求和源材料、测试用例等之间能确定必要的可追溯性关系吗?

（续）

10. 需求是否可行？ 能否在预算范围内按期完成需求？ 当前技术在技术上可行吗？ 需求在物理上是否可实现？ 11. 需求是否独立于设计？ 所有对设计施加限制的需求，限制了设计的选项，是否合理？ 这个需求是否以这样一种方式来进行说明，即有多种方式可以加以满足？ 12. 需求是单一的吗？ 需求描述是否仅仅定义了一个需求？ 需求描述是否没有连词（和、或、但是），因为其可以表明多个需求？

来源：IBM 最佳实践。

达标准则如下：

① 相关方需求规格说明书按照上述检查表审查后没有不符合项；

② 不符合项已经得到纠正。

4）需要或需求满足的质量。需要或需求满足的质量是对需求规格说明书所描述的需求条目对满足需要或者上一级需求的科学性的评价。这需要评审专家团队的专业领域知识来支撑。主要从以下几方面来评价：

①是否集成考虑了法规、环境、交互系统、使能系统、参与者以及威胁因素。

②满足需要或需求的需求条目是否包含了全部可能的情况。

③是否考虑了故障或出错情况下的应对。

④用来满足需要或需求的需求条目是否准确地表达了需要或需求。

⑤用来满足需要或需求的需求条目是否是现有约束条件下最好的表达。

达标准则如下：

上述各方面要素都得到了肯定答案，或者得到了合理的解释。

4.2.5　案例——飞机起落架概念文档

参考《概念文档开发指南》组建概念文档编写团队，使用概念文档模板编写起落架概念文档。在运行概念文档中，核心的内容是要描述清楚系统的运行过程，因此，本章节案例主要以飞机起落架为对象，重点描述起落架的运行过程，其他内容读者可以参考《运行概念文档模板》。

起落架作为飞机在地面停放、滑行、起降滑跑时用于支持飞机重量、方向控制与吸收冲击能量的飞机部件，其主要功用是承受飞机在地面停放、滑行、起飞着陆滑跑时的重力，滑跑与滑行时操纵飞机，滑跑与滑行时的制动，承受、消耗和吸收飞机在着陆与地面接触时的冲击和颠簸能量并吸收飞机运动时产生的冲击载荷。同时因为现代飞机飞行速度很快，起落架可能影响整个飞机的气动外形，所以又提出了可收放需求——当飞机在空中飞行时就将起落架收到机翼或机身之内，以获得良好的气动性能，飞机着陆时再将起落架放下。

（1）确定飞机起落架的使命任务（从飞机分配来的要求）

1）承受飞机在地面停放、滑行、起飞着陆滑跑时的重力。

2）承受、消耗和吸收飞机在着陆与地面接触时的撞击和颠簸能量。

3）滑跑与滑行时的制动。

4）滑跑与滑行时操纵飞机转向。

（2）确定起落架完成上述使命任务的运行阶段 飞机起落架要完成由飞机分配来的使命任务，需要有以下几个运行阶段：

1）飞机停放。

2）起飞滑行。

3）收起落架。

4）放起落架。

5）飞机着陆起落架承载。

6）降落滑行。

7）停放飞机。

（3）确定每一个运行阶段可能的情况 在定义每一个阶段要素的过程中，需要分析起落架在不同阶段的正常运行情况，同时还要结合飞机起落架有史以来在不同阶段可能出现的各种不正常的情况，这需要长期的积累。图 4－13 所示为飞机起落架各个阶段情况描述。图中的风险与威胁列举了部分可能存在的风险与异常情况，风险与威胁并不一定是系统失效导致的，环境威胁也有可能导致失效。

注意，在这个时候的异常情况描述，只需要描述可能出现的异常现象即可，无须考虑零部件的失效问题。

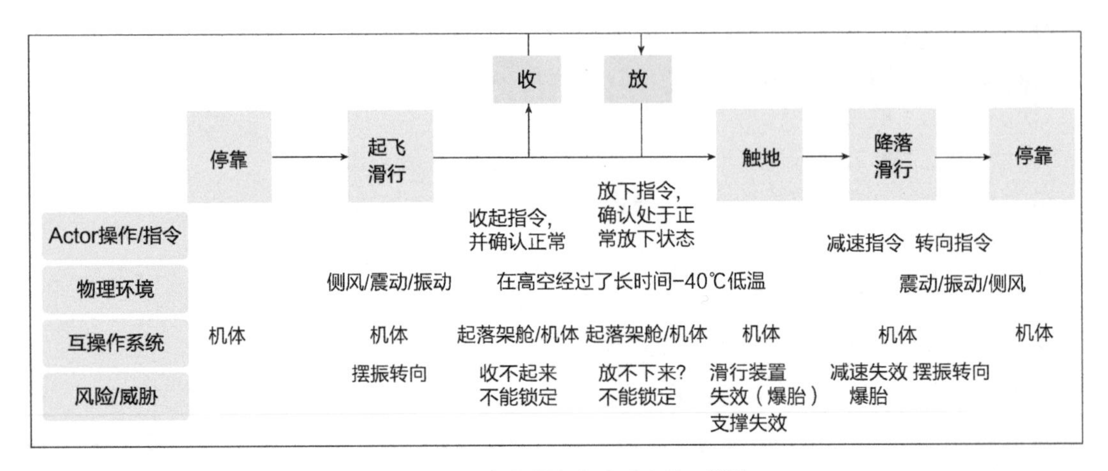

图 4－13 飞机起落架各个阶段情况描述

（4）定义每个阶段每一种情况下的活动 当确定了每个阶段可能存在的不同情况后，接下来需要对每一种可能情况的相应活动进行定义。

活动的定义需要从参与者、输入/输出、运行政策约束、物理环境、互操作系统和社会因素六方面考虑。

注意，每种情况的活动分解只向下分解一层即可，如起落架放下阶段的活动分解如下：

1）起落架可自动放下（正常情况）：

① 打开舱门。

② 上位开锁。

③ 放下起落架。

④ 下位锁定。

⑤ 反馈状态确认。

然后对上述活动按照参与者、输入/输出、运行政策约束、物理环境、互操作系统和社会因素六方面要素完成定义。

2）起落架不能自动放下（非正常情况1）。当起落架不能自动放下的情况出现时，我们需要考虑进行手动操作，手动操作起落架放下动作的活动如下：

① 手动打开舱门。

② 手动上位解锁。

③ 起落架依靠自重落下。

④ 手动下位锁定。

然后对上述活动按照参与者、输入/输出、运行政策约束、物理环境、互操作系统和社会因素六方面要素完成定义。在定义手动操作的过程中，因为运行环境是高空、高风速，主要的参与者与交互是人，所以在定义相关活动时需要考虑人在这种高空、高风速环境下完成操作的各种需要与条件。

3）起落架不能锁定（非正常情况2）。由于可能存在的非正常情况比较多，本书不再一一列举，有兴趣的读者可以尝试完成其他各种非正常情况的定义。

需要注意：凡是在运行过程中出现过的异常情况，在新系统的概念文档中都必须要有分析与应对，根据其发生的概率制定不同的解决方案，然后对解决方案进行活动分解与定义。

（5）按照运行概念文档模板完成起落架运行概念文档（略）

相关方需要与需求定义过程是一个非常关键的过程，识别完整的相关方与开发运行概念文档是重中之重。

在工程实践中，识别相关方的过程中最容易出现的问题是缺乏对相关方的抽象分类。很多人在实践中发现相关方好像无穷无尽，例如：一条生产线上的所有操作人员其实都是相关方，难道要把这些都列在清单中吗？显然这是不可能的。这个时候需要将其抽象为一类相关方，也就是操作人员，其所有的诉求综合后作为操作人员的需要。类似的还有企业的财务、质量人员等，这些在实际工程中都需要分析与抽象。但是前面所列举的三大类相关方一定要充分考虑。

从目前国内产品型号的工程实践情况来看，对于运行概念文档描述工作的开展非常有限，有些单位做过类似的事情，但都存在不规范的情况，并没有将概念文档开发过程做完。而运行概念文档是用来与用户确认需求最好的手段，同时也是后面从问题与向方案域转换的关键文档。

按照系统工程手册的描述，相关方需要与需求定义过程成功的标准包括以下几方面：

1）新系统的采办已经获得用户组织授权。

2）项目开发组织已经准备好 SoW、StRS 并获得新系统采办批准。

3）潜在承包商已经响应了采办需要，并提交提案。

4）市场驱动情况下，已经理解消费者想要买什么。

5）在市场与技术驱动情况下，开发团队已经获准开发新系统。

《INCOSE 系统工程手册》中的相关方需要与需求定义了过程对应型号研制生存周期中的概念阶段。过程的输入包括立项论证报告，阶段性的输出结果，与项目任务书对应。

在这个过程中，主要完成以下六个方面的工作：

1）确定有哪些相关方。

2）从不同的相关方获取各自的需要，需要考虑采用哪些合适的方法来获取需要。

3）描述系统概念文档，尤其是运行概念文档，充分描述系统完成使命任务时应该怎么做。

4）分析相关方的需要，从相关方的问题描述中获取准确的需求。

5）确定验证准则与 MOE。

6）建立需求关联。

相关方需要与需求定义过程非常关键。笔者在与不同科研院所交流的过程中都听到了类似这样的问题——为什么总是问题考虑不全面，需要到后期阶段不断地迭代与返工？这种情况非常普遍，究其根本原因，其实就是在相关方需要与需求定义过程中（即在型号研制的概念阶段）没有完整地定义问题。在这一过程中主要存在几个方面的问题：

1）相关方没有找全，这就是考虑问题不全面的隐患。很多时候只考虑了主要的相关方（比如型号研制项目中的军方）的各种需要与需求。

2）没有完整的概念文档，甚至缺乏概念文档。在笔者接触到的多个科研院所中，绝大多数院所没有完整规范化地描述过概念文档。概念文档中所需要的不同内容，在不同的型号项目中可能都描述过，但是从来没有在一个项目中将这些内容完整地描述过。没有描述的内容，可能就是考虑不全面的地方，后期阶段就可能带来额外的迭代或者返工。

4.3 系统需求定义过程

4.3.1 目的

如 ISO/IEC/IEEE 15288 所述：

系统需求定义过程的目的是将面向相关方、用户视角所需的能力转换成一个技术视角的、可以满足用户业务需求的解决方案。

4.3.2 概述

如图 4－14 所示，系统需求定义过程是在方案域的顶层，从技术的视角描述系统需要具备哪些功能与性能以满足相关方需求，系统需求只描述抽象的功能，不涉及如何实现内容。

系统需求是系统定义的基础，系统需求是架构、设计、集成、验证的基础。

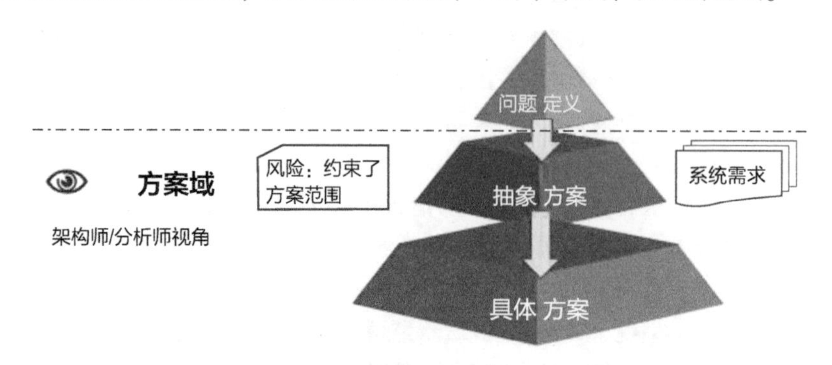

图 4－14 系统需求描述抽象方案（来源：IBM 最佳实践）

每一项需求都会带来成本。因此，系统需求是一个完整的、必不可少的、建立在项目生存周期早期所定义的相关方需求的最低限度的需求集，不要过分承诺（No Gold Plating *）。在开发周期后期的需求变更都会显著影响项目成本，甚至可能导致项目被取消。

系统需求定义过程从供方角度出发，利用相关方需求，以反映用户观点为基础，产生一组系统需求。因此，系统需求定义是一个从问题域需求向方案域需求转换的过程。从相关方需求转换为系统需求，通常包含三种类型：

1）分解型需求。将高层需求分解为更低层次需求。

2）预算分配型需求。将一个总的值分配到不同的子系统中。

3）直接分配型需求。继承上一层需求，如标准规范。

其中，分解型需求是最复杂一种类型，需要从工作原理、运行过程以及完备性法则等方面开展需求分解，图 4 - 15 所示为一个分解型需求的示例。

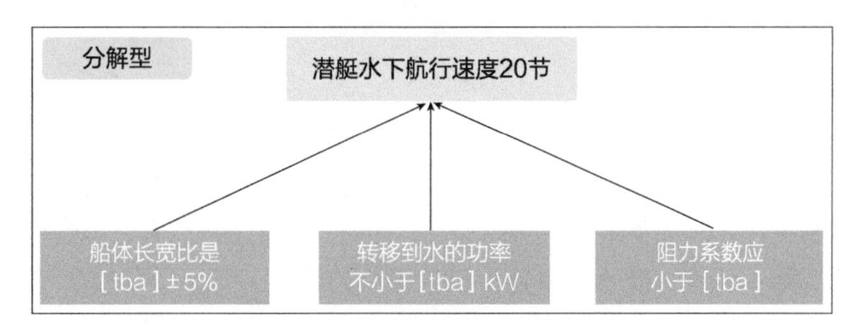

图 4 - 15　分解型需求示例

系统需求详细地描述了满足相关方需求的系统的特性、属性、功能和性能。

4.3.3　活动描述

图 4 - 16 所示为根据《INCOSE 系统工程手册》系统需求定义过程 IPO 图改编的系统需求定义过程。

根据 ISO/IEC/IEEE 15288:2015，系统需求定义过程包括以下活动：

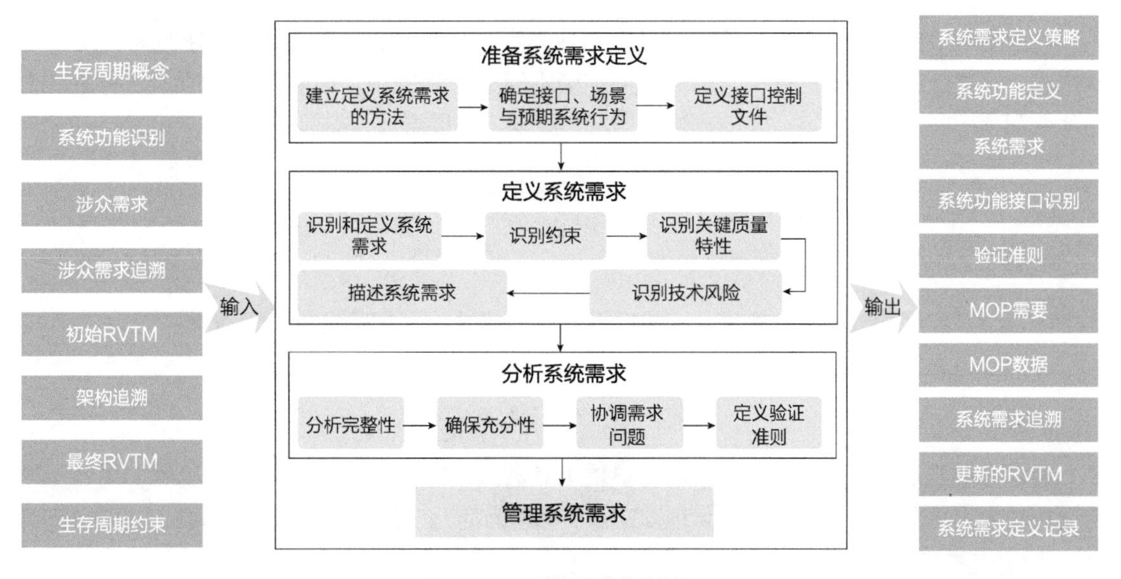

图 4 - 16　系统需求定义过程

1. 准备系统需求定义

1）为定义系统需求建立方法。

2）与架构定义过程协同，确定系统的边界，包括接口、反映运行场景和预期的系统行为。

3）系统与系统外部之间预期的相互作用，已协商的接口控制文件（ICD）作为定义的系统（控制）边界。

2. 定义系统需求

1）识别和定义所需的系统功能。

2）识别相关方的需求或强加给系统的不可避免的组织约束，并捕捉那些约束。

3）识别与系统相关的关键质量特性，如安全、保密、可靠性与可支持性。

4）识别需要在系统需求中解释的技术风险。

5）详细描述系统需求。

3. 分析系统需求

1）分析系统需求的完整性，确保每条需求或一组需求具有完整性。

2）提供分析结果给合适的相关方，确保所描述的系统需求充分反映相关方的需求。

3）协商修改解决在需求中发现的问题。

4）定义验证准则——进行技术成果评价的关键性能度量。

4. 管理系统需求

1）确保关键相关方之间的一致，需求充分反映相关方的意图。

2）建立和维护系统需求和系统定义的相关要素之间的可追溯性。

3）在整个系统生存周期维护系统需求以及相关的原理、决策和假设。

4）为技术状态管理提供基础信息。

4.3.4 关键要素解析

1. 系统需求分解与定义

前面的章节中提到了需求的转换主要有三种类型：分解型需求，将高层需求分解为更低层次需求；预算分配型需求，将一个总的值分配到不同的子系统中，如图 4-17 所示，将系统总功耗分配到不同的子系统上；直接分配型需求，继承上一层需求，如标准规范。

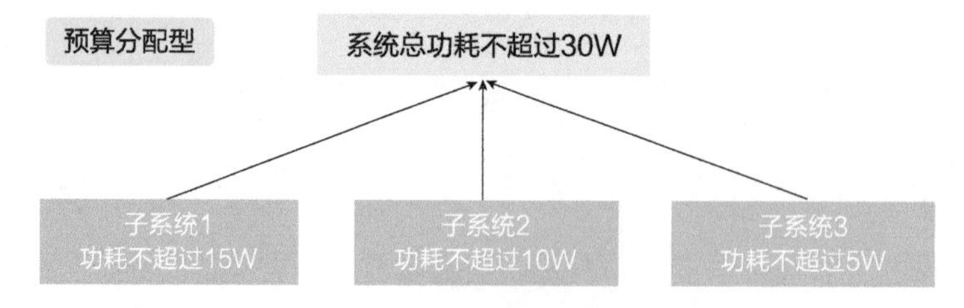

图 4-17　预算分配型需求

需求分解与定义是非常复杂的活动，本质上是利用解析法完成一个问题的求解，通过不断对研究对象进行分析，恢复其最原始的状态；**“化繁为简”**，通过一定程度的简化，由**整体到部分**，由**连续到离散**。

在前面的系统需求定义活动描述中，给出了六个活动步骤完成系统需求定义：

1）确定系统边界和预期行为。

2）定义、派生并细化功能/性能需求。

3）定义其他非功能性需求。

4）识别技术风险。

5）功能整合。

6）根据模板形成 SyRS。

在这六个活动中，以“定义、派生并细化功能/性能需求”最为复杂，我们可以把这个活动进一步分解为四个活动：

1）定义系统状态和模式。

2）定义系统功能。

3）定义功能接口。

4）定义各项功能的性能与技术参数。

而这四个活动中，“定义系统功能”又最为复杂。定义系统功能需要考虑三方面的要素：

（1）该功能的基本原理　例如，我们要定义飞机“飞行”这一功能，首先要掌握飞机的飞行原理，这是定义功能的出发点，基于这一基本原理，才能确定所要定义的功能的基本输入/输出与环境条件，如图 4－18 所示。

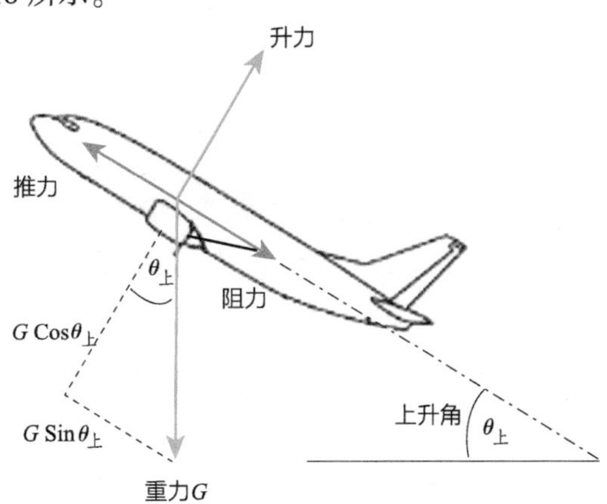

图 4－18　飞机飞行原理示意

（2）运行概念　在功能定义过程中，要参考运行概念，从运行概念文档中可以派生出更多细节的功能。例如，飞机“飞行”功能在整个运行过程的不同运行阶段都存在，但不同阶段存在不同的功能细节。同样，不同运行阶段的运行环境不一样，也会派生出更多新的功能。飞机顶层运行概念如图 4－19 所示。

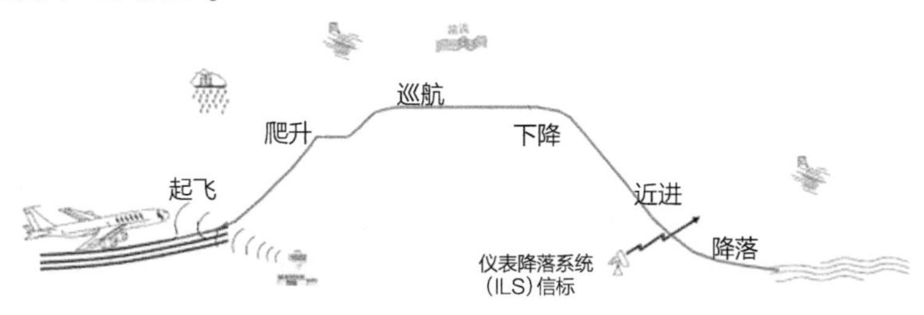

图 4－19　飞机顶层运行概念

（3）完备性法则 在功能定义活动中，同样需要考虑完备性法则（图 4－20）。完备性法则可以帮助我们将功能定义得更全面。

完备性法则是由Γ·C·阿奇舒勒在他的第一部有关技术系统进化法则的著作中提出的。技术系统的建立是为实现一定的功能，只有当技术系统的每一个部分均达到最低工作能力且所有部分共同形成的统一系统的最低工作能力得到保障时，该技术系统才有生命力。为此，系统必须具备能够实现其功能的最基本要素：执行装置、传动装置、动力装置、控制装置，且各要素之间必须存在的物质、能量、信息和职能联系。图 4－20 中箭头方向表示系统中能量传递的路径。

完备性法则可以简单描述为：

系统为实现功能，必须具备保障最低工作能力的基本组成要素和基本联系。我们将其应用到功能分解中，将一项功能分解成能使其完成的基本功能要素和联系。

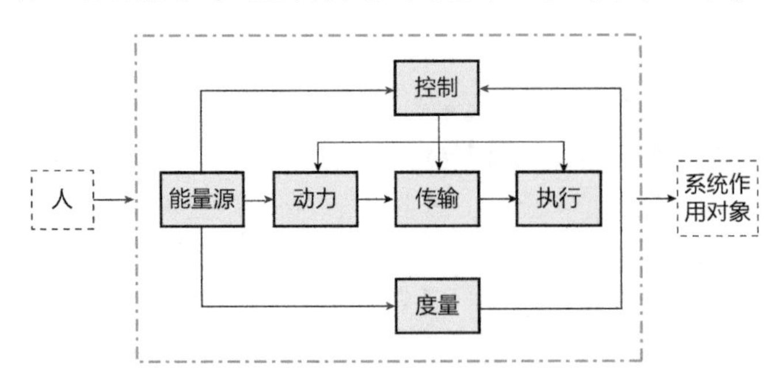

图 4－20 完备性法则

在具体的功能分解与定义过程中，需要从基本原理、运行概念和完备性法则三方面考虑，并将三方面融合在一起，这样才能分解出比较完整、科学的功能需求。在创新型的设计过程中，对于新功能的定义与分解需要利用上述三方面来完成，但在大多数的产品研发与设计过程中，多数功能的定义与分解都是可以借鉴原有研发与设计成果来完成。

2. 系统需求规格（SyRS）说明书

系统需求规格说明（System Requirements Specification，SyRS）确定所选择的 SOI 的技术需求以及设想的人机集成可用性。它从方案域以系统的视角定义系统高层次需求，以及关于系统总体目标、目标环境、以及约束和假设的声明等相关背景信息。

系统需求规格说明描述系统将做什么，系统的交互或与外部环境的接口。SyRS 需要完整描述所有的输入、输出以及输入输出之间的关系。其范例轮廓见表 4－8。

表 4－8 ISO/IEC/IEEE 29148:2018 标准中的 SyRS 范例

系统需求规格说明（SyRS）
1. 简介
1.1 系统目的
1.2 系统范围
1.3 系统概况
1.3.1 系统环境
1.3.2 系统功能

（续）

1.3.3 用户特征 1.4 定义 2. 参考 3. 系统需求 3.1 功能需求 3.2 可用性需求 3.3 性能需求 3.4 接口需求 3.4.1 外部接口需求 3.4.2 内部接口需求 3.5 系统运行 3.6 系统模式与状态 3.7 物理特征 3.8 环境条件 3.9 安保需求 3.10 信息管理需求 3.11 政策与法规需求 3.12 系统生存周期支持需求 3.13 包装、处理、装载、运输需求 4. 验证 与第3章节的内容对应 5. 附录 5.1 假设与依赖 5.2 缩写与缩略语

关于系统需求规格说明（SyRS）各信息项的具体内容，请参考附录D.4。

4.3.5 案例——导弹系统需求定义

本节以某导弹系统的系统需求定义过程作为案例。按照系统需求定义过程对导弹系统需求进行分解与定义，当然，书中仅对导弹系统需求定义过程进行解析，不对导弹具体分解的需求结果做详细描述。

1. 完成导弹系统需求定义准备

在此步骤中，需要完成三方面工作：

1）为定义系统需求建立方法。首先需要确定系统需求在系统块中的位置，确定抽象的层次——方案域顶层，确定系统需求类型。

2）确定需求分析工具。在本案例中，可能应用到的需求定义与分析工具包括N^2图、IDEF、FFBD（功能流块图）、权衡分析、成本效益分析、Context Diagram、MBSE建模、OCD（运行概念文档）、追溯矩阵等。

3）确定需求定义使能工具软件。

2. 定义导弹系统需求

这一步骤是最为复杂的，图4-21用IDEF0描述导弹系统需求定义过程，给出了导弹系统需求定义框图。

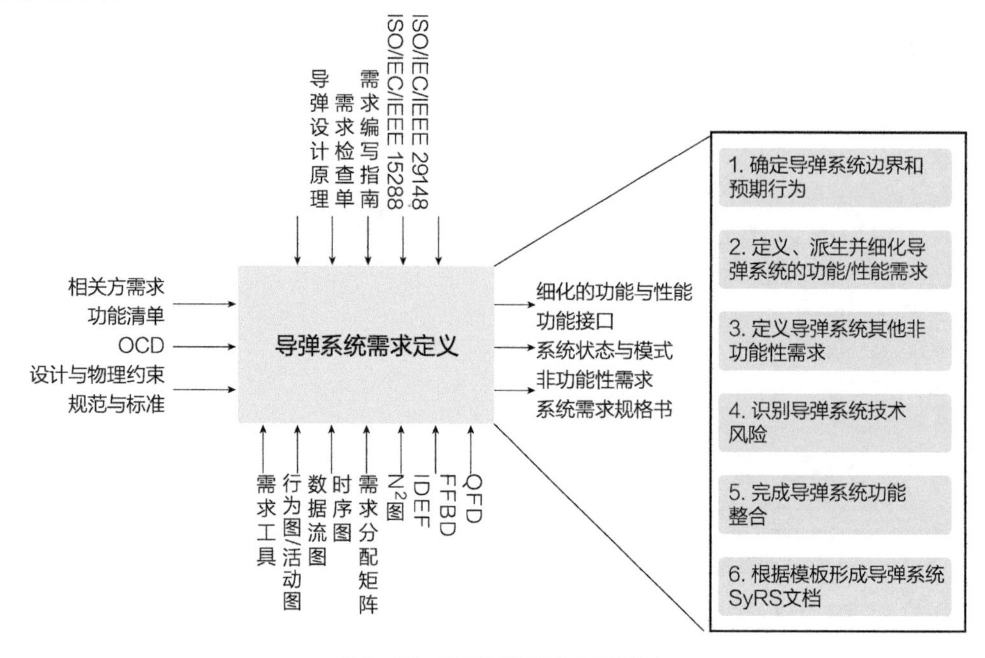

图4-21 导弹系统需求定义框图

导弹系统需求定义的输入包括相关方需求、功能清单、导弹运行概念文档（OCD）、设计与物理约束、相关的规范与标准。

导弹系统需求定义的活动，可以进一步把它分解成六个活动来完成系统需求定义：

1）确定导弹系统边界和预期行为。

2）定义、派生并细化导弹系统的功能/性能需求。

3）定义导弹系统其他非功能性需求。

4）识别导弹系统技术风险。

5）完成导弹系统功能整合。

6）根据模板形成导弹系统需求规格（SyRS）文档。

下面针对上述六项活动进行展开。

① 第一项活动是确定导弹系统边界和预期行为。可以使用Context Diagram来描述系统边界，如图4-22所示。

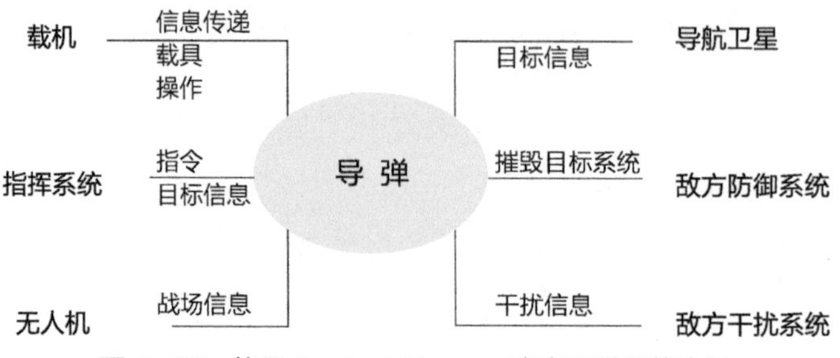

图4-22 使用Context Diagram定义导弹系统边界

椭圆形圈内的是目标系统，圈外的都是与目标系统有交互的外部系统。然后，通过运行概念文档确定导弹系统的预期行为，分别确定系统的通用场景：

- 发射场景。
- 制导飞行场景。
- 寻的攻击场景。

关键场景：

- 场景 1：目标系统接收导航卫星制导信息自主飞行。
- 场景 2：目标系统接收无人机导航自主飞行。
- 场景 3：目标系统正常攻击。
- 场景 4：目标系统受到电磁干扰。
- 场景 5：目标系统受到敌方防空系统攻击。
- 场景 6：敌方目标已被摧毁。
- 场景 7：……

② 第二项活动是定义、派生并细化功能/性能需求，该项活动包含四项任务：

- 任务 1：定义系统状态或模式。
- 任务 2：定义系统功能。
- 任务 3：定义功能接口。
- 任务 4：定义各项功能的性能与技术参数。

模式是系统特征或一系列功能的集合［IEEE 1363:1998］。在本案例中，导弹系统的模式可能包括了规定的正常模式、维修模式、训练模式、紧急模式、战备模式、作战模式、存储模式等。每一种模式都涵盖了导弹系统的一系列特性与功能的集合，这些功能集合，共同构成了导弹系统的系统需求。

定义系统的功能，首先要确定导弹系统的顶层功能，表 4－9 第二列是识别到的导弹系统顶层功能。然后，根据导弹系统各项功能所涉及的基本原理、导弹运行概念和系统完备性法则三方面考虑，完成导弹系统功能的分解与派生，见表 4－9 第三列。

表 4－9 确定导弹系统顶层功能及由此分解与派生的二级功能（示例）

序号	系统顶层功能	分解或派生的二级功能
1	飞行	提供升力 提供控制动力 和发射载体集成
2	承载和集成	作为载体 集成 机械能与物理特性传递 重量约束

（续）

序号	系统顶层功能	分解或派生的二级功能
3	导航	卫星通信 接收信号 制导解算 调整姿态
4	制导	发射信号 接收信号 信息处理 控制指令生成
5	抗干扰	信号过滤 信号屏蔽
6	控制姿态	获取姿态信息 控制姿态稳定 操纵姿态变化
7	隐身	雷达隐身 红外隐身
8	提供电源	储能 供电 电源管理
9	提供动力	动力控制 动力反馈 动力
10	攻击目标毁伤	目标探测 引爆 爆炸 毁伤

对导弹系统功能分解完成后，还需要对系统的各项功能做到多好进行定量描述，形成各种性能度量指标（MoP），比如雷达反射面积 RCS 值，信号发送、接收频段，信号延迟时间，数据链路，毁伤半径等量化指标。通常一个性能度量指标由名称、值、量纲、公差等四部分，例如，毁伤半径（50 ± 5）m。

对于功能接口可以使用 N^2 来表达，对确定的导弹系统功能接口的描述如图 4－23 所示。

③第三项活动是定义导弹系统其他非功能性需求。包括导弹可用性需求、可靠性需求、人机集成接口和可维护性需求等六项需求。例如，针对发动机点火功能可靠性需求：导弹发动机点火功能可靠性不低于 99.99%（示例）。

④ 第四项活动是识别导弹系统技术风险。将导弹在运行过程中可能出现的各种技术风险识别出来，并针对这些技术风险制定相应措施。表 4－10 列举了导弹系统可能存在的技术风险与影响。

	飞行	承载集成	导航	动力	制导	隐身	电源	毁伤	抗干扰	控制姿态
飞行	**飞行**	物理接触	物理接触	（信号）	（信号）			信号		
承载集成	物理接触	**承载集成**	物理接触							
导航	物理接触		**导航**							信号
动力	物理接触	物理接触		**动力**		电力 机械能		电力		
制导	物理接触	物理接触	物理接触	信号	**制导**			信号		信号
隐身		物理接触				**隐身**				
提供电源		物理接触					**电源**		电力	电力
攻击目标			物理接触					**毁伤**		
抗干扰		物理接触			信号				**抗干扰**	
控制姿态	控制指令			控制指令						**控制姿态**

图 4－23　导弹系统功能接口 N^2 图

表 4－10　导弹系统可能存在的技术风险与影响

序号	风险	影响
1	投掷动作不执行	平台安全
2	飞行姿态调整不可靠	目标系统坠毁
3	弹上电源失效	目标系统不能工作
4	发动机点火失败	安全事故
5	导弹自检失败	目标系统不能工作

注：还存在其他可能，本表未列全。

风险识别过程可能派生出新的需求，如为了降低某一技术的风险，可能需要增加新的方案或设备以降低风险，从而派生出新的功能。例如：在民用飞机上，为了降低发动机空中停车造成机毁人亡，通过双发备份方案来降低风险，从而改变飞机气动布局。

在基于模型的系统工程（MBSE）实践中，除了要完成各种正常情况的建模，还需要识别各种 RainingDay 并建模。RainingDay 建模与技术风险识别类似，这需要经过长时间积累和运行实践，才能积累足够丰富的技术风险或 RainingDay，在系统定义的早期过程中，要尽量将这些技术风险或 RainingDay 考虑得更完善，避免将可能出现的问题带到后期阶段造成项目延期或成本增加。

⑤ 第五项活动是完成导弹系统功能整合。在定义导弹系统需求的过程中，根据顶层功能清单分解和派生出的功能需求，相互之间会有交叉，需要对这些相互交叉的功能进行整合。在功能整合过程中，一些交叉的子功能具体应该归入哪一项功能中，一方面要遵行相关产品或行业的标准，也可以参照一些约定俗成的设计习惯；另一方面要考虑功能的独立性原则。

⑥ 第六项活动是根据模板形成导弹系统需求规格文档。系统需求规格（SyRS）文档模板请参考附录 D. 2，编写系统需求规格文档的过程中，需要遵循需求编写相关规范，利用需求管理工具进行需求的条目化与结构化管理，并建立需求关联与追溯。

3. 完成系统需求分析

该步骤主要包括需求的完整性分析、性能分析、权衡研究、约束评估、成本效益分析、需求协商以及定义系统需求验证准则。

例如，最初要求战斗装药不小于50kg，经过对弹体结构进行优化后，可以在总重不变的情况下增加10kg战斗装药。

再比如概念文档中的无人机搭载投放模式。通过权衡研究，当前大多数无人机有效载荷性能不足，在系统需求中放弃这一模式。

在系统需求规格文档模板中，每一条需求都有对应的验证，其中包含了验证方法、验证方案、验证使能设施设备要求以及达标准则。

4. 管理系统需求

该步骤利用需求管理工具软件完成需求属性定义与管理、需求关联与追溯、需求版本与发布管理、需求变更管理、需求基线管理。

导弹系统需求定义过程的输出包括九项内容：

1）导弹系统需求定义策略。

2）导弹系统功能定义——FBS（功能定义）。

3）导弹系统需求（SyRS）。

4）导弹系统功能接口识别。

5）导弹系统需求验证准则。

6）导弹系统 MoP 需要与 MoP 数据。

7）导弹系统需求追溯。

8）导弹系统更新的 RVTM。

9）导弹系统需求定义记录。

在实际工程实践中，上述九项输出文档可能合并成一份文档或者合并进不同的文档中。第1）项输出——导弹系统需求定义策略文档会合并到项目管理的文档中，第2）~5）项输出会合并形成导弹系统需求规格说明书，第6）~9）项输出会通过需求管理系统完成。

在传统的基于文档的系统工程过程中，系统需求定义需要基于文档并结合多种图形进行描述。新的基于模型的系统工程（MBSE）范式，大多数方法论会在系统需求定义过程中开展建模。图 4 - 24 和图 4 - 25 分别展示了导弹系统的发射用例的黑盒模型和系统用例模型。关于 MBSE 的内容，可以参考本书第 12 章内容。

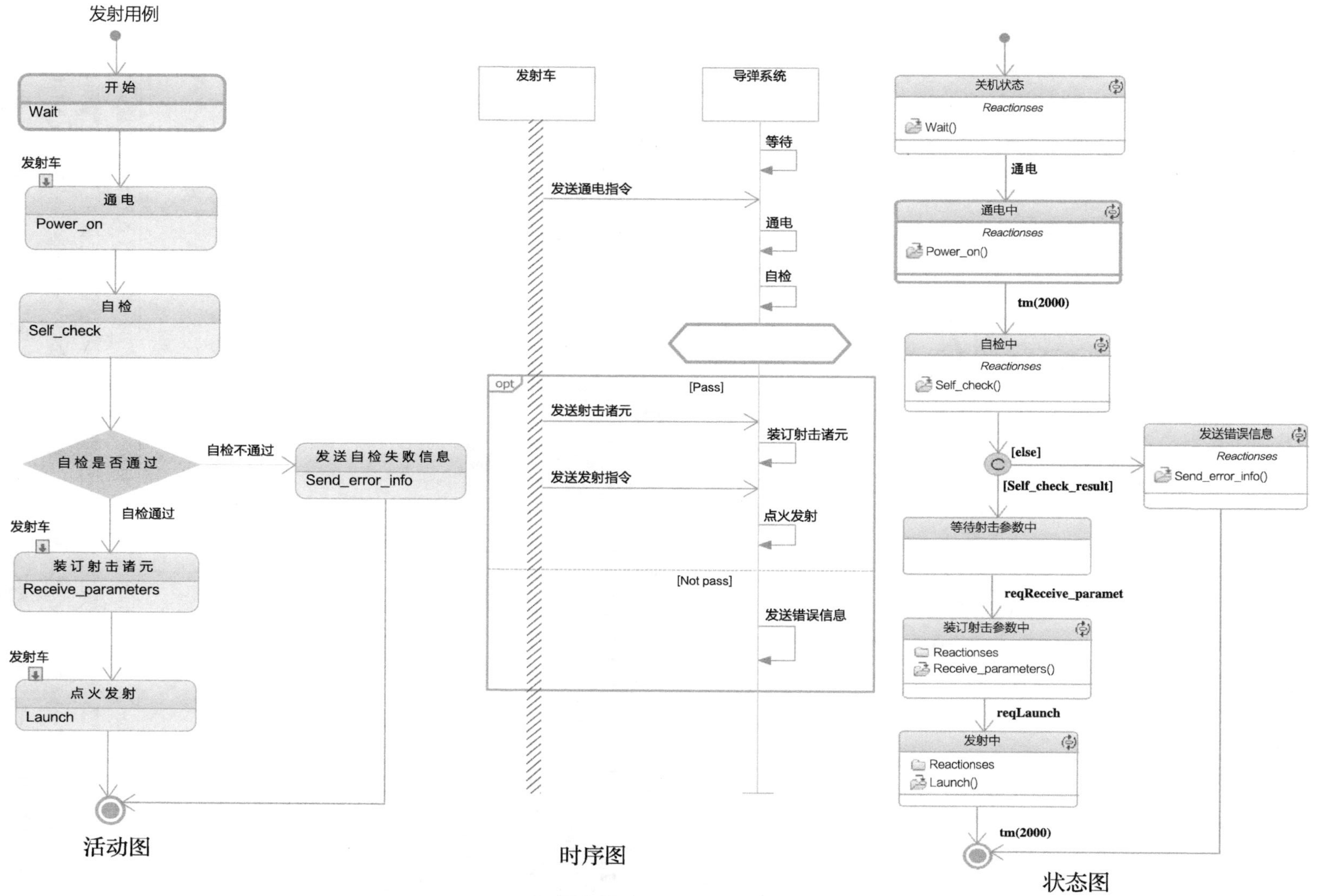

图4-24　导弹系统发射用例黑盒模型（图片来源：索为公司）

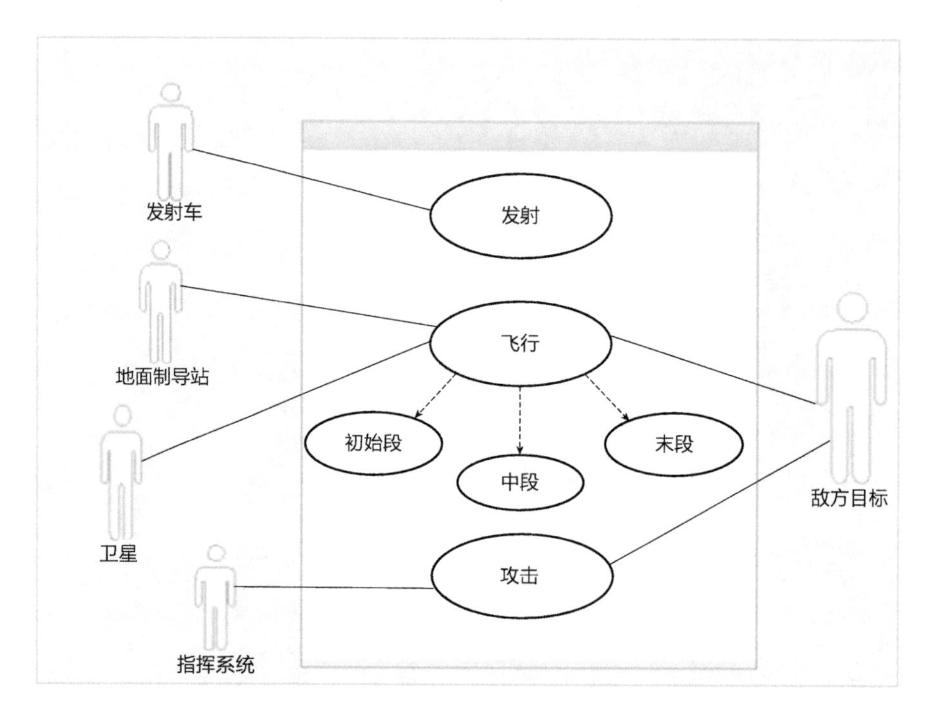

图4-25 导弹系统用例模型（图片来源：索为公司）

系统需求定义过程需要完成以下五件事情：

1）功能清单与功能分解结构（FBS）。

2）功能需求定义与非功能需求定义。

3）接口需求定义。

4）识别风险。

5）量化指标。

4.4 架构定义过程

4.4.1 目的

正如ISO/IEC/IEEE 15288所述：

架构定义过程的目的是生成系统架构备选方案，选择出能够框定相关方关注点且满足系统需求的一个或多个备选方案，并以一系列一致的视图对备选方案进行表达。

4.4.2 概述

架构（Architecture）一词来源于建筑界，如哥特式建筑、斗拱飞檐式建筑、穹顶式建筑等。但建筑物的“架构”不仅仅指外观的风格，还反映出建筑物的突出特征，尤其是其功能特征。例如：斜拉索桥和悬索桥就是不同的桥梁架构，桥面的基本受力情况是不同的；民用住宅的框架式和砖混式架构，墙体的承重情况是不同的。这些差异无论是对建造者还是使用者，都有重大的现实意义。系统功能灵活、可扩展、可进化，往往体现了用户的价值主张。这些特性通常是由系统架构决定的。

架构一词往往让人直接想到系统外在可见的结构特征，但事实上它同时隐含着某种特有结构所承载的特有的功能性特征。这种形式与功能之间的关联关系才是架构的本质，是架构的内核。局限于结构特征来理解架构是不合适的。

架构定义是从解决方案空间向设计空间过渡的环节，是连接系统功能与系统形式的环节。可以将架构定义理解为一个分水岭，在架构之前重点研究和描述系统功能和行为逻辑而不描述系统实体，在架构之后主要研究和描述系统实体。架构定义的重要价值在于将两者有效衔接起来。架构定义既关注系统功能，又关注系统实体，但仅限于系统的高层级功能和系统内的主要系统元素以及系统和系统元素的主要特征，并对系统实体如何实现系统的高层级功能做出必要的设计、分析和描述。

架构定义可以采用自顶向下与自底向上相结合的方式。架构定义过程并不总是处于需求定义过程与设计定义过程之间，也可以超越特定的系统研发项目，作为预先研究项目单独实施。例如，针对战斗机机载电子系统架构研究的“宝石柱计划”（Pave Pillar）就是先于 F－22 飞机的研制独立实施的，而且同样的架构可以应用到不同的系统中。

系统架构定义和设计活动需要密切协同配合，基于统一的原则、概念和特性来构建全局解决方案。在较早的《INCOSE 系统工程手册》中架构定义和设计定义是综合在一起的，架构向上要能满足系统需求及生存周期概念所表达的特征、特性，设计向下要能够通过一系列切实可行的技术（如机械、电子、软件、服务与程序等）来实现。两者之间密切协同，但还是有明显区别的，一个在逻辑域，一个在物理域。因此在《INCOSE 系统工程手册 4.0》中将这两个过程分开描述。系统架构是对系统和系统元素更高一层的抽象表达，系统架构使用系统逻辑元素描述系统，关注有系统元素交互所涌现出的整体特性及特性实现的路径和基本原则，不关注具体如何实现；而系统设计将转向物理层面聚焦于如何从技术上实现和实现到多好。

架构定义过程用于通过多种视图和模型来创建系统架构，并针对架构中系统元素提供多种可行的技术方案及方案组合，从而建立不同备选的架构，通过综合权衡分析来评估这些备选方案的特性，并选择构成系统的合适的技术元素或技术系统元素。在工程实践中，这一活动通常被称为完成系统顶层构型。

4.4.3 活动描述

图 4－26 所示为根据《INCOSE 系统工程手册》架构定义过程 IPO 图改编的架构定义过程图。

根据 ISO/IEC/IEEE 15288:2015，架构定义过程包含以下活动：

（1）架构定义准备

1）审查相关信息并识别架构的关键因素。

2）识别相关方关注点。

3）定义架构定义路线、方法与策略。

4）定义基于相关方的关注点和关键需求的评估标准。

5）识别并计划必要的使能系统与服务以支持架构定义过程。

6）获得或购买使能系统或服务的使用权。

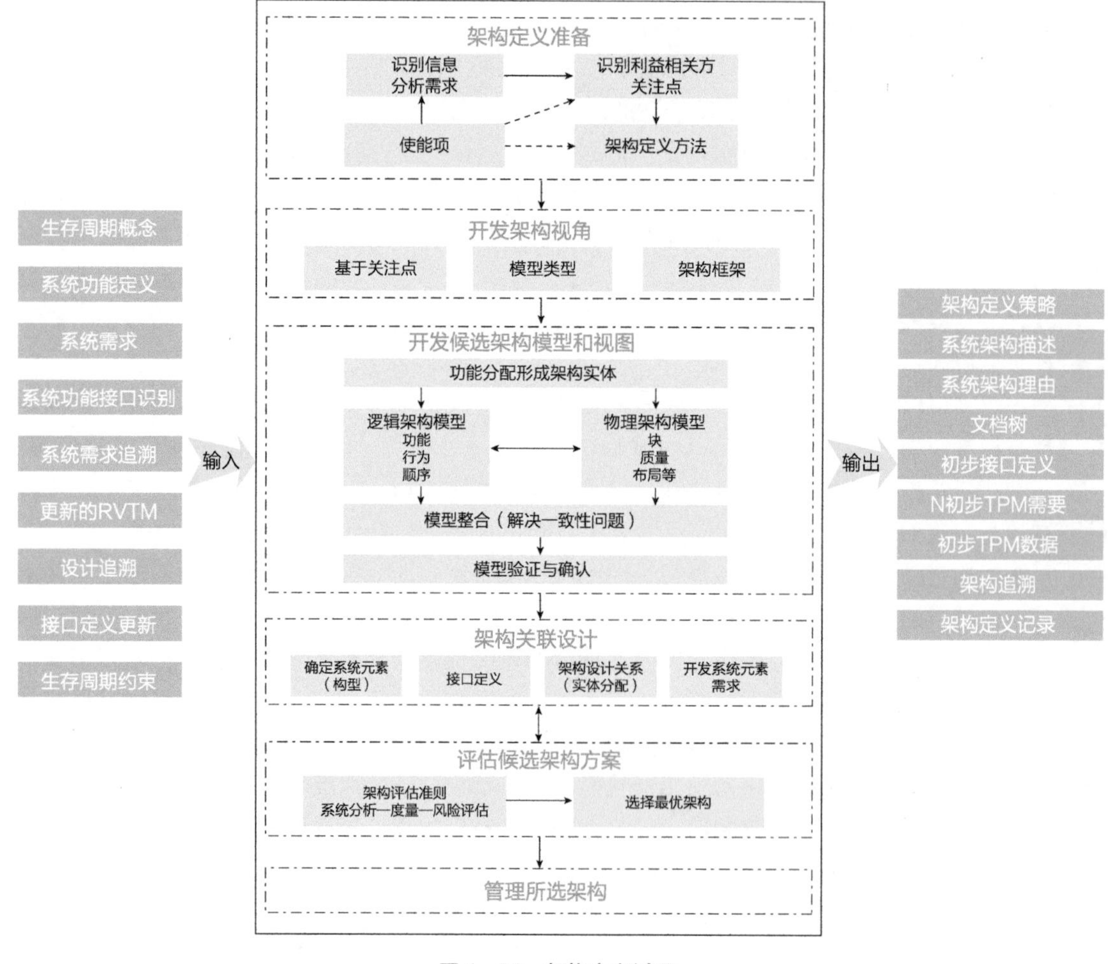

图 4－26 架构定义过程

（2）开发架构视角

1）基于相关方关注点选择、调整或开发架构视角与模型类型。

2）建立或识别潜在的架构框架用于开发模型和视图。

3）获取选择架构、视角和模型类型的理由。

4）选择或开发支持建模的技术和工具。

（3）开发候选架构模型和视图

1）根据接口及与外部实体的交互定义系统上下文和边界。

2）识别架构实体和实体之间的关系，解决关键的相关方关注点和关键系统需求。

3）分配概念、属性、特征、行为、功能或约束（这些对系统架构决策至关重要）到架构实体。

4）选择、调整或开发系统候选架构的模型。

5）使用架构视图（由确定的视角模型构成）来表达架构如何应对相关方关注点，并满足相关方需求和系统需求。

6）使每一个架构模型和视图协调。

（4）架构关联设计

1）识别关联到架构实体的系统元素以及这些关系的本质。

2）定义系统元素之间以及系统元素同外部实体之间的接口与交互。

3）分隔、调整和分配需求到架构实体和系统元素。

4）将系统元素和架构实体映射到设计特性。

5）定义系统设计与进化原则。

（5）评估候选架构方案

1）根据约束和需求评估每个候选架构。

2）使用评估标准根据相关方关注点评估每一个候选架构。

3）选择首选架构并捕捉关键决策和理由。

4）建立所选架构的架构基线。

（6）管理所选架构

1）形式化架构治理方法并说明治理相关的角色、职责、职责描述和管理当局（与设计、质量、安全、保密等相关）。

2）通过相关方获得明确的架构验收。

3）维护架构实体及其架构特性的一致性和完整性。

4）组织、评估和控制架构模型和视图的演化。

5）维护架构定义和评估策略。

6）维护架构的可追溯性。

7）为基线提供已选定的关键信息项。

4.4.4 关键要素解析

1. 架构视角与视图

企业架构的主要用处是在企业或组织的各个相关方之间建立起一座无障碍沟通的桥梁，因而“沟通”是企业架构的主要精神之一。这里所说的“沟通”，不单单指的是人与人之间的沟通，业务信息系统本身也可以被看作是“相关方”，只不过它们所需要的企业架构的描述信息在抽象程度上比自然人更加精细、所使用的语义也更加规范罢了。即便不考虑各种干系人中的自然人与信息系统之间的不同，不同相关方之间由于其背景、责任的差异，其对于企业的关注点也具有很大的不同，而这些不同也造就了各种不同的视角（View Point）。通过不同视角观察所得的关于系统对象的某一侧面形象就产生了此视角之下的一份视图（View）。诗句中的“横看”“侧看”就是不同的视角，而“岭”和“峰”就是在对应视角下的各自所形成视图。一言以蔽之，视角用于描述从何处看，而视图则是看到的内容，视角是视图的模式，而视图是视角的实例化结果。我们日常所说的功能架构，就是从功能视角观察系统对象得到的架构视图，逻辑架构就是从接口、交互与逻辑的视角观察系统对象得到的视图，而物理架构就是从物理构型的视角观察系统对象获得的视图。

TOGAF 9 对视角与视图给出了以下定义：

（1）视角（View Point）　一个针对某视图所采用的观察角度的定义，是构建和使用某视图的规约的描述（通常采用一个适当的模式或模版的形式）。通俗地说，视图描述了所看到的内容；而视角则描述了站在何处进行观察——一个能够决定你所能看到事物的制高点或角度。

（2）视图（View） 针对一系列相互关联的关注点的表达。一个视图描述了采用某个视角后所看到的事物。架构视图可以通过模型来进行表述，从而为不同的相关方根据各自针对架构的关注点而分别提供描述。一个视图从本质上讲不一定以可视化或图形化的方式进行展示。

（3）架构视角 为特定系统关注点框架的架构视图的构建、解释与使用建立规约的工作产品。

（4）架构视图 从某一个特定的系统关注的角度表达系统架构的工作产品。

2. 功能架构—逻辑架构—物理架构

因为一个系统的架构通常是比较复杂的，所以通常需要从多个视角对架构进行分析和描述，这就是我们日常所说的各种架构，如功能架构、逻辑架构、物理架构等。

（1）功能架构 在FBSE（基于功能的系统工程）方法中的关键要素。作为在需求文档或规范中定义的功能集，每一层都具有被分配到该层的功能、性能和限制需求（极端情况下，在最顶层，唯一的功能就是系统本身，且所有需求都被分配给该系统）。开发并评价功能架构的下一个更低层级，以确定是否需要进一步分解。若是，则通过一系列层级来迭代该过程，直到功能架构完成。

功能架构的开发需要迭代地开展：

1）为满足更高层级的功能需求，要定义所需的相继的更低层级的功能，并且定义功能需求的备选集合。

2）用需求定义去定义任务和环境驱动的性能并确定更高层级需求得到满足。

3）让性能需求和设计约束向下游流动。

4）用架构和设计去细化产品和过程解决方案的定义。

在每个层级都要考虑并评价每个功能的备选分解和分配，并选择一个单一版本。所有功能被识别后，要建立被分解的子功能的所有内部和外部的接口。

功能架构的目的在于开发满足系统所有功能需求的FFBD（功能流框图）层级结构，也就是常说的功能分解结构（FBS）。然而，需要注意的是，功能分解结构（FBS）只是功能架构的一部分，只有当所有性能需求和约束需求已被适当地分解并分配给功能分解结构（FBS）的元素后，功能架构才完成。

功能分解结构（FBS）中每个功能的描述，应该包括以下内容：

1）其在网络（如FFBD或IDEF 0/1图）中的位置描述与该层级上其他功能的相互关系的特征。

2）已被分配到层级结构上且定义它做什么的功能需求集合。

3）其内部和外部的输入及输出。

OOSEM（面向对象的系统工程方法）综合面向对象的概念和基于模型的、传统的SE方法，以帮助架构适应技术不断演进和需求不断变化的灵活的、可扩展的系统。OOSEM支持系统的规范、分析、设计和验证。

在OOSEM中，系统被建模为“黑盒”来表达与外部系统和用户的相互作用。使用用例和场景反映系统的运行概念。通过“泳道”活动图来表达“白盒”系统、用户和外部系统，推导“黑盒”系统的功能需求、接口需求、数据需求和性能需求。通过逻辑架构定义将系统划分为多个逻辑元素，通过逻辑元素相互作用以满足系统需求。

在 OOSEM 中，逻辑架构定义活动包括将系统分解并划分成多个逻辑元素，逻辑元素之间相互作用，以满足系统需求并捕获系统功能性。

（2）逻辑架构

逻辑架构/设计的存在可以缓解需求和技术变化对系统设计的影响。逻辑元素的功能经逻辑场景导出，以支持“黑盒”系统功能。逻辑场景是通过“泳道”活动图来表达的，因此每一个“泳道图”对应一个逻辑元素。逻辑元素的功能性和数据可能基于诸如内聚、耦合、面向变化的设计、可靠性和性能等其他准则来进行重新区划。

（3）物理架构

物理架构描述物理系统元素（包括硬件、软件、数据、人员和程序）之间的关系。将逻辑元素分配给物理元素。系统架构被继续细化，以应对与软件、硬件和数据架构相关的关注点。对每个物理元素的需求可追溯到系统需求，并保存在需求管理数据库中。

功能架构需要在每一层级完成定义系统做什么的功能需求集合，并定义内外部输出；而逻辑架构中需要基于诸如内聚、耦合、面向变化的设计、可靠性和性能等来区划逻辑元素的功能性，并描述逻辑元素之间的相互作用。两者实质上是一回事。

因此，在 IBM 的统一软件开发过程（Rational Unified Process，RUP）中，功能架构也被称为逻辑视图，也就是将系统按功能进行分层、分组件，并描述这些层及组件之间的关系。

在 Systems Engineering Fundamentals:2001 中，需求分析与分配过程的输出结果就是功能架构。功能架构是描述系统在逻辑上应该做什么以及所需要的性能，功能架构包含了逻辑上的描述。在 OOSEM 中基于“泳道”活动图进行场景描述的系统需求分析的基础上提出了逻辑架构定义，明确了系统功能区划与逻辑架构的关系，再后来，Dassault 公司将这些关系用 RFLP（需求、功能、逻辑、实体）进行了概括性描述。本质上，功能架构与逻辑架构是一回事，后来逐渐将二者进行了区分。如果非要指定哪一个模型表达了系统的功能架构，哪一个模型表达了逻辑架构，那么，笔者认为，SysML 中的 BDD 图（块定义图）大致相当于功能架构，对应 FBS 的顶层节点；而 IBD 图（内部块图）相当于逻辑架构，描述内外部关系与接口；物理架构相当于解决方案中的顶层构型，是架构权衡后确定的实体组合。

3. 接口与功能划分

术语“接口”是指“在事物之间做事情”。因此，接口的基本方面是功能性的，且被定义为功能的输入和输出。因为功能是通过物理元素实施的，所以功能的输入/输出也通过物理接口的物理元素来实施。其结果是，功能方面和物理方面都被考虑到接口的观念之中。

系统与环境（包括其他系统）之间的交互发生在各种系统的边界，这样的边界被称为系统的外部接口。

在系统内部，各个组件之间的边界构成了系统的内部接口。内部接口的定义是系统工程师所关注的，内部接口的定义和实现通常包括考虑权衡影响这两个组件的设计。

耦合矩阵图，也被写为 N^2 图或 N 二次方图，是在一个矩阵中描述系统元素之间的功能或物理的接口。它被用来系统地识别、定义、制表、设计、分析功能和物理接口。N^2 图适用于系统接口以及硬件和（或）软件接口。

因此，在系统功能架构定义过程中，需要完成系统功能的划分，形成系统不同的功能架构元素。对系统功能的划分，通常要遵循两个原则：一是按照功能相似性划分功能；二是接口尽量简单。

在工程实践中，尤其是在 MBSE 建模过程中，使用泳道图来完成相似功能划分，使用耦合矩阵（N^2 图）分析系统元素之间的接口关系，理论上有可能使某一层级系统元素之间的一部分接口变为该层级系统元素的内部接口，从而简化该层级系统元素之间的接口（图 4 -27）。

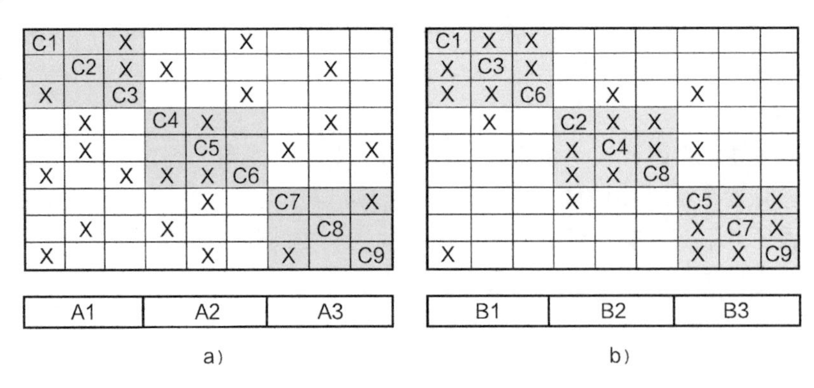

图 4 - 27 使用耦合矩阵让接口简单

接口的简单性可以是备用架构候选方案之间的区分特征和选择准则。耦合矩阵还用于优化聚集定义及接口的验证。

4. 涌现性

涌现是系统元素通过相互作用呈现某种功能或特性的现象。这些功能或特性仅对于系统整体才可能呈现出来，而不可能由任何一个系统元素独自发挥作用即能呈现。人类活动系统的每一个模型都是从其组件活动及其结构导出的全部实体来呈现特性，但并不能将其还原到这些组件活动和结构（Checkland，1998）。

系统元素之间进行交互，并且可产生期望的或不期望的现象被称作“涌现性”，如任何特性的抑制、干扰、谐振或增强等。系统架构的定义包括对系统元素之间交互的分析，以抑制不期望的涌现并增强期望的涌现。

在架构和设计期间使用涌现性的观念，以强调必须导出的功能及内部物理的或环境约束。当相应导出的需求影响 SoI 时，应将它们添加到系统需求基线中。

正是由于系统元素之间存在关联关系，系统才得以存在。如果系统元素之间的关系是确定且稳定的，那么由此形成的功能也是确定且稳定的，这类涌现是可设计的。例如钟表内部的齿轮之间存在确定且稳定的啮合关系和传动比，涌现出的功能是分针与时针能共同指示时间；假如只有分针而没有时针，则钟表就丧失了指示时间的功能。

另外一种类型的涌现会让人感到“惊诧”，如由一些未知的关系、不确定性的关系、非线性关系、系统元素失效、系统参数的随机性、环境参数的随机性等原因导致的涌现。

“未知”是指“没想到”，事实上是应该想到的。人的思维能力毕竟是有局限性的，尤其不善于对复杂系统的状态做遍历性的思考和分析。对于这种情况，常常有必要建立数字模型，借助计算机进行分析。

不确定性关系或非线性关系导致的涌现，往往使系统的构造者“无能为力”。

对于系统参数随机性和环境参数随机性导致的涌现，就需要有针对性地对系统做必要的误差分析，采取必要的误差控制措施。这时需要借助概率论作为理论工具。

对于系统元素失效导致的涌现，需要做必要的预计和合理的设计。例如牵引车对拖车的制动控制，往往采用气压制动。如果气路漏气导致失压，则拖车的制动系统会自动启动制动，这涉及正逻辑和反逻辑策略。试想一下，假如采用相反的逻辑会如何——气路内低压时拖车正常行驶，牵引车提供高压时启动拖车制动？一旦气路故障导致失压，拖车的制动系统就会彻底失效。

让人“惊诧”的涌现并非都是坏事，事实上越是灵活的系统，往往越容易让人“惊诧”；反之，永远不会让人“惊诧”的系统，往往也意味着它不够灵活，缺乏适应性，在变化的环境和威胁中会显得生存力不足。毕竟世界是不停变化的，某些系统的适应性甚至是建造者重点追求的特征。

涌现现象尤其常见地发生在体系（System of Systems，SoS）中。SoS 与系统的重要差别在于，SoS 不存在稳定的边界，SoS 内成员系统的类型和数量都可能会动态变化，成员系统之间的关联关系也会动态变化。这些特征决定了 SoS 中的涌现可能是非常常见、非常丰富的。

4.4.5 案例——导弹系统架构定义（MBSE 方法）

在导弹系统案例（图 4-28）中，使用基于模型的系统工程方法进行导弹系统的架构定义，其中包括从功能视角完成功能架构定义、从逻辑视角完成逻辑架构定义、从物理构成视角完成物理架构定义。

图 4-28 导弹系统

功能架构包含了一系列的模型，如图 4-29 所示。在功能架构定义过程中，可以根据黑盒活动图，使用泳道图进行功能分配，按照功能相似性与交互的原则进行功能划分，形成功能架构。这个过程通常在 MBSE 建模活动中不涉及，因为现在所开发的系统对象，通常都不是从零开始开发的，借鉴过去的经验，功能架构完全可以通过经验获得。功能架构定义并不是在架构定义才开始的，是从系统需求定义开始的，不断地持续完善。

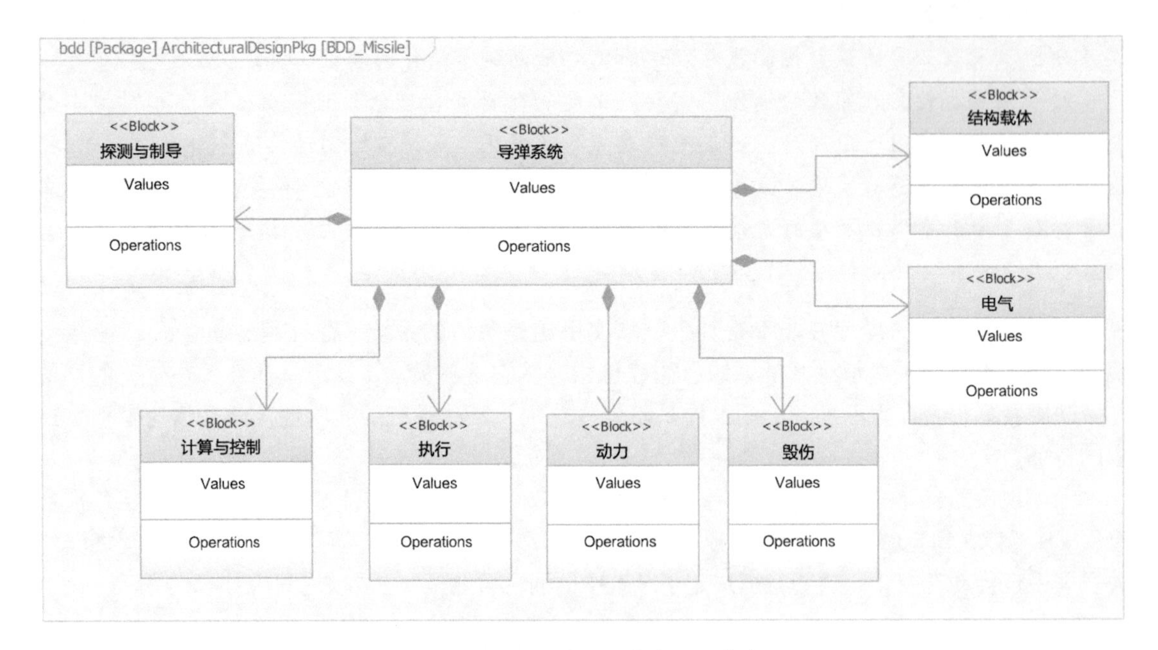

图4-29 功能架构示意（图片来源：索为公司）

逻辑架构定义就是要定义各个功能块之间的逻辑、交互与接口，以及系统与外部环境的交互与接口，如图4-30所示。正如在功能架构-逻辑架构-物理架构章节所描述的那样，功能架构与逻辑架构没有很明确的界限，IBM在RUP中甚至将功能架构也称为逻辑视图。同样，逻辑架构也包含了一系列的模型，与功能架构中的模型有很多重叠，如果非要指定一个模型，那么IBD更具有代表性。

而物理架构则基本反映了系统的物理构型。需要考虑每一个逻辑构成元素可行的技术方案，然后对每一种可行的技术方案进行权衡分析。图4-31展示了在本案例中针对不同逻辑构成元素的可行技术方案的权衡分析过程示意，案例中仅列举了基于性能指标的权衡，工程实践中将考虑多种因素进行综合权衡。

传统的权衡分析过程一般是由专家根据经验对不同的技术方案进行分析、打分，选择最优配置。随着信息技术的发展，可以借用更多的仿真分析技术参与到权衡分析过程中，从而使得权衡分析过程更为科学、准确。

根据权衡分析结果，形成本案例的物理架构，如图4-32所示。

架构定义过程是最能体现创造性的过程，系统涌现性在这一过程中得到充分的体现。图4-33描述了在整个系统定义过程中的应用模式创新与技术创新。右上方点画线框描述了架构定义中的应用模式创新，左边点画线框是技术创新，中间较粗点画线框中的内容反映了架构定义中应用模式创新与技术创新的关系。架构定义本身既包含了应用模式创新的内容，也包含了技术创新的内容。当新的架构要素加入到系统时，新要素与其他要素的交互会涌现出新的特性，新特性部分就是该系统的创新部分；同时，在考虑采用什么技术方案实现的过程中，引入了技术创新内容。

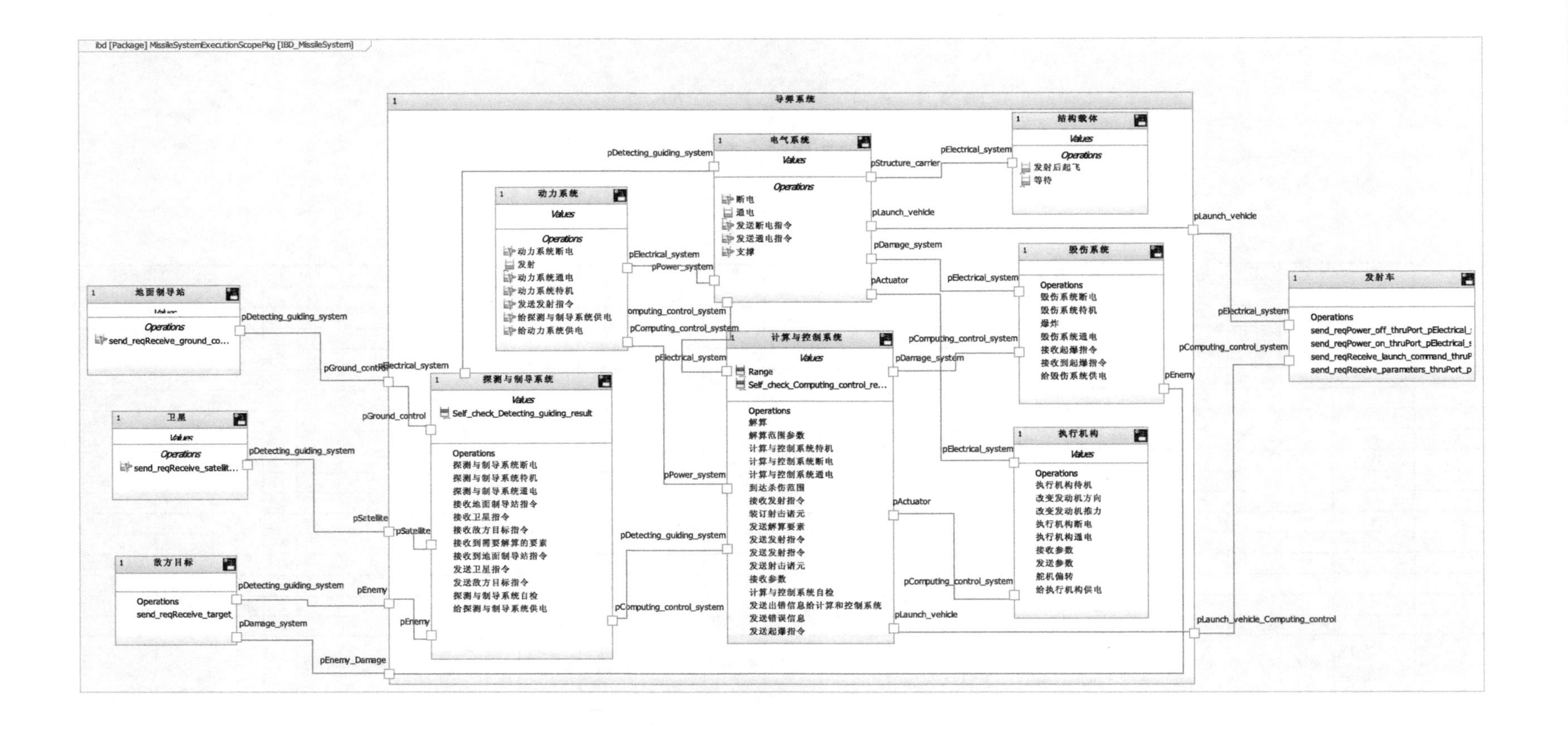

图4-30　逻辑架构示意（图片来源：索为公司）

衡量指标				探测与制导系统		计算与控制系统		执行机构			动力系统			毁伤系统		电气系统			结构载体	
			物理架构备选方案	**指令+GPS+红外成像**	惯性+主动雷达	**过载自动驾驶仪**	偏航自动驾驶仪	脉冲发动机	**电动舵机**	气动舵机	涡喷发动机	**冲压发动机**	固体火箭发动机	**无线电引信+离散杆战斗部**	激光引信+破片战斗部	**热电池**	锂电池	干电池	**鸭式布局+三舱段设计**	正常式布局+四舱段设计
	值	量纲		是否满足	是否满足	是否满足	是否满足	是否满足	是否满足	是否满足	是否满足	是否满足	是否满足	是否满足	是否满足	是否满足	是否满足	是否满足	是否满足	是否满足
攻击目标对象	巡航导弹和战斗机					√	X													
发射速度	300	米/秒									√	√	√						√	√
平均飞行速度	800	米/秒									√	√	X						√	√
射程	7 - 42	千米									√	√	X						√	√
作战高度	0.5 - 25	千米																	√	√
起飞质量	800	千克							√	X										
总长度	5.6	米																		
直径	0.4	米																	√	X
翼展	1.2	米																	√	X
制导方式	组合			√	√															
制导精度	95% - 97%	无		√	X	√	√													
杀伤半径	15	米												√	X					
战斗部	100	千克												√	√					
突防概率	96%	无									X	√	X						√	X
维护成本	≤10万	元														√	X	X		
备注								技术不成熟												
是否选择				**是**	否	**是**	否	否	**是**	否	否	**是**	否	**是**	否	**是**	否	否	**是**	否

图4-31 技术方案权衡分析表（图片来源：索为公司）

最终选择导弹系统物理架构方案：

- 探测与制导系统
  - 指令+ GPS+红外成像
- 计算与控制系统
  - 过载自动驾驶仪
- 执行机构
  - 电动舵机
- 动力系统
  - 冲压发动机
- 毁伤系统
  - 无线电引信+离散杆战斗部
- 电气系统
  - 热电池
- 结构载体
  - 鸭式布局+三舱段设计

图 4－32　系统物理架构示意

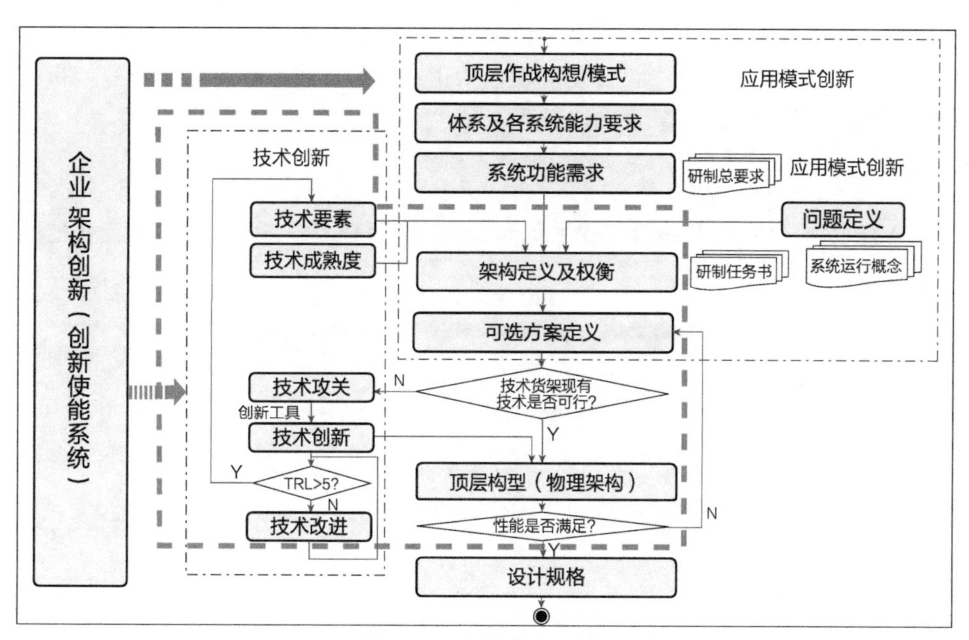

图 4－33　架构定义与创新

架构定义过程是连接抽象逻辑层面定义与设计实现的关键环节。因此，在工程实践中的架构定义需要同系统需求定义以及后面的设计定义过程进行持续迭代。在架构定义过程中，需要针对每一个逻辑元素描述相应的可选技术方案，这一过程，需要设计定义过程密切配合。架构定义与设计定义一起完成系统的顶层构型，形成物理架构。

4.5 设计定义过程

4.5.1 目的

如 ISO/IEC/IEEE 15288 所述：

设计定义过程的目的是提供关于系统及其元素的充分详细的数据和信息，使实现能够与架构实体一致，正如系统架构的模型和视图中所定义的那样。

4.5.2 概述

系统设计是对系统架构进行补充，提供对系统元素的实现有用且必要的信息和数据。这些信息和数据详细描述了分配给每个系统元素所期望的特性，和（或）能够推进这些系统元素实现的各种期望的特性。

设计是为了系统架构能够实现，所以系统设计将以适合于实现的设计特征集合的形式来开发、表达并文件化，系统设计是沟通系统架构和系统实现的过程。

设计关注特定工程过程所需的每一个系统元素（例如所构成的实现技术构成，如机械、电子、软件、化学、人员操作和服务）。设计定义过程提供使特定系统元素能够实现的各种详细信息和数据。

因此，设计定义过程是为实现提供必要的设计特征和设计使能项的描述。设计特征包括尺寸、形状、材料和数据进程结构。设计使能项包括正式表达式或方程、图样、图、带有具体的值和公差的指标表、特征模式、算法和启发法。

4.5.3 活动描述

图 4－34 是根据《INCOSE 系统工程手册》设计定义过程 IPO 图改编的设计定义过程图。

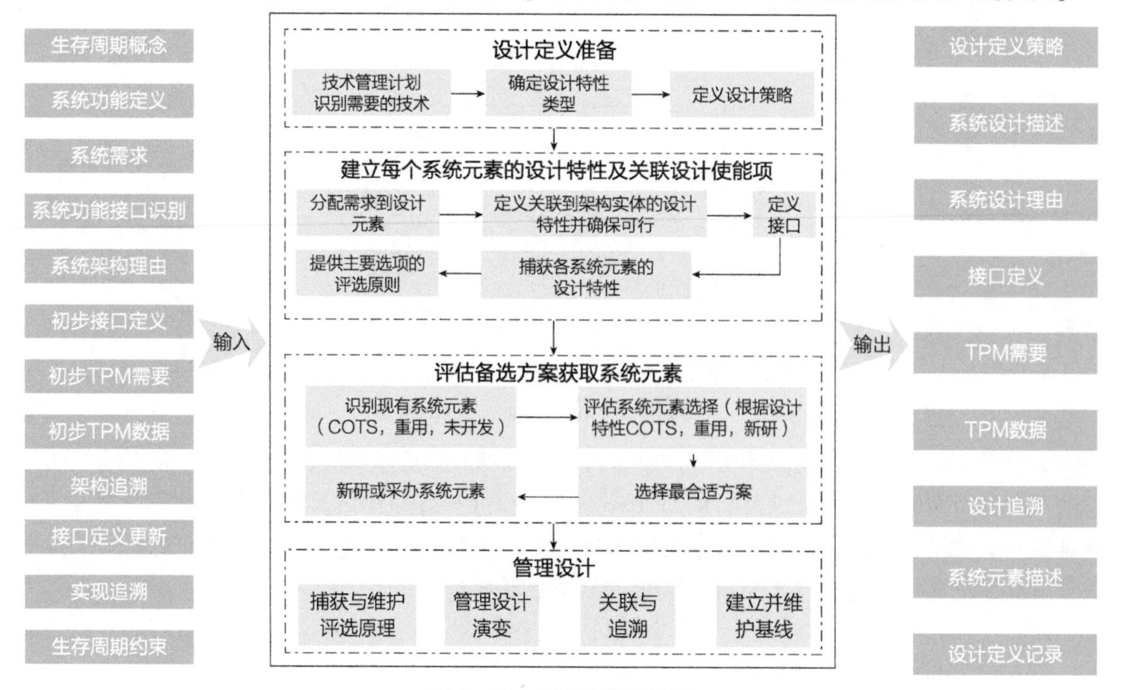

图 4－34 设计定义过程图

根据ISO/IEC/IEEE 15288:2015，架构定义过程包含以下活动：

（1）设计定义准备 本活动包含以下任务：

1）为组成系统的每一个系统元素确定所需的技术。

2）确定必要的设计特性类型。

3）定义设计进化原则。

4）定义设计定义策略。

5）识别并计划必要的使能系统或所需的服务以支持设计定义。

6）获得或购买使能系统或服务的使用权。

（2）建立每个系统元素的设计特性及关联设计使能项 本活动包含以下任务：

1）分配系统需求到系统元素。

2）将架构特性转换成设计特性。

3）定义必要的设计使能项。

4）检查设计备选方案。

5）完善或定义系统元素之间以及同外部实体之间的接口。

6）建立设计产出物。

（3）评估备选方案获取系统元素 本活动包含以下任务：

1）识别任何可以考虑使用的候选非开发项（NDI）。

2）根据由预期的设计特性和系统元素需求而开发的标准，评估每一个候选NDI和新设计备选方案，以确定是否适合预期应用。

3）在候选NDI方案和新设计备选方案中确定首选方案。

（4）管理设计 本活动包含以下任务：

1）映射设计特性到系统元素。

2）捕获设计和理由。

3）维护设计可追溯性。

4）为基线提供已选定的关键信息项。

4.5.4 关键要素解析

1. 整体设计与系统思维

整体设计（Holistic Design）是指设计定义开始于将系统作为一个整体并结束于每一个系统元素（不只是其中之一）的定义（即设计），以及它们是如何设计成一个完整的系统一起工作。在我国，尤其是航天领域，也叫“总体设计”。

整体设计充分体现了系统思维的核心要素，“设计定义始于将系统作为一个整体”体现了整体论的思想，“结束于**每一个系统元素**（不只是其中之一）的定义（即设计）”体现了还原论的思想，“它们是如何设计成一个完整的系统**一起工作**”则体现了合成论的思想。

此外，在MBSE的方法论中，黑盒描述模型是将系统对象作为整体来考虑其活动时序与状态，白盒描述模型则是将整体的各种特性解析并还原到不同的构成要素中，而设计综合过程则是将系统重新合成为一个一起工作的整体。

在设计定义过程中，可能需要**附加系统元素**以使整个系统工作：

1）需要在系统边界中嵌入一些使能的元素或服务。通常需要在将使能项纳入系统内和置于系统外之间进行权衡。

2）架构定义过程可以做此项权衡，但让设计定义来处理可能更好。这经常取决于设计过程中其他的设计权衡与设计决策。

3）设计决策和权衡结果向架构定义过程**反馈**。是否更新架构取决于所捕获的这些特征对于架构是否重要。

4）整体设计区别于独立产品或服务的设计。

① 整体设计是一种设计的方法。

② 系统被设计为一个**相互关联的整体**，该系统是**更大的系统的一部分**。

③ 整体概念可以应用到将系统及其所在的环境（如该系统参与的企业或使命）作为一个整体，也可以是机械设备的设计与空间布局等。

④ 整体设计结合了**对环境的关注**，总体设计师们考虑他们的设计将**如何影响环境**，并试图减少设计对环境的影响。整体设计**不仅仅**是试图满足系统的需求。

2. 架构定义与设计定义

架构定义过程聚焦于相关方关切点的理解和解析，并对这些关切点、解决方案需求及系统的涌现性和行为之间关系开发深入透视。架构聚焦于整个生存周期的适用性、生存力和适应性。有效的架构尽可能独立于设计，以便在设计权衡空间中有最大灵活性。它更聚焦于“做什么”，而不是“如何做”。

另一方面，设计定义过程由特定的需求、架构以及性能和可行性更为详细地分析所驱动。设计定义阐述实现技术以及这些技术同化的过程。设计提供定义的“如何做”或“实现至……程度”的层级。设计师视角如图 4－35 所示。

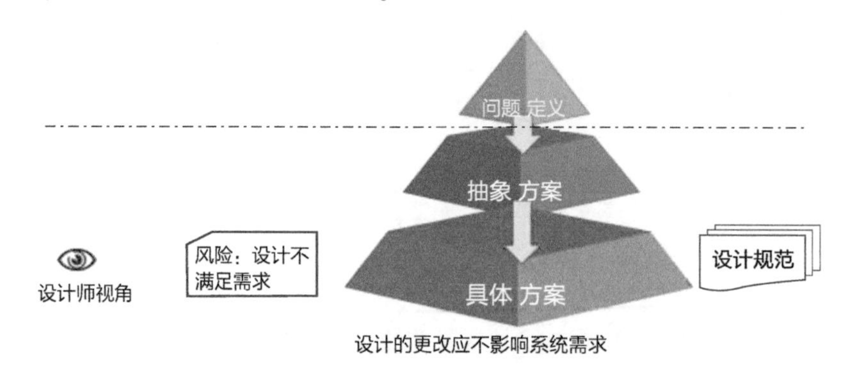

图 4－35 设计师视角（图片来源：IBM 最佳实践）

虽然架构定义与设计定义所考虑的侧重点不一样，但是在工程实践中，架构定义与设计定义往往需要密切协同工作。

3. 设计定义与实现

设计定义应确保设计输出数据的完整性，并使设计输出数据易于准确理解。关于硬件方面的描述数据通常风险不大，例如工程图纸往往是按照成熟、通用的标准绘制的，所使用的工具通常也是成熟、通用的。需要特别关注的是通过软件实现的功能。在这方面，系统定义与软件定义工作应充分、有效地衔接。如果软件开发采用面向对象的方法，那么较为理想的系统定义方法也应是面向对象的。设计定义与软件开发之间一旦存在鸿沟，将为项目带来极大风险。尤其是随着功能软件化的趋势，越来越多的功能依赖于软件实现，对于这样的系统，更应该重视这个问题。

4.5.5 案例——导弹设计定义（基于知识组件设计）

导弹设计定义包含了将导弹作为整体的方案设计，以及将总体需求分解到各个子系统后的递归活动，还包括专业设计活动。本案例主要介绍了如何基于知识组件完成导弹的总体方案设计、子系统方案设计以及专业设计定义。利用 Sysware 工程中间件平台，将导弹的总体方案设计、子系统方案设计与专业设计的过程、活动，以及活动所需要的知识、完成活动的工具、活动之间的数据传递等，封装成知识组件，利用知识组件高效准确地完成相关的设计。

图 4-36 ~ 图 4-41 所示为本案例中几个典型的设计知识组件。

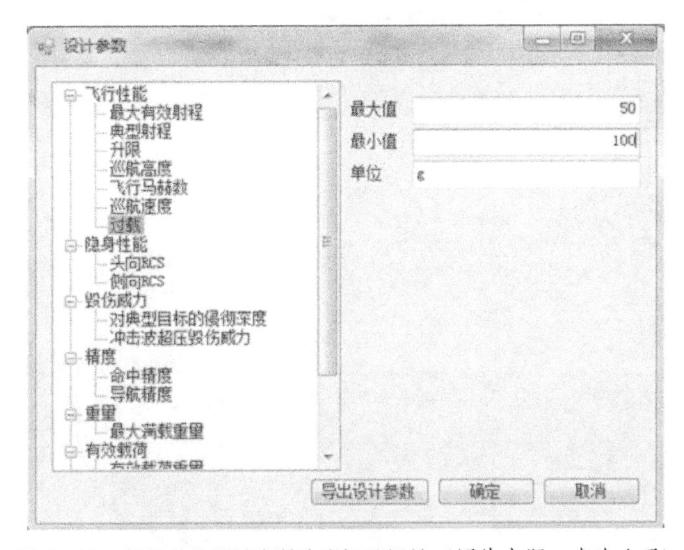

图 4-36 导弹总体设计参数定义知识组件（图片来源：索为公司）

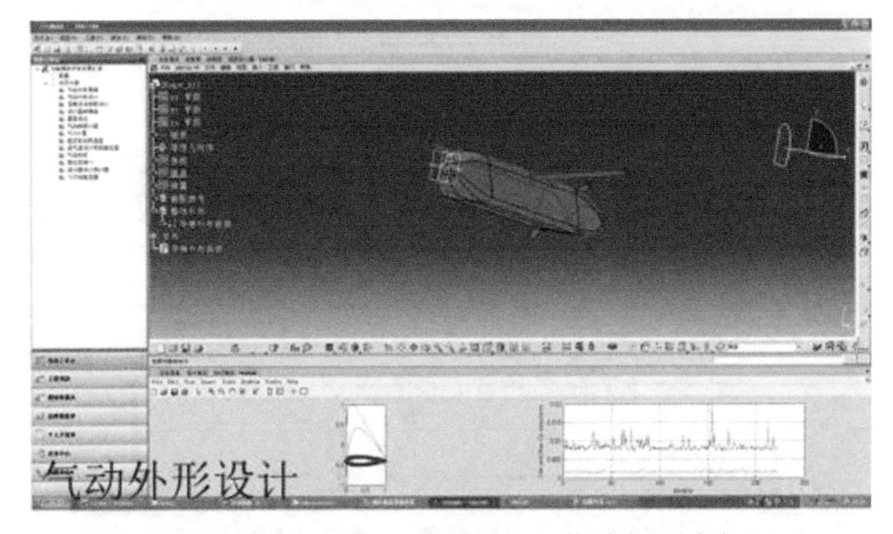

图 4-37 导弹总体气动外形设计定义知识组件（图片来源：索为公司）

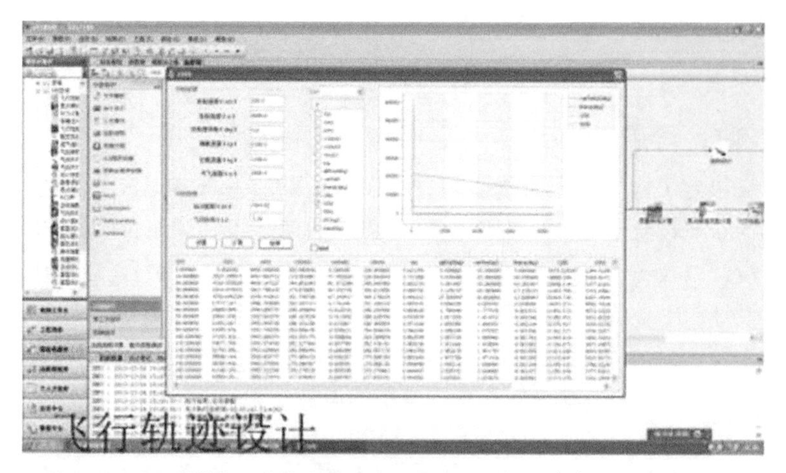

图4-38　导弹总体飞行轨迹设计定义知识组件（图片来源：索为公司）

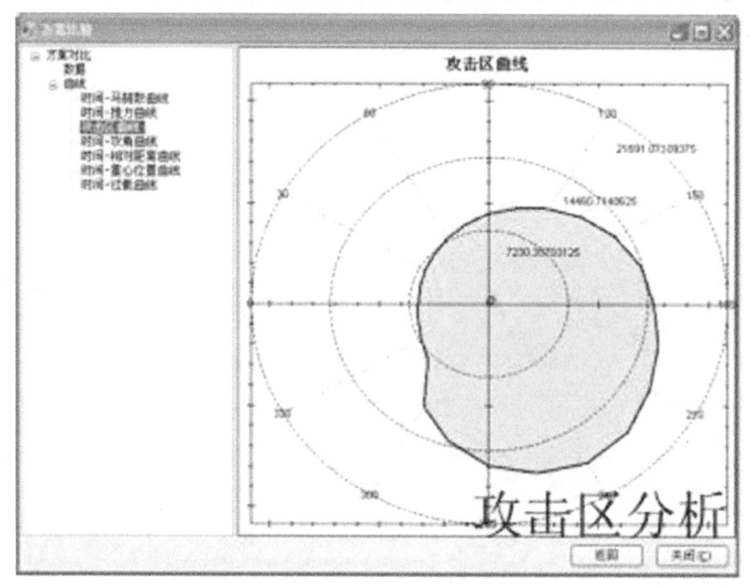

图4-39　导弹总体攻击区分析知识组件（图片来源：索为公司）

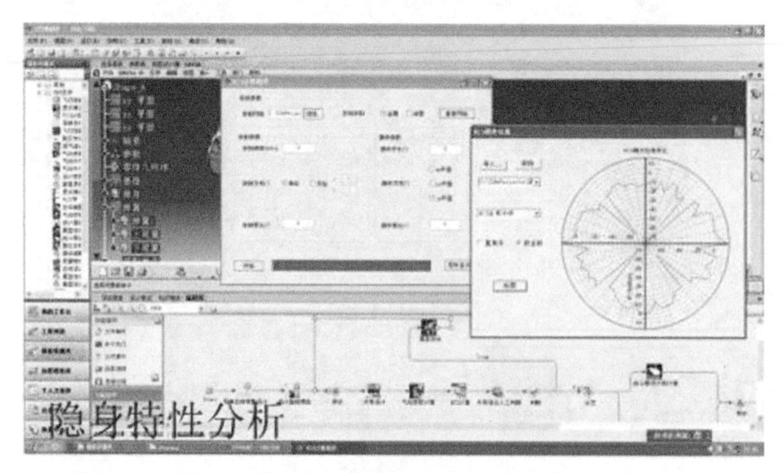

图4-40　导弹总体隐身特性分析知识组件（图片来源：索为公司）

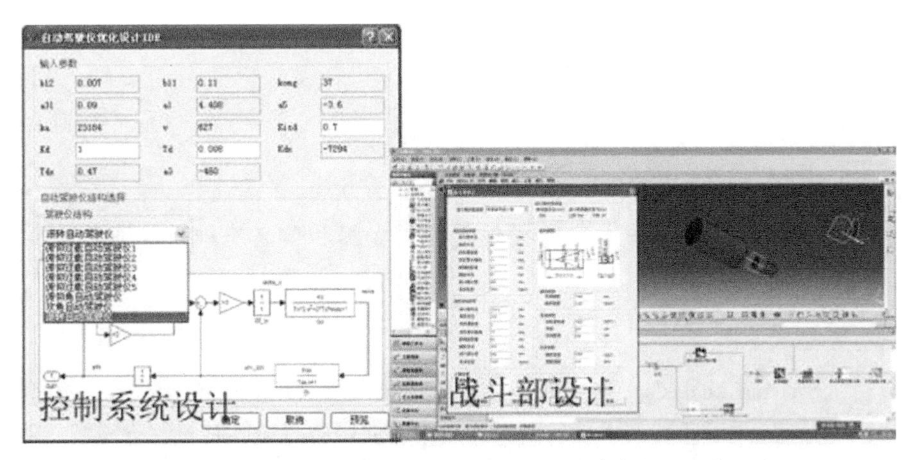

图4-41 导弹各子系统专业设计知识组件（图片来源：索为公司）

对于各个子系统的专业设计，通过工程中间件定义各种知识组件，可以将企业长期以来积累的各种专业设计知识通过显性化、组件化实现知识积累，通过高效率的重用体现知识的价值。

从设计定义过程开始，主要面向系统对象的物理域开展工作，各种专业设计工具与领域知识被大量应用到设计定义过程中。需要强调一点的是，在当前的情况下，一般所说的产品设计大多数都是指系统设计定义过程的系列活动，基本上是面向物理域的设计定义。现实中的问题在于很多人重视设计定义而忽略了设计定义之前的各种逻辑层面的定义活动。而逻辑层面的定义往往更重要，系统对象的各种缺陷、遗漏的问题基本可以通过逻辑层面的定义活动在早期发现。现实工作中经常会出现的在产品研制后期发现这样那样的问题，基本原因都是逻辑层面的定义工作没有做到位。

此外，这里面还包含了另外一个困扰很多系统工程师的问题，那就是在系统设计定义之前的所有工作。如果不按照系统工程的过程工作，仅仅凭借经验基本上可以完成系统对象工作的70%~80%。所以有人就提出了疑问，“既然凭借经验就可以快速完成的工作，为什么还要我们按照这一套复杂的过程去做，那不是给我们添活儿吗”？这几乎代表了绝大多数设计师的心声，尽管有些人没有明确提出来。原因主要有以下几点：

1）根据经验来完成，基本上以前别人在其他型号上犯过的错误你还会再犯一次。因为大多数型号研制过程中的问题往往都在研制后期阶段被发现，而通常这些问题并没有完全反馈到系统定义的早期阶段。例如：当产品实物出来后发现了问题，反馈到设计部门，设计部门会根据问题对设计模型进行变更，这种变更绝大多数是就问题修改问题，很少有人对问题点之前的各种设计内容进行对应的修改。

问题未被发现并不表示问题不存在，因此在问题被发现之前的、隐含了问题的各种设计被重用后，同样的问题被复制到新的系统中。这就是最典型的重复地犯同样的错误。

2）根据经验来完成，严重依赖设计者的个人能力与经验，“五花八门”就是用来形容这个情况的。系统工程过程，至少从程序上让工程师们在一开始就将问题考虑得更为全面。

3）经验虽然得到了70%~80%的结果，但是，我们知道，一般的产品研制其实就是70%~80%的重用，10%~20%的改进，10%的创新。这其中的创新与改进包括了应用模式的创新与技术的创新。这些创新的内容，需要用系统工程方法来支撑。

4.6 系统分析过程

4.6.1 目的

如 ISO/IEC/IEEE 15288 所述：

系统分析过程的目的是为技术理解提供严格的数据和信息基础，以辅助跨生存周期的决策。

4.6.2 概述

系统分析（Systems Analysis）这个词是美国兰德公司在 20 世纪 40 年代末首先提出的，如图 4-42 所示。最早应用于武器技术装备研究，后来转向国防装备体制与经济领域。随着科学技术的发展，适用范围逐渐扩大，包括制订政策、组织体制、物流及信息流等方面的分析。20 世纪 60 年代初，我国工农业生产部门试行的统筹方法，以及在国防科技部门出现“总体设计部”的机构，都使用了系统分析方法。

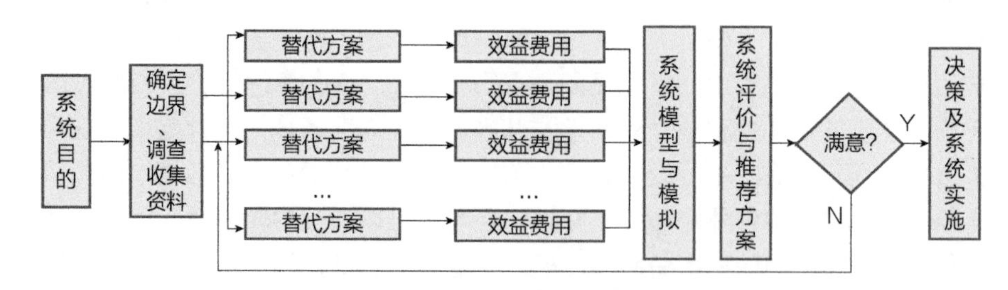

图 4-42 兰德公司描述的系统分析方法

美国兰德公司曾对系统分析的方法做过如下论述：

1）确定期望达到的目标。

2）调查研究、收集资料。

3）分析达到期望目标所需的技术与设备。

4）分析达到期望目标的各种方案所需要的资源和费用。

5）根据分析，找出目标、技术装备、环境资源等因素间的相互关系，建立方案的模型。

6）根据方案费用多少和效果优劣，找出费用最少、效果最好的最优方案。

进行系统分析时还必须坚持外部条件与内部条件相结合、当前利益与长远利益相结合、局部利益与整体利益相结合、定量分析与定性分析相结合的原则。

系统分析过程基于分析（如成本分析、经济可承受性分析、技术风险分析、可行性分析、有效性分析及其他关键的品质特征）来进行定量的评估和估计。这些分析主要根据不同系统层级与严密性，使用不同的定量建模技术构建不同保真度的分析模型进行仿真。在某些情况下，甚至需要使用分析函数或实验来获取必要的洞察结果。分析结果用作各种不同技术决策的输入，主要是为实现系统定义的平衡提供充分性和完整性上的置信度。

4.6.3 活动描述

图 4-43 是根据 INCOSE 系统工程手册设计系统分析过程 IPO 图改编的系统分析过程图。

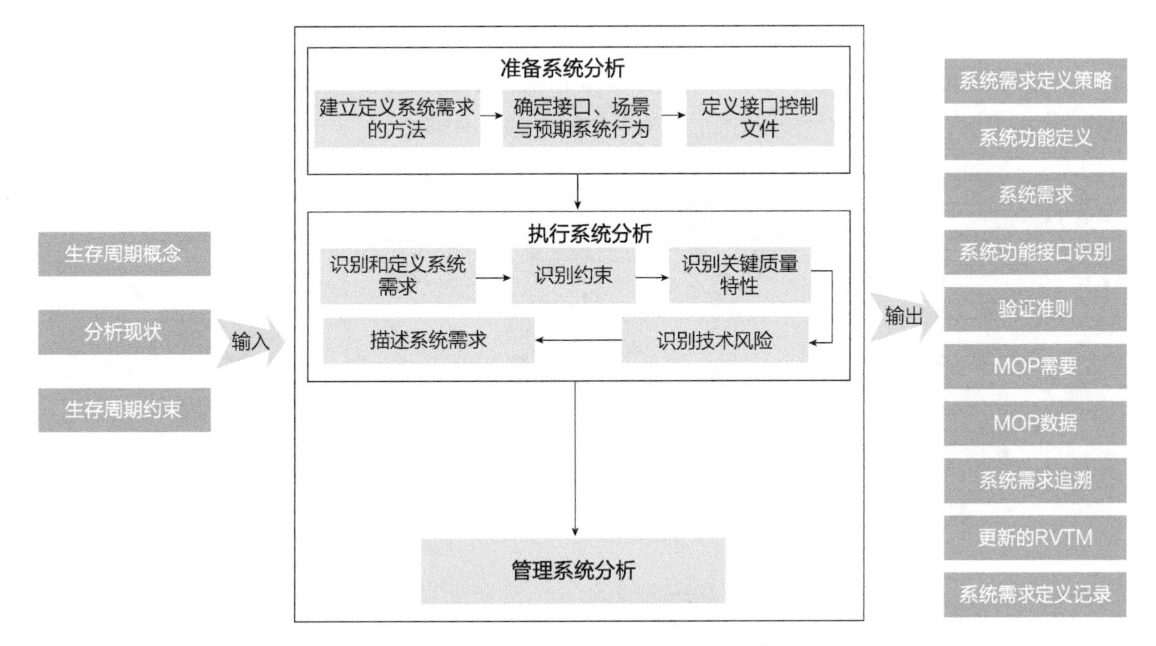

图4-43 系统分析过程图

根据ISO/IEC/IEEE 15288:2015，系统分析过程包含以下活动：

1. 准备系统分析

1）识别需要进行系统分析的问题或疑问。

2）识别系统分析的相关方。

3）定义系统分析范围、目标以及保真度水平。

4）选择系统分析方法。

5）定义系统分析策略。

6）识别和计划必要的使能系统和所需的服务以支持系统分析。

7）获得或购买使能系统或服务的使用权。

8）收集分析所需的数据和输入。

2. 执行系统分析

1）识别和确定假设。

2）应用所选的分析方法执行所需的系统分析。

3）检查分析结果的质量与有效性。

4）得出结论与建议。

5）记录系统分析结果。

3. 管理系统分析

1）维护系统分析结果的可追溯性。

2）为基线提供已选定的关键信息项。

4.6.4 系统分析在生存周期过程中的应用

系统分析可以应用到系统生存周期中的很多过程，每一个过程中分析的对象与分析要素会有所不同。图 4-44 列举了部分系统生存周期中的系统分析活动。

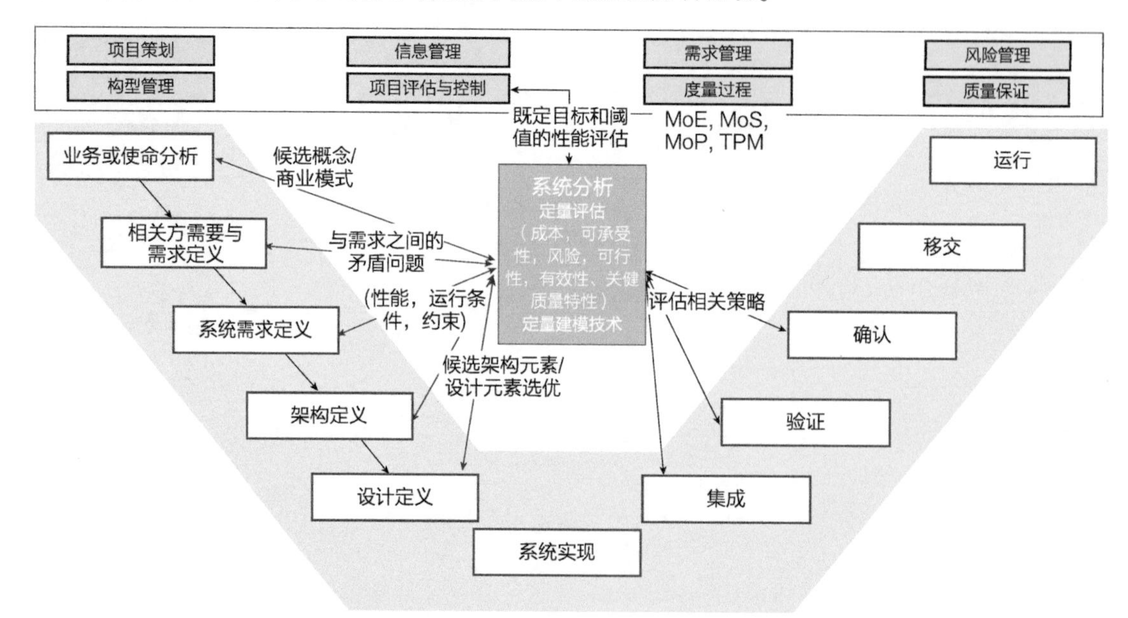

图 4-44 部分系统生存周期中的系统分析活动

业务或使命分析过程，用于在可行性、成本、风险和有效性方面分析和评估与潜在的 SoI 相关的候选 OpsCon 和（或）候选业务模型。

相关方需要与需求定义过程和系统需求定义过程，用于分析与需求集合之间冲突有关的问题，特别是与可行性、成本、技术风险和有效性（主要是性能、运行条件和约束）相关的那些问题。

架构定义过程和设计定义过程，用于分析和评估候选架构和（或）系统元素的架构特征和设计特征，提供论据以便能够选择在成本、技术风险、有效性（如性能、可依赖性、人员因素）及其他相关方关切点（如关键的品质特征、经济可承受性、维护等）方面最为高效的。

集成过程、验证过程和确认过程，用于评估相关的策略。

项目评估和控制过程，用以按照既定目标和阈值，尤其是相对于技术度量（MoE、MoS、MoP 和 TPM）进行性能评估。为决策管理过程提供分析和评估的结果，如数据、信息和论据，以选择最高效的备选方案或候选方案。

在某些情况下，如果需要该信息来依照其系统目的、性能阈值或增长目标来监控系统的进展，则该结果可提供给项目评估和控制过程，如在系统开发早期估计的或建模的可靠性与其可靠性增长曲线相比。

各种系统分析概念中的共性如下：

1）围绕系统目标进行分析，实现整体最优。

2）遵循演进、清晰的分析程序。

3）从多个可行方案中选择一个最满意的方案。

在系统分析中，主要围绕六个要素开展分析活动：

1）目标。目标既要保证一定的先进性，又要可行，而且是必须的。

2）替代方案。替代方案数量足够，并且方案的指标具有可比性，互有长短。

3）费用。建立或改造系统所需要的费用或代价。

4）效果。系统在建成或改造后达成目标的程度。

5）模型。模型是系统分析的重要手段，系统分析模型的构建需要首先构建完整的指标体系，并定义各指标之间的关系和影响因子。

6）评价准则。提供评价一个替代方案优劣的标准。

系统分析建模过程是一个非常关键的过程，在建模过程中：

1）既要考虑系统内部要素，还要考虑外部环境要素，两者必须相互结合。任何一个系统都存在于一定的环境中，环境为系统的约束条件。

2）把当前效益与长远效益相结合。既要在空间上达到整体最优，也要考虑在时间上达到全过程最优。不能只顾眼前利益，但是也不能只考虑所谓的“长远利益”而“被饿死在头天晚上”。

3）把局部效益和整体效益相结合，实现整体最优。工程实践中有一项“公差链分析”——在一个装配体中，并不是所有零件的精度都做到最高，零件装配形成的装配体的精度就一定高，要求的是公差链的整体精度达标。

4.6.5 案例——层次分析法在童车设计中的应用

本案例采用层次分析法来确定儿童自行车设计过程中的设计创新点评估[1]。在这里，为了能完整地说明系统分析的应用，将论文中关于层次分析法在设计的创新切入点的决策进行裁剪引用。

1. 建立层次结构模型

该案例的决策目标是确定儿童自行车设计的创新切入点。为了实现这一目标，需要考虑诸多因素的影响。就儿童产品而言，主要考虑将人性化、模块化、可持续性、情感化和可用性这五个关键价值属性作为准则层的影响因素。从对市场和技术环境进行分析可以获取到五个主要的产品机会缺口，构成方案层。最终得到的层次结构模型如图4-45所示。

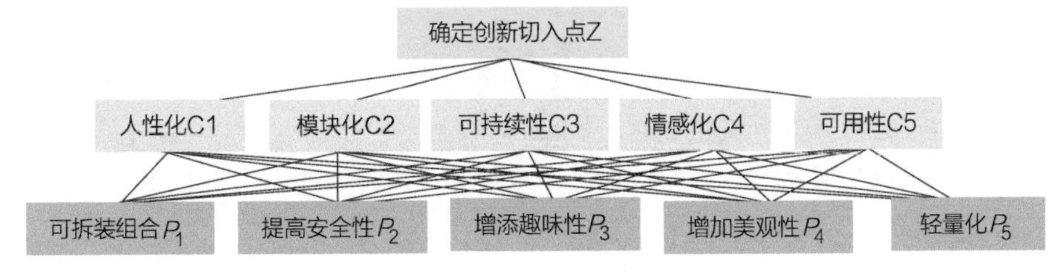

图4-45 层次结构模型

2. 构建判断矩阵与一致性检验

对 n 个元素来说，判断矩阵为 $\boldsymbol{C}=(\boldsymbol{C}_{ij})n\cdot n$，判断矩阵标度定义见表4-11。

表 4－11　判断矩阵标度定义

序号	重要性等级	C_{nm}赋值
1	i, j两元素同等重要	1
2	i元素比 j元素稍重要	3
3	i元素比 j元素明显重要	5
4	i元素比 j元素强烈重要	7
5	i元素比 j元素极端重要	9
6	i元素比 j元素稍不重要	1/3
7	i元素比 j元素明显不重要	1/5
8	i元素比 j元素强烈不重要	1/7
9	i元素比 j元素极端不重要	1/9

为了使儿童自行车的设计方案得到较为客观的评价结果，在本结构模型中，数值的标度由 7 位设计师、4 名技术人员、2 位企业管理层和 16 名用户共同完成。所有的判断矩阵如下：

$$\boldsymbol{Z}=\begin{bmatrix}1 & 3 & 5 & 7 & 1/3\\1/3 & 1 & 3 & 5 & 1/5\\1/5 & 1/3 & 1 & 3 & 1/7\\1/7 & 1/5 & 1/3 & 1 & 1/9\\3 & 5 & 7 & 9 & 1\end{bmatrix}\quad \boldsymbol{C}_3=\begin{bmatrix}1 & 3 & 7 & 9 & 5\\1/3 & 1 & 5 & 7 & 3\\1/7 & 1/5 & 1 & 3 & 1/3\\1/9 & 1/5 & 1/3 & 1 & 1/7\\1/3 & 3 & 5 & 7 & 1\end{bmatrix}$$

$$\boldsymbol{C}_1=\begin{bmatrix}1 & 1/9 & 1/7 & 1/5 & 1/3\\9 & 1 & 3 & 5 & 7\\7 & 1/3 & 1 & 3 & 5\\5 & 1/5 & 1/3 & 1 & 3\\3 & 1/7 & 1/5 & 1/3 & 1\end{bmatrix}\quad \boldsymbol{C}_4=\begin{bmatrix}1 & 5 & 1/3 & 1/5 & 3\\1/5 & 1 & 1/7 & 1/9 & 1/3\\3 & 7 & 1 & 1/3 & 5\\5 & 9 & 3 & 1 & 7\\1/3 & 3 & 1/5 & 1/7 & 1\end{bmatrix}$$

$$\boldsymbol{C}_2=\begin{bmatrix}1 & 3 & 7 & 9 & 5\\1/3 & 1 & 5 & 7 & 3\\1/7 & 1/5 & 1 & 3 & 1/3\\1/9 & 1/7 & 1/3 & 1 & 1/5\\1/5 & 1/3 & 3 & 5 & 1\end{bmatrix}\quad \boldsymbol{C}_5=\begin{bmatrix}1 & 5 & 7 & 9 & 3\\1/5 & 1 & 3 & 5 & 1/3\\1/7 & 1/3 & 1 & 3 & 1/5\\1/9 & 1/5 & 1/3 & 1 & 1/7\\1/3 & 3 & 5 & 7 & 1\end{bmatrix}$$

3. 层次单排序

对于任意 i、j、k，均有 $\boldsymbol{C}_{ij}\cdot\boldsymbol{C}_{jk}=\boldsymbol{C}_{ik}$的正反矩阵。根据矩阵理论，当判断矩阵不完全一致时，相应的判断矩阵的特征值也发生变化，因此引入判断矩阵最大特征值以外的其余特征根的负平均值，作为衡量矩阵偏离一致性的指标。通过计算得出各层次的指标权重。

4. 一致性检验

一致性指标 CI 为

$$\mathrm{CI}=\frac{\lambda_{\max}-n}{n-1}$$

式中，$\lambda_{\max}$为判断矩阵的最大特征值。通过查找一致性指标 RI（表 4－12），可计算一致性比例 $\mathrm{CR}=\frac{\mathrm{CI}}{\mathrm{RI}}$，结果均小于 0.1（表 4－13），可知所有的判断矩阵均通过了一致性检验。

表4-12 平均随机一致性指标

n	1	2	3	4	5	6	7	8	9
RI	0	0	0.52	0.89	1.12	1.24	1.36	1.41	1.46

表4-13 一致性比例

	Z	P_1	P_2	P_3	P_4	P_5
CR	0.0529	0.0529	0.0529	0.0635	0.0529	0.0635

5. 层次总排序与价值机会确定

计算各层元素对目标层的合成权重，结果见表4-14。

表4-14 合成权重结果

项目	P_1	P_2	P_3	P_4	P_5
权重	0.3691	0.1146	0.3202	0.1228	0.0728

所考虑的五种产品价值机会缺口的相对顺序为：P_1可拆装组合；P_2提高安全性；P_3增添趣味性；P_4增加美观性；P_5轻量化。

本章分别介绍了业务或使命分析过程、相关方需要与需求定义过程、系统需求定义过程、架构定义过程、设计定义过程、系统分析过程六个过程，用于分析系统并确定系统的需求，并进一步确定系统的结构。这是系统开发活动中最早开展的工作，也是最重要、最复杂的工作。这些工作直接确定系统的功能、性能及资源需求，对系统的成败有决定性影响。因此，本章详细介绍了各过程的相关技术，辨析了重要概念，并给出了具体的案例，希望能让读者真正掌握相关技术。

需要注意的是，本章所介绍的六个过程是逻辑过程，均属于霍尔模型。它们并非是按照严格的时间顺序执行的，例如，系统分析过程可以用于多个阶段的工作。

参考文献

[1] ANSI/AIAA. Guide to the preparation of operational concept documents: ANSI/AIAA G043A 2012 [S]. [s. l.]: [s. n.], 2012.

[2] BLANCHARD B S, FABRYCKY W J. Systems engineering and analysis [M]. 3th ed. New Jersey: John Wiley & Sons, 1998.

[3] POHL K. The three dimensions of requirements engineering [C] // International Conference on advanced information systems engineering. Heidelberg: Springer, 1993.

[4] ALEXANDER K, WILLIAM N S, SAMUEL J S, et al. Systems engineering principles and practice [M]. 2nd ed. New Jersey: John Wiley & Sons, 2011.

[5] Somerville: Software engineering. 8th edition, Addison Wesley. May 2006.

[6] SHAMS U A, QADEEM K, GAHYYUR S A K. Requirements engineering processes, tools/technologies, & methodologies [J]. International Journal of Reviews in Computing, 2010, 6 (2): 41-56.

[7] 邹涛，时昀. 层次分析法在儿童自行车设计中的应用 [J]. 包装工程, 2019, 040 (002): 161-166.

[8] ISO/IEC/IEEE. Systems and software engineering - System life cycle processes: ISO/IEC/IEEE 15288 [S]. [s. l.]: [s. n.], 2015.

[9] INCOSE. Systems engineering handbook-a guide for system life cycle processes and activities [M]. 4th ed. New Jersey: John Wiley & Sons, 2015.

[10] ISO/IEC/IEEE. Systems and software engineering-life cycle processes-Requirements Engineering: ISO/IEC/IEEE 29148 [S]. [s. l.]: [s. n.], 2018.

第5章 系统实现与验证

Chapter Five

本章介绍系统的实现过程、集成过程和验证过程。一旦系统的架构和设计细节确定，就可以进行具体制造和组装等工作，实现一个具体的系统。

5.1 实现过程

5.1.1 目的

如 ISO/IEC/IEEE 15288 所述：

实现过程的目的是实现特定的系统元素。实现过程创建或构造符合该元素的详细描述（需求、架构、设计，包括接口）的系统元素。使用适用技术和行业实践构造该元素。

5.1.2 概述

系统实现的目的是获取系统元素。系统元素可能包括硬件、软件和材料等。

自主生产、分包研制、货架产品采购都是可能的实现方式。系统实现过程与企业在供应链中的位置密切相关，与企业的发展战略相关，实现方式的差异可能非常大。一种极端的情况是，所有系统元素全部采购货架产品，这种实现方式就完全依赖于采办过程；另外一种极端情况是，所有系统元素全部由本企业自主生产，常见于手工业产品。实际上当前的多数工业产品介于这两种情况之间。

针对完整的系统，考察其全生存周期过程，实现过程处于设计定义过程与集成过程之间，是把“想象”变为“现实”的第一步。这是按照全视角（All Viewpoint）对实现过程的认识。实物产品从无到有，总是先获取系统元素，再将系统元素集成为完整的系统。系统实现就是获取系统元素的过程。

按照建造系统供应链中某个特定组织的视角，实现过程所涉及的活动与本组织的能力特点及发展战略密切相关。对于一个组织来说，选择专业化发展的战略，还是沿着供应链扩展的战略，对承制产品的实现方式是不同的。这样的差异会直接影响本组织实际实现产品的活动，在实践中必须针对自身特点和意图开发适合本组织、适合特定产品的实现过程。

待实现系统元素的形式不同，实现方式和实现过程也会不同。如果不考虑待实现系统元素形式上的差异，就对实现过程做高度抽象是有意义的，但用于直接指导工程实践就显得信息不足，指导性不强。所以，有必要做区别说明。例如对于机械类产品、电子产品硬件、软件产品来说，实现方式的差异是很大的。

5.1.3　活动描述

不考虑组织发展战略问题，仅就全视角观点，考虑完整产品全生存周期过程中的实现过程，尤其是自主生产系统元素的情况，实现过程如图 5－1 所示。

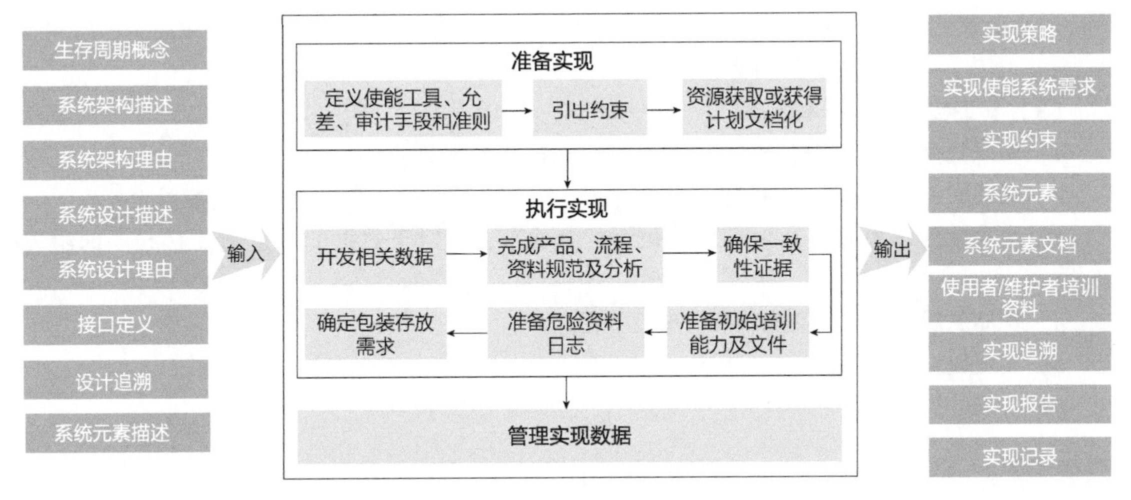

图 5－1　实现过程

根据 ISO/IEC/IEEE 15288:2015，实现过程包含以下活动。

（1）**准备实现**　本活动包含以下任务：

1）获取对待实现产品完整的设计描述数据（广义数据，包括图纸、设计文件、数字模型等）。

2）分析和描述所有约束条件，如环保法规、生产周期要求、经济性要求等。

3）分析和确认支持实现的使能条件，如实现机械类产品时所需要的厂房、设备、信息系统、知识及技术产品、工人团队及团队人员培训等。

4）分析实现过程中所需要消耗性资源的获取途径，如原材料和能源。

5）依据对约束条件、使能条件、消耗性资源等方面的分析结果，制定实现策略和详细的实现计划、描述计划，并使相关人员知悉且达到一致的理解。

（2）**执行实现**　本活动包含以下任务：

1）依据设计描述数据开发可操作的工艺描述数据。按照实现策略，有可能需要开发详尽的工艺规范或软件规范等。

2）针对所有约束条件开发相关的支持产品，如对相关法规的实施和检查办法、生产周期管理办法等。

3）获取必要的使能条件，如准备厂房、设备、信息系统，获取知识及技术产品，对相关人员开展培训等。

4）使实现过程中所需要消耗性资源得到供应保障。

5）实现系统元素，验证并记录、保留证据，以证明实现过程及实现结果均满足要求。对于软件产品，按照事先的策划完成测试，可能是第三方测试。

6）开发提供给上游用户的附加产品，如培训文件、产品说明书、产品包装箱等。

7）为产品的移交过程做准备，如将待移交的产品打包装并存放。

8）软件产品设计过程和实现过程之间的界线常常让人觉得模糊。究其原因，软件产品的实现依赖于人的智力劳动（即想象），这与设计活动本质上是相同的，与机械产品的“物化”过程却显著不同。软件产品实现过程的输入是广义数据，输出也是广义数据；机械产品实现过程的输入是广义数据、材料和能源，主要输出是实物产品。只有按照全视角观点，才能将属于相同层级的软件类系统元素和硬件类系统元素的实现过程视为系统生存周期同一阶段的过程。对软件产品的实现过程，在此不做深入探讨。如果需要，建议参考统一过程（Rational Unified Process，RUP）等方面的书籍和资料。

（3）管理实现数据 本活动包含如下任务：

1）实现数据既包括实现结果的描述数据，也包括实现过程的记录数据。

2）管理实现数据包括识别数据、获取数据、管理及维护数据以及提供数据挖掘服务等。

3）实现数据作为系统全生存周期数据的组成部分，对于数据的可追溯性是必要的组成部分。

4）产品的履历数据是系统状态管理的依据之一。

5）实现数据是质量管理的重要依据。

6）实现数据是组织的数据资产，对组织的发展具有战略价值。

5.2 集成过程

5.2.1 目的

如 ISO/IEC/IEEE 15288 所述：

集成过程的目的是将系统元素的集合集成成为满足系统需求、架构和设计的实现的系统（产品或服务）。

集成的本质是使系统元素之间建立起应有的关系，从而得到完整的系统。

5.2.2 概述

集成过程是一个自底向上的过程，集成过程包括两方面主要内容：

1）按照定义逐层聚集已经实现的系统元素（硬件、软件和运行资源）。

2）验证系统元素之间的接口正确性（包括静态的和动态的），验证及确认系统功能的正确性。

因此，集成过程与验证和确认（V&V）过程是紧密融合的。

在这里可以回顾一下“系统”的定义。系统是由多个相互关联的系统元素组成的整体。正是由于系统元素之间的相互关系，才使得系统的作用不等于所有系统元素作用的和，而是会涌现出新的作用和现象。将集成过程与实现过程做个对比就会理解，实现过程的目的是获取相互独立的系统元素，集成过程是使系统元素之间建立应有的关系。仅仅有正确的系统元素而没有正确的关系，就不可能有正确的系统。

对于复杂系统，其复杂性往往不限于系统元素的复杂，更重要的是系统元素之间的关系复杂。这种复杂性赋予了集成过程不可忽视的重要价值，也为集成过程带来挑战。

5.2.3 活动描述

集成过程如图 5－2 所示。

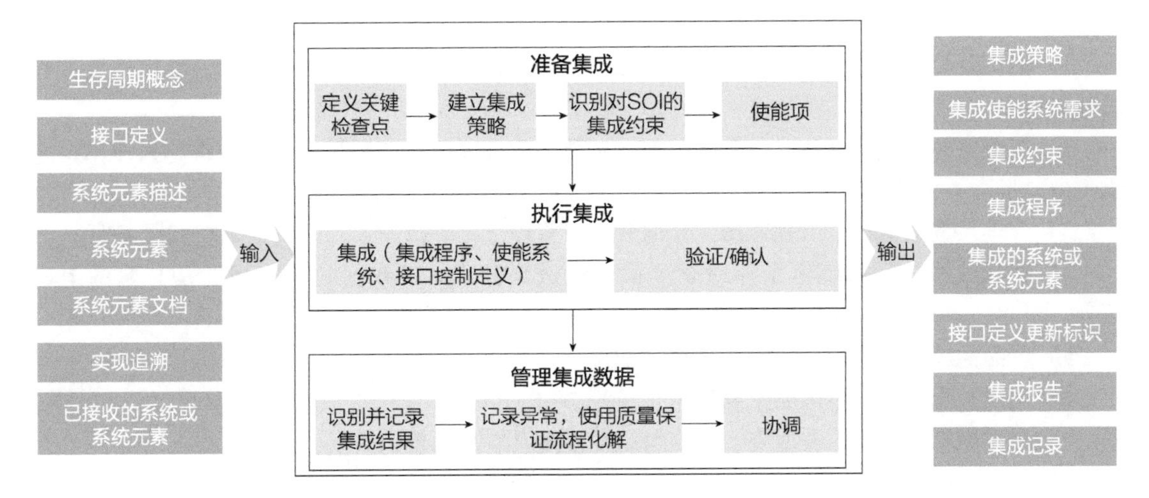

图5-2　集成过程

（1）准备集成　本活动包含以下任务：

1）从时间方面看，准备集成事实上开始于设计定义过程。在设计定义阶段就需要充分考虑集成过程，以及伴随集成过程的验证过程和确认过程。及早地制定集成验证确认策略和集成验证确认计划对于控制项目风险是意义重大的。

2）对集成过程通常需要做必要的开发，尤其是负责设计定义的组织和人员可能需要参与开发。成功的集成工作往往需要对系统具有完整、深入的认识，在这个方面，负责系统设计的组织和人员具有天然的优势。

3）开发和确定集成策略是一项富有挑战性的工作，既要考虑技术方面的问题，还要考虑组织的跨项目整体生产效率、生产成本等方面的问题。下游产品的移交情况、移交质量、服务保障，甚至社会和自然方面的突发事件，都会给集成过程带来风险。在“有条不紊”和“随机应变”之间游走，对原则把握到合适的“火候”，这不是能从书本上学来的。

4）按照系统的层级逐步集成，按照强制性的工艺约束集成，按照系统的功能逐步集成，还是按照系统元素的移交时间集成，或者有更多的集成策略，尤其是多种基本策略组合形成更复杂的策略，这些策略都有其独特的实用性，在系统集成过程中都是可以视情采用的。

5）综合考虑验证和确认方面的要求，定义集成过程中的关键检查点，以确保必要的验证和确认工作在集成过程中得以实施，并达到预期效果。

6）需要充分考虑影响集成的各种约束条件和使能条件，包括安全生产要求、集成过程中的工艺性约束、工作场地、设施、工具、测量设备等。

7）使所有使能项在需要的时候达到可用状态，包括集成验证确认所需要的辅助产品。例如在电子系统集成过程中，可能需要某些夹具、信号源、检测设备以及具备相应资质的人员。

8）视情制定集成过程中的应急预案。

（2）执行集成　本活动包含以下任务：

1）按照集成策略和集成计划逐步完成集成，将系统元素集成成为可移交的系统。在形式方面，系统元素“聚合”成系统；在功能方面，系统元素通过相互之间的关系得以发挥其应有的作用，使系统具备其真正的价值，即上级用户所需要的服务。

2）按照集成策略和集成计划，伴随着集成过程，完成必要的验证和确认。

（3）**管理集成数据** 本活动包含如下任务：

1）识别并记录集成过程产生的数据，包括验证过程和确认过程产生的数据，也包括异常和意外的数据。

2）按照实际情况调整和改进集成策略，调整集成进度，让“随机应变”发挥积极作用，并避免由此带来不可接受的风险。

3）管理集成数据包括识别数据、获取数据、管理及维护数据以及提供数据挖掘服务等。

4）集成数据作为系统全生存周期数据的组成部分，对于数据的可追溯性是必要的组成部分。

5）产品的履历数据是系统状态管理的依据之一。

6）集成数据是质量管理的重要依据。

7）集成数据是组织的数据资产，对组织的发展具有战略价值。

5.3 验证过程

5.3.1 目的

验证的目的是度量广义产品是否符合需求方对产品的描述。所谓的广义产品，既包括提供给最终用户的系统和系统元素，也包括对系统和系统元素的描述数据。验证过程既包括伴随集成过程的验证，也包括集成前各阶段的验证。

系统工程强调“所有需求必须可度量”，验证就是依据需求描述对广义产品的度量。

无论是针对功能性需求，还是针对非功能性需求，都需要在合适的时机开展必要的验证。

“所有需求必须可度量”是非常苛刻的要求，或者说是人们的理想。在工程实践中，验证方式不可避免地要考虑技术的可实现性、经济代价、时间代价等因素的约束。当发生严重矛盾时，不得不通过评估确定不完整、不充分的验证带来的风险，以此决策对验证的取舍和验证策略。

5.3.2 活动描述

验证过程如图 5－3 所示。

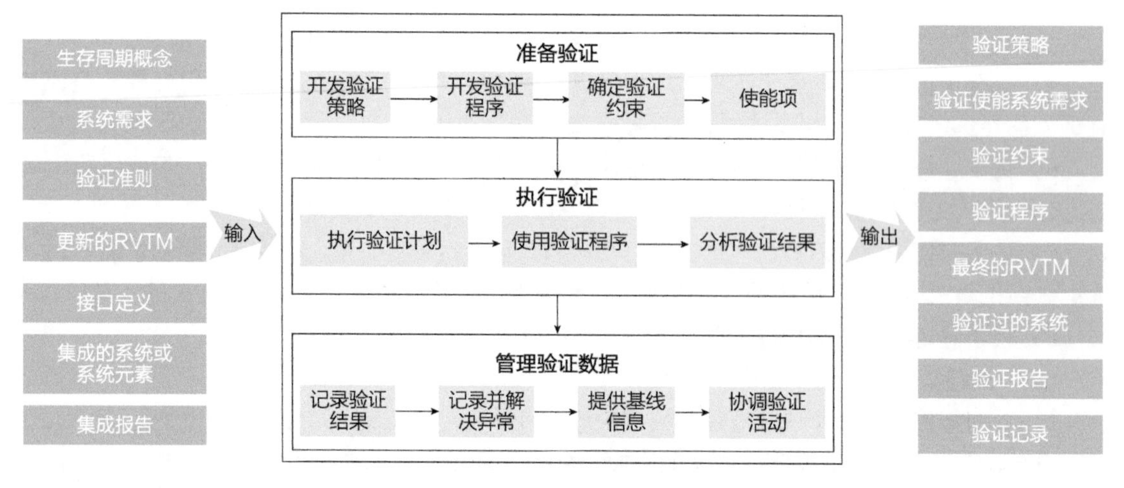

图5－3 验证过程

（1）准备验证 本活动包含如下任务：

1）开发验证策略。

2）开发支持验证活动的验证程序。

3）确定由验证策略所引发的关于系统或系统元素的验证约束。

4）使验证支持资源（即使能项）达到可用状态，如验证所需要的场地、激励设备、测量设备、有资质和能力的人员、能源等。

开发验证策略是要优化验证活动，以尽量减少成本和风险，同时覆盖所有待验证的需求，主要包括：

1）建立验证项清单。

2）建立必要的验证约束清单。

3）考虑约束，适用于每个验证活动的方法或技术计划。

4）建立验证范围。

5）**开发支持验证活动的验证程序**。

6）**确定**由验证策略所引发的关于系统或系统元素的**验证约束**。

（2）执行验证 本活动包括执行验证计划、处置异常情况和形成验证结论三项任务。

（3）管理验证数据 本活动包含如下任务：

1）管理验证数据包括对结果的记录、对异常情况的记录与处理、协调验证活动并提供技术状态管理基线信息。

2）识别和记录**验证数据**，并在需求验证追踪矩阵（RVTM）中录入数据。按照组织要求维护记录的数据。

3）记录在验证过程中所观察到的**异常**，使用质量保证过程分析并解决异常（纠正措施或改进）。

4）建立和维护被验证的系统元素与系统架构、设计，系统以及验证所需的接口需求之间的**双向可追溯性**。

5）提供技术状态管理**基线信息**。

6）同项目经理、架构师或设计师与技术状态经理一起**协调验证活动**。

5.3.3 相关技术

1. 基本技术

验证与确认采用基本相同的技术来完成验证与确认工作，按照IEEE 1012:2012、ISO/IEC/IEEE 29119:2013、ISO/IEC/IEEE 29148:2011等标准，基本的验证与确认技术包括检查、分析、演示、测试、类比、仿真、采样。

确认技术使用与验证相同的技术，但目的不一样，验证是用来显示与规定的系统需求**相符**，**检测错误/缺陷/故障**；确认是通过显示运行场景及相关方需求能够**被满足**来证明所需运行能力的**满足程度**。

2. 建模与仿真

建模与仿真是需求定义、架构定义、设计定义和系统分析过程中常用的验证方式。图5-4所示为导弹系统仿真过程。

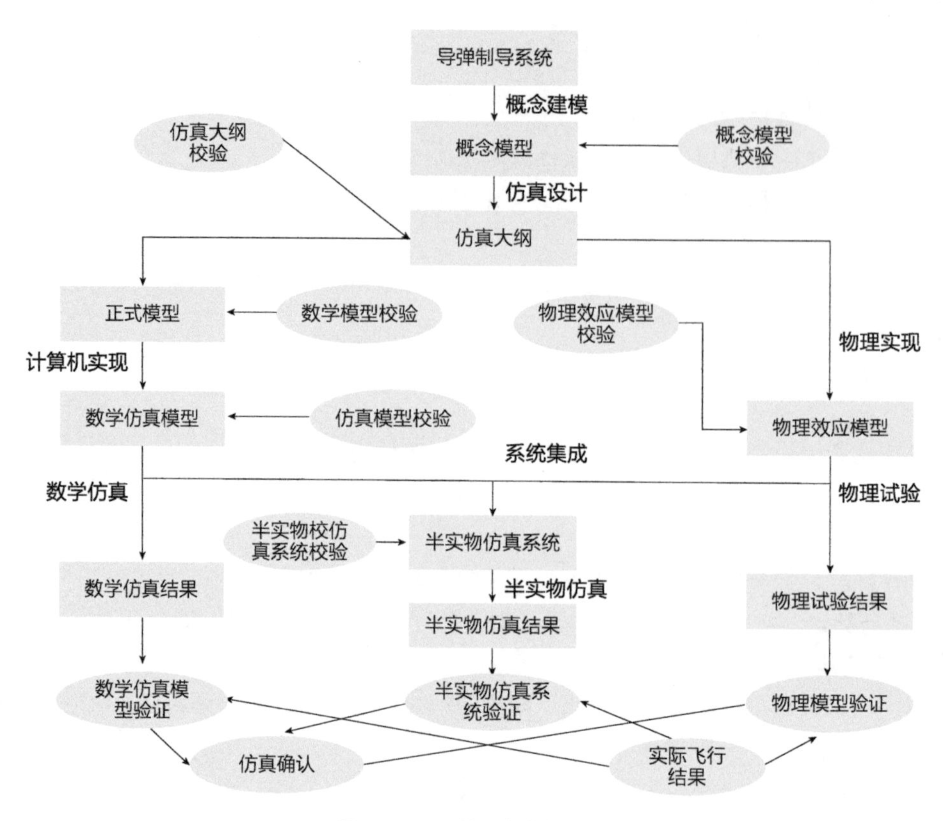

图 5-4 导弹系统仿真过程

本章介绍了实现过程、集成过程和验证过程三个过程。其中，实现过程与各专业技术紧密相关，因此本章没有过多论述；集成和验证过程也是常用的方法，目前已经有很多成熟的技术和方法；需要注意的是，集成和验证过程一般是同时进行的，即在进行集成的过程中同步开展验证工作。

参考文献

[1] ISO/IEC/IEEE. Systems and software engineering — system life cycle processes: ISO/IEC/IEEE 15288 [S]. [s. l.]: [s. n.], 2015.

[2] INCOSE. Systems engineering handbook — a guide for system life cycle processes and activities [M]. 4th ed. New Jersey: John Wiley & Sons, 2015.

第6章 系统移交与运行维护

Chapter Six

系统实现以后，就要通过移交过程将系统转移到实际运行场景，并执行系统功能，直至系统弃置，包括移交过程、确认过程、运行过程、维护过程、弃置过程。

6.1 移交过程

6.1.1 目的

如 ISO/IEC/IEEE 15288 所述：

移交过程的目的是使系统在最终运行环境中具备提供服务的能力，这种能力要符合相关方约定的需求。

移交过程具有商务方面的意义和技术方面的意义。从商务方面理解，移交过程是将系统监护和系统支持的职责从系统的承制方转移给系统的运营方，这是与供应过程相关的。从技术方面理解，移交意味着集成后的系统从生产环境转移到实际运行环境。移交过程的成功结束通常标志着运行阶段的开始。

6.1.2 概述

因为存在不同形式的待移交系统，所以交互过程和移交活动可能存在差异。

如果待移交的系统是一座新建的大桥，那么对它的移交仅仅是大桥通车前后“瞬间”的状态变化，并没有实质性的活动。

如果待移交的系统是一部空调，那么对它的移交至少要包括安装。

如果待移交的系统是一架新型号的飞机，那么对它的移交包括对飞行员的培训。

但无论差异有多大，移交的本质是相同的，就用户视角来看，它是从获取系统到获取服务的转变过程。

考虑较为复杂的情况，移交过程需要在运行环境中安装一个经过验证的系统以及其他一些相关的使能系统、产品或服务，如协议中定义的操作者培训系统。通过使用验证过程中的成功结果，采办方在允许改变控制、所有权和（或）监护之前，接受系统在意图的运行环境中满足规定的系统需求。尽管该工作是一个相对较短的过程，为避免协议任一方出现意外和相互指责，也应予以仔细计划。此外，为确保所有活动完成后双方都满意，应跟踪并监控移交计划，包括对移交期间出现的任何问题的解决。

从广义上说，移交过程既可以是针对最终用户所需要的完整系统的移交，也可以是针对处于供应链中的系统元素的移交，还可以是针对系统（或系统元素）生存周期不同阶段中的移交。

作为典型的情况，通常将其描述为完整系统向最终用户的移交。

6.1.3 活动描述

考虑较为复杂的情况，移交可能包括图 6 - 1 所示的活动。

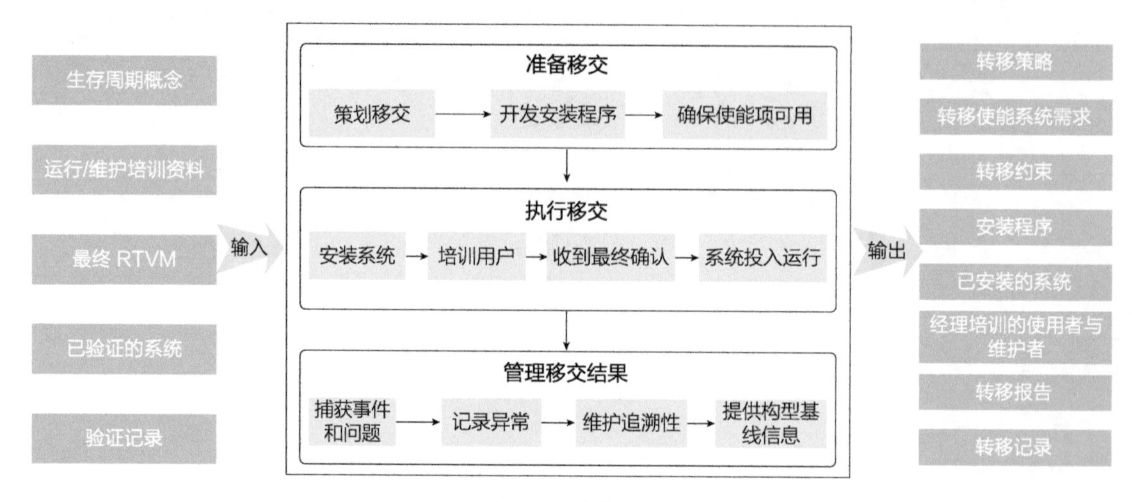

图 6 - 1 移交过程

6.2 确认过程

6.2.1 目的

确认的目的是度量广义产品是否符合需求方对产品的期望。

所谓的广义产品，既包括提供给最终用户的系统和系统元素，也包括生存周期各阶段对系统和系统元素的描述数据。

6.2.2 概述

本书在介绍验证过程时曾经提到“所有需求必可度量”。对于确认过程，对应的一句话是“所有需求必有目的”。

每一项确认都对应着需求描述所承载的需求方的目的，或者说是需求方的愿望。确认就是指测量广义产品是否符合需求方对产品的期望。

需要注意的一个事实是，需求方对所需产品的描述未必与自己的期望一致，供应方对需求方描述的理解也未必与需求方的期望一致。语言常常是无力的，辞能达意是人的美好愿望，但是现实往往没有那么美好。即使是基于模型语言表达，也不可能绝对准确。在供需双方的沟通过程中，总是存在各种“不一致”风险，这种风险是无法绝对避免的。为了控制这种风险，行之有效的办法就是开展必要的确认。严格来讲，一个基本原则是“有交互即确认”，无论交互的是信息，还是实物产品交接，都需要确认。当需求方把自己的愿望告知供应方后，供应方经过自己的理解和分析，就应该向需求方求证自己的理解是否正确，这是构造产品前的确认。当供应方将产品提供给需求方时，也要开展确认工作。在构造产品的过程中，也要视情况安排确认工作。

确认工作是要花费成本的，对确认频度和深度的把握，是对风险和成本之间的权衡。选择合适的合作方，有利于控制确认工作成本。成熟的合作伙伴之间更容易达成默契。

确认过程针对的广义产品，既包括提供给最终用户的系统和系统元素，也包括对系统和系统元素的描述数据。确认过程几乎伴随系统生存周期的所有阶段，从需求定义与分析，直到系统弃置。只要有合法的需求项，就要有针对该需求项是否达到目的的确认，可以说“有目的必确认”。

6.2.3　活动描述

确认过程与验证过程有很多相似之处。确认策略、确认约束以及使能系统是在准备确认活动中完成的，确认程序开发被纳入执行确认活动中来完成的。在确认过程中，有一个确认准备就绪的活动，就是要确保系统/项的可用性和技术状态，确认使能系统的可用性，合格的人员或操作者、资源等，以便于后续的确认执行。确认过程如图6－2所示，其包括如下活动。

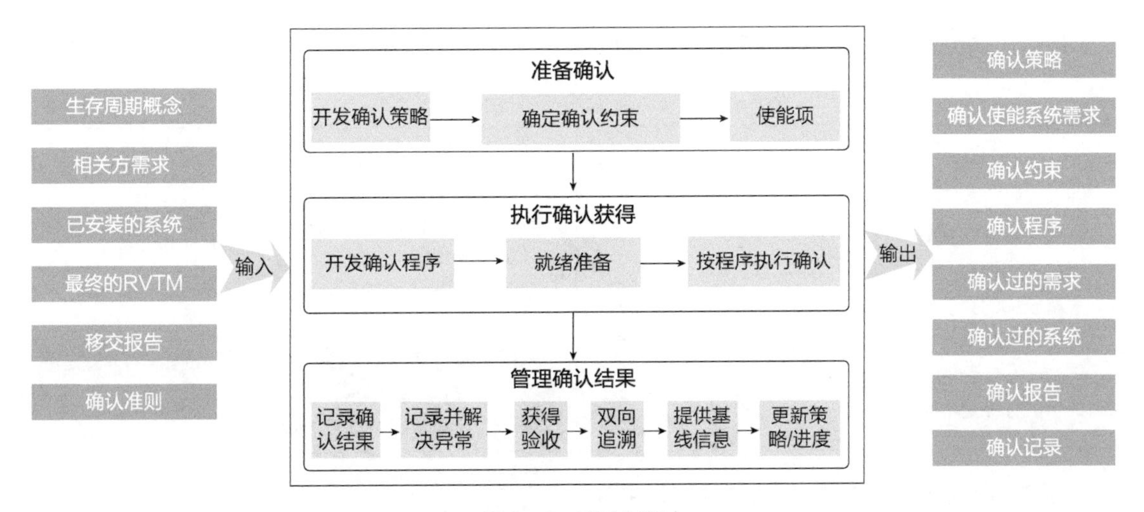

图6－2　确认过程

（1）准备确认　本活动包括如下任务：

1）识别（明确）确认的范围和相应的活动。

2）识别可能影响确认活动的可行性的约束。

3）为每一个确认活动选择合适的方法或技术及相应的准则。

4）确定确认策略。

5）从确认策略中识别系统约束，并纳入相关方要求中。

6）识别和规划支撑确认过程所必需的使能系统和服务。

7）获得或者得到支撑确认过程的使能系统和服务的使用权。

（2）执行确认获得　本活动包括如下任务：

1）制订确认工作的程序，每一个程序支持一个或一组确认活动。

2）在定义过的环境中执行确认程序。

3）检查确认结果，以确认系统能够向相关方提供其所要求的服务。

（3）管理确认结果　本活动包括如下任务：

1）记录确认结果和遇到的任何异常。

2）记录操作中的事故和问题并跟踪解决方案。

3）获得相关方对其需求得到满足的认可。
4）保持被确认的系统元素的追溯性。
5）提供被选作基线的关键的信息项。

6.2.4 确认与验证的区别

确认与验证是既相似，又有明显不同的两个过程。

确认和验证都涉及需求方和供应方；确认与验证通常都会涉及度量（Measure）；确认与验证都涉及“符合性”；就汉语本身的语义，确认与验证的语义也是相近的。

验证的目的是度量广义产品是否符合需求方对产品的描述；确认的目的是度量广义产品是否符合需求方对产品的期望。

确认与验证进行概括性的对比分析见表6－1。

表6－1 确认与验证进行概括性的对比分析

确认（Validation）	验证（Verification）
面向问题域 考察主体是相关方 相关方的视角 考察整体的完整性与正确性 关注系统整体与涌现特性，就是常说的“最终效果” 需要一套复杂的评价模型 评价的标准是 MOEs	面向方案域 考察主体一般是开发团队 开发者的视角 考察是否满足了需求描述 关注满足需求、合规 采用建模与仿真、DEMO、演示、试验等方法提供证据，用 RTM 来描述 评价的标准是需求以及 MoPs
适当节点提供信心表明“正确的系统（或元件）已建成” 确认过程可以应用于任何已经定义或实现的系统元素，或系统的工程项，或其定义。例如，相关方需求、系统需求、功能、输入/输出流、系统元素、接口、设计属性、集成以及确认程序的确认	证明已经被“被正确构建” 可应用于任何有助于定义和实现系统的工程元素，如： 系统需求、功能 输入/输出流 系统元素、接口、设计属性 验证程序
确认过程的目的是提供系统在使用中满足其业务或任务目标和相关方的需求，达成在预期运行环境中的预期使用效果的客观证据	验证过程的目的是提供系统或系统元素履行其指定的需求和特点的客观证据

6.2.5 易混淆概念

1. 运行确认和确认

运行确认是确认的一种手段。

确认将系统作为一个整体向相关方表明符合性，确认证据通常是在研发过程中逐步累积的，包括：

1）工程研发活动中各项中间产物的 V&V 结果。
2）集成系统在研发环境下的确认结果。
3）系统在运营环境下的运营确认结果。

持续确认对于系统成功至关重要，这体现在：

1）生产和使用阶段发现的问题修复代价极大。
2）尽早发现偏差可以极大地减小项目风险，降低成本，从而促成项目成功。
3）确认结果通常也是研发过程中各决策门评审的重要元素。

2. 验收（Acceptance）

验收是移交的先导活动。通过验收互动，采购方评估系统是否可被移交的就绪状态。

对于系统移交方来说，验收是向采购方表明符合性的确认活动；对于采购方来说，验收应是其检查系统可移交性的验证活动。

3. 认证（Certification）

认证本质上是向颁证方表明符合性的确认活动。

认证活动的开展通常要遵从具体颁证方的规则，并与其达成一致。

认证的通过通常以相应证书的授予作为标志。

4. 使用准备就绪（Readiness for Use）

使用准备就绪是对确认结果进行分析后得到的结论，表明产品当前状态可用于使用评估。

依赖于应用的生存周期模型以及使用的目的，使用准备就绪结论可能会在生存周期中发生多次，如首件移交就绪、生产定型就绪、维修保养就绪。

5. 鉴定（Qualification）

系统资质资格要求所有 V&V 活动都已经成功完成。这些 V&V 活动不仅覆盖 SoI 本身，而且要覆盖 SoI 同其环境的所有接口（如空间系统在空间部分和地面部分之间的接口确认）。鉴定过程必须演示已实现系统的特性与属性，包括裕量，满足系统需求和（或）相关方需求。鉴定通过验收评审和（或）运行准备就绪评审作为结论。

对于空间系统，鉴定的最后一个步骤是由首次发射或首次飞行来完成。

第一次飞行需要通过飞行就绪评审作为里程碑，要验证飞行和包括所有支持系统的地面部分（如跟踪系统、通信系统、安全系统）为发射做好准备。

补充评审可以控制在发射前（发射准备就绪评审）批准发射。

成功发射会参与到鉴定过程，但是最终鉴定只有在航天器**在轨测试**后，甚至是**多次发射**（针对为完成不同使命而开发的系统）后才能完成。

6.3 运行过程

6.3.1 目的

如 ISO/IEC/IEEE 15288 所述：

> 运行过程的目的是利用系统获取所需的服务。对用户来说，系统的价值在运行过程中得以体现。运行过程经常伴随着维护过程，除非是绝对的免维护系统。

6.3.2 概述

运行过程通过准备系统的运行、提供运行系统的人员、监控“操作者 - 系统”人机性能，并监控系统性能来支撑系统服务。当目标系统替换现有系统时，有必要管理系统服务的迁移，从而使得那些持久的相关方体验在服务中不被中断。

一个系统的使用和保障阶段通常占总生存周期成本（LCC）中最大一部分。若系统性能超出可接受的参数范围，就表明需要按照保障概念及相关协议采取纠正措施。当系统或其组成元素达到其计划的或使用寿命的终点时，系统可进入弃置过程。

6.3.3 活动描述

运行过程如图 6-3 所示。

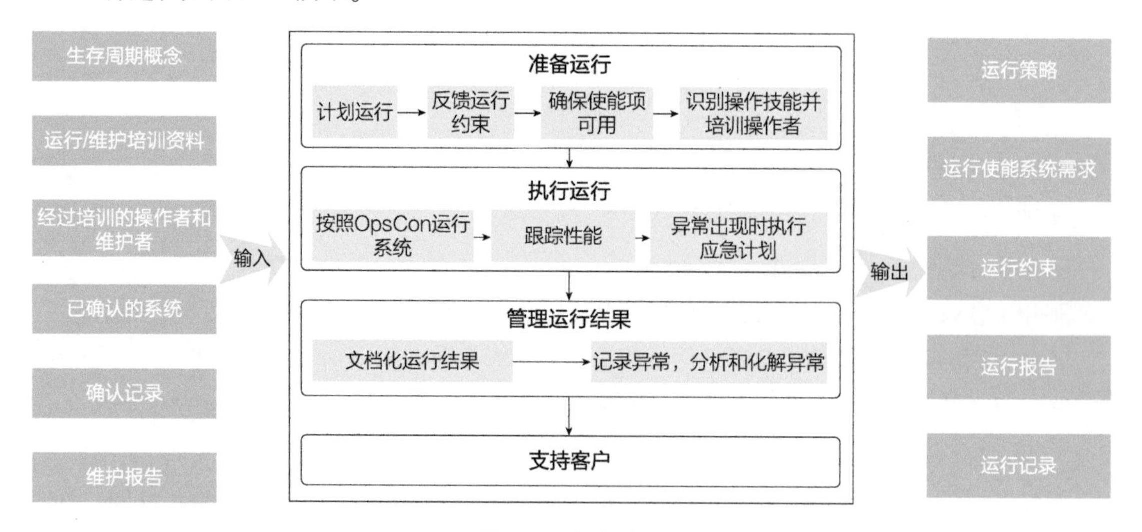

图 6-3 运行过程

（1）准备运行 本活动包括如下任务：

1）评估待运行的系统与此前已经运行的系统之间是否协调。如果待运行的系统进入运行状态，则评估是否会与已经运行的系统发生冲突。

2）制定待运行系统操作员的操作方法和操作程序。

3）识别或定义操纵者的培训需求及培训合格评价准则。

4）使合格的操作员到岗。

5）制定紧急情况下的应急操作预案。

6）制定运行状态的评价方法，以衡量新系统的服务质量。

7）针对系统操作员和受系统影响的人，依法制定安全策略。

8）为了依法保护公众利益（如环境保护），制定相关策略。

9）识别系统运行所需的使能条件，并使其满足系统运行需求。

（2）执行运行 本活动包括如下任务：

1）在预定环境中启用新系统。如果新系统要替换即将弃置的系统，则要确保对所需服务连续性的影响是可接受的。理想状态是无缝衔接或者一段时间内新旧系统并行工作，或者在新旧系统交接过程中发生服务间断。无论是哪种情况，都应该处于可接受的范围。

2）确保系统运行所需要的资源供给。

3）监控系统的运行，使其处于预期的正常状态并确保安全，应依法符合公众利益。

4）监控系统的运行状态，以确认所提供的服务质量在可接受的范围内。如果超出了可接受的范围，则进行记录并采取适当的处置措施。必要时启动应急预案。

(3) 管理运行结果　本活动包括如下任务：

1) 记录系统的运行结果以及运行过程中的异常情况，既包括系统本身的情况，也包括使能系统、操作者、运行资源供给等方面的情况。

2) 如果发生事故，则系统操作者应对事故过程、解决过程和解决结果做充分记录，并恢复系统的正常运行。

3) 维护系统技术状态管理履历数据。

4) 系统的运行情况中往往隐藏着新的需求，这些需求对于系统用户和系统供应方都有价值。一个系统的运行数据，可能孕育另一个新系统。

(4) 支持客户　本活动包括如下任务：

1) 向客户提供帮助和咨询。

2) 对客户的服务请求及随后的服务情况做必要的记录和监控。

3) 了解客户对所移交系统及相关服务的满意度。

6.4 维护过程

6.4.1 目的

如ISO/IEC/IEEE 15288所述：

维护过程的目的是保持系统提供服务的能力。

6.4.2 概述

维护过程监控系统提供服务的能力。识别和记录异常情况，采取预防性措施或在发生异常后采取适当的措施，以恢复系统提供服务的能力。

运行过程与维护过程往往并行执行。

运行过程和维护过程处于系统生存周期阶段后期，但影响运行和维护的事项应该在系统生存周期的早期就充分考虑，以便于使系统在其架构特征和系统细节特征方面就具备利于运行和维护的优点。

6.4.3 活动描述

维护过程如图6-4所示。

(1) 准备维护　本活动包括如下任务：

1) 制定修复性维护和预防性维护策略，包括维护方法、进度计划、资源保障等。

① 开展预防性维护的目的是减少系统故障的可能性，避免系统故障产生的不利影响，如服务质量下降、服务中断以及附带的损失。

② 以可靠性为中心的维修是有效控制成本的维护策略。

③ 制定用于支持系统维护的后勤策略，包括采办和充分、及时地运输资源。

④ 确保系统必要的备件供应。

⑤ 确保维护工作的人力资源满足维护需求。

⑥ 对维护质量做有效评价。

2) 在系统生存周期早期阶段，如需求分析、系统架构定义和设计定义阶段，应充分识别维护性需求，并将其落实到相关工作中，以确保系统具备良好的可维护性。

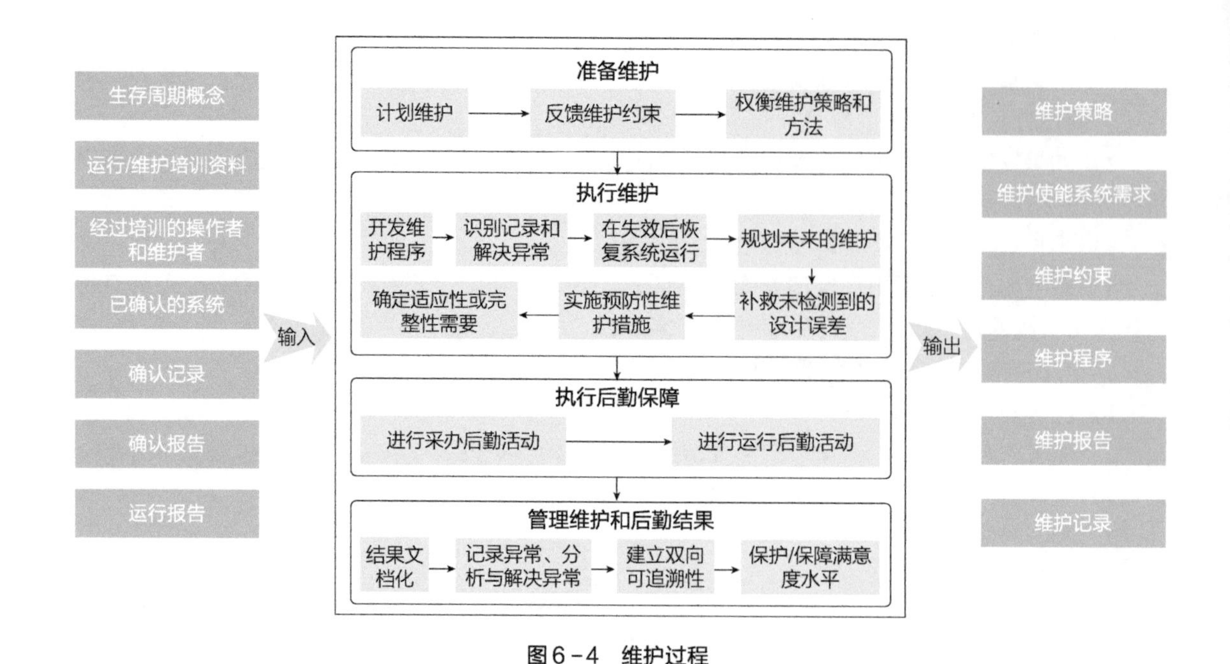

图6-4 维护过程

3）在系统分析和决策管理过程中关注有关维护性的权衡，权衡和决策时要综合考虑经济可承受、可操作、可保障、可持续能力。

4）识别维护所需的使能系统或服务，并开展必要的规划。

5）确保届时使能系统可用。

（2）执行维护 本活动包括如下任务：

1）审查现存的事故报告或问题报告，获取经验，指导预防性维护策划。

2）记录维护中的事故和问题，并跟踪解决方案。如果维护人员在维护中遇到事故，则应记录事故并按规定处置。在执行维护中的识别问题时，依照质量保证过程和项目评估与控制过程处理。

3）执行随机故障的处置程序，或按计划替换系统元素。

4）验证系统性能，记录维护过程，以管理系统元素的剩余寿命。

5）遇到随机的引发系统故障的错误，采取行动以使系统可运行。要恢复到完全正常运行的情况有时是不可能的，直到故障的真正原因被找到且处理掉为止。在没有彻底解决问题的情况下，可使系统工作于降级模式。

6）按计划执行预防性的维护。

7）当系统中出现异常现象时，需要甄别是否发生了故障。

8）如有需要，则分析维护措施是否合适，是否完善。这可能会影响到对系统元素、架构或设计方案的更改。如有必要，就要启动一个新的项目来更改已有的系统。

（3）执行后勤保障 本活动包括如下任务：

1）执行采办后勤。在协议过程形成的协议中要包括采办后勤内容。在开发阶段也要考虑保障性的相关事务，包括相关设计、备件规划、维修策略。这些决策会影响供应链管理。

2）执行运行后勤，使目的系统和使能系统协调运行，确保系统正常且高效运行，确保必要的装备和资源在数量、质量、时间、空间方面有效供给。

3）在系统全生存周期开展各种所需要的包装、装卸、储存、运输工作，通常用于支持系统的集成过程和移交过程。

4）确认后勤活动对库存的需求，以满足维修速率和维修日程要求。在储存中要监控备件在运输和仓储过程中的管理，确保备件质量，必要时开展操作人员的聘用、训练和认证。

5）确保保障性要求有计划、资源充足、有效实施。后勤活动要考虑人员、供应保障、保障装备、技术数据需求（手册、指南、清单等），训练保障、装备/计算机资源保障和设施。

（4）管理维护和后勤结果　本活动包括如下任务：

1）记录维护和后勤的结果以及所有异常情况。

2）记录运行事故和问题，跟踪解决方案。解决问题的过程涉及“质量保证和项目评估与控制过程”，如涉及对系统的更改，则按照相关技术过程执行。

3）如果某些项目涉及开发或使用与本系统相似的系统元素，则本系统在维护过程中发生的事故、问题、维护和后勤记录数据是有价值的，可被借鉴使用。

4）确保系统元素的数据在全生存周期内双向可追溯。

5）为技术状态管理提供有价值的关键信息，如制定维护计划和生存周期保障计划。

6）监控客户对系统和维护保障活动的满意度。

6.5 弃置过程

6.5.1 目的

如 ISO/IEC/IEEE 15288 所述：

> 弃置过程的目的是结束使用系统元素或系统，恰当地处理被替代的元素或退出的元素，以及识别关键的弃置要求（如了解适用的环保法规）。

弃置过程按照适用的指南、方针、法规和条例贯穿于系统生存周期，而不限于系统生存周期的最后阶段。

6.5.2 概述

由于在开发阶段中并行考虑弃置所产生的需求和约束，必须与定义明确的相关方需求及其他设计因素相平衡，所以弃置是一个全生存周期支持过程。

环境问题驱使设计者考虑回收物料或在新系统中循环再利用。

弃置过程并不是在生存周期的最后期才执行，可以在生存周期的任一时刻应用于渐进式弃置需求，例如不被重复应用或演进的原型、制造期间的废物或维护期间被取代的零件。这正如一个动物的新陈代谢会伴随其一生，它的排泄物会在整个生命过程中对环境造成影响。

6.5.3 活动描述

弃置过程如图 6－5 所示。

（1）准备弃置　本活动包括如下任务：

1）定义弃置策略，包括每一个系统元素和废品的弃置策略，考虑其日程、弃置方式和资源需求。

2）识别弃置活动对系统全生存周期其他过程的影响。

3）识别必要的使能系统或服务，并制定其使用计划，以支撑弃置过程。

4）如果系统要被封存，则详细说明防泄漏设施、储存地点、检查标准和储存周期。

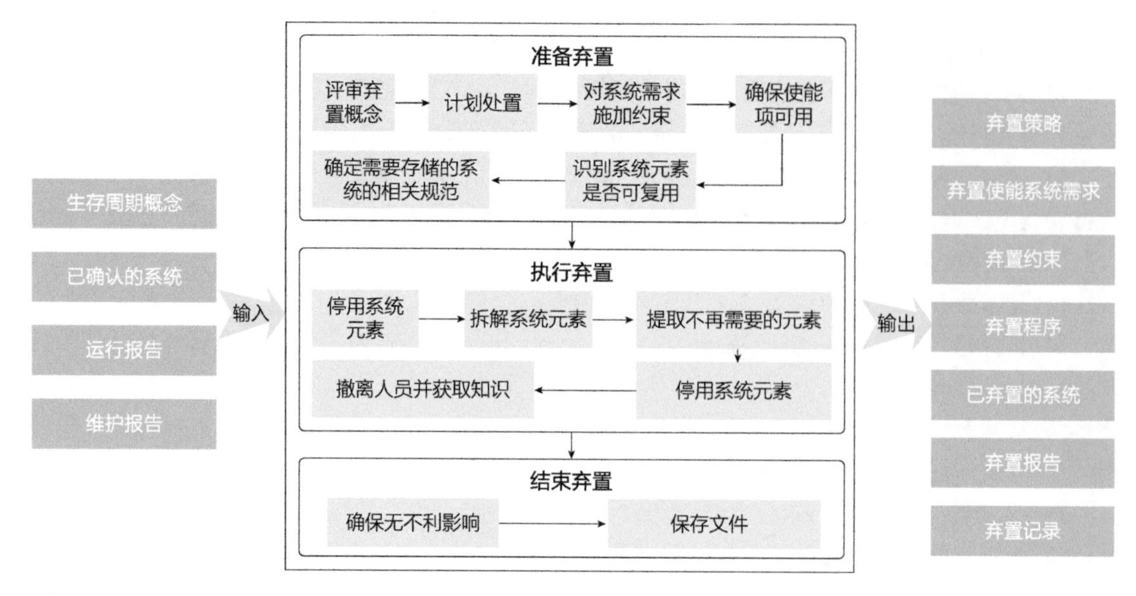

图6-5 弃置过程

5）定义预防性方法，以防止被弃置元素和材料被非法利用。

（2）执行弃置 本活动包括如下任务：

1）关闭、停用系统或系统元素，准备将其移除。要同时弃置与该系统的接口，例如电力或燃料供应接口。

2）从使用或生产中移除系统、系统元素或废弃的材料。

3）撤离操作人员，整理相关的操作记录。

4）把系统或系统元素拆解成可管理的元素，便于将其移除、重用、回收、修整、拆修、归档或者破坏。

5）对不准备重用的系统元素及它们的零件进行处理，确保它们不再回到供应链中。

6）必要时破坏系统元素，减少废物或者使废物更容易处理。

（3）结束弃置 本活动包括如下任务：

1）确认消除所有有害健康、安全、安保和环境的因素。

2）将环境恢复到原始状态或者是协议所规定的状态。

3）收集系统全生存周期的信息并归档，以便在出现有害状况时支持审计和审查，或作为有价值的经验。

本章介绍了移交过程、确认过程、运行过程、维护过程和弃置过程。它们是维护系统生存周期正常功能的重要活动，一般都要求按照策划、执行、管理活动数据等活动，需要逻辑有序开展工作。

参考文献

［1］ISO/IEC/IEEE. Systems and software engineering — system life cycle processes: ISO/IEC/IEEE 15288 ［S］.［s. l.］:［s. n.］, 2015.

［2］INCOSE. Systems engineering handbook — a guide for system life cycle processes and activities ［M］. 4th ed. New Jersey: John Wiley & Sons, 2015.

管 理 篇

第 7 章　技术管理过程

第 8 章　协议过程

第 9 章　组织的项目使能过程

第7章 技术管理过程

Chapter Seven

在系统生存周期内，产品和服务的创建和升级是通过项目的实施来实现的。因此，理解系统工程对项目管理的贡献非常重要。

技术管理通常是指在技术行业当中开展的管理工作，由于其结合了专业技术和管理两个专业，故一般要求管理人员除了具备专业的管理能力外，还需要具备一定的技术能力，有时甚至需要具备较高的技术水平。

参考维基百科对技术管理的描述，成立于1967年的ATMAE（The Association of Technology, Management, and Applied Engineering）协会将技术管理定义为关注整个技术范畴和各种复杂技术系统的人员监督的领域。

技术管理在实际操作中需要技术管理者运用其掌握的技术知识和管理知识对相关技术项目的实施进行全面的计划、监督和管理，以保证项目能够顺利地实施并达到预期目标。

技术管理需要根据用户的项目技术特点和组织人员情况制定符合项目及组织自身情况的技术管理体系并实施，很难有一套放之四海而皆准的管理模式。但作为技术管理过程本身，其需要具备的过程和一些基本的管理活动却是类似的，相关组织和个人可以参考典型的技术管理过程，根据自身项目及组织的情况和特点，来制定适合自身情况的技术管理过程。

下面就以ISO/IEC/IEEE 15288:2015中的技术管理过程为参考来介绍技术管理过程的一般内容，除了描述标准中相关过程的目的和过程描述外，还会对相关过程在具体实践时需要关注的方面进行讨论。

ISO/IEC/IEEE 15288中对技术管理过程组的定义如下：

技术管理过程组，用于建立和维护计划；用于执行计划；用于评估计划执行的实际效果和进展；用于在实现计划的整个过程中控制执行。

在项目生存周期的**任何阶段**和项目的**任何层级**中，都可以调用单个的技术管理过程。项目的风险和复杂性决定技术管理过程组应用的严格程度和正规性。需要注意的是：执行以下这组技术管理过程是为了可以有效地执行特定系统的技术过程，它们不包括一个管理系统或一套全面的项目管理过程。技术管理过程组的各过程如下：

1）项目策划过程（Project Planning Process）。

2）项目评估与控制过程（Project Assessment and Control Process）。

3）决策管理过程（Decision Management Process）。

4）风险管理过程（Risk Management Process）。

5）技术状态管理过程（Configuration Management Process）。

6）信息管理过程（Information Management Process）。

7）测量过程（Measurement Process）。

8）质量保证过程（Quality Assurance Process）。

需要说明的是：并不是每个技术团队成员都直接参与这8个过程，但是它们却间接受到这些关键过程的影响。没有这些过程，项目成员和相关方就难在经费和进度约束范围内实现满足运行使用构想的功能。

技术管理过程是项目管理团队与技术开发团队之间的纽带。系统工程师与项目经理持续沟通，系统工程师和项目经理给项目工作带来独一无二的技能与经验。但项目经理的视角（项目开始—项目结束）与系统工程师的视角（提出产品概念—产品退役处置）不同，通过合作，项目经理和系统工程师推动团队的绩效和成功。

7.1 项目策划过程

7.1.1 目的

项目策划过程的目的是协调和制定出高效可行的计划。

此过程确定项目管理和技术活动的范围，确定过程输出、任务和可移交成果，确定任务执行的时间表，包括达成标准以及完成任务所需的资源。这是一个持续的过程，定期修订计划将贯穿整个项目。

需要注意的是：其他每个过程中定义的策略将提供输入，并集成到项目计划过程中。项目评估与控制过程用来评估计划是否完整、一致和可行。

7.1.2 结果

成功实施项目计划过程的结果如下：

1）目标和计划被定义。

2）角色、责任、义务、权限被定义。

3）实现这些目标所需的资源和服务被正式要求和承诺。

4）项目执行的计划被激活。

7.1.3 活动和任务

项目应根据适用的组织政策和程序，在项目计划过程中执行以下活动。

1. 定义项目

本活动包含以下任务：

（1）制定项目目标和约束

目标和约束包括性能和其他质量方面，如成本、时间和客户满意度。每个目标的确定都有一定层次的详细程度，允许选择、定制和实施适当的过程和活动。ISO/IEC 15026《系统和软件保障》以及ISO/IEC 27036《供应商关系的信息安全》为有关保障和安全的目标及约束提供了额外的指导。

（2）定义协议中规定的项目范围

这包括满足业务决策标准并成功完成项目所需的所有相关活动。项目可以对整个系统生存周期中的一个或多个阶段负责。计划还包括为了维护项目计划，执行评估和控制项目定义适当的行动。

（3）定义和维护一个生存周期模型

该模型由组织已定义的生存周期模型的阶段组成。ISO/IEC TR 24748－1（IEEE Std 24748－1－2011）提供了关于生存周期阶段和适当生存周期模型定义的详细信息。它定义了一组通用的生存周期阶段示例，包括概念、开发、生产、使用、维护和退役。

（4）基于不断发展的系统架构建立工作分解结构

系统架构的每个元素，以及适当的过程和活动都是用与已识别的风险一致的详细程度来描述的。工作分解结构中的相关任务分组为项目任务。项目任务对应正在开发或生产的工作事项。工作分解结构（WBS）的 PMI 实践标准包含关于 WBS 的其他详细信息。

（5）定义和维护将应用于项目的过程

这些过程基于组织已定义的过程（参见生存周期模型管理过程）。附录 A 包含可用于满足项目具体需求的定制信息。过程的定义包括入门标准、输入、过程顺序约束（前置/后继关系）；过程并发要求（哪些过程和任务与其他过程区域的任务或活动同时工作）；有效性度量措施/性能属性度量措施；范围和成本参数（用于非常重要的成本估算）。

2. 计划项目和技术管理

本活动包含以下任务：

（1）基于管理、技术目标和工作估算来定义并维护项目进度表

这包括对及时完成项目所需的持续时间、关系、依赖性、活动顺序、成果里程碑、所使用资源、审查和计划风险管理储备的定义。

（2）定义生存周期阶段决策点的实现标准、移交日期和对外部输入或输出的主要依赖性

内部审查之间的时间间隔根据诸如业务和系统关键性、进度表和技术风险的组织政策来定义。

（3）定义成本并计划预算

成本基于时间表、劳动力估计、基础设施成本、采购项目、获得的服务、使能系统估计以及风险管理的预算储备。

（4）定义角色、责任、义务和权限

这包括定义项目组织、员工收益和员工技能发展。权限包括适当的具有法律责任的角色和个人，例如设计授权、安全授权和授予认证或信赖。

（5）定义所需的基础设施和服务

这包括定义所需的容量、其可用性和对项目任务的分配。基础设施包括设施、工具、通信和信息技术资产。每个生存周期阶段的使能系统的要求也要被规定。

（6）计划从项目外部提供的材料采购和系统服务支持

这包括在必要时对招标、供应商选择、验收、合同管理和合同关闭进行计划。协商过程则是为了计划的达成。ISO/IEC 27036《供应商关系的信息安全》为采购基础设施和服务提供指导。

（7）制定并传达关于项目、技术管理、执行以及审查的计划

系统的技术规划通常包含在系统工程管理计划（SEMP）中。ISO/IEC/IEEE 24748－4 提供了有关系统工程技术规划的更多细节，并为 SEMP 提供了注释大纲。系统的软件计划通常包含在软件开发计划(SDP)中。项目的规划通常在项目管理计划中得到。

（8）ISO/IEC/IEEE 16326 提供了有关项目管理的更多详细信息

来自每个其他过程的战略活动和任务提供输入，并集成到项目计划过程中。项目评估与控制过程用于帮助确保计划是完整、一致和可行的。

3. 激活项目

本活动包含以下任务：

1）获得项目授权，组合管理过程提供授权。

2）提交请求并获得执行项目所需的资源承诺。

3）实施项目计划。

7.1.4　实践思考

系统工程包括两方面内容：一方面是系统工程技术，即总体技术；另一方面是系统工程管理，即技术管理。系统工程管理是项目管理中的技术管理，这是必须首先明确的基本概念。

项目策划过程的一个重要输出是系统工程管理计划。系统工程管理计划是系统工程工作的顶层计划。相比于总的项目计划，系统工程管理计划（技术计划）专注于系统产品开发需要的技术工作范围。项目负责人专注于整个项目生存周期管理，而系统工程师领导的技术团队则专注于项目技术管理。

系统工程管理计划是非常重要的输出，用来定义活动和关键事件、工作包和资源，并参考其他计划文件。系统工程管理计划是管理系统工程工作的顶层策划。其定义如何策划、监督和实施项目，以及总体工程过程将如何被控制以提供满足相关方需求的产品。一份完好的系统工程管理计划为项目提供指南，并帮助组织省去有关如何实施系统工程的不必要的讨论。

系统工程管理计划是项目计划的一部分，系统工程管理计划对所有项目参与者定义了在确定的项目约束下如何进行项目的技术管理，还说明了在项目的不同阶段如何使用系统工程管理技术。

项目策划过程在实际项目管理中具有非常重要的地位，所有大型项目要想实现良好的项目管理，都必须有一个切实可行的项目策划。同时在项目实施过程中，如何根据项目的实际实施进展和项目监控的各项指标来及时解决项目实施过程中的问题以及进行必要的项目策划调整，是关系到项目能否按照计划顺利实施的关键。

因为大型项目时间跨度大、人力物力投入巨大，所以项目管理经验对于制定项目计划至关重要。如何有效地积累相关项目的管理经验以便有效地提高后续项目计划的质量是需要特别关注的。

7.2　项目评估与控制过程

7.2.1　目的

项目评估与控制过程的目的是：评估各计划是否一致并可行，掌握项目的状态、技术和

各过程的绩效；指导项目的执行，在项目的预算内，指导项目按照计划和进度执行，保证项目满足各技术目标。

这一过程定期在重大活动中根据需求评估进展、成就和总体业务目标。当检测到重大差异时，此过程提供用于管理操作的信息。此过程还包括酌情重新规划项目活动和任务，以纠正识别的偏差和与其他技术管理或技术过程的差异。项目计划也有可能酌情重新规划。

7.2.2 结果

成功实施项目评估与控制过程的结果如下：

1）提供绩效评估或评估结果。

2）评估角色、责任、义务和权限的适当性。

3）评估资源的充分性。

4）进行技术进度审查。

5）调查和分析项目绩效与计划的偏差。

6）向受影响的相关方通报项目状态。

7）当项目成果未达到目标时，定义并指导纠正行动。

8）必要时启动项目重新计划。

9）授权从一个进度里程碑或事件到下一个所要进行（或不进行）的项目行动。

10）实现项目目标。

7.2.3 活动和任务

项目应根据适用的组织政策和程序，在项目评估与控制过程中执行以下活动。

1. 为项目评估与控制做计划

本活动的主要任务是定义项目评估和控制策略。该策略确定了预期的项目评估和控制活动，包括计划的评估方法和时间表、必要的管理和技术审查。

2. 评估项目

本活动包含以下任务：

1）评估项目目标和计划与项目背景的一致性。

2）根据目标评估管理和技术计划，以确定充分性和可行性。

3）根据适当的计划评估项目和技术状态，以确定实际和预计成本、进度和绩效差异。

4）评估角色、责任、义务和权限的充分性，包括评估人员胜任能力是否足以履行项目角色和完成项目任务。在可能的情况下采用客观措施，例如资源利用效率和项目成果。

5）评估资源的充足性和可用性。资源包括基础设施、人员、资金、时间或其他相关项目。这包括确认组织内的承诺得到满足。

6）使用可度量的成果和里程碑来评估进展，包括收集和评估劳动力、材料、服务成本和技术性能的数据，以及有关目标（如负担能力）的其他技术数据。将这些数据与成就度量进行比较，如进行有效性评估以确定不断变化的系统是否符合需求。它还包括使系统能够在需要时提供其服务的准备。

7）进行必要的管理和技术审查、审计和检查。这些是正式或非正式的，旨在确定准备进入生存周期或项目里程碑的下一阶段，以帮助确保项目和技术目标得到满足，或从相关方获得反馈。

8）监控关键过程和新技术。这包括识别和评估技术的成熟度和插入点。

9）分析测量结果并提出建议。分析测量结果以从包括潜在关注点的计划中识别偏差、变化或不可预料的趋势，并对纠正或预防措施提出适当的建议。这包括在适当情况下指示趋势的测量统计分析，例如指示输出质量的故障密度，指示过程重复性的测量参数的分布。

10）记录并提供评估任务的状态和发现。这些一般在协议、政策和程序中指定。

11）监控项目中的过程执行，包括分析过程度量和审查与项目目标有关的趋势。任何确定的改进措施都将通过质量保证过程或生存周期模型管理过程进行处理。

3. 控制项目

1）启动解决已识别问题所需的必要措施。这种情况发生在项目或技术成果未达到计划目标时，包括纠正、预防和问题解决操作。在发现不足、不可用或项目（或技术）成果超过目标（或计划）时，行动通常需要重新配置或重新分配人员、工具和基础设施资产。它们经常影响成本、进度或技术范围或定义。行动有时需要改变生存周期过程的实施和执行。记录和审查行动以确认其充分性和及时性。

2）启动必要的项目重新计划。当项目目标或约束发生变化或规划假设显示为无效时，启动项目重新计划。任何需要更改采购方和供应商之间协议的更改都会调用采购和供应过程。

3）由于采购方或供应商的要求，致使合同变更影响了成本、时间或质量时，启动更改操作。这包括考虑修改供应条款和条件或启动新的供应商选择，调用采购和供应过程。

4）如果合乎情理，则授权项目进行下一个里程碑或事件。项目评估与控制过程用于就里程碑完成达成协议。

7.2.4　实践思考

项目评估与控制是项目策划有效实施的关键，只要有效地开展了项目的评估和控制才能够保证项目按照项目策划有序开展。在工程实践中，如何及时地开展项目评估并在必要时及时引入控制干预，同时又不过多地增加管理工作量是项目管理团队需要关注的。

随着计算机信息技术的发展，借助信息管理系统进行及时的自动化的项目评估是一个可以有效提高管理效率的手段，但是如何实现便捷低成本的项目数据收集是当下的一个难点。

7.3　决策管理过程

7.3.1　目的

决策管理过程的目的是：提供一个结构化的分析框架，用于在生存周期的任何时间点对各备选方案集进行客观地识别、描述和评估，并选择其中最有益的行动路线。

此过程用于解决技术或项目问题，并响应系统生存周期中遇到的决策请求，以便确定在某些情形下提供优选结果的备选方案。最常用于决策管理的方法是权衡分析和工程分析。根据决策标准（如成本影响、进度影响、计划约束、监管影响、技术性能特征、关键质量特征和风险）来评估每个备选方案。通过合适地选择模型对这些比较的结果进行排序，然后用于决定最优解。通常保留主要研究数据（如假设和决策理由），以便为决策者提供信息，并支持未来的决策。当有必要对一个标准执行参数级的详细评估时，采用系统分析过程来执行评估。

7.3.2 结果

成功实施决策管理过程的结果如下：

1）确定需要替代分析的决定。

2）确定和评价其他行动方案。

3）选择优选的作用方案。

4）确定决议、决策理由和假设。

7.3.3 活动和任务

项目应根据适用的组织政策和程序，在决策管理过程中执行以下活动。

1. 为决策做准备

本活动包含以下任务：

1）制定决策管理策略。决策管理策略包括对角色、责任、义务和权限的识别。它包括确定决策类别和优先级计划。决策通常是由有效性评估、技术权衡、问题需要得到解决以及作为对风险超过可接受阈值的响应所采取的行动，或项目由于一个新机会或新成果进展到下一个生存周期阶段。组织或项目指南被应用于决策分析的严格程度和形式中。

2）确定决策所需的背景和要求。那些可以解决其结果的问题、机会或替代行动方案将被记录、分类和报告。

3）让相关方参与决策，以吸取经验和知识。这种做法非常有益，即确定分析和决策所需的专业知识。

2. 分析决策信息

本活动包含以下任务：

1）为每个决策选择并声明决策管理策略。确定解决这些问题或机会所需的严格程度，以及评估替代方案所需的数据和系统分析。

2）确定所需的结果和可测量的选择标准。确定所有可量化标准的期望值和阈值，以及所有标准的加权因子。如果超过这些期望值或阈值，则不可接受。

3）确定权衡空间和替代方案。如果存在大量替代物，则对它们进行定性筛选以减少可管理的数量，以便进一步进行详细的系统分析。此筛选通常基于对风险、成本、进度和监管影响等因素的定性评估。

4）根据标准评估每个替代方案。根据需要，使用系统分析过程来量化待评估的每个权衡替代方案的具体标准。这包括新的设计参数、不同的架构特性和关键质量特性的取值范围。系统分析过程评估参数变化的范围，以便对所评估的每个权衡替代方案获得灵敏度分析。这些结果用于确定各种权限替代方案的可行性。

3. 制定和管理决策

本活动包含以下任务：

1）确定每个决策的首选替代方案。使用甄别标准定量评价替代方案。所选择的替代方案通常对所确定的决策提供优化或改进。

2）记录决议、决策理由和假设。

3）记录、跟踪、评估和报告决策。这包括对协议或组织程序中规定的问题和机会及其处置的记录，并允许从经验中学习。这使得组织能够确认问题已经得到有效解决、不利趋势已经扭转、优势已经被充分利用。

7.3.4　实践思考

决策管理过程是将大致说明的决策情景转换为建议的行动路线及相关的实施计划。决策管理过程可由资源丰富的决策团队来执行，包括对即将进行的决策具有全部职责、责任和权力的决策者，具有一套推理工具的决策分析者，具有性能模型的主题专家以及最终用户及其他相关方的代表集合。在发起人建立的方针和指南内执行决策过程。决策过程通过结构化的过程实现。

决策管理过程与大多数系统工程过程一样都包含主观要素，如两个同等合格的团队可得出不同的结论和建议。不过，结构良好的权衡研究过程将能够捕获和沟通不同的价值判断对总体决策的影响，甚至便于寻找跨广范围价值方案内具有吸引力的备选方案。

系统工程师最常使用的决策管理方法是权衡研究，且多半使用某种形式的多目标决策分析（MODA）。目的是定义、测量和评估股东和相关方的价值，然后综合该信息以促进决策者寻找表征对通常竞争性目标的最佳平衡响应的备选方案。MODA方法的不同之处一般在于

1）备选方案对目标（和子目标）的响应的汇集程度。

2）用于汇集这些响应的数学运算。

3）用于从相关方中引出价值说明的技术。

4）不确定性的处理。

5）灵敏度分析的鲁棒性。

6）筛选技术的使用。

7）权衡空间可视化输出的通用性和质量。

如果时间和资金允许，则系统工程师应使用多种技术开展权衡研究、比较和对比结果，并调和差异以确保发现结果的鲁棒性。

7.4　风险管理过程

7.4.1　目的

风险管理过程的目的是连续地识别、分析、处理和监控风险。

风险管理过程是系统地解决系统产品或服务的整个生存周期中的风险的持续过程。它可以应用于系统的采集、开发、维护或操作相关的风险。

风险在ISO Guide 73：2009中被定义为“不确定性对目标的影响”，并附有注释：“不确定性的效果是偏离预期，可能有益的偏离，也可能是有害的偏离”。有益的偏离有时被称为机会，有害的偏离要在风险管理过程中得到解决。

7.4.2　结果

成功实施风险管理过程的成果如下：

1）风险被识别。

2）风险被分析。

3）风险处理方案被识别、确认和选定。

4）实施适当的风险处理。

5）处理风险时的进展和状态变化所引起的风险也被评估。

7.4.3 活动和任务

ISO/IEC/IEEE 16085 提供了一组更详细的风险管理活动和任务。此风险管理过程符合 ISO 31000:2009《风险管理——原则和指南》，以及 ISO Guide 73:2009《风险管理——词汇》。ISO 9001:2008 标准提供了基于风险的预防措施要求。

项目应根据适用的组织政策和程序，在风险管理过程中执行以下活动。

1. 计划风险管理

本活动包含如下任务：

1）定义风险管理策略。这包括所有供应链供应商的风险管理过程，并描述如何将所有供应商的风险提升到下一个级别，以纳入项目风险过程。

2）定义和记录风险管理过程的上下文。这包括对相关方的观点、风险类别以及技术和管理目标、假设和约束的描述（可能通过参考）。风险类别包括系统的相关技术领域，并有助于识别系统整个生存周期的风险。如 ISO 31000 所述，这一步骤的目的是基于可能产生、加强、防止、降低、加速或延迟实现目标的事件制定一份全面的风险清单。机会也是风险的一种类型，为系统或项目提供潜在的好处。每个机会都有相关的风险，有损于预期的效益。这包括与不追求机会相关的风险以及未实现机会效果的风险。

2. 管理风险概况

本活动包含如下任务：

1）定义和记录可接受风险等级的风险阈值和条件。

2）建立并维护风险概况。风险概括记录包括：

① 风险管理上下文。

② 每个风险状态的记录，包括其发生的可能性，后果和风险阈值。

③ 根据相关方提供的风险标准确定每种风险的优先级。

④ 风险行动请求以及它们的处理状态。

当个人风险状态发生变化时，将更新风险概况。风险概括中的优先级用于确定处理资源的应用。

3）根据需要定期向相关方提供相关风险概况。

3. 分析风险

本活动包含如下任务：

1）识别风险管理背景中各种类别的风险。风险通常通过各种分析来确定，如安全性、可靠性、可生产性和性能分析，技术、架构和准备评估以及权衡分析。这些风险可以在生存周期的早期被识别并继续进入系统的使用、维护和退役阶段。此外，风险通常通过系统分析过程来识别。

2）估计每种已识别风险发生的可能性和后果。

3）根据风险阈值评估每种风险。

4）对于不符合其风险阈值的每种风险，定义和记录推荐的处理策略和措施。风险处理策略包括但不限于消除风险，降低其发生的可能性或后果的严重性，或接受风险。处理还包括接受或增加风险以寻求机会。相关措施提供了关于风险处理方法的有效性的信息。

4. 处理风险

本活动包含如下任务：

1）确定风险处理的推荐替代方案。

2）当相关方决定应采取行动使风险可接受时实施风险处理替代方案。

3）当相关方接受不满足其阈值的风险时，将其视为高优先级，并持续监测以确定是否需要任何未来的风险处置措施。

4）风险处理一旦开始，就要协调相应的管理行动（参见项目评估与控制过程）。

5. 监控风险

本活动包含如下任务：

1）持续监控所有风险和风险管理环境的变化，并在风险状态发生变化时评估风险。

2）实施和监测风险处理措施的有效性。

3）持续监测整个生存周期内新的风险和来源的出现。

7.4.4 实践思考

风险管理是处理贯穿于整个系统生存周期内存在的不确定性的方法。风险管理的主要目标是识别和管理（采取积极措施）以便对威胁或降低业务复杂组织体或组织所提供价值的不确定性进行处理。因为无法将风险降为零，所以另一个目标是在风险和机会之间实现恰当的平衡。

有几个关于风险管理的基本概念需要澄清：

1）风险管理是在整个生存周期内的工作，必须持续对项目中的风险进行识别评估和控制监督，提前发现风险并采取预防措施，降低风险发生可能性或后果严重性，从而实现把风险指数降低到预先确定的可接受水平。

2）风险管理不是事后检查确认，而是根据风险评估结果提前采取的措施。

3）风险管理不是阶段性工作，而是在整个项目生存周期内连续的、反复进行的过程。

4）风险管理不只是领导关心的，而是各层次管理人员和科研人员完成任务的抓手。

5）风险管理的目标不是彻底消除风险，而是达到可接受的水平。

7.5 技术状态管理过程

7.5.1 目的

技术状态管理过程的目的是在生存周期内管理和控制系统元素及技术状态。技术状态管理还管理产品及其相关技术状态定义之间的一致性。

7.5.2 结果

成功实施了技术状态管理过程的结果如下：

1）识别和管理需要技术状态管理的项目。

2）建立技术状态基线。

3）控制技术状态管理下的项目更改。

4）技术状态信息可用。

5）完成所需的技术状态审核。

7.5.3 活动和任务

项目应根据适用的组织方针和程序，对技术状态管理过程执行以下活动。

1. 计划技术状态管理

本活动包含如下任务：

1）定义技术状态管理策略。技术状态管理策略包括以下内容：

① 角色、职责、责任和权限。

② 技术状态项变更的处理、访问、发布和控制。

③ 需建立的必要基线。

④ 根据指定的完整性、保密性和安全性水平确定的存储位置、存储条件、存储介质及存储环境。

⑤ 开始技术状态控制和维护（演化技术状态的）基线的标准或事件。

⑥ 评估技术状态定义信息持续完整性和保密性的审计策略和职责。

⑦ 变更管理，包括任何计划的技术状态控制委员会定期和紧急变更请求，以及变更管理程序。

技术状态管理策略需要确定如何在采购方、供应商和供应链组织之间协调技术状态管理。该策略涵盖了系统的寿命，或根据情况涵盖合同的范围。有关技术状态管理活动的附加指导可以在 ISO 10007、IEEE STD 828 和 ANSI EIA－649－B 中找到。此外，特定领域的实践，如 SAE ARP4754A《民用航空器和系统开发指南》，为该领域提供了额外的应用细节。

2）定义技术状态项、技术状态管理产出物（Artifacts）和数据的归档和检索方法。这包括数据留存过程。

2. 执行技术状态标识

本活动包含如下任务：

1）确定作为技术状态项的系统元素和信息项。技术状态项要特别注意，它们通常分配有唯一的标识符，通常是评审和技术状态审计的主体。受技术状态控制的项通常包括需求、产品、系统元素、信息项和基线。

2）识别系统信息的体系和结构。这包括产品或系统元素的体系、系统分解等。

3）建立系统、系统元素和信息项的标识符。在适当的情况下，项目通过唯一的、耐久的标识符或标记进行区分。标识符符合相关标准和产品部门惯例，使得技术状态控制下的项目可明确地追溯到其规范或等同的记录描述。

4）定义生存周期中的基线。基线代表在关键里程碑节点上经过批准的要求和设计状态，通过一组基线文件描述。技术状态控制是对基线演化和更改的控制。技术状态管理使得系统研制能够循序渐进，保证设计对要求的可跟踪性、更改受控，以及产品与相关文件的一致性。三种最常用的基线是功能基线、分配基线和产品基线。

① 功能基线描述系统级要求。

② 分配基线描述系统子项的设计要求。

③ 产品基线描述产品的物理细节。

5）获得采办方和供应方的协议以建立基线。项目评估与控制过程用于达成协议。

3. 执行技术状态更改管理

技术状态变更管理建立了在基线建立后管理对基线更改的过程和方法，有时称之为技术状态控制。本活动包含如下任务：

1）确定并记录变更请求和差异请求。差异请求有时被称为偏差、豁免或特许权。协调、评估和处置更改请求和差异请求。这包括对提出的变更的影响评估，包括对项目计划、成本、效益、风险、质量和进度的影响。然后对此做出是否实施或关闭变更请求的决定。

2）提交请求供审查和批准。变更请求和差异请求通常在技术状态控制委员会（CCB）的正式控制之下。评估包括需要和影响的分析。

3）跟踪和管理基线、更改请求和差异请求的已批准更改。此任务涉及确定优先级、跟踪、安排和关闭变更，然后通过技术过程进行更改。这些更改通过验证和确认过程进行验证或验证，以帮助确认已批准的更改得到实现。任何变化和理由通常都要被记录下来。

4. 执行技术状态记实

本活动包含如下任务：

1）为系统元素、基线、版本开发和维护技术状态管理状态信息。技术状态记实在整个产品生存周期中，提供了在系统元素有关的决策时所需的受控产品状态的数据。这包括在技术状态控制下考虑技术状态管理项的性质、技术状态描述在可能的情况下符合产品或技术标准、技术状态信息允许与其他技术状态的前向和后向跟踪、基线、版本以及技术状态数据中的相关授权的基本原理。

2）技术状态记录在系统生存周期全程中被维护，然后根据协议、相关立法或最佳行业实践进行存档。管理当前技术状态和所有先前技术状态的记录、检索和合并，以确保信息的正确性、及时性、完整性和保密性。执行审计以验证基线是否符合图纸、接口控制文档和其他协议的要求。

3）捕获、存储和报告技术状态管理数据。

5. 执行技术状态评估

本活动包含如下任务：

1）确定对CM审计的需要并安排事件。

2）验证产品技术状态，满足技术状态需求。这是通过将需求、约束和豁免（差异）与形式验证活动的结果进行比较来执行的。

3）监视已批准技术状态变更的合并。

4）评估系统是否满足基线功能和性能能力。这有时被称为功能技术状态审计（FCA）。

5）评估系统是否符合操作和技术状态信息项。这有时被称为物理技术状态审核（PCA）。

6）记录CM审计结果和处置行动项目。

6. 执行发布控制。

本活动包含如下任务：

1）批准系统发布和移交。发布的目的是授权为特定目的、有或没有限制地使用系统。案例就是用于测试或操作使用的发布。发布通常包括一组更改。这些更改通过技术过程进行，然后通过验证和确认过程进行验证或验证。批准发布通常包括接受已验证和已确认的更改。

2）跟踪和管理系统的发布和移交。在适当的情况下，所有系统元素的主副本（Master Copies）在系统生存周期内被维护。系统元素根据相关方的方针进行处理、存储、打包和移交。

7.5.4 实践思考

技术状态管理起源于20世纪50年代美国国防部，最初是作为硬件材料项目的技术管理方法，现在已经成为各行各业的一个标准做法。技术状态管理已经被系统工程（SE）、综合后勤支持（ILS）、能力成熟度集成模型（CMMI）、ISO 9000项目管理等广泛采用。

技术状态管理本身就是一个系统工程过程，用于在整个生存周期里建立和维护产品的性能、功能和物理属性及与其需求，涉及和操作信息的一致性。最初被军事工程组织主要应用于管理复杂系统的整个系统生存周期中的变化。

在工程实践中，首先需要建立技术状态管理体系。这个过程由于目前有很多标准可供参考，大多数组织都能够完成相关体系的构建，并且在工程中得到应用。同时大多数组织在经历从无到有的过程中，普遍都能够感受到技术状态管理带来的价值和收益，因此技术状态管理本身在组织中的被认可和接受程度都比较高。

目前在工程实践中，技术状态管理面临的问题更多来自如何让技术状态管理能够更加顺畅地与组织的业务和管理流程融合，同时如何更加有效地发挥技术状态管理在整个生存周期中的“增值”作用；如何做到“管得住”但“不管死”，如何做到从“管起来”到“用起来”。

从目前的工程实践来看，用户首先需要对本组织的项目实施和管理流程有一个清晰的认识，同时对相应阶段的变更频度和变更原因等有一定的分析和研究，这样才能够更好地将技术状态管理和项目管理顺畅地融合，对项目管理起到助力的作用，既能管控好技术状态，又不额外增加过多的工程工作量；同时由于很多技术状态项是以文档的形式存在的，对于一些开发过程规范度不够高的组织，如何解决一些工程活动和对应的阶段性产物不一致的问题，也是技术状态管理实践中经常会遇到的问题。解决这个问题需要从整体研制流程的角度去思考，不能只为了达到管理目标而管理，还是需要从实际情况出发，结合组织和项目的自身特点，定制切实可行的技术状态管理体系，从而切实保证被管理技术状态项本身的质量。

其次，只有用户从整个生存周期的角度进行规划，从产品线工程、产品的需求工程、系统架构等入手，才有可能构建更加模块化和易于管理、重用的技术状态项，从而让技术状态管理在整个组织和产品线中发挥更大的作用，为组织的生产力水平提高提供助力。

7.6 信息管理过程

7.6.1 目的

信息管理过程的目的是生成、获得、确认、转换、保留、检索、传播和处置提供给指定相关方的信息。

信息管理计划、执行和控制向指定的相关方提供信息，提供的信息是明确、完整、可验证、一致、可修改、可追溯和可呈现的。信息包括技术、项目、组织、协议和用户信息，通常来自组织、系统、过程或项目的数据记录。

7.6.2 结果

成功实施信息管理过程的结果如下：

1）要管理的信息被识别。

2）信息表示被定义。

3）信息被获得、开发、转换、存储、确认、呈现和处置。

4）信息状态被识别。

5）信息对指定的相关方是可用的。

7.6.3 活动和任务

ISO/IEC/IEEE 15289 总结了信息项（文档）生存周期过程的内容要求，并为其开发提供指导。该项目应根据适用的组织方针和程序执行以下信息管理过程有关的活动。

1. 准备信息管理

本活动包含如下任务：

1）定义信息管理策略。关于同一主题的信息，可以在生存周期的不同点和针对不同的受众以不同的方式开发。

2）定义要管理的信息项。这包括将在系统生存周期期间管理的信息，并且可能在超出规定的时间内继续维持。这是根据组织的方针、协议或立法来执行的。

3）指定信息管理的权限和责任。适当考虑信息与数据立法、保密和隐私，如所有权、协议限制、访问权、知识产权和专利。在应用限制或约束的情况下，相应地识别信息。了解这些信息项的工作人员被告知其义务和责任。

4）定义信息项的内容、格式和结构。信息源于并终止于许多形式（如音视频的、文本的、图形的、数字的）和介质（如电子的、印刷的、磁介质、光学的）。考虑组织的约束（如基础设施、组织间通信和分布式项目工作），根据方针、协议和立法限制使用相关信息项目的标准和公约。

5）定义信息维护行动。信息维护包括对存储信息的完整性、有效性和可用性的状态评审。它还包括在必要时复制或转换到替代介质的任何需要，或者当技术变化时保留基础设施，以便可以读取归档介质或将归档介质迁移到更新的技术。

2. 执行信息管理

本活动包含如下任务：

1）获得、开发或转换所识别的信息项。这包括从适当的来源（如从任何生存周期过程中产生的）收集数据、信息或信息项，以及撰写、说明或将其转化为相关方的可用信息。它包括根据信息标准评审、确认和编辑信息。

2）维护信息项及其存储记录，并记录信息的状态。信息项根据其完整性、保密性和隐私要求进行维护。维护信息项的状态（如版本描述、发布日期或有效日期、分发记录、密级），以易于检索的方式存储和保留可读信息。用于转换信息的源数据和工具以及生成的文档将根据技术状态管理过程进行技术状态控制。ISO/IEC/IEEE 26531 提供了对生存周期信息和文档有用的内容管理系统的要求。

3）向指定的相关方发布、分发或提供信息和信息项的访问。根据商定的时间表或定义的环境，信息以适当的形式提供给指定的相关方。信息项包括用于证明、认证、许可或评估等级的官方文件。

4）存档指定信息。归档是根据审计、知识保留和项目关闭目的进行的。根据指定的存储和检索期以及组织的方针、协议和立法来选择信息的介质、位置和保护。为在项目结束后保留必要的资料项目做出安排。

5）处理不需要的、无效的或未验证的信息。这是根据组织方针、保密和隐私要求进行的。

7.6.4 实践思考

在20世纪70年代，信息管理更接近于现在“数据管理”的概念，主要是对信息数据本身的记录、存储和分发等的管理。随着信息技术的普及和发展，英国石油公司等先进企业改变了当时相关领域的概念。英国石油公司高管对信息的兴趣范围从传统简单的信息数据管理拓展到了如何从信息中创造价值以及业务流程改进等领域，从而为组织的高级决策等提供有效的数据支撑。

随着信息技术的快速发展，在当前工程实践中，信息管理面临的问题已经从早年的“硬问题”转为“软问题”；也就是说对应组织来说，收集、记录、存储数据由于技术手段的提升已经变得越来越容易，而且海量数据的保存和检索也不再成为核心问题。组织面临的问题更多是如何组织管理和使用这些随着时间积累而越来越多的海量数据。虽然今天大数据分析、数据挖掘等技术得到快速发展和应用，但是在具体的特定领域，如何定义和组织数据、提高数据的质量依然是信息管理能够带来后续增值收益的源头问题。只有基于高质量的信息数据，才能够让这些数据为组织的深入数据分析等发挥更高的效力。

信息化、数据化、智能化是时常会被同时提及的概念，从中可以看到信息管理在某种程度上是未来企业实现更加高效能智能化的基础。因此在实践信息管理的时候，除了要考虑最基础的信息管理要求外，还要考虑如何能够为深度的数据分析和使用提供支撑。

7.7 测量过程

7.7.1 目的

测量过程的目的是收集、分析和报告客观数据和信息，以支持有效管理并证实产品、服务和过程的质量。

7.7.2 结果

成功实施测量过程的结果如下：

1）信息需求被确定。

2）基于信息需要的一套适当的措施被确定或开发。

3）所需的数据被收集、验证和存储。

4）数据被分析，结果被解析。

5）信息项目提供支持决策的客观信息。

7.7.3 活动和任务

ISO/IEC 15939（IEEE STD 15939:2007）提供了一组更为详细的测量活动和任务，它们与本节所示的活动和任务相一致。ISO 9001:2008 第 8 条规定了对过程和产品的测量和监控的质量管理体系要求。该项目应根据适用的组织方针和程序执行以下与测量过程有关的活动。

1. 准备测量

本活动包含如下任务：

1）定义测量策略。

2）描述与测量相关的组织特征。

3）确定信息需要并确定其优先级，其中信息需要基于组织的商业目标、项目目标、已识别的风险以及与项目决策相关的其他项目。

4）选择并指定满足信息需求的测量。

5）定义数据收集、分析、访问和报告程序。

6）定义评估信息项和测量过程的标准。

7）确定并规划必要的、将要使用的使能系统或服务。

2. 进行测量

本活动包含如下任务：

1）将数据生成、收集、分析和报告的程序集成到相关过程，这些所需变更的部分集成到其他生存周期过程中。

2）收集、存储和验证数据。

3）分析数据和开发信息项。

4）记录结果并通知测量用户。

5）测量分析结果并以及时、可用的方式报告给相关相关方，以支持决策并协助纠正措施、风险管理和改进。结果将报告给决策过程参与者、技术和管理评审参与者，以及产品和过程改进过程所有者。

7.7.4 实践思考

从历史角度看，测量系统存在于人类生活的各个领域，某种角度看测量是许多学科和技术研究发展的基础。随着技术的发展，测量已经从最初的对如长度、质量等物理实体的测量发展到对包括项目管理涉及的属性等各类关心对象的测量。

在工程实践中，要达到测量管理的预期效果，首先需要对被测量对象的属性和特征有一个深入的分析，这样才能确保对测量的定义能够客观准确地反应被测量对象相关的特性。同时在工程应用中，要充分考虑人的因素在测量系统中的主观影响；特别是测量指标和考核指标的关系。在很多情况下，由于管理者把一些测量指标作为考核指标，导致了人为因素对测量指标的影响和扭曲，从而影响了测量指标的真实性，特别是那些和人为因素相关的一些“软指标”，如工作时间、设计类工作的工作产品质量和数量等。

对知识密集型工作的测量管理是一项非常有挑战性的工作，特别是对于技术含量较高同时又有一定创造性的工作，需要针对具体情况摸索出一套适合组织自身状况和特点的测量管理体系，来切实推动组织的发展和进步。

7.8 质量保证过程

7.8.1 目的

质量保证过程的目的是确保组织的质量管理过程在项目中的有效应用。

质量保证侧重于提供满足质量需求的信心。对项目生存周期过程和产出进行主动分析，以确保正在生产的产品具有理想的质量，并遵循组织和项目的方针和程序。

7.8.2 结果

成功实施质量保证过程的结果如下：

1）项目质量保证程序被确定和实施。

2）质量保证评价的标准和方法被确定。

3）根据质量管理方针、程序和需求，对项目的产品、服务和过程进行评估。

4）向相关方提供评价结果。

5）事故得到解决。

6）优先问题被处理。

其中，输出1）~4）与质量管理过程的结果、ISO 9001:2008 第 4.1 条中的一般要求相一致。

7.8.3 活动与任务

项目应根据适用的组织政策和程序执行以下活动。

1. 准备质量保证工作

本活动包含如下任务：

1）定义质量保证策略。该战略与质量管理方针、目标和程序一致，包括项目质量保证程序，定义角色、职责、责任和权限，适合每个生存周期过程的活动，适合每个供应商（包括分包商）的活动，产品或服务特定的必要验证、确认、监控、测量、检查和测试活动，产品或服务接受标准以及过程、产品和服务评估的评估准则和方法。该战略与组织质量管理过程一致，有助于确保组织质量管理方针和程序得到满足。

2）建立来自其他生存周期过程的质量保证的独立性。质量保证资源通常由不同的组织分配，独立于项目管理。

2. 进行产品或服务评估

本活动包含如下任务：

1）根据既定的准则、合同、标准和规则评估产品和服务。这包括源自相关方需求、需求定义过程和系统需求定义过程的系统质量要求。有关详细信息，请参阅 ISO / IEC 25010。

2）对生存周期过程的输出进行验证和验证，以确定是否符合规定的要求。

3. 执行过程评估

本活动包含如下任务：

1）评估项目生存周期过程的一致性。

2）评估支持或自动化实现过程一致性的工具和环境。

3）评估供应商过程以符合过程要求，考虑诸如协同开发环境、供应商需要提供的过程测量或供应商需要使用的风险过程等项目。

4. 管理质量保证记录和报告

本活动包含如下任务：

1）创建与质量保证活动相关的记录和报告，根据组织、规则和项目要求，使用信息管理过程创建记录和报告。

2）维护、存储、分发记录和报告。

3）识别与产品、服务和过程评估相关的事故和问题。这包括获取经验教训，以及通过供应链对过程实施进行监督审查。

5. 处理事故和问题

在质量管理的术语中，问题通常被描述为“不符合”。如果不加以处理，可能导致项目不能满足其需求。有关问题类别和优先级分类的更多信息和示例，请参见 ISO / IEC TR 24748 - 1（IEEE STD 24748 - 1:2011）的附录 C。本活动包含如下任务：

1）事故被记录、分析和分类。

2）事故被解决或升级为问题。

3）问题被记录、分析和分类，分析结果包括可能的处理选择。

4）问题处理措施被优先级排序，实施被跟踪，实施由技术过程实现，由项目评估与控制过程启动。

5）事故和问题的趋势被记录和分析。

6）向相关方通报事故和问题的状态。

7）事故和问题被跟踪到关闭。

7.8.4 实践思考

质量保证对于企业来说直接影响了企业的产品质量、声誉、经济效益等，对于航空航天、轨道交通、汽车电子等安全关键行业，更是关乎人身安全。几乎所有大型企业都有一套完备的质量保证体系，来确保其产品的质量处在受控状态。

对于高技术含量的大型复杂系统，当前质量保证工作的难点主要在于如何能够更加有效地融入整个产品的生存周期中，切实让相关问题和隐患在其产生的环节就被发现解决，而不是层层传递，到了系统最终实验甚至移交最终用户后才被发现。这需要质量保证团队和产品开发研制团队进行及时有效的沟通，始终保证质量保证团队和研制团队作为一个有机的整体进行良好的协作，既不能让质量保证要求形同虚设，又不能让一些不符合产品和工程研制现状的要求成为束缚和阻碍，这需要相关人员对相关质量要求有着深刻的理解。只有这样，才能够取得良好的工程收效。

由于高技术含量的大型复杂系统涉及复杂的知识密集型协同研制和开发工作，所以质量保证的关注点应该在客观指标和事实的基础上，充分关注和考虑人在整个体系和过程中的作用。要充分尊重人自身的客观特性，充分认识到人的技能、经验、思维方式、认知模型、情绪状态等在关键的质量保证活动中可能带来的影响，从而更加有效地保证相关质量保证活动能够达到良好的预期效果。在从系统角度推进系统工程体系的同时，要充分认识到人在整个系统工程体系中的核心和关键作用。

本章向读者呈现了 ISO/IEC/IEEE 15288:2015 标准对系统工程管理的八个过程的描述，包括每个过程的目的、结果、活动和任务，同时结合作者的实践经验，对每个过程说明了实践的要点和经验教训。技术管理过程是系统工程的主要内容之一，也是降低系统研制工作风险的主要手段，是机构负责人和项目负责人实施系统工程管理的主要方法和途径。这些过程与其他过程（尤其是组织的项目使能过程）紧密相关，要注意它们在应用领域、实施重点和实施方法的区别与联系（如“质量保证过程”与“质量管理过程”之间的关系）。本章介绍的是通用技术管理方法，具体针对某个行业时，需要结合行业的现状和特点，进一步细化技术管理过程的具体要求和技术。

参考文献

[1] ISO/IEC/IEEE. Systems and software engineering — system life cycle processes: ISO/IEC/IEEE 15288 [S]. [s. l.]: [s. n.], 2015.

[2] INCOSE. Systems engineering Handbook — a guide for system life cycle processes and activities [M]. 4th ed. New Jersey: John Wiley & Sons, 2015.

[3] 国际系统工程协会（INCOSE）. 系统工程手册——系统生存周期流程和活动指南（原书第 4 版）[M]. 张新国，译. 北京：机械工业出版社，2017.

[4] 郭宝柱. 航天项目风险管理——预先识别与控制风险到可接受程度 [J]. 航天器工程，2014，23（04）：1 -4.

[5] 郭宝柱. 技术状态管理——对基线更改的控制 [J]. 航天器工程，2014，23（05）：1 -5.

第8章　协议过程

Chapter Eight

本书第2章介绍过，15288标准是从ANSI/EIA 632-1998标准发展过来的。而ANSI/EIA 632-1998标准的名称为“Processes for Engineering a System（工程化一个系统的过程）”，它关注一个工程系统实现的所有过程，并不局限于系统工程本身。除了跟系统工程有关的技术过程和技术管理过程以外，它还详细介绍了系统工程在企业中应用的环境，以及与项目、企业的关系，提出了采办过程、供应过程等。因此，15288标准也包含了协议过程组。

没有用户的需要，也就没有项目的诞生。

协议过程包括采办过程和供应过程。一旦某种需要被识别、察觉并被捕获，资源配置到位，便有可能产生了某种采办和供应的潜在需求。例如，当一个组织存在着某种需要时，却无法独自满足这种需要时，便可诉诸于某种形式的协议过程。在ISO/IEC/IEEE 15288标准中，协议过程便如此定义为：

［协议］过程定义了两个组织之间建立一项协议的必要活动。

此外，采办过程还是一种优化投资方式的替代选项。例如，当市场上存在着一家供应商提供的商品，若比本企业直接生产更加经济、移交更加便捷，完全可以考虑直接从这家企业采购，而非全部配件都由自己生产。在这个过程中，采办和供应就像是一枚硬币的两个面，密不可分。这是一个全球化的经济时代。根据《中国制造2025》和《工业4.0的远景规划》，一家企业只要在产业链上占据一席之地，便可生存无忧。采办和供应过程分别对应于本章中的8.1节和8.2节。

理论上讲，所有的组织都要与工业企业、高等院校、科研机构、政府、客户、合作伙伴等其他组织中的一个或多个发生关联。这时，就需要协调工作接口。协议过程的总体目标是：识别这些外部接口，并建立各种关系的广义参数，如识别从外部实体单位获取输入的要求，移交给外部实体单位的输出物细节等。这种网状的关系便是现代企业的基本运营环境，也是研究本企业未来发展趋势的切入点。产品或服务的交换便是一种典型关系。

正如前文所述，采办和供应过程如同一枚硬币的两面般密不可分。两者之中的每个过程都建立起了协议执行的上下文（Context）和约束，这也成为本单位、本组织中其他生存周期过程的大背景、大舞台。尽管协议的方式有正式、非正式之分，但都有这种重要作用。一般来说，不同组织之间的协议要更加正式和严谨一些，如用合同的形式。同一组织内部、不同部门之间的协议则可以非正式一些，有时甚至是口头协议。ISO/IEC/IEEE 15288标准的一个重要贡献便是明确指出，系统工程师是协议过程中的重要参与者。这对于系统工程师来说是一种福音，其话语权将会得到更大的保障；这对于组织领导来说是一种提醒，要在与外部组织签署协议时更多地参考系统工程师们的意见。

协议谈判形式多种多样，这与组织的性质、类型密切相关。一般来说，机构之间的协议需要经历一个较漫长的过程，所涉及的各方逐条逐款地商议各自的角色、分工、义务和前提条件。在谈判过程中，系统工程师为项目经理提供必要的支持，并负责评估各种变化的影响大小、各种备选方案的权衡、风险评估以及决策所需要的各种技术输入。例如，验收标准经常是协议谈判中的重要事项，应当包括但并不限于：

1）系统需求的完成率。

2）需求的稳定性和量化增长，如有多少需求是后来添加上去的，又有多少需求是在产品的研制过程中被修改、被删除的。

3）合同中规定的移交文档的完成率。

事实上，明确这些标准可以保护协议过程中的当事双方，对双方都有益。采办方可以免于被迫接受质量低劣的产品，而供应方也可以免受买家变化无常、犹疑不定的折磨。当然，达成协议的过程本身需要经历多轮谈判。有时候，谈判的过程还会十分漫长。在这种情况下，追踪协议谈判的进展也至关重要：哪些条款已经达成一致、哪些地方双方还有分歧，这些细节信息都应当被及时记录下来。在这个过程中，谅解备忘录或会议纪要可发挥重要作用。

需要说明的是，协议过程还可以被用于同一个组织内部不同职能部门、不同单位之间的协调。在这种情况下，协议往往会更加非正式一些，并不需要如前述般那么正式的法律文书。

ISO/IEC/IEEE 15288 标准中的协议过程包括采办过程和供应过程。这两个过程被收入其中是有一定的理由和考量的。这不仅是因为各组织通过这两个过程来开展与目标系统（SoI）密切相关的内部具体业务，还因为其建立了密切的外部接口关系，如产品或服务的购销。几乎企业全部过程都与此有直接或间接的关系。

8.1 采办过程

8.1.1 概述

1. 目的

如 ISO/IEC/IEEE 15288 所述：

采办过程的目标是获得符合采办方要求的产品或服务。

在任意两个组织之间，当一方需要向另外一方获得产品或服务时，就会触发这个过程。产生这种需要的情况很多，如企业需要某系统、需要某种服务，或是项目研制过程中需要某些系统元素，项目活动本身需要某些服务等。在日常生活中，我们对采办过程最典型的体验来自于购买商品，如买手机、买汽车等。而系统工程的采办过程更多关注的是复杂产品或服务。采办和供应过程源于用户需要（User Needs）。

对需要的分析、确定并达成协议的过程便是本过程的核心。采办过程的一个“小目标”就是找到一家能够满足这些需要的供应商。

2. 过程描述

采办者的岗位要求这一角色必须熟知技术和管理的各个过程。只有这样才能要求或者协调供应方接下来的协议执行过程。试想，如果采办者自己都不清楚，还怎么要求供应方配合？一个好的采办者还必须谨慎选择供应方，开展尽职调查，以避免潜在的风险，否则有可能延误移交日期，并带来巨大的经济损失。本节主要站在采办方的立场上，来阐述采办过程的具体要求。图 8-1 所示为采办过程示意图。

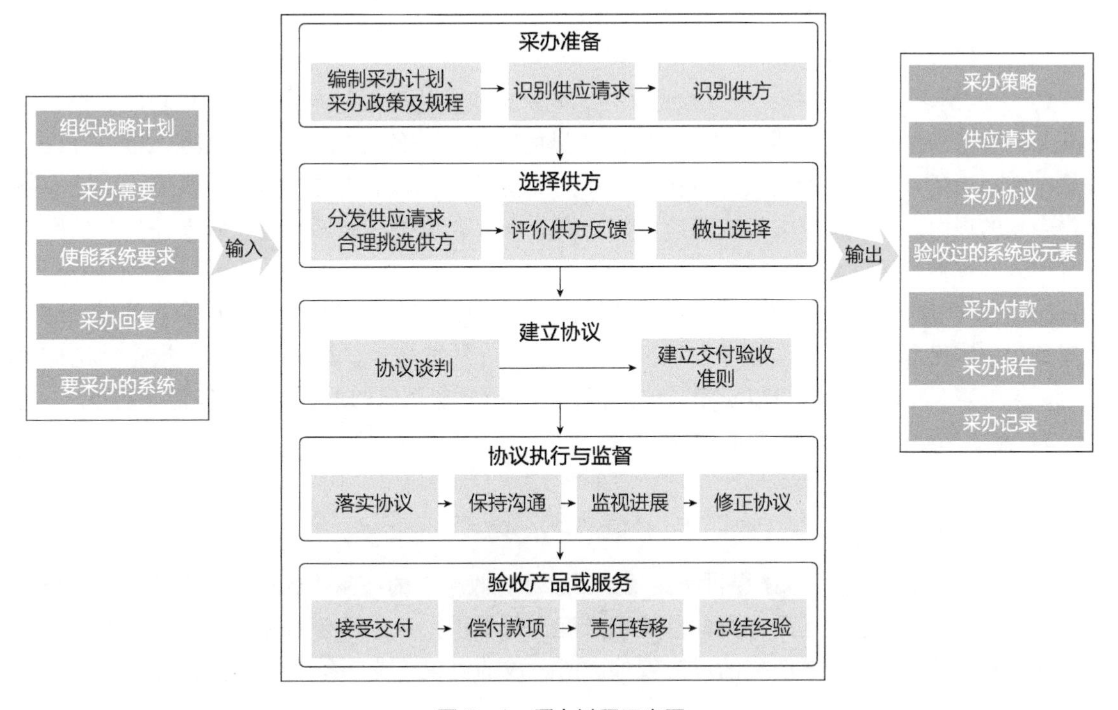

图 8-1 采办过程示意图

3. 输入输出集

图 8-1 列出了采办过程的各项输入和输出。

成功的采办过程的成果如下：

1）准备好供应需求（Supply Request）。

2）选定一个或多个供应方。

3）供求双方达成协议。

4）符合协议的产品或服务通过验收。

5）采办方履行协议中约定的义务（如放款等）。

8.1.2 过程活动集

采办过程包括下列活动：

1. 采办准备

本活动包含如下任务：

1）编制并维护采办计划、采办政策、采办规程。这些文档必须满足企业的战略、宗旨、目标，并同时符合单位、项目的管理需要和技术要求。

2）识别供应请求的各种需要，如方案请求（RFP）和报价请求（RFQ）等。必要时，可以调用包括“系统需求定义过程”在内的一些技术过程，来为后面的技术谈判奠定良好的技术基础。

3）识别潜在的供应方。供应方可以来自企业外部或内部。如果来自于企业外部，则可以称之为外包或外协；如果来自于企业内部，则可以称之为内包或内协。

2. 选择供方

本活动包含如下任务：

1）分发请求，合理选择。分发招标文件、询价单或其他类似的能反映采办请求的文档，在从众多回应者中选择合适的供应方。在做出选择的时候，一般应当有一定的准则或评价尺度，并根据它们满足整体需要的程度进行排序。在同等情况下，如果优先考虑某些供应方，则应当提供合理的理由。一个优秀的供应商应当符合商业和社会道德，能够承担技术责任，并且愿意在整个采办过程中保持开放而良好的沟通姿态。

2）评价供应方对采办请求的反馈。确保其满足采办方需要，并符合业内标准。单位内部的投资部门、质量部门可以介入这一过程，来评价供应方的适合性。相关的评价和推荐结论应当妥善记录下来。记录的形式可以是正式的文档，也可以是非正式的形式，视具体情况而定。

3）基于采办的评价尺度来选择供应方。

3. 建立协议

本活动包含如下任务：

1）协议谈判。供应方承诺提供满足规格要求和验收标准的产品或服务。双方均同意参与验证和确认等相关验收活动；采办方同意按照进度支付款项。双方还要对免责条款、变更控制规程达成一致，共同致力于透明化的风险管控。所达成的协议将为后续的移交全过程建立进度评估的准则。

2）建立交付验收准则。协议的相关背景及采办规格书应该被明确阐述。通常会用一个验收矩阵的形式来使这些准则明晰化。

4. 协议执行与监督

本活动包含如下任务：

1）管理采办过程中的各项活动。具体包括协议相关的决策、关系建立及维持，计划进度的责任落实、最终移交验收的负责方等。

2）与供应方、相关单位和领导保持沟通。

3）对照协议监视进展状况。根据进展情况的不同，某些风险的转移或应对措施也要不断向前推进，同时防范各种不符合预期的风险或不利状况。如果需要，可以调用项目的评估与控制过程，从而为成本、进度和性能等提供必要的评估信息。

4）修正协议。当进度、预算或性能的影响已经不可避免时，应当考虑适当修正此前已经达成的协议。

5. 验收产品或服务

本活动包含如下任务：

1）如果产品或服务符合全部的协议、相关法律和法规，那么应当接受产品或服务的交付。

2）偿付款项。参照达成的付款进度和其他考量来进行支付。在某些商业协议行为中，会附加一些奖惩或对赌条款，从而对供应方按期交付进行激励。

3）责任转移。根据所有的协议和相关的法律和规章，实现责任的转移。

4）总结经验。在采办过程的结束阶段，应当编制一份最终的总结报告，提炼经验教训，这样才能持续改进。国外的项目实践非常重视事后的总结（Lessons Learned），这是十分宝贵的组织知识。

需要注意的是，协议过程的关闭，应当通过组合管理过程（详见组织的项目使能过程一章）。组合管理过程负责管理组织单位的全部系统和项目集。

8.1.3　常用的方法和提示

1）建立采办指南和规程。这包括采办计划、建议里程碑、标准、评估准则、评审等，以及供应商的识别、评估、选择、洽谈、管理和终结等操作细则。

2）指定专人负责采办过程。此人与供应方密切沟通并且参与相关的决策。如有延期移交或成本超支的可能，则应当及早发现并采取相应的干预措施。如果采办较为复杂，则可由多人分别关注技术、市场、经营等要素。

3）制定跟踪和管理协议进度的有效措施。尽管具体措施可以根据企业自身情况而有所不同，但一个总的原则就是在不增加太多开支的前提下，保障产品或服务移交的质量，尽可能减少不符合预期的影响。

4）重视技术因素。在选择供应商的过程中，应当加入技术方面的能力评估。这有助于降低合同失败的风险，以及由其引发的成本、进度、资源的超支。供应方过往的表现和所取得的成绩很重要，关键人员的变动也应当留意并认真评估其影响。

5）与供应方良好沟通。一定要让供应方理解真正的需要，避免混淆和频繁变更，消除不同表述方式的歧义，以避免因为误会而引入更多的风险。

6）做事留记录。采办方和供应方之间的沟通记录应当妥善维护，以降低合同被迫取消或后续修补合同的风险。

7）参考和借鉴供应链管理的相关理论和制度。

8）熟悉和了解协议过程中的术语。部分术语见表 8－1。

表 8－1　协议过程中的部分术语

	信息邀请书（Request For Information，RFI）	报价邀请书（Request For Quotation，RFQ）	建议邀请书（Request For Proposal，RFP）	投标邀标书（Invitation For Bid，IFB）
目的	获得与产品、服务、供应商相关的信息	取得供应商对所需产品、服务或服务的承诺	要求供应商对需求提出最好解决方案的建议	为所有的供应商做出最好的方案而提供平等的机会
使用条件	适用于具体申请之前	对所需要的物料或服务的具体要求已经明确	用于评估供应商或采购方不清楚的过程、质量、服务、准标或其他元素	用于定价比较高的物料，或者该物料存在最低价格

（续）

	信息邀请书（Request For Information，RFI）	报价邀请书（Request For Quotation，RFQ）	建议邀请书（Request For Proposal，RFP）	投标邀标书（Invitation For Bid，IFB）
灵活性	非正式的、不是招标	正式的、提出具体要求	采购方可以开始谈判、信息收集，在最佳来源确定前，不承诺一定采购	对采购和供应双方都有约束
结果	目录、价格表和产品信息	比较供应商提交的方案	可供选择的大量潜在解决方案	最好和最终的方案
优点	简单、快捷	供应商受限于报价的承诺，而采购方可以就所有问题进行谈判	采购方可以对提交的方案中的任何问题与某一个或所有的供应商进行谈判	正式的过程（各招标或过程文件都是可比较的）
缺点	没有确定目标，仍然需要 RFQ 或 IFB	如果没有很好地准备报价邀请书，那么各个供应商的投标可能无法比较	如果允许一个供应商修改方案，就必须允许所有的投标者修改方案	因为其他方法为采购提供了更多的灵活性（最好不使用这个方法）

8.2 供应过程

8.2.1 概述

1. 目的

如 ISO/IEC/IEEE 15288 所述：

供应过程的目标是向采办方提供符合协定需求的产品或服务。

当一个组织向另一个组织提供产品或服务的时候，就会触发供应过程。在供应方组织或单位的内部，可以参考本书来开展待移交产品或服务的项目。对于大规模生产的产品或服务，企业内部的市场营销部门有可能暂时扮演采办方的角色，来建立起对产品或服务的预期。在这种情况下，市场销售部门代表的是某个类型的用户群体。

2. 描述

供应过程高度依赖于现有的技术、技术管理和组织的项目使能过程集。也正是在这些过程集的支持下，组织才能完成产品或服务的移交履约。这就意味着供应过程是组织内部其他一切过程的大背景。在现实的商业活动中，一个企业能否达成供应协议并履行约定，关乎企业的命运，因而十分重要。本节主要站在供应方的立场来阐述供应过程的具体要求。图 8－2 所示为供应过程示意图。

3. 输入输出集

图 8－2 列出了供应过程的各项输入和各项输出。

一个成功的供应过程的成果如下：

1）识别产品或服务的采办方。

2）回应采办方的需求。

3）双方建立供应协议。

4）提供产品或服务。

5）履行协议中规定的供应方义务。

6）根据协议中规定，转移相关责任。

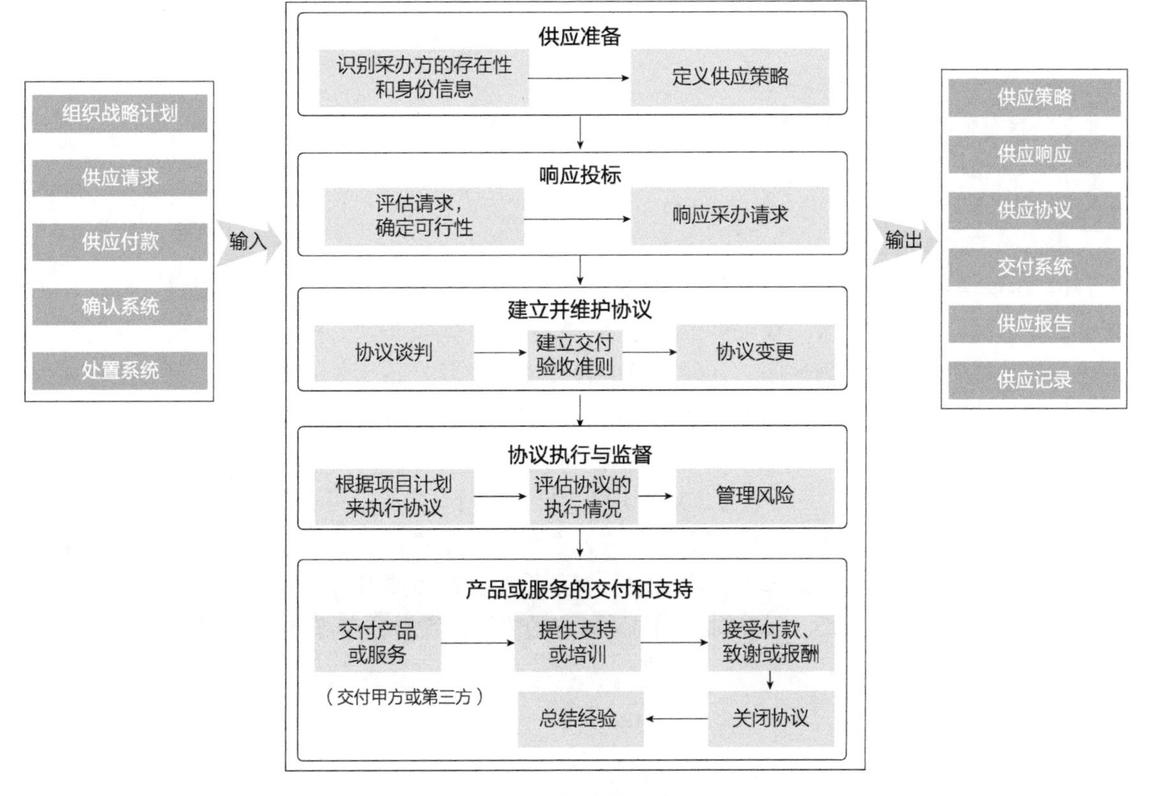

图8-2　供应过程示意图

8.2.2　过程活动集

供应过程包括下列活动：

1. 供应准备

本活动包含如下任务：

1）识别采办方的存在性和身份信息。这也是识别机会的过程。这一步可引用商业或任务分析过程。对于大批量生产或者消费商品，本组织、单位或公司的市场营销等职能部门可为消费者代理人来开展工作。

2）定义供应策略。比如待移交产品或服务的生存周期模型、风险管理、进度和里程碑等。必要时，还需要认清采办方的特征和动机，相关的责任和义务，具体的方法和过程，供应的重要性、正式度及相关优先级等。总之，需要开发和维护供应计划、供应策略、供应方针和供应规程，以满足组织的战略目标。

2. 响应投标

本活动包含如下任务：

1）评估请求，确定可行性。为了避免后期执行的麻烦，请尽量选择信誉良好、合乎规范、保持良好沟通交流的采办方，同时考虑自己组织的履约能力。

“没有金刚钻，别揽瓷器活”。在进行自我评估时，需要考虑组合管理过程、人力资源管理过程、质量管理过程、商业过程或任务分析过程等必要的过程，考虑承接或回应的适宜性，能否满足对方要求和待履行责任。

2）响应采办请求。根据本组织的全面分析，响应采办方的请求。

3. 建立并维护协议

本活动包含如下任务：

1）协议谈判。与采办方进行谈判，并明确验收标准。协议的正式性视情况而定，可以是正式合同，也可以是口头约定。双方需要约定移交里程碑、验收条件、付款进度、执行变更控制程序、维护透明的风险管理程序，并建立最终移交协议。双方还要对免责条款、变更控制规程达成一致，共同致力于透明化的风险管控。所达成的协议将为后续的移交全过程建立进度评估的准则。

2）协议变更。首先，需要识别必要的协议变更，当请求变更不可避免时，应当说明具体细节、原因和背景；其次，评估协议变更的影响，这包括计划进度、项目成本、技术能力、移交质量等；接着，与采办方协商谈判，协议的所有条款变更都需要双方协商，包括市场环境的变化，如原材料上涨等；最后，必要时更新与采办方的协议，签署补充协议或者全新的协议。

4. 协议执行与监督

本活动包含如下任务：

1）根据项目计划来执行协议。保持与采办方、次级供应商、相关方的沟通。有时需要供应方采纳或兼容采办方的过程。例如，美国军方 1985 年提出的计算机辅助后勤支持计划（CALS），是人类历史上第一次以政府的公权力推动设计数字化的一次实践，供应商不采纳即出局。

2）评估协议的执行情况，并管理风险。对成本、性能、进度的评估，参照**项目评估与控制过程**。系统需求和信息的变更，参照**技术状态管理过程**。

5. 产品或服务的交付和支持

本活动包含如下任务：

1）向采办方或约定的第三方交付（Deliver）符合协议要求的产品或服务。例如，在日常生活中，网购商品的配送即是此项活动的一个典型例子。

2）根据协议为采办方提供支持、辅助和培训。对于复杂的产品、系统或服务而言，提供必要的技术支持和辅助——甚至必要时开展相关的培训，都是十分重要的配套服务内容。

3）接受付款、致谢或其他双方同意的报酬。一般来说，在接收到采办方的付款之后，应当予以确认或致谢。某些情况下，根据协议中的约定和验收的结果，支付的金额和形式都可能发生变化。例如，某些投资机构会对供应方的移交时限和质量给出奖惩性条款，这在接受付款时均应考虑。

4）关闭本次协议。具体可参照组合管理过程。采办和供应在本质上都是一种投资，也会影响到本组织的现有系统组合，故应当统筹考虑。

5）总结经验。在供应过程的结束阶段，应当编制一份最终的总结报告，提炼经验教训，这样才能持续改进。国外的项目实践中非常重视事后的总结，这是十分宝贵的组织知识。

需要注意的是：协议过程的关闭，应当通过组合管理过程（详见组织的项目使能过程一章）。组合管理过程管理组织单位的全部系统和项目集。

8.2.3　常用的方法和提示

1）协议价格有多种确定方式，可以是固定价格、成本加固定费用、提前移交奖励、延迟移交惩罚及其他财务激励。

2）各方之间建立良好关系和彼此信任很重要，这也体现了平时文化交流、感情交流的重要性、必要性和合理性。

3）开发技术白皮书或类似文件。这种方式可以向潜在的采办方彰显自身的能力。

4）采用传统营销管理手段，促进产品销售。

5）建立并维护一个现代化并及时更新的公司网站。即使不从事电子商务，也会从中受益。

6）当本组织内无某型专门人才时，可外聘专家。例如，在国际法、政府法规等专业领域就可以采用这种方式。公司 IPO 上市、应对反倾销调查、涉外纠纷等情况下，往往需要这样做。

7）达成协议前投入充分的时间和精力去理解采办方需求。这些积极的行为可以改进对成本和进度的准确估计，并对协议的执行产生积极的作用。

8）使执行协议的相关人员及早参与协议谈判。一旦项目启动，即可减少启动时间。例如，某国际卫星合同由国际业务部门签署，却遭遇执行困难。如果当初在谈判的时候事先更加充分地征求执行部门的意见，那么就会给后面的实施带来很大的便利。

9）对组织执行协议的能力进行关键性评估。否则一旦无法如期履约，有可能对整个组织的名誉产生消极影响，可能面临成本增加、移交延期、合同失效等不利情形。

8.3　案例

8.3.1　案例 1——印度航母的采办历程

印度从 1999 年就启动了航空母舰（简称航母）的发展计划。第一艘自产航母被命名为“蓝天卫士”号，后面又改名为“维克兰特”号，到目前为止，印度航母已经建造了十几年的时间。虽然“维克兰特”号航空母舰此前已经下水，但是工程进度并未完成，这艘航母的服役时间也一拖再拖。印度造航母速度之所以比较慢，主要是因为印度的基础工业实力相对有限，对于航母这种需要集中大量资源成本的大型造舰工程显得心有余而力不足。

有许多航母技术大国很想帮印度造航母。比如英国在很早以前就向印度出售过轻型航母，而俄罗斯也为印度改造了一艘基辅级航母“戈尔什科夫海军上将”号，即印度“超日王”号航空母舰。

印度为引进“超日王”号航空母舰，费用不菲。俄罗斯一开始表示这艘航母可以免费送，印度只需要支付 2 亿美元的改装费用。但是后面价格一路上涨，最后印度花了二十几亿美金才完成了航母的改造。之后印度还需要采购舰载机等配套设备。

看到印度需要航母，美军一度也考虑将退役的“小鹰”号航母转让给印度。这艘航母虽然只是常规动力航母，但是其满载排水量达到8万吨以上，设计舰长近320m，舷宽大约40m，飞行甲板宽度更达到77m。就体积而言，“小鹰”号航母就比俄制基辅级航母大很多了，而且上面还有斜角甲板和弹射器等配置。而更为重要的是，这艘航母也是美国免费送给印度的。但是印度最后并没有选择“小鹰”号航母，因为也需要支付改装费用。另外美军还提出应当配套65架F－18“超级大黄蜂”舰载机，但是这些舰载机必须另外购买。而按照惯例，出口的美制战机价格都是相当贵的，比如之前的波音F－15战斗机就卖出了3亿美元的高价。F－18比F－15更先进，价格就不言而喻了。总而言之，印度不投上百亿，是不太可能如愿获得“小鹰”号航母的。

印度在采办航母时，需要从多个潜在供应商中选择出最符合自身需要的一家，是采办过程的一则典型案例。

（本案例参考：中华网）

8.3.2 案例2——F－35战机的供应历程

F－35战斗机（代号：F－35，绰号：Lightning Ⅱ，译文：“闪电Ⅱ”），是美国一型单座单发战斗机，属于第五代战斗机，是世界上最大的单发单座舰载战斗机之一。F－35战斗机起源自美国联合攻击战斗机（Joint Strike Fighter，JSF）计划。该计划是20世纪最后一个重大的军用飞机研制和采购项目，亦为全世界进行中的最庞大战斗机研发计划。该战机自启动研制工作以来，经历了20多年时间，在供应过程中，麻烦不断。

1993年，美国国防部启动了“联合先进攻击技术”JASF验证机研究，并且在1994年1月成立了JASF研究计划办公室。1996年3月，JASF计划正式更名为“联合攻击战斗机”（Joint Strike Fighten，JSF），1996年11月16日正式启动。2018年9月28日，一架F－35B型战机在美国南卡罗来纳州进行训练飞行时坠毁，飞行员成功逃生；10月11日，美国国防部宣布，所有的F－35战机暂时停飞以进行检查。

美军的第五代战机F－35（又名“闪电”）备受争议。洛克希德马丁公司开发的F－35战机，全生存周期成本预期高达1.5万亿美元，却总是遇到障碍和延迟。这里列举F－35战机曾经面临的一些麻烦。

1. 软件延迟问题

五角大楼发现该型战机Block－2B软件系统存在缺陷。该系统负责战机的初始火控能力，如各种数据链和武器火控系统。该系统所发现的最糟糕的缺陷存在于导航和精度方面。这些问题会导致武器系统的集成、测试延缓，进而迟滞整个战机的研发进度。Block－2B系统还遇到了武器投放精度、雷达使用、被动传感器、敌我识别和光电瞄准系统等方面的问题。2BS5软件包负责处理各种传感器，也遇到了困难。根据报告，传感器等信息融合还存在着明显缺陷。分布式孔径系统（Distributed Aperture System）出现误报警和错误目标追踪的概率仍然很高，系统稳定性能也很差，即使软件改版后仍然无法让人满意。

2. 油箱重新设计问题

F－35B战机的油箱系统也经历了重新设计，特别是其空中加油过程中的防爆系统。进一步的测试表明这种新设计需要开发新的硬件和软件以进行适应。

3. 闪电保护问题

F-35B 未达到“12 小时内残留惰化”的闪电保护技术要求。换句话说，战机若在 12 小时内再次飞行，一旦遇到闪电袭击，将会变得十分脆弱和易于损毁。这显然无法达到后勤维护的要求。如果无法解决，那么 F-35B 将需要开发替代的闪电保护机制。

4. 头盔问题

每个头盔显示器耗资 40 万美元。头盔能够显示战机关键信息，却在测试中被发现当导弹来袭时其显示存在问题。此外，头盔还因为具有夜视功能而受到“夜视兼容问题”的困扰。

5. 不可靠的零配件问题

F-35 零配件所需的维护保养率超过预期。根据五角大楼的报告，一些航电设备、起落架、热管理系统、弹射座椅、座舱显示系统、头盔、发动机火花引燃器、供氧系统都存在可靠性问题。上述系统的不可靠性增加了维修保养的时间和成本，使得这款战机越发昂贵。

6. 座椅弹射问题

当前的座椅弹射系统可能对体重较小的飞行员造成致命伤害。在低速弹射试验中，飞行员假人的脖颈惨遭折断。五角大楼立即命令所有体重低于 62kg 的飞行员停飞这款飞机。另外，根据美国空军一份未署名的书面报告，弹射座椅的前倾旋转效应，叠加上头盔本身的重量，会让所有体重在 91kg 以下的飞行员在弹射时遭遇“严重风险”。

7. 近距格斗问题

F-35 在和 F-16 模拟格斗的试验中，被发现在机动性和能量使用方面存在严重劣势。在陷入缠斗战况时，能量储备较少、体重较大的一方会陷入不利的境地。在缠斗中，F-35 的表现逊于 F-16。在理想情况下，F-35 因为其自身的隐身性和超视距武器系统会免于陷入缠斗。

尽管波折不断，F-35 项目仍然被美国海军、海军陆战队和空军大力向前推进。

本章详细介绍了协议过程组中的两个过程：采办过程和供应过程的输入、输出、主要活动以及常用技术，分别列举了采办和供应两方面的失败案例。采办和供应是组织和项目层面关注的问题，但是系统工程师应该参与到这两项工作当中，技术开发与管理只有与外部的协调配合，才可能顺利地推进工作。

参考文献

[1] ISO/IEC/IEEE. Systems and software engineering — system life cycle processes: ISO/IEC/IEEE 15288 [S]. [s.l.]: [s.n.], 2015.

[2] INCOSE. Systems engineering handbook — a guide for system life cycle processes and activities [M]. 4th ed. New Jersey: John Wiley & Sons, 2015.

第 9 章　组织的项目使能过程

Chapter Nine

本章主要讨论的对象是组织层面上的过程。与之相对的是项目层面上的过程。在协议过程解决了与其他组织的外部接口问题之后，接下来就是将眼光转向内部，修炼好内功，即做好组织层面上的各项过程，为项目的实施提供良好的组织环境。另外，还需要注意，本章所涉及的六个过程可以为本组织内所有的项目服务，但并不专属于某一个特定的项目。这六个过程与组织的能力、竞争力紧密相关，是组织的领导层需要重点考虑的。

本章所说的组织，可以是一个企业，也可以是企业内部的一个部门；可以是一个政府机构，也可以是民间的非政府组织；大到一个国家，小到一个人，都可以看成一个组织，区别只在于所站的立场和视野不同。这就像是系统的概念一样，每个系统都可以细分为为若干个子系统，同时又是更大系统的组成部分。组织也是类似的，每个组织也都可以细分为若干个子组织，同时又是更大组织的组成部分。

项目在组织的背景下开展工作。项目的实施一方面依赖于组织提供的各种资源，如人力资源、基础设施等；另一方面依赖于组织的业务活动，即本章所讨论的对象，在这里将其称为“组织的项目使能过程”。这些过程可以被视为是一个整体，是项目对组织的最小过程需求集。

另外还需要说明的是，这一部分尽管与企业的综合管理有所重叠，但并非完全相同。本章主要关注与目标系统（System of Interest，SoI）实现有关的组织能力，并非意图完整表述广泛的企业管理目标。二者有部分重叠，但并不完全相同。比如企业层级的财务、行政、研发、市场、文化、宣传、保卫、法务、工会、纪检、监察、运输、物流等，在某些企业中均设置，但在另外一些企业中却并未设置。总之，除本章所述的内容以外，组织管理还有涉及文化、政治、心理等更加广泛的研究命题，读者可以参阅其他管理文献。

系统工程并非暗示组织该采用何种组织架构。一个组织采用何种组织架构，应当根据其自身的业务特点和发展战略来确定，适合自己的就是最好的。这涉及剪裁的问题，具体可以参考本书第 12 章。与此同时，本章收录的六个使能过程也未必能够与组织的现有部门设置完全对应上。有些可能有重叠，有些可能有空缺。如果有空缺，那么项目人员在执行时可以参考 GB/T 22032 或 ISO 15288 标准和本书中的相关内容开展必要的工作。这普适于各种企业组织和非营利性组织。

组织的项目使能过程集具有如下三个方面的主要作用：

1）为项目提供资源，满足各方需要和预期。这通常在战略层面上，与业务管理、人财物等资源或资产的分配及处置有关、未来易变、不定、复杂而模糊（VUCA）环境下的风险管理有关。组织为保证项目的持续性，通常需要依赖领导人的前瞻性眼光做出预测，这将为企业未来的发展奠定战略基础。

2）构建项目运行的环境。这包括项目的生存周期模型、项目的新建/取消或转向、质量管控、基础设施等。

3）可以为组织间合作创造强烈的业务形象，并促进潜在合作。公众对组织的形象的直观认知很大一部分来自于本章列举的使能过程。

ISO/IEC/IEEE 15288:2015 标准中确定了六个组织的项目使能过程。

1）生存周期模型管理过程（Life Cycle Model Management Process）。

2）基础设施管理过程（Infrastructure Management Process）。

3）组合管理过程（Portfolio Management Process）。

4）人力资源管理过程（Human Resource Management Process）。

5）质量管理过程（Quality Management Process）。

6）知识管理过程（Knowledge Management Process）。

9.1 生存周期模型管理过程

关于系统生存周期，读者可以参考本书第3章。生存周期模型以全局的视角表达整个生命历程，从而进行合理的统筹和计划安排。生存周期模型管理的主要目的就是凝聚共识，在组织范围内对做事方式达成一致见解，因而具有统领全局的作用，位列六大使能过程之首。

9.1.1 概述

1. 目的

如 ISO/IEC/IEEE 15288 所述：

生存周期模型管理过程的目标是组织在 ISO/IEC/IEEE 15288 标准的范围内，定义、维护和确保相关方针政策、生存周期过程集、生存周期模型和规程的可用性。

从上面这句话可以看出，生存周期模型管理的主要目标在于定义、维持和确保组织的一般性指导总则的可用性（Availability）。首先需要将其清晰无误地定义出来，解决有无问题；其次要随着时间的推移、外界环境的变化要与时俱进、及时更新，解决这一总则本身的质量问题。至于总则覆盖的范围，可以归纳为“MP3”。其中，M 是指生存周期模型（Lifecycle Models），这里需要将本组织所提供的产品和服务等对象进行建模，将全生存周期要素收纳其中，最好能绘制成一张大图，让所有人一目了然。P3 分别是方针政策（Policies）、生存周期过程集（Processes）、操作规程（Procedures）。这三项内容分别从不同的层面上对生存周期模型进行解释和阐述（方针政策主要从组织层面，生存周期过程主要从项目层面，操作规程主要从具体执行层面）。

需要说明的是，由于事物本身的复杂性，无论是模型，还是政策、过程、规程，都是一组，而非一个。具体细化的程度要根据组织和项目的需要而定。模型可以是后三者的集中化、图形化、结构化的体现，后三者是模型的展开论述。因而本过程定名为生存周期模型管理过程，凸显了模型的核心地位，请各位读者意会。

生存周期模型管理过程的重要意义有以下四个方面。

1）提供组织内所有项目的可重复性、可预测性。这不仅有助于对未来项目组织进行计划和评估，而且还可以向客户演示或证明本组织所移交的产品服务的可靠性。

2）促使整个组织过程的持续改进。现有的模型集反映了组织的经验和智慧，不仅有助于推广项目成功经验，将其应用到其他项目中从而创造更大的价值，还可以加速新项目的启动过程，减少“重新发明轮子”的糗事。

3）可以增强人员的可流动性，提升跨项目调动人员的能力。这是因为通过相对统一的生存周期过程模型，将相关角色进行了相对统一的定义和执行。这不仅有助于提升团队的专业化，而且还可以在组织的层面上为人力资源根据项目需求而合理调配带来巨大便利。

4）通过生存周期模型的梳理，可以实现项目运转的标准化，为工具化、软件化提供了可能，进而通过规模效应节约开支。

综上，开展生存周期模型管理工作，是一项十分有价值、有意义的重要工作，将会为组织的长期可持续健康发展奠定坚实基础。

2. 过程描述

图 9－1 所示为生存周期模型管理过程示意图。

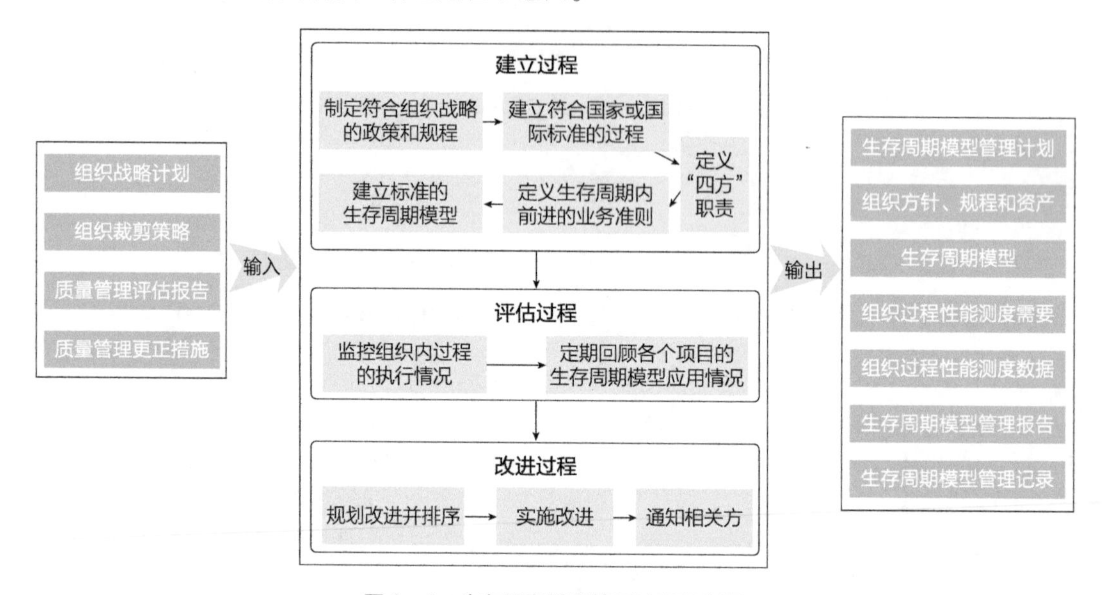

图 9－1　生存周期模型管理过程示意图

3. 输入输出集

图 9－1 列出了生存周期模型管理过程的各项输入和各项输出。

成功的生存周期模型管理过程的成果如下：

1）建立了组织的生存周期模型及相关的政策方针、过程、规程。

2）确定了本职责任、审计督察和领导责任等机制。

3）评估了组织的生存周期模型和过程。

4）排定了实施改进的优先顺序。

9.1.2 过程活动集

组织在实施这一过程时，应当充分考虑到组织当前的政策方针、具体规章制度。尽管各个组织的情况千差万别，但一般来说，组织的生存周期模型管理过程包括下列活动：

1. 建立过程

本活动包含如下任务：

1）为过程的管理和部署建立符合组织战略的政策和规程。方针政策要“从大处着眼”，具体规程要具有可操作性。只有制定了这样的总规则，才能够让组织内各方有法可依、有法必依。有时候，要想做到这一点，需要充分发挥“调查研究”的作用，深入一线，了解基层，并认真听取各单位、各位专家学者、各个参与方的意见，搜集整理多渠道的信息，才能出台更好的政策和规程。

2）建立符合组织战略、国际标准或国家标准的过程。很多组织强调“要与国际接轨”，其中最关键的就是要采纳或兼容相关的国际标准。企业只有这样才能屹立在本领域、本行业的最前沿。

3）定义角色（Roles）、责任（Responsibilities）、问责制（Accountabilities）和主管领导（Authorities），以便于过程实施和生存周期的战略管理。本作者将其并称为“四方”职责。责任清晰有助于降低“踢皮球”和“扯皮推诿”现象的发生概率。

4）定义生存周期前进（Progression）的业务准则（Business Criteria）。这是为决策服务的，比如是否已经完成了当前的任务阶段、是否进入或开始了新的生存周期阶段等。很多情况下，这些里程碑事件经常作为项目或业务有进展、出成果的重要标志。制定好明确、可量化的准则是科学决策的基础。

5）建立标准的生存周期模型（Standard Life Cycle Models）。这不仅包括适用于本组织的阶段划分，还包括每个阶段的意图（Purpose）和成果（Outcomes）。

生存周期模型可以有不止一个，这视情况而定。每个生存周期模型都是由若干个阶段组合而成的。组合的方式或串或并，或顺序衔接或循环迭代，甚至可以有一些重叠。这与目标系统（System of Interest，SoI）的范围、尺度（Magnitude）、复杂度、变化需要及机遇等因素有关。

关于阶段划分的具体指导和示例，可以参考 ISO/IEC TR 24748 标准。当然，在具体应用时，还需要参考本组织的情况进行合理的裁剪和定制。关于裁剪的相关内容参见本书第 12 章。

2. 评估过程

本活动包含如下任务：

1）监控组织内过程的执行情况。这包括分析对现行的各种过程的度量和评测的结果，关注其发展趋势，收集不同项目、不同团队对当前过程的反馈信息等。

2）定期回顾各个项目生存周期模型的应用情况。这包括确认现行过程的适应性、恰当性和有效性，以及阶段、过程、判定项目继续前进的评价准则等。如果判定并不适合于当前的形势，则应当考虑改革或调整。可以进一步参考 ISO/IEC 15504 标准来进行过程评估。

3. 改进过程

本活动包含如下任务：

1）规划改进的机会并排定优先次序。需要改进的地方或许较多，但是应该区分轻重缓急，对组织的整体目标和战略影响较大的应该优先考虑。

2）实施改进，并及时通知相关方。改革工作必须涵盖组织内部所有的过程集，进行全面地深化改革。相关的经验教训（Lessons Learned）也要及时总结。正所谓“前事不忘，后事之师”。这是宝贵的知识资产，应当及时捕获并为后续的项目和管理实践提供借鉴。同时，改进后的生存周期模型必然与原来的不同，因此要将发生变化的地方告知各相关方，避免因为通知不到位出现政策冲突和管理混乱。

9.1.3 常用的方法和提示

本过程在长期实践中积累了一些非常好的方法和途径。其中大多数都是人们改造自然和社会的最佳实践经验的总结。一些常见的途径如下：

1）政策和规程要以组织的战略和业务领域发展计划为基础。一个组织的发展战略要综合考虑组织的发展目标，还要考虑相关方和竞争对手，并要对未来的业务模式、技术发展趋势做出判断。

2）将政策和规程的符合性融入业务决策的标准尺度中。对于所有不符合政策和规程的事项应严肃和谨慎地考虑。

3）建立标准统一的情报信息库。该库既包括组织相关的各类议题，又包括行业趋势、研究发现等相关信息。这将为生存周期模型管理提供持续沟通的基础，并鼓励大家积极提供关于本组织发展趋势的反馈和思考。

4）成立组织的卓越研究中心。该中心不仅收集相关信息、发布工作指南，并且对各种反馈和分析进行评估。该中心还要列出需要改进的事项清单，为项目提供统一的评估模板，以确保搜集到可用的度量性评价信息，从而保证持续改进。

5）指定专人来管理外部关系网。其具体职责包括识别相关标准、业内和学界的相关研究、组织管理的其他渠道信息（比如网络舆情）和相关概念等。这张网包括与政府、业界和学界的关系。正是通过生存周期模型管理过程，将这些外部实体的影响因素（如它们的价值观、重要性、水平能力等）清楚定义并加以利用。其范围还包括：

① 法律、中央指示及政府其他要求。

② 工业标准，培训，能力成熟度模型。

③ 学术教育，研究成果，未来概念和展望，财务支持请求。

因此，要积极参加学术研讨会、展销会、政策吹风会等外部交流，及时把握相关动向并调整本组织的战略，做到“春江水暖鸭先知”。只要建立相应的机制，即使庞大的公司也可以做到“让大象起舞”。

6）建立政策和规程的宣传计划。本书中的绝大多数过程都要经过宣传，成功的宣传就是要让所有的相关方都充分知悉。

7）确保生存周期模型管理及应用的方法工具有效且经过裁剪。有的组织会成立专门的团队来识别和维护与工具开发商的关系。一个好的工具可以避免产生困惑、混淆、挫败感，并能够节约宝贵的时间和金钱。这样的专门团队负责选择和推荐各种工具类软硬件，并将其集成到现有环境，使相关数据可以准确便捷地迁移。

8）在开发生存周期模型管理指南时，建立一支具有广泛代表性的团队。这支团队要邀请所有的相关方都参与，包括工程技术人员、项目管理人员等。这一做法将会增强他们的参与感、使命感，不仅会让他们更加有意愿提出改进的建议，而且还会增强组织的集体经验和智慧。

9）开发其他备选的生存周期模型。一个项目由于类型、范围、复杂度、风险等因素的不同，往往不能够“一刀切”。如果组织能够提前明确若干备选的生存周期模型，那么将会降低在应用时进行裁剪的需求。也就是说，可以通过提前周全考虑，在标准模型以外提供后备选项，这能够有更大的灵活性，从而增强可实施性。

10）提供裁剪和本土化适应的明确指南。很多时候裁剪和变通无法回避，如果能够提供明确的指南方针，则将有很大好处。

11）生存周期模型和过程要持续改进。这是一项长期的工作，并不能一蹴而就。因此需要定期检视，以滴水穿石和绳锯木断的毅力做到精益求精。

9.1.4　详述

一个组织为了使客户满意，可以参考系统工程过程集的产程过程。图9－2所示，这是系统工程过程的一般过程，又被称为“过程的过程”。这套过程集可以在组织的全范围内建立、维护和改进现有的过程。系统工程的标准过程集可以作为一个模板或标杆（Benchmark）来参考。因此，有必要成立一个系统工程过程专家组（System Engineering Process Group，SEPG）来监督过程的定义和实施。在具体应用时仍然需要进行裁剪。组织的管理层必须亲自评审并最终批准这一系统工程的标准过程集及所有修订。

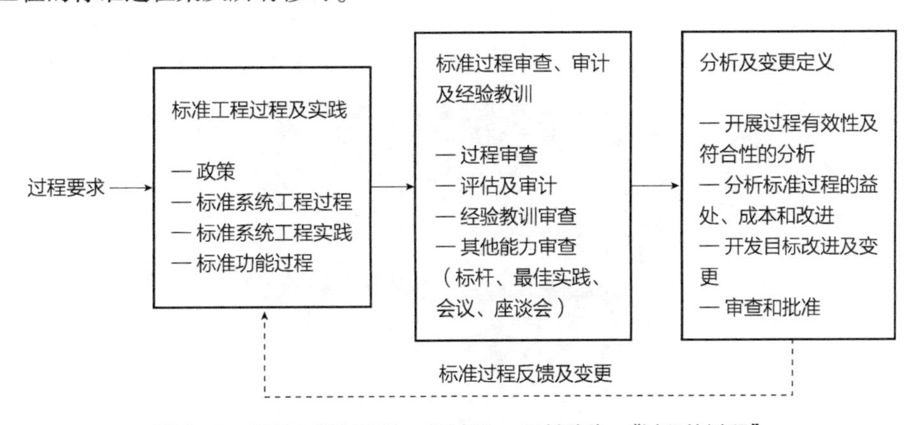

图9－2　系统工程过程的一般过程，又被称为“过程的过程”

一个组织的系统工程标准过程集可以源自ISO/IEC/IEEE 15288或本书中所列举的过程集合，也可以引自其他系统工程标准。依据CMMI或者ISO 15504/33060，一个组织可评估系统工程体系的绩效、有效性等，然后进行针对性改进。

相关的基本要求包括：

1）系统工程过程集对项目或型号的支撑：

① 过程集的识别认定；

② 用文档记录下其落实和修订的情况；

③ 采用一套支撑的标准方法和相关技术；

④ 根据项目特殊需求，应用经过认可的裁剪指南。

2）良好的过程定义包括：

① 输入和输出；

② 进入和退出的准则。

3）组织和项目两级的过程责任：

① 评估当前过程的优缺点；

② 与其他组织的过程集进行对比；

③ 施行过程集的评审和审计；

④ 及时总结最佳实践和经验教训；

⑤ 改进提升；

⑥ 开展培训；

⑦ 深入洞察现有过程集的表现和有效性；

⑧ 分析过程集有效性的度量评价方式和其他相关信息。

关于体系评估和改进的内容，可以进一步参考 CMMI 标准或 ISO/IEC 330××系列标准。

9.2 基础设施管理过程

本节主要从组织的视角，研究本组织内基础设施的管理过程。

下面先来看一个基础设施的例子。图 9-3 所示为一个真空罐，主要用于卫星发射前的地面大型试验，可以模拟卫星在太空中的热环境。各科研单位和高校都有许多类似的基础设施。其共同特点是建设费用十分昂贵，建成之后将会服务于许多不同的项目，并显著增强单位某一方面的能力。

图 9-3 大型基础设施

9.2.1 概述

1. 目的

如 ISO/IEC/IEEE 15288 所述：

基础设施管理过程的意图是为组织和项目提供基础设施和服务，便于其完成全生存周期内的目标。

这一过程所指的基础设施包括大型设施、工具、通信、信息技术等各种资产。

2. 过程描述

图 9-4 所示为基础设施管理过程示意图。

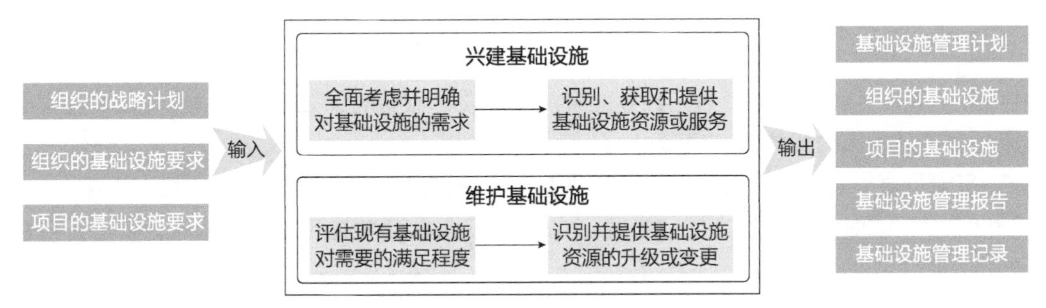

图 9 - 4　基础设施管理过程示意图

3. 输入输出集

图 9 - 4 列出了基础设施管理过程的各项输入和各项输出。

成功的生存周期模型管理过程的成果如下：

1）明确对基础设施的要求；

2）识别和界定基础设施的元素或要素；

3）研制或获取基础设施的元素或要素；

4）基础设施可用。

9.2.2　过程活动集

组织在实施这一过程时，应当充分考虑组织当前的政策方针、规章制度。尽管各个组织的情况千差万别，但一般来说，组织的基础设施管理过程包括下列活动：

1. 兴建基础设施

1）明确对基础设施的需求。

① 要考虑到基础设施元素多种多样，例如大型设施、工具、硬件、软件、服务和标准等皆可归入其中。

② 要在组织的方针政策和战略计划的大背景下，整体考虑各个项目的需要。不仅要综合考虑业务约束、时间要求、未来预期等因素，还要考虑物流、人员的健康和安全等诸多具体因素。在这个过程中，各个项目组都要积极参与，使组织充分理解其对基础设施资源的需求。外包基础设施的安全（Security）保障指南可以参考 ISO/IEC 27036《供应关系中的信息安全》。

2）识别、获取和提供基础设施资源和服务。为了使基础设施资源和服务更好地用于项目的实施和支持，通常需要建立资产登记清单（图 9 - 5），以追踪资产元素，支持重复使用。

固 定 资 产

资产名称：

资产编号：

设备编号：

X X X 有 限 公 司

打开　退出　打印　预览　刷新　保存　取消　增加　操作　删除　编辑　查看

固定资产卡片 | 附属设备 | 大修理记录 | 资产转移记录 | 停启用记录 | 原值变动　标签 2014-01-08

固 定 资 产 卡 片

卡片编号 00035　日期 2014-01-08

固定资产编号	35	固定资产名称	缩膜机		
类别编号	03	类别名称	小型机器设备		
规格型号		部门名称	不用峡川新厂		
增加方式	直接购入	存放地点	由防水厂转入		
使用状况	不需用	使用年限	5年0月	折旧方法	平均年限法（一）
开始使用日期	2009-07-30	已计提月份	22	币种	人民币
原值	65000.00	净残值率	5%	净残值	3250.00
累计折旧	21567.00	月折旧率	0	月折旧额	0.00
净值	43433.00	对应折旧科目	410502，折旧	项目	

图 9 - 5　资产登记清单

2. 维护基础设施

1）评估现在已经移交使用的基础设施资源满足项目需要的程度。这一步所得出的信息或结论将服务于基础设施的相关管理决策。

2）当项目要求发生变化时，识别并提供基础设施资源的升级或变更。例如，当项目对基础设施提出更高要求时，要考虑升级或扩建；当项目不再需要当前的基础设施时，要考虑将基础设施转作他用。

9.2.3 常用途径和提示

取得基础设施资源使用权的方式多种多样，可以从组织内部调用，也可以从组织外部租用。对于基础设施，有时候还需要考虑如何获取许可证，可以租用，也可以购买。例如软件工具，有的正版软件，购买两个许可证（License）需要120万元，但是如果租用的话只需要10万元/年。区别是如果购买，则可以无限期使用，但是免费的系统升级和维护只有1年时间；如果是租用，则许可证1年后到期，但是如果后面还需要使用，则可以考虑继续租用最新版本。对于一个企业来说，究竟做出租用还是购买的决策，取决于组织和项目的投资策略。

1）建立组织的基础设施架构。通过这种方式，将组织内的各种基础设施集成到一起，可以使得日常的业务活动更加高效。例如，一个组织都有哪几个会议室，分别有什么样的投影、视频、在线、保密的条件，将其列入一张拓扑结构图，可以根据需要自动生成不同的配置，这样将大大提高基础设施的利用效率。

2）建立资源管理系统。这将有助于支撑系统及服务的维护、跟踪、分配和提升。一个组织，只要人数超过50人，就有必要建立这样的系统。

3）关注基础设施的某些细节。这不仅包括设施本身的细节，还包括与人有关的细节。如设备运行时的噪声水平过高，则会损害使用人的听力健康，也间接影响设备的正常使用。又如设备测试得到的数据能否方便地导入其他软件系统中，这样可以提高后续利用和分析的效率。

4）及早做出基础设施的使用计划。这包括在项目的各个生存周期阶段，对工具和各类基础设施的使用和维保的需求。这样可以确保相关资源及时配置到位。

9.2.4 详细阐述

项目的成功实施需要包括基础设施在内的各种资源。总指挥等项目管理人员需要根据项目当前需要和对未来需要的预计，对基础设施等资源妥善做出安排。在组织的层面上，可使用基础设施管理过程来满足项目的这些需要，确保项目所需的资源及时到位，避免出现“巧妇难为无米之炊”的窘境。然而很多时候往往是知易行难。例如，各个项目之间会出现资源冲突，设备需要从外部采购或者需要维修，办公室需要装修，IT环境经常需要升级维护等。这就要求基础设施管理者必须及时采集各方需求，通过协商的方式解决各种资源的冲突。

因为资源使用皆有一定的成本，所以还必须纳入投资的管理和决策的范围。在一般情况下，一个组织或企业最重要的资源（有时也称为资产）包括人、财、物三个方面。其中，人力资源可以参考本章的人力资源管理过程，财务金融可以参考本章的组合管理过程，除上述两者以外的所有资源可以被归入“物”的范畴，可以参考本节的基础设施管理过程。

在开展基础设施管理时，还必须考虑人员和财务等因素。例如，某些企业投入巨资购置了先进的设备或软件工具，却没有人会用，自验收之后即闲置一旁，这样的例子在现实中并不少见。或者，企业单位对某项基础设施的需求迫在眉睫，但是因为预算不足而捉襟见肘，进而使项目受到较大影响，这样的例子更是俯拾皆是。此外，还有数不清的各种未知因素也有可能对基础设施管理产生影响。例如，对于一些房地产类的基础设施，即使人员和资金都已经筹措到位，但是由于政府的征地政策发生变化，只好暂时搁置。

基础设施管理必须有一定的前瞻性眼光。这是因为新基础设施的建设通常有一个较长的周期。若等到项目或组织的需求已经“火烧眉毛”时，再来准备已经来不及了，往往是“远水不解近渴”。因此，组织的领导者必须要根据外部环境的变化以及组织的战略计划，早做打算并果断决策。

9.3 组合管理过程

关于本过程的名称有必要进行一下说明。本过程的英文原名为 Portfolio Management Process。Portfolio 一词目前广泛应用于证券投资领域，是指投资者手中持有的一组证券的组合。因此有不少人将本过程直接翻译为“投资管理过程”。Portfolio 还有“公文包、代表作品集”等含义。其共同特点是一组资产或创造性工作的集合。因此，其并不仅仅是指狭义上的“投资”。基于上述考虑，本书将这个过程称为具有一般普适性意义的“组合管理过程”。

下面先来看几个“组合”的例子，图 9－6 所示依次是，我国运载火箭的族谱、空空导弹的族谱、一个项目组合，最后是几个概念的包络关系。其共同特点是一个组织为了达到特定的经营目标，开发了一系列既有关联又有不同的产品型号或项目。

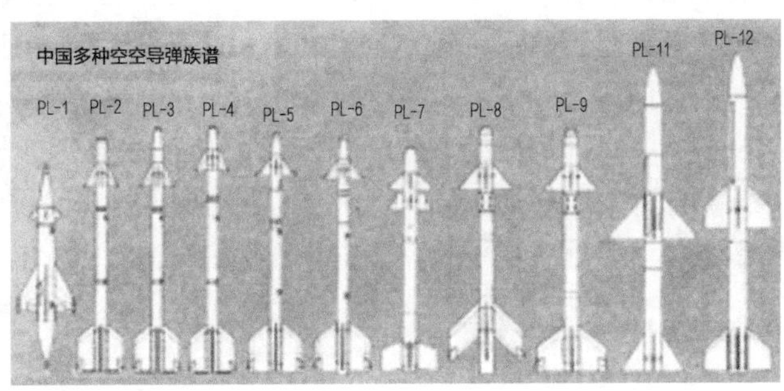

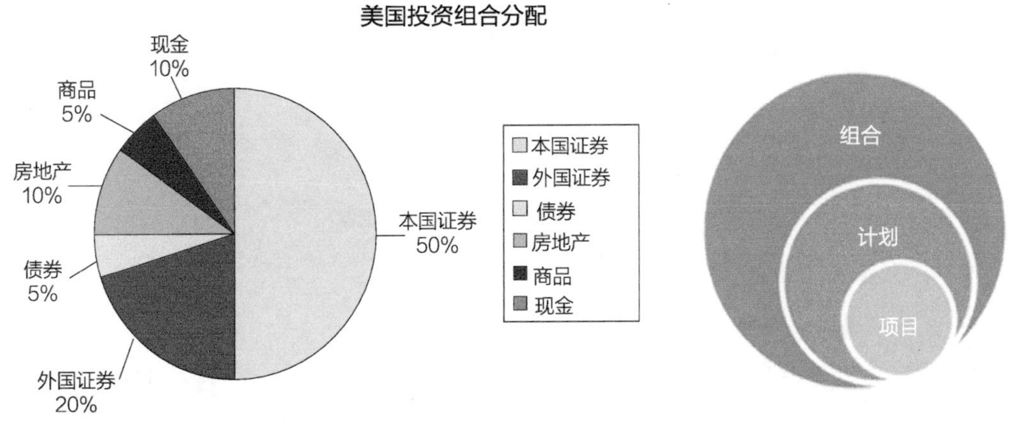

图 9－6 “组合”的几个示例和概念

对于一个组织来说，适当的多元化是发展的必然需求。以企业为例，企业是市场经济活动的基本单位和主体，企业通过协议过程参与到社会的大协作过程之中，通过采办和供应为社会创造价值。在此过程中，企业为了满足客户千变万化的需求，研发出了形形色色的产品，形成了一个庞大的产品家族。这个家族中的每一个产品都可以看成是一个项目或系统，都有相对完整的生存周期，并且需要消耗一定的资源。企业可支配的总资源终归是有限的，为了掌好舵就必须对企业现有的各类产品的“组合”形态进行有效的管理。这便是本章的研究内容。

这里需要说明的是，虽然型号产品的项目组合和投资组合在这里都可以被列入“Portfolio”的范畴，但是限于本书的主要读者对象和范围，本节主要针对工业系统和组织进行论述。对证券经营、资本投资感兴趣的读者，可以参考相关的专著，或对本节所述原则进行适当的变通理解。

9.3.1 概述

1. 目的

如 ISO/IEC/IEEE 15288 所述：

组合管理过程的意图是为达成组织的战略目标，建立并维持必要、充分和适当的项目集。

组合管理过程大体可以被视为一种投资行为。对于一个组织来说，要寻找恰当的单位、部门或团队，赋予其资金、资产或资源，通过批准和正式任命过程，树立领导权威，进而启动事先精心选定的项目。在项目成立之后，还会持续评估关注项目后续表现，以确认当初的投资决策是合理的，或者可以转变为合理的。必要时，还会继续为项目再进一步投资。

组合管理过程的结果作为重要的输出，会被呈送给组织外部的相关方，如上级组织、投资人或监管部门。

从图 9 - 7 可以看出，组合管理介于组织的战略管理与项目管理之间，是企业战略与项目实施之间的纽带。组织通过组合管理过程将各种可支配的项目资源转化为组织的价值实现。因而，在组织的项目使能过程中，其位置和作用十分重要。

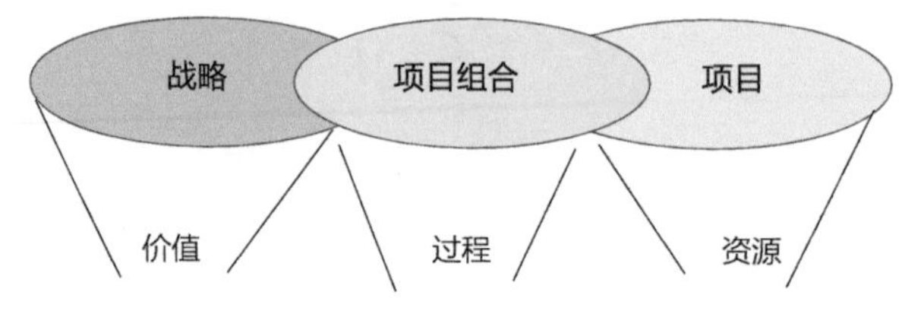

图 9 - 7 项目组合管理的作用与定位

2. 过程描述

图 9 - 8 所示为组合管理过程示意图。

众所周知，项目不仅创造了产品，还创造了组织赖以生存的收入和利润。同时，项目还需要消耗一定的资金和各种资源才能获得成功。这些都要求组织为项目指定强有力的领导权威（Authority）来协调和管理项目。换句话说，一个项目必须有坚强有力的领导，并且得到组织层面的充分授权。

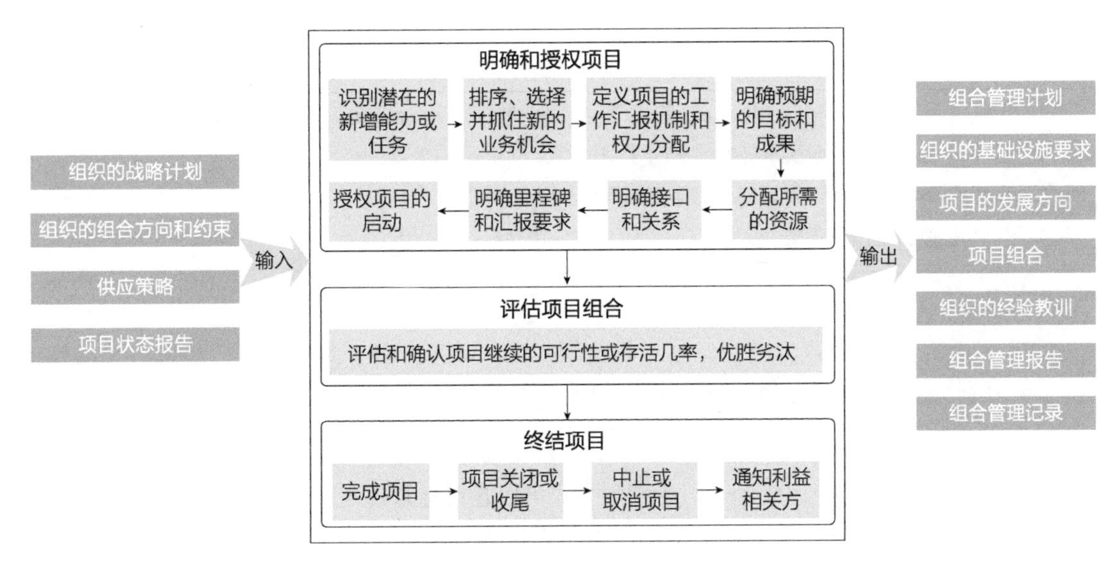

图9-8　组合管理过程示意图

由于组合管理的核心地位，绝大多数企业对组合管理都会通过财务等方式实施密切的监管，并形成一整套过程。必要时，组织可以对项目开展评估，以确定是否值得继续投资，或者需要做出改变。从组合管理的角度来看，理想的项目具有如下特征：

1）有利于组织的全局战略；

2）项目进展良好，朝着预定目标稳步前进；

3）服从组织指引，按照被批准的计划执行；

4）项目所提供产品或服务仍有市场，并且能够提供可观的投资回报。

如果达不到上述要求，则项目有可能被叫停。一旦被叫停，项目组需要调整工作方向。经重新评估后，如果达到要求则继续，否则该项目有可能被彻底取消。归结起来，组合管理过程的终止有三种形式：按计划收尾、中途转向和中途取消。

3. 输入输出集

图9-8列出了组合管理过程的各项输入和输出。

成功的组合管理过程的成果如下：

（1）具备商业机遇、投资或必要条件并处于优先位置

需要说明的是：只有合格的投资项目才可以进入组合。是否合格的判据包括是否存在商业机遇，风险能否接受，资金、资源能否落实，政策能否支持等。

一般来说，可以先列一个长单子，然后逐渐筛选，去除不合理的选项，只留下最终符合要求的项目。在短单子的基础上，还要进行排序，以进一步利于决策。如果组织管理者的眼光比较老到，或者对某一领域有着深刻的认知和理解，也可以一眼相中某个项目、使其直接进入投资的组合范围。这高度有赖于组织领导者的敏锐的眼光和洞察力，这也是领导者最优秀的品质之一。

（2）识别出了项目集

这一步需要为本组织的所有项目建立一个集合，并做到：

① 为每个项目分配资源和预算。

② 明确项目管理的责任（Responsibilities）、问责制（Accountability）和权威（Authorities）。

③ 使项目始终符合协议和相关方的要求。

④ 不符合协议和相关方要求的项目被中止或转向。

⑤ 已完成履约的项目圆满收尾。

9.3.2 过程活动集

组织在实施这一过程时，应当充分考虑组织当前的政策方针、具体规程。尽管各个组织的情况千差万别，但一般来说，组合管理过程包括下列活动。

1. 明确和授权项目

1）识别潜在的新增能力或任务。识别的方式可以是目标与现状之间的差距分析、当前存在的问题或面临的商业机遇。这里可以调用本书技术过程集中的业务或使命分析过程，相关方需要与需求定义过程。

2）排序、选择并抓住新的业务机会。完成形式可以是项目投资、风险投资，也可以是开办公司、企业。潜在项目通常与组织的业务战略和行动计划一致。要排定潜在项目的优先级，明确门槛条件以确定哪些项目将被执行。被选定的项目特征往往是明确的，包括下述分析内容：相关方价值取向、风险分析、成功障碍、外部和内部的依赖性、约束、资源需要等。

3）定义项目的工作汇报机制和权力分配。其中，工作汇报机制主要是指工作结果层层向上汇报、工作任务层层向下分解的机制，权力分配主要是指明确哪方是最终决策者以及决策的机制。

4）明确预期的大目标、小目标和阶段性成果。

5）分配为达到目标所需的资源。

6）明确多项目之间的接口和依赖关系。这包括项目相关的使能系统或系统元素的使用或复用。管理者如果能够站在组织的全局高度上，有助于更好地把握项目的接口和约束。

7）明确项目执行中的里程碑和评审汇报要求。

8）授权项目的启动。这一步可以调用技术管理过程集中的项目规划过程。项目规划过程在生存周期的早期尤为重要。

2. 评估项目组合

评估和确认项目继续的可行性或存活概率。组织和项目都在复杂的环境中向前发展。项目每一天都在向前发展，组织面临的环境每一天都在发生变化。优胜劣汰是这个世界的一个自然法则。因而，需要对项目组合进行评估，看其是否可行，在激烈的竞争中存活的概率有多高。评估的尺度包括是否进展良好，是否服从指引，是否符合项目周期政策、过程和规程，投资回报是否可接受等。若符合要求就继续支持，否则重设前进的方向。

3. 终结项目

1）如果风险、劣势已经超过了收益，那么继续投资就是不明智的。在协议允许的情况下，暂时叫停或彻底取消该项目。失败的项目应当被及时终结。这需要与相关方进行协商和充分沟通。组织如果得不到外部协议方的支持就擅自叫停，则有可能损害组织的信誉，甚至招致法律纠纷。

2）在完成产品和服务的移交协议完成后，启动项目的关闭或收尾程序。需要注意的是，项目的关闭需要参照协议的要求以及组织的相关政策和规程。比如，要进行项目总结表彰、财务结算、人员的工作安置等事宜。

9.3.3 常用的途径及提示

1）妥善定义业务领域的开发计划。组织要认清形势，投入资源，聚焦在满足当前和未来的战略目标的方面，进而定义业务领域开发计划。这一过程中，要注意收集本组织所处的行业或圈子中的相关方意见。广泛听取各种观点，将会使本组织受益。

2）明确评价尺度。当商业机遇出现时，要用可量化的评价标准来进行评估和排序，有助于做出中立、客观的评价意见和决策。项目的预期产出和度量标准必须明确，这会使得接下来的项目过程更加清晰明白。每一个里程碑节点的投资信息也要定义清楚。

3）周密筹备立项事宜。当项目的一切条件具备后，项目才正式立项启动。项目启动是一个十分正式的里程碑。

4）成立专项组。成立一个项目组或其他类似的协调组织，来管理组合中的各个项目之间的协同效应。对于复杂项目或者庞大组织来说，这尤为必要，有助于理清相关的接口关系并及时做出决策。这对于项目的进展过程中各子项目的协调和不同项目之间的协调都同样重要。

5）建立生产线。不同客户可能会需要相同或相近的产品系统（允许适度的客户化定制），这时生产线就显得尤为必要。

6）开展风险管理。风险管理的相关内容具体可以参考本书中相应的章节。当风险过高时，应当及早采取干预措施。同时，要切合实际，符合组织能力建设要求或战略目标，技术风险、资源需求、不确定性也都必须处于比较合理的水平。

7）避免项目超支。项目的各项资源要根据实际需求科学分配，节约使用成本，抓紧工程进度，一旦超支会给项目的质量和性能带来消极影响。

8）有效监管。要建立一套行之有效的过程集，对投资决策、沟通管理起到有力的支撑。

组合管理需要把握平衡。组合管理需要驾驭好组织内部资本和资源的平衡。组织投资一个项目，是想从投资中获益。项目需要消耗宝贵的人力、物力、财力。因此好的组合管理就显得尤为重要。这不仅需要在立项时把好关，还要在项目后续过程中的各个里程碑节点上加强对项目的控制，确保随着时间的推移，项目日趋成熟，最终目标也从遥远朦胧变得近在咫尺。即使技术上没有问题了，还要考虑成本和进度，以及投资回报率。对于大型项目，不仅要建立各种复杂的工程模型、开展必要的仿真论证，甚至还有必要建立一个初样产品来。例如，许多新的卫星平台因为技术升级很多，首颗星往往需要初样产品来验证技术的可行性和可靠性。汽车企业在大规模生产某新车型之前，也会生产少量的“概念车型”，以验证技术的可行性和成熟度。对于超复杂的大型项目，原型样机的研制费用大概可以占到总成本的1/5。

组织的组合管理还必须做好突出重点、层次分明。组织可支配的资源和资产是有限的。有些重点项目关乎组织的生存或者重大的发展战略目标，必须给予一定的倾斜和照顾；而对于另一些与组织战略目标关系不大或者完全脱节的项目，应当在协议允许的条件下予以裁并。当然，这也需要平衡好各相关方的关系。

9.4 人力资源管理过程

一个项目要想取得成功，除了设备工具、原材料、经费和信息技术这些物质资源之外，还包括人力资源，即一支优秀的人才队伍。组织的领导者要深刻理解“以人为本”的思想。从某种意义上说，人力资源甚至已经成为制约项目成败的关键因素。那么，系统工程在方法论的指引下，该如何实施项目组合的人力资源开发管理工作，是所有组织的人力资源部门亟待解决的重要命题。本节主要从组织的视角研究人力资源的管理过程。

9.4.1 概述

1. 目的

如 ISO/IEC/IEEE 15288 所述：

人力资源管理过程的目标是为组织供应必要的人力资源，保持其胜任力，并使其与业务发展的需求相匹配。通过人力资源的管理，提供一支技巧和经验都十分丰富的员工队伍，能够在生存周期全程中完成组织、项目和客户的目标。

基于这一标准来制定本组织的人力资源管理过程，具有以下显著优势：

① 为组织和项目提供一个规范性的参考框架，能够降低人力资源管理不到位的风险。

② 使得人力资源管理链条更加顺畅，接口更加清晰，促进跨部门的沟通和协调。

③ 提升项目质量、工作效率和客户满意度，并做到持续改进。

2. 过程描述

图 9－9 所示为人力资源管理过程示意图。

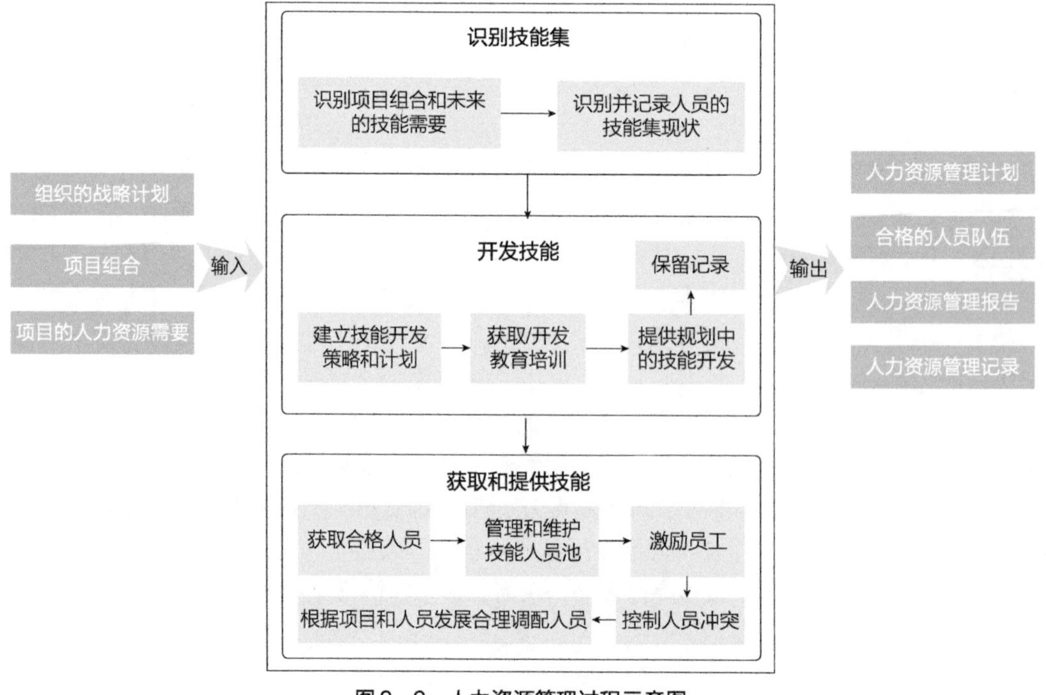

图 9－9 人力资源管理过程示意图

人力资源管理部门作为企业的战略部门之一，其主要工作职责可以概括为收集企业的用人需求，协商和解决用人方面的冲突，以及负责为业务部门提供员工队伍。一支称职的人才队伍并不是轻而易举就能打造出来的，必须有人力、物力、财力的巨大投入和精心培育。常有人说，人才是一个组织最宝贵的财富，这种说法不无道理。这要求企业的决策者，必须以系统思维，在大环境下考虑问题，以投资视角去经营和开发。因而，人力资源具备了资本特性，有时也被称为人力资本。

在企业管理链条上，人力资源管理是重要环节。

3. 输入输出集

图9－9列出了人力资源管理过程的各项输入和各项输出。

成功人力资源管理过程的成果如下：

1）识别项目所需的技能集。

2）为每个项目配备必要的人力资源。

3）队伍的能力得到开发、维持和提升。

4）消融多项目之间的人力资源冲突[㊀]。

9.4.2 过程活动集

组织在实施这一过程时，应当充分考虑组织当前的政策方针和规章制度。尽管各个组织的情况千差万别，但一般来说，在识别出了上游输入和下游输出之后，不难得出人力资源开发管理的工作范畴，应当包括下述主要活动。

1. 识别技能集（Skill Set）

1）识别技能需要（Needs）。这基于当前和可预期的项目集，要求组织必须对未来的用人需要做到良好的把握。如果项目大量增加，而人才队伍难以满足需要，就会出现用人荒。即使通过短期内大规模招聘来补充人才队伍，也会出现培训压力剧增的局面。一旦培训不到位，就有可能出现低层次质量问题频发的窘境。反之，如果项目数量变化不大，而员工数量暴增，则会出现人满为患、人浮于事、晋升通道狭窄、平均收入下降，进而导致优秀人才流失。总之，人力资源管理依赖于组织领导者的战略性决策和前瞻性眼光，尽可能兼顾工作效率和队伍稳定性。

2）开展人才盘点。识别并记录人员的技能集现状。这包括给现有的人才建立信息库。只有充分了解每个人的能力，并做到心中有数，才能够知人善任。为了合理评估人才的能力水平，各个组织需要结合自身特点开发本组织的岗位胜任力模型。

2. 开发技能

1）建立技能开发策略和计划。首先要对人员队伍层级和培训类型进行梳理和规划。比如，某企业按培训对象可以分为员工培训和客户培训，其中员工培训按职级又分为高级领导干部、中层领导干部、班组长和普通员工的培训。不同组织的分类方式也可以有所不同。此外，开发计划还必须要考虑时间进度的紧迫性、资源要求和培训等需要。

㊀ 例如，在矩阵式管理模式下，有可能会出现一个人同时为多个项目服务的现象。这时，谁催得紧先干谁的任务。不仅技术人员不堪其苦，管理人员也不堪其乱。这种现象的本质就是人力资源管理冲突。

2）获取或开发培训资源。

① 开发组织内部的培训资源。来自本组织内部的教师和教材具有非常独特的优势，能够直接服务于本组织的相关业务，因而具有不可替代的重要性。

② 购买外部的课程。如果本组织尚无相关的内部教师和教材资源，却又非常急缺这样的技能培训，则可以考虑从组织外部的高等院校、培训机构或咨询公司购买。另外，以计算机辅助教学、在线学习（e-Learning）、混合学习模式（Blended Learning）也正在成为广受瞩目的新型教学模式，在某些方面具有大大超越传统教学模式的特殊效果。

3）提供规划中的技能开发。这一步主要是指培训项目实施。培训项目可长可短，短的可以只有半天，长的可以持续数月甚至数年。培训项目也有自己的生存周期，可以参考本书的技术、技术管理和项目使能等过程集进行管理。

4）保留技能开发相关记录。这包括培训签到表、照片、课件和反馈等。

3. 获取和提供技能

1）为项目提供必要的、适宜的人才队伍。一方面可以通过招聘的方式网罗人才，另一方面要设法留住具有一定经验水平和技能专长的员工。为此，有必要开展员工的评估和评审，诸如对员工的技能熟练程度、内驱力（工作动机）、团队协作能力等。基于评估的结果，得出留任、晋升、调岗或辞退的结论。

2）当发现有技能缺口时，需要获取合格的人员。注意，技能在这里是组织真正需要的对象，而人员只是技能的载体。

这种划分方式，能够在更小的粒度上管理人力资源。这是一种重要的借鉴思想。这有助于体现复合型人才的价值，也更加适合初创企业和大多数的企业组织。每一个员工都具有一组技能集合。同样，一个岗位也需要多种技能的集合。如果岗位和员工技能集合出现了错误匹配，那么差距的部分就是员工开发的目标。

例如，岗位所需的技能集为 A，该岗位现在的员工所具有的技能集为 B，那么该岗位的技能缺口便是 $D=A-B$。为了弥补这个缺口，可以采用技能开发的方式，也可以招聘新的人员来填补。但要注意，人力资源是有成本的。为了节约用人成本，在能弥补技能缺口的各种方案中，要选择一个相对低廉的用人方案。常见的方法包括人力资源的内包和外包。内包是指该项工作技能由本组织内部的员工来承担，但需要支付额外的报酬。外包是指从本组织外部获得，如从劳务公司、乙方单位或下属单位获得。这时，由外包方式获得的员工技能所需的成本由原组织支付，在本组织看来便会出现“同工不同酬”的现象。这在一定程度上会被人诟病，但是仔细分析便可以看到组织层面上的深层原因。

3）维护和管理当前项目所必需的技能人员池。这里也采用了一个比喻，将本组织的人才队伍比作一个池子。这有一定的合理性，人员在本组织内具有一定的流动性，可以根据战略、业务和项目的需要进行合理的调配，就像水一样从一个地方流到另一个地方。

4）根据项目和员工发展的需要来调配人员。这里不仅要根据项目的需求，还要根据员工发展的需求。这是因为人都有不断发展的主观能动性和内在精神需求。

如果员工的职业发展长期停滞，就必然会造成优秀人才的流失，这在现实的企业经营管理中屡见不鲜。

5）激励员工。具体的激励方式多种多样，可以通过职业晋升、经济报酬、精神文化、价值观乃至信仰等机制来激励。例如，一个组织会通过设立“劳动模范”“终身成就奖”等奖项来激励员工不断超越自我，创造辉煌。

6）控制多项目管理界面中的人员冲突问题。这包括组织的基础设施容纳能力不能满足人员需要、正在进行中的项目在用人方面的冲突以及项目人员的过劳等。例如，近年来一些企业由于生产紧张，施行“三班倒”的工作方式，导致工人精神紧张甚至某些极端情况。这些都可以归入人力资源管理不到位，尤其是没有解决好多项目管理界面中的人员冲突问题。

9.4.3 常用途径和提示

人力资源管理涉及因素众多，管理优化的难度很大。人力资源的相关问题通常与企业的现存体制、规章关系密切，有些甚至是历史遗留问题，处理起来非常棘手。在中央深化企业体制改革、进行产业结构升级的大背景下，要求我们采取分步实施、日积月累的工作方式，坚持不懈地推进人力资源的开发管理工作。这里提供了四个方面15条启发性的方法或建议，可供参考。

1. 人力资源开发管理的一般准则

1）人才队伍的可用性和匹配性是一个重要的项目评估标准，而且是一个组织的人才队伍建设取得进步的明显标志。在此前提下，实现员工的个人发展目标，对于人力资源的管理非常重要。

2）努力实现员工和企业的双赢。在实现既定企业发展目标的同时，使员工的个人价值得到体现。这需要定期进行员工的绩效评估，并努力使其职业生涯发展计划和企业目标保持一致。通过员工职业生涯发展计划的审视、追踪和改进，形成一种常态机制，帮助员工在本企业内实现其职业发展的目标。

3）一支队伍的专业能力清单和每个员工的职业发展计划书，是非常重要的参考文档，要与工程项目管理相匹配、相适应，不能脱节。

4）以组织的名义制定员工职业培养项目，而不受项目短期需求的影响。出台相应的政策，使所有员工都要定期接受有益于其发展的培训和教育课程。具体形式可以包括课堂培训、各种专业认证、导师制手把手辅导、相关研讨和会议等，甚至是本科教育、研究生教育等。不少优秀的企业已经纷纷建立各自的企业大学，对本企业的人力资源开发产生了重要作用。

5）所有的规章制度必须与国家和企业现行的法律法规相匹配、相兼容。

2. 项目人力队伍的建设

1）各项目本着按需分配的原则来调配员工资源，如遇冲突，则通过协商或谈判来解决。坚持以项目任务需求为目标导向进行人员调配，同时将人力成本控制在预算范围内。

2）各项目要善于利用较为宽松的项目间隙时段来储备、挖掘和培养人才，避免资深专家、管理人员、技术工程师和操作人员的短缺。

3）各项目积极考虑使用“集成开发团队（IDT）”的模式，组建跨部门的多学科研究团队。这样不仅可以减少型号项目重要岗位的变更次数，也可使每一个团队成员都参与到型号中来，使其亲身感受到自己正在进步和成长，分享项目成功的喜悦。基于并行工程的集成设计模式尤其适用。对于新入职的员工，引入师徒式的入职辅导计划，使其融入集成开发团队。这不仅有利于新员工的成长和成才，而且有助于间接吸引更多优秀的应届毕业生加入企业。中国空间技术研究院神舟学院在这一领域进行了积极的尝试，取得了很大的成功。

4）项目人员要避免过于固定。尤其是那些有特殊专长的人，要鼓励人才的合理流动。这样可以避免人才的浪费，做到才尽其用。

3. 灵活开放的用人策略

1）建立多种通道，使合格人才加入本单位中来。必要时可以使用正式或外聘等多种方式灵活应对。特别是关注那些具有项目所需经验、技能或专项特长的人才，做好他们的招聘、培训、留任和返聘等工作。对他们的评估应当着重审视其熟练程度、工作动机和团队意识，在此基础上认真考虑再培训、再分配和再调动的需要。

2）可以考虑采取短期租赁的方式，来引进满足使用要求的人才。根据企业或单位的发展战略进行人力资源方面的内包或外包。例如，对于非核心业务、低值业务或临时性业务，为了降低企业的人力成本，可以考虑进行适当的外包。为了寻求降低企业的运营成本，除了业务的外包以外，还可以考虑进行适当的内包。内包是一种类似于“包干到户”的思路，在本单位内部寻找新的责任主体，打破“吃大锅饭”的弊端，实现多劳多得，从而能够充分调动员工积极性，这也是一种用人制度上的创新。从单位的整体上来看，无论是外包还是内包，只要运用得当，都能降低企业整体的人力成本。

3）鼓励员工参加各种外部交流活动，这样可以保持其对新技术、新事物的敏锐度；同时借助这些活动为本单位吸纳更多的人才，实现员工与个人的双赢。

4. 新技术带来的新机遇

1）开展“知识管理”已经被 ISO/IEC/IEEE 15288:2015 标准列为人力资源管理过程中的重要一环。这标志着知识管理也是人力资源管理一个重要的方面。根据知识管理战略，要在企业范围内发现和分享知识，将专业信息在各个部门之间进行分享。

2）建立人力资源管理信息系统。这是一项与组织信息化有关的基础设施建设。事实上，包含人力资源在内的各种资源，都需要依托此类信息系统实现其维护、追踪、分派和提升，并在现状和未来发展目标之间建立必要的信息关联。对于任何一个 50 人以上的单位或部门，都推荐使用此类人力资源的信息系统。

3）留意行业内的变革趋势，这可能会给项目团队组建和工作模式带来新的变化。

9.4.4 重要概念和问题详述

在人力资源基本配置到位的情况下，下一步要考虑的就是如何使其更好地承担起项目研制的职责。这就涉及工作过程和方式。

人力资源管理的目标就是维持本单位当前各种项目所需的人员队伍，将合格人才在恰当的时间部署到正确的地方。

最理想的目标就是人尽其用，即每项资源都做到 100% 的使用率，但这并不现实。人力资源管理的各种决策都严重依赖于对未来各种资源需求和供应的前瞻性判断。人力资源管理的首要目标是为本单位提供一支卓越的人才团队。这项工作的复杂性在于需要理清各种纷繁的人才需求来源，平衡单个型号的预算与整体资源占用消耗比，保持对与人才相关的新政策、新法规和新技术的关注。

1. 项目人力资源管理需要并行工程

项目经理面临的一个传统困难是在整个组织中对稀缺人才资源的竞争。比如，各个项目对领导、院士和专家等资源的竞争。项目需要这些专家的知识和经验，来引领项目队伍开展设计或决策。

现代的项目高度依赖于跨学科的系统工程和团队协作。团队成员间的直接沟通有助于快速地解决型号问题。多学科的视角有利于克服局限性，站在全局的高度寻找最优方案，因而能够缩短决策周期、做出更好的决策。有研究表明，这种群体决策的模式抗风险能力更强，因而能够做出更大的创新。通过并行开发的工作模式（图9-10），可以更快地完成工作，释放员工潜能，增长宝贵经验和能力，最终达成项目的圆满成功。这就是并行工程（Concurrent Engineering，CE）近年来广为接受的现实原因。

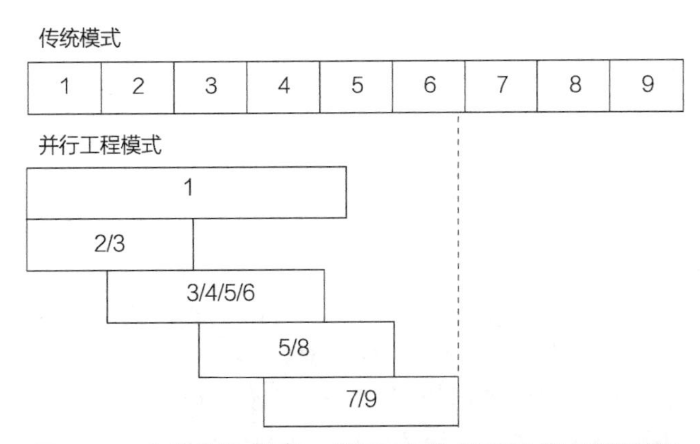

图9-10 与传统模式相比，并行工作模式需要的移交时间更短

并行工程不仅是一种行之有效的设计模式，还是一种很好的项目人力资源开发模式。

并行工程模式能够大大加速项目团队中的知识分享，使年轻设计师快速地汲取团队智慧和获取经验。目前神舟学院等多个单位已经进行过多期试验，效果甚佳。从长期来看，并行工程将有助于缓解型号与稀缺人才之间的矛盾，实现企业和各型号系列的可持续发展。

2. 并行工程人力资源管理成功要诀

要想实施成功的并行工程，必须做到“3C”原则。3C分别代指沟通（Communication）、协调（Coordination）和协作（Collaboration）。

在一个多学科的团队中，每个成员来自某个学科，能够从自己的角度思考问题。他们各抒己见，并与其他成员建立必要的联系。为了避免最终设计结果流于平庸，鼓励每一个团队成员围绕最终目标迸发出思想的火花，不断改进设计。事实上，系统工程的基础是多学科共同努力成果的有效集成。这需要工程师们尽量做到一专多能，既要做本领域的“专才”（Specialist），还要做熟悉其他专业的“通才”（Generalist）。

在制度管理方面，型号项目队伍要努力破除官僚主义和本位主义。一方面要理顺各单位之间的接口和组织关系，要想理清各项任务的沟通链条，需要深刻理解和定义各个要素之间的相互依赖或约束关系。另一方面要使各种专业人才的专业知识背景都直接并忠诚地致力于总体的优化设计，服务于型号成功的总目标。设计结构矩阵（Dependency Structure Matrix，DSM）是一个非常有用的工具，对于解决这个问题可以发挥重要的作用。

3. 关于职责的词汇辨析

结合本节主题，国外文献中 Responsibility、Accountability、Authority 这三个词反复出现，因此有必要将其辨析清楚。这三个词几乎是组织的核心和根基所在。正是依靠这三个词，才将组织真正地构建起来。

Responsibility（职责），与岗位密切相关，从词根也能看出来，Response 为主要意旨，要求根据外界的信息或刺激做出反应，这便是直接责任。很多时候，Responsibility 是第一位的，相当于发挥职能的第一线。责任意味着不再分解，不再推脱，而是直接撸起袖子加油干。说一千道一万，事情最终还要人来干。没有了 Responsibility，什么都是空谈，就会无所作为，懒政和怠政便由此滋生。这也是中央再三强调担当的理由所在。

Accountability（问责），衔接 Responsibility 和 Authority，使人群成为一个组织的关键所在，简单说就是层层负责、层层汇报。遇到问题需要按照要求往上报。如煤矿出现了塌方，采掘队长要向矿长汇报，矿长要向安监部门联络人汇报，安监部门在层层上报，这就是市长要问责，直接要找的人是市安监局负责人；县长要问责，应当找县安监局负责人。如此层层追责，一般不能越级。组织工作中的一个忌讳就是越级汇报，其根源便是在此。越级汇报可能会扰乱组织的“正常、有序”的状态。只有在极个别的情况下，当权力机制出现了“梗阻”状态时，才考虑用非常规手段直接通向上一级汇报。另外，Accountability 还具有审计的职能和事后问责的意味。各种各样的翔实记录也是事后追责必不可少的依据，必须妥善保存。

Authority（权威），一般指组织内部的权力。拥有 Authority 的人，统领全局，驾驭着组织（Organization）这艘大船在波涛汹涌的大海上航行，他们是真正的领导者。但他们一般不会直接行使具体业务责任，而是会通过授权的方式，逐级向下分解。

为了帮助理解，这里可以打个形象的比喻：Authority 就像高耸入云的雪山，接受众山的膜拜；在太阳的照射下融化的雪水向下流淌，水在峡谷、河道中从高向低流，受到河流两岸和自然规律的制约，这就是 Accountability 的作用；水最终流向农田，滋润庄稼，从而为人们创造美好生活而服务，或是流向湖泊、海洋，发挥调节气候、承载航船的作用，这是 Responsibility。

总之，面向项目的人力资源开发是现代组织管理中的一个重要命题。基于 ISO/IEC/IEEE 15288 标准，可建立人力资源开发管理的一般过程，在此基础上可采取多种途径开发出符合项目组合和组织发展需要的人才队伍体系。并行工程的开发模式需要组建起一支多学科的研制团队，是一种新型高效的项目研发和人力资源开发模式。只要坚持与时俱进，密切联系项目和组织的实际需要，组织人力资源开发就能焕发出新的活力。

9.5 质量管理过程

在现代企业中，每一名员工对于质量管理的重要性都耳熟能详。每年都会有质量宣传月，使质量意识深入人心；各种与质量有关的口号出现在工厂企业的围墙之上，随处可见；各类质量管理的理论和著作多不胜数。但是质量管理工作应该怎么做？特别是在复杂系统的背景下，以系统工程的视角，质量管理过程可以分为哪几个步骤？本节即尝试回答这个问题，给出一个比较简明的答案。

9.5.1 概述

1. 目的

如 ISO/IEC/IEEE 15288 所述：

质量管理过程的目的是确保产品、服务和质量管理过程的实施，均符合组织和项目的质量目标，并使客户满意。

质量管理过程可以使组织朝着令客户满意的目标稳步前进。一般来说，企业的产品或服务的竞争力主要来自于时间、成本和质量。首先，当客户需要某项产品或服务时，必须能够及时采办得到。如果能够现货交易最好，否则就是期货交易，需要签署协议，具体可以参见本书的协议过程相关内容。供需关系也会在一定的程度上影响价格。在能够采办得到的前提下，体现竞争力的两大方面就是成本和质量了，简单来说就是要求“价廉物美”。其中，“物美”便是对于质量提出的要求。随着我国经济的发展，人们对于产品或服务的质量要求也水涨船高。高品质的产品、系统或服务是项目成功和组织发展的关键。因此，质量管理部门往往是企业组织的核心部门之一。

质量管理过程本身也需要消耗一定的资金、资产、资源和人力成本，并有可能会对项目进度产生影响。质量管理过程的成本一般来说不超过因为质量管理工作而给项目和组织带来的整体收益，不仅要让客户等相关方满意，还要让组织的目标和战略得以实现。

2. 过程描述

质量管理过程如图 9-11 所示。

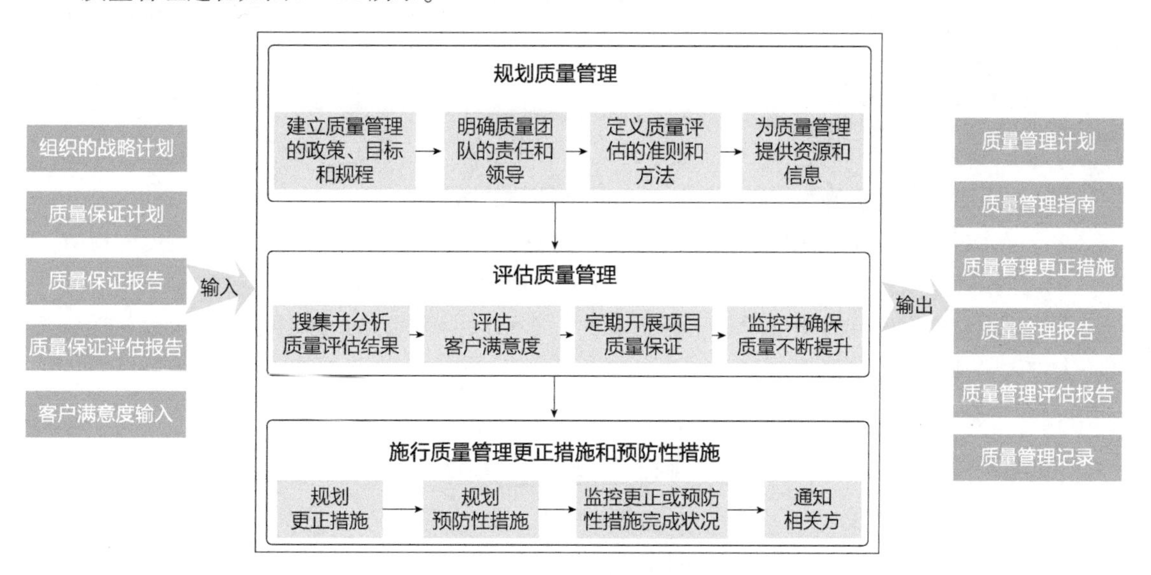

图 9-11 质量管理过程

3. 输入输出集

图 9-11 列出了质量管理过程的各项输入和输出。

成功的质量管理过程的成果如下：

1）定义并实施了组织的质量管理政策、目标和规程。

2）建立了质量评估的标准和方法。

3）开展了质量保证（Quality Assurance，QA）工作：

① 为项目的质量保证活动的运转和监控提供了资源和信息。

② 搜集并分析了质量保证评估结果。

4）基于项目或组织的结果，改进了质量管理的政策和规程。

9.5.2 过程活动集

组织在实施这一过程时，应当充分考虑组织当前的政策方针和具体规程。尽管各个组织的情况千差万别，但一般来说，质量管理过程包括下列活动：

1. 规划质量管理

1）建立质量管理的政策、目标和规章制度。这要基于获取客户满意的业务战略。质量管理的总目标必须与组织的战略相兼容、相一致。必要时，应当发布明确的质量管理大纲或质量管理指南，阐明组织的质量政策、引用标准和某些工作的具体质量管理细则。有些国际标准可以提供重要参考，如 ISO 9001 标准提供了一套质量管理过程模型，ISO 9004 标准提供了性能改进指南。

2）明确质量管理团队的责任和主管领导。质量管理工作离不开资金、人力和权力等各种各样的资源支持，因此组织必须对质量管理团队进行授权。为确保质量工作的独立性，其人员考核不同于一般的项目人员，从而保证其实事求是、敢于说真话，指出项目、产品和服务中的质量问题。

3）定义质量评估的准则和方法。常言道，没规矩不成方圆。所以一定要制定明确的质量评估的方法，让项目实施、工程技术人员有章可循。

4）为质量管理提供资源和信息。

2. 评估质量管理

1）搜集质量管理相关的信息并分析质量保证评估的结果。

2）评估客户满意度。ISO 10004:2012 标准提供有关于如何监控和测量客户满意度的指南。

3）定期开展项目质量保证，确保其符合质量管理的政策、目标和规程。

4）监控并确保项目的交付质量不断提升。一个卓越的组织总是精益求精，永远在改进质量，绝不停下脚步。

3. 施行质量管理更正措施和预防性措施

1）当质量管理目标没有达到时，规划更正措施。具有鲜明航天特色的质量“归零”已经在项目管理领域的国际范围内产生了很大的影响力，已经被接纳为国际标准 ISO 18238:2015《Space systems — Closed loop problem solving management》。

2）当质量管理目标面临风险时，规划预防性措施。

3）监控更正/预防性措施完成状况，通知相关方。

必要时，可调用生存周期模型管理过程或项目评估与控制过程。

9.5.3 常用的途径及提示

1）质量工作应常抓不懈。质量应当成为每天都关注的焦点，而不仅仅是发生事故后才关注。

2）综合各方的纲领性文件作为质量管理的输入。输入材料包括政策文件、使命任务、战略目标和合同协议等文档，来对质量工作的影响、要求和方案进行全面的分析。

3）质量观念应深入贯彻，直达每个人的内心。

4）开发一个质量管理的局域网和内部数据库系统。这个系统可以提供一个有效的宣传机制，分享质量管理的大纲指南、工作动态、行业趋势和研究成果等相关消息。这个系统不仅可以潜移默化地影响大家的质量意识，而且还可以收集重要的信息反馈，更好地把握组织发展的趋势。

5）重视数据统计。包括过程审计、测试、评估、顾客满意度、事故报告、产品质量稳定性和产品召回率等。

6）质量管理是一项重要业务，可以博采众长。质量管理方面的标准、方法和技术已经有众多成果，其中在国内外已经产生重要影响的有 ISO 9000 系列国际标准、全面质量管理（TQM）和六西格玛（基于统计的过程控制）。

7）注意质量管理的策略。一般来说，所移交的产品或服务是否满足要求，与顾客的满意度直接相关。因此，质量管理的目标在于防止背离顾客要求。但是，也要注意另外两种情况：项目符合要求但顾客不高兴；项目不达标但是用户很高兴。在现实中，这两种情况也并不少见。

8）对项目管理人员开展深入培训。这是因为质量管理工作经常需要项目管理者做出快速及时的决断。一方面要选拔合适的人员走上质量管理的岗位，另一方面必须深入开展必要的培训。

9）开展项目评估和指标式度量。这样可以确保产品的性能和项目团队的整体表现都朝着预期的质量目标和质量成果前进。

10）建立一套申诉机制。项目团队在面临时间进度和经济成本方面的重压之下，有时会对质量问题采取忽视或瞒报的态度，睁一只眼闭一只眼。在这种情况下，必须通过这套申诉机制向组织内的高层领导发出警告信息，指出潜在的危险和可能的后果，进而帮助领导做出方向性的决策。

9.5.4 重要概念和问题详述

质量管理的宗旨在于通过构建一系列的政策或过程，来管控和提升组织的各种过程，并且最终提升组织的业务表现。

质量管理最主要的目标就是让项目的最终结果满足或超越相关方的期望。

例如，制造商要求所生产的商品安全且有效。为了达到这一目标，制造商需要建立设计、生产、营销、售后服务等一系列的方法、措施和过程，这都与质量管理密切相关。质量管理与系统工程的中验证与确认（V&V）过程关系密切。

质量保证（有时又称为“产品保证”）通常与故障测试、统计评估、全面质量管理等活动相关联。许多组织都使用统计学方法来实现质量控制，达到六西格玛的质量水平。传统的统计工作采用随机抽样的方法，仅仅抽取一小部分的样品进行检测。一旦发现问题，就采取更正措施，避免出现更多的残次品。

质量管理专家认为质量的检测度量十分重要。如果不能被有效度量，也就不可能进行系统性的提升。通过度量的方式，为改进提供所必要的反馈信息，进而开展中途修正、问题诊断、精准定位等改进措施活动。在这里，有一个流传极广的质量管理标准范式，即 PDCA（Plan-Do-Check-Act）循环，被称为休哈特循环。

所谓 PDCA 循环，即计划（Plan）→实施（Do）→查核（Check）→行动（Act）的连续循环。质量管理大师戴明称之为休哈特循环（Shewhart Cycle）。由于这个概念是由质量管理大师戴明引进日本的，所以日本人也称之为戴明循环。PDCA 循环的第一步是制定计划，通过分析某一过程，找出需要改进的问题（也许会找出很多问题，这时应当根据轻重缓急，确定先后次序，找出特定问题，然后根据问题设计理想目标，以及如何达到这个目标的方法，需要做哪些工作等）；第二步是着手实施这个计划；第三步是将计划应用情况与原计划进行核对，看是否一致，有无偏颇；第四步是采取措施，从而达到预期目标。完成这一循环后，探究所得到的结果，看看从中能得到什么，利用上次循环累积的知识，开始下一轮循环，通过不断重复，达到不断改进的目的。PDCA 循环在很多方面都能应用，常用在提高产品质量上，在绩效管理体系中也是可以应用的。

戴明强调，组织不仅应当满足用户需要，还要积极主动地“持续改进”质量，秉承精益求精、永无止境的理念。为此，他的建议是将质量管理的重心从生产成品的事后检查前移至组织的质量过程当中。例如，1981 年福特汽车公司发起了一场“质量是第一要务（Quality is Job 1）”的运动，招聘优秀工人，并对他们开展优质的培训，并为他们购置一流的设备、设施和原材料。通过将质量定义为一项“工作”，从而使每个员工都被动员起来，关注质量问题及其改进提升，最终为用户移交优质的产品和服务。

全面质量控制需要深入理解客户和各相关方的真实需要。如果原始的需求没有反映出客户真实的质量需求，那么后面的质量检测、生产加工都谈不上有任何质量可言。例如，对于大型的基建设施项目，不仅是材料和尺寸符合要求，还要考虑到环境保护、安全性、可靠性和日常维护等诸多要求。

质量管理工作几乎在所有组织中都受到了领导层的重视。在施行时，需要根据各自所处的行业特征、经营特点和组织机构进行针对性的部署。例如，有的企业以设计为主，有的以加工为主；有的以产品为主，有的以项目为主。这就需要企业或组织在构建自己的质量管理体系中在把握质量管理共性（如重视客户满意度）的基础上，结合自身的特点进行剪裁，找到一套适合自己的质量体系，如图 9－12 所示。

产品认证也是与质量管理关系密切的一个话题。通常，产品的质量认证都有一整套标准和规范，只有在通过了一系列的质量检测、政府部门的质量审查之后，才能取得相应认证。例如，美国食品药品管理局（Food and Drug Administration，FDA）就有相应的质量体系规定，明确了特定的产品和操作。

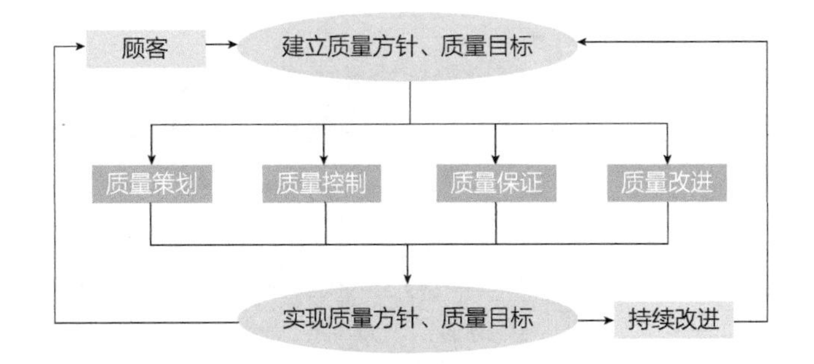

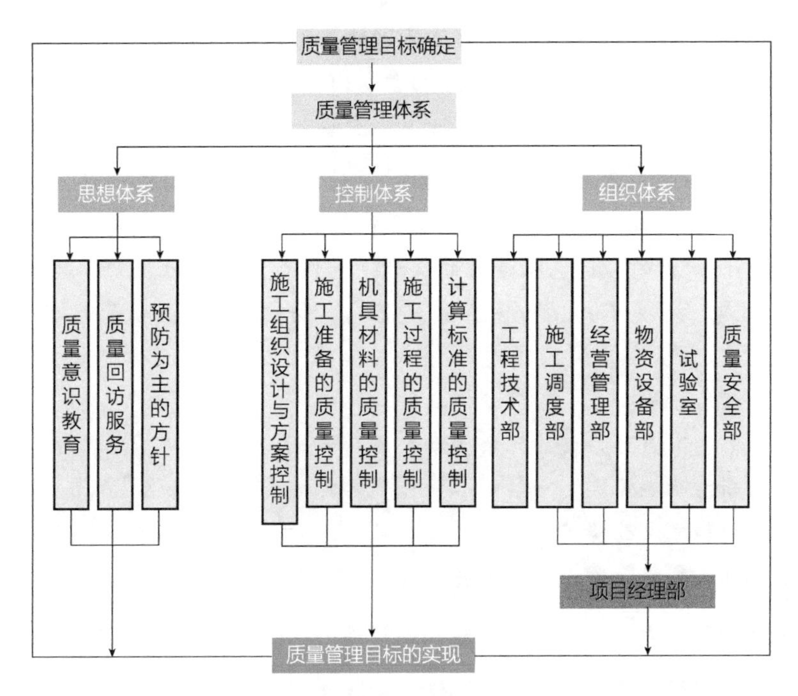

图9-12 各个企业结合自身特点构建不同的质量体系

9.6 知识管理过程

知识的重要性在我国已经深入人心。尽管如此，人们通常所认为的知识重要性及其管理并不直接地等同于本节所述的知识管理。本节主要从组织的视角，研究本组织内知识管理过程，厘清其应用价值和意义。在这里，一个工业企业、一个部门都可以看作一个组织。

9.6.1 概述

1. 目的

如 ISO/IEC/IEEE 15288 所述：

知识管理过程的目标是创建知识相关的能力和资产，以使组织通过重用已有知识来把握机遇。

2. 过程描述

知识管理是一个超越了系统工程和项目管理边界的广阔领域。关于知识管理的研究正在成为新的热点，已经有许多公司和研究机构专注于这一领域。知识管理通常包括知识的识别、捕获、创造、表达、传播，以及和相关方的知识交换。知识来源于个人和组织的经验和洞见（Insights）。

知识可以分为显性知识（Explicit Knowledge）和隐性知识（Implicit Knowledge）两大类。简单来说，显性知识是指那些“看得见、摸得着”的知识，通常已经被相对清晰地表达出来，如书本、教材、PPT、培训视频、规章条文里面的知识；隐性知识是指那些“看不见、摸不着”的知识，通常是指内化在人类头脑和意识之中未经刻意整理过的知识，可以源于个人（通过经验）或组织（通过过程、实践、教训等）。关于知识管理的更多信息，可以参考相关的文献资料。

知识管理主要的关注对象是组织级的知识、活动和目标。在组织内部，显性知识的获取通常依靠培训、过程、实践、方法、政策和规章；隐性知识则需要采取特殊的手段才能实现组织内部的传递。组织级的目标包括绩效的提升、如何获取竞争性优势、集成创新、经验分享、组织持续改进等（参见 Gupta 和 Sharma，2004）。因此，实施知识管理可以给企业带来很大的好处，例如：

1）跨组织的信息分享；

2）减少因为信息不通而导致的冗余劳动；

3）避免“重新发明轮子”；

4）有利于培训和推广最佳实践；

5）减少因为员工离职导致的知识流失。

组织实施知识管理的途径通常包括构建知识管理的框架、资产和基础设施等。知识管理过程示意图如图 9－13 所示。

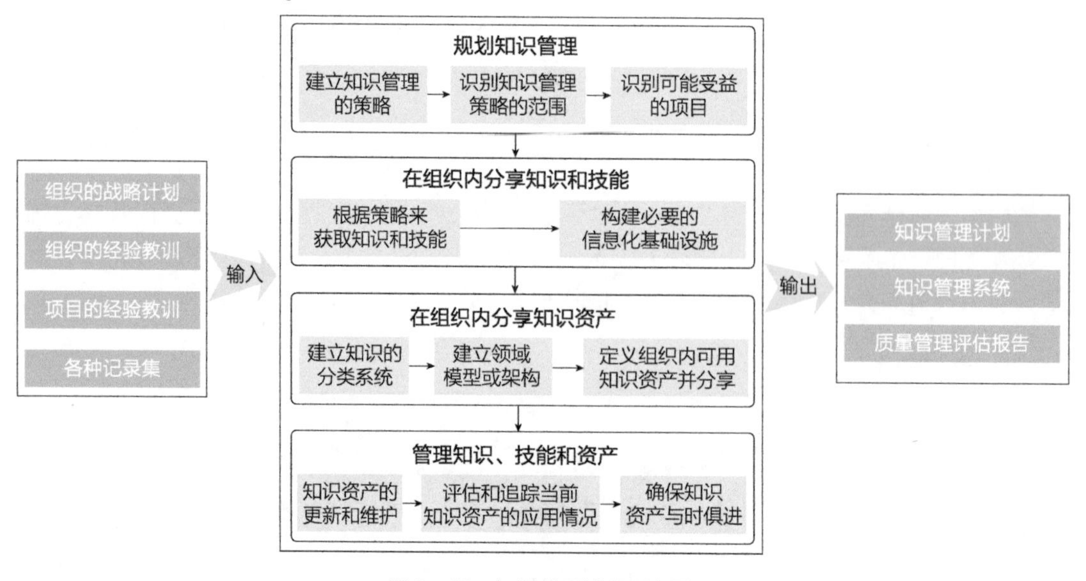

图 9－13 知识管理过程示意图

成功的知识管理过程的成果如下：

1）识别了知识资产的应用分类（Taxonomy）；

2）开发或获取了组织的知识、技能和知识资产；

3）分享了组织的知识、技能和知识资产；

4）收集和分析了知识管理的使用数据。

3. 输入输出集

图9－13列出了知识管理过程的各项输入和输出。

9.6.2 过程活动集

组织在实施这一过程时，应当充分考虑组织当前的政策方针和具体制度。尽管各个组织的情况千差万别，但一般来说，在识别出了上游输入和下游输出之后，不难得出知识管理的工作范畴，应当主要包括下述活动：

1. 规划知识管理

1）建立知识管理的策略。这包括如何使组织内的员工进行交互，达到预期的知识管理水平，以及该捕获哪些知识，并使知识得以高效利用，如何进行优先级排序等。具体来说，这项工作的范畴包括：

① 明确业务知识的领域并分析其可复用潜力。

② 知识资产的采集和维护。

③ 知识资产的验收、定性和退役。

④ 知识资产的变更控制规程。

⑤ 机密或敏感数据信息的保护机制。

⑥ 知识的存储和检索机制。

2）识别知识管理策略的范围。识别待管理的知识、技能及知识资产。一个组织能够管理的知识边界是有限的，因此有必要识别组织和项目群所需要的特殊知识领域和信息的边界。

3）识别可能受益的项目。如果千辛万苦整理出来的知识资产没有能够应用到项目中去，那么这项工作就毫无意义，也无法使知识管理真正创造价值，表明知识管理在本组织并没有实施的必要。

2. 在组织内分享知识和技能

1）根据上述策略来捕获、维护、分享相关的知识和技能。这包括专家知识、通用知识、领域知识、专业技巧以及经验总结等。

2）构建必要的信息化基础设施，让用户可以方便地访问相关的知识。不仅包括捕获或获取知识和技能，并在整个组织内分享知识和技能。

3. 在组织内分享知识资产

1）为了便于知识的重新应用，建立知识的分类系统（Taxonomy）。

2）建立领域模型和领域架构的知识表达。本任务的目标是让人们可以理解这一领域相关的知识，从而帮助人们识别和把握机遇，对系统及其要素相关的设计模式、体系架构、通用要求、参考方案等信息有更深的了解。包括：

① 对领域的边界和相互关系的定义。

② 领域模型，含特征、能力、概念和功能等信息。

③ 领域内系统型谱的架构、异同点等。

3）定义领域可应用的知识资产，并使其在组织内分享。这包括各类软件系统，其中的信息项可以被视作领域的知识资产。相关的系统元素及其表达载体包括代码库、参考架构、设计模式、过程、准则、培训资料和经验教训等。

4. 管理知识、技能和资产

1）相关的知识资产要及时更新、维护和替换。当专业领域、产品系统和生产线发生变化时，相关的知识资产也必须及时修订。另外，相关联的领域模型和架构模型也需要及时更新。

2）评估和追踪当前知识资产的应用情况。这有助于理解特定知识资产的应用情况，并进一步确定其是否具有应用价值。

3）要确保知识资产与时俱进，能够跟得上技术、市场、资本和用户需求的发展潮流。典型的新潮流包括人工智能、物联网、大数据、云计算和5G等。

9.6.3 知识管理详述

1. 知识管理的重点在组织

知识管理主要的关注点在于为了组织未来的知识重用而捕获组织、项目和个人的相关知识。因此，在人员的调岗和赋予新任务之前，应当进行项目的回顾和经验教训的总结。进一步来讲，有效的知识管理要求有一个常态化的知识捕获机制，可以在项目的全生存周期过程中随时随地捕获有价值的知识，而不仅仅是到了项目的末尾再来拼凑。

知识管理与架构设计的关系密切。这也许与人类的认知结构有关。建构主义心理学、人类的一般心智模型、诠释结构等认知科学的内容与知识管理有很大的内在关联。因此，包括系统框架、架构复用、架构参考模型和架构模式等信息均应集成到知识管理的范畴之中。

另外，还需要注意资产的质量和有效性。高质量知识的价值远胜于海量的垃圾信息。知识的有效性也需要给予重视。知识都有一定的应用范围和边界，一旦超出了边界，真理就会成为谬误。

2. 知识重用须谨防陷阱

知识重用虽然看起来十分迷人，但在知识重用的过程中，有可能存在着严重的陷阱。有个流行的术语叫作商用现货（Commercial Off-The-Shelf，COTS），是指通过通常的商业行为和确定的市场价格进行销售或交易的产品。随着社会分工的细化和商业竞争的加剧，现代的复杂工业产品大量采用商用现货来加快产品的研制，可以起到压缩成本和加快进度的效果。非开发项（Non-Developmental Item ，NDI）也是类似的概念，主要指非本组织开发的产品作为系统元素。在知识重用的过程中，商用现货（COTS）和非开发项（NDI）可能存在严重的知识陷阱，需要严加防范：

1）新的系统或系统元素需求、运行特征，与之前用过的那个完全相同吗？

例如，本系统与之前的解决方案有不同的用途或性能水平。

2）之前的系统或系统元素工作正常吗？

或许之前的系统或系统元素或许工作很完美，但新的应用已经超出了预定范围。例如，普通的家用轿车在市区道路上驾驶正常，但是在F1比赛中却不能直接使用，其安全性、操控性和维修性都无法满足要求。

3）新的系统或系统元素与之前的在同一环境中运行吗？

这里有一个惨痛的经验教训。从20世纪60年代开始探索火星到2015年，美国宇航局（NASA）一共向火星发射了21颗探测器，其中15颗几乎取得了完全的或超出计划的成功，但有6颗失败或部分失败。有一个项目失败的原因便是NASA的一个项目团队在NASA火星探测器的设计中，使用了“经过飞行证明”的卫星散热器方案，但在执行火星任务时却遭遇了失败。这时，设计团队才意识到近地轨道环境不同于执行深空任务的环境。

4）系统或系统元素被定义清楚、理解明白了吗？

这包括各类需求、约束和运行场景等。有时开发团队会想当然地认为既然是成熟产品和技术，就没有必要进行充分、良好的系统定义。对于商用现货（COTS），这种现象尤其常见。一旦如此，很有可能到了系统集成阶段，各种问题才逐一显现，进而给成本和进度带来很大的扰乱。

5）复用以往解决方案，这次是否会新的涌现行为（Emergent Behaviors）？

过去有用的解决方案可能没有考虑新近出现的一些情况。如果直接采用商用现货，那么也就失去了适应新变化的发展机会。因此，一定要注意涌现问题和相关的复杂进化。

总地来说，一个运转良好的知识管理系统，辅以定义良好的过程和工程学科，将有助于避免上述知识重用的陷阱，使知识管理真正发挥效力。

3. 关于知识管理领域几个名词的辨析

（1）经验教训（Lessons Learned）　概念的定义有几种。第一种是NASA、ESA、JAXA的定义，即通过经验获得的知识或理解。这种经验或是正面的，如成功的测试或型号；或是负面的，如事故或失败。

经验教训必须具有如下特征：重要性——对行动（Operations）有重要影响；有效性——在事实上、技术上正确；可应用性——明确的设计、过程或决策，能够趋利避害，强化良性结果，避免或减小失败的潜在可能性。

第二种概念是世界经济合作组织（OECD）的定义：基于型号、项目、政策等特定情境抽象而来的经验，通常可以改进影响性能、产出、后果的准备、设计、实施。

第三种概念是联合国维和行动中的定义，主要从军事领域考虑，指在行动之后，由指挥官领导的行动后总结回顾。通常做法是通过各种事件的复盘，情景再现，强化角色对事件的感知等。

（2）标杆、基准（Benchmarking）　主要作为工业领域业务过程的对照、比较和度量之用。典型的度量维度是质量、时间和成本。可以将自己的企业与标杆企业进行对照，学习对方为什么能够成功。这一过程中会用到很多的性能度量指标，如单位成本、单位生产率、单位时间的某种指标等。有时候也和最佳实践结合起来使用。总体来说，更加强调其可度量性。

（3）最佳实践（Best Practice）　通常是指比其他替代解决方案更胜一筹的做法。有时候甚至已经成为某个领域的标准做法，这尤其常见于司法和道德等领域。

最佳实践一般要在遵循强制标准的前提下追求质量更优。ISO 9000和ISO 14001等国际标准对此比较重视。

一些咨询公司会为“最佳实践”提供一套“预定义模板”，试图来标准化业务过程或文档。但需要注意的是，有时候这些最佳实践并非可以直接拿来使用，还需要经过本土化的定制或裁剪，做好理想与现实情况的差距分析，把握好平衡。避免“理想很丰满、现实很骨感”的窘境。

本章详细介绍了组织的项目使能过程组的六个过程的活动和相关技术，并给出了实施每个过程的一些经验和教训。这些使能过程是组织管理者或项目管理者应该关注的内容，它们对于保障项目中技术工作的顺利实施具有重要的作用，是实施技术过程和技术管理过程的必要支撑。但是，实施者也应该注意它们与项目管理以及组织管理工作中同名过程的区别。在本章中，只是重点介绍与技术工作相关的内容。例如，本章所介绍的质量管理过程只是组织的质量管理工作的一部分。读者可以进一步阅读项目管理、质量管理和知识管理等专著，更加深入地了解相关知识。

参考文献

[1] ISO/IEC/IEEE. Systems and software engineering — System life cycle processes: ISO/IEC/IEEE 15288 [S]. [s. l.]: [s. n.], 2015.

[2] INCOSE. Systems engineering handbook — a guide for system life cycle processes and activities [M]. 4th ed. New Jersey: John Wiley & Sons, 2015.

支 持 篇

第 10 章　专业工程活动

第 11 章　基于模型的系统工程

第10章　专业工程活动

Chapter Ten

在第1章介绍过，系统会呈现出其组成部分不具备的功能和特性，这就是系统的"涌现性"。实现这种涌现性就是研制系统的目的所在。系统作为一个整体，也将呈现出各组成部分不具备的特性，如可靠性、安全性和可维修性等，这些特性是度量、评价系统整体性能或系统研制工作整体的主要指标。因此，在研制工作中，不能只考虑各专业技术的工作，更要考虑系统整体所应具备的特征，这正是系统工程师的职责所在。系统工程师在系统设计之初就要考虑系统整体所呈现的特性，跨越全生存周期和系统各个层次，在研制工作中逐渐细化、明确并实现、集成、验证。实现系统整体特性的方法，我们称之为专业工程（Specialty Engineering），而设计、实现和验证这些特性的工作，我们称之为专业工程活动（Specialty Engineering Activities）。

系统特性有很多种类，不同类型系统关注的特性差别也很大，本章主要介绍一些典型的系统特性及其实现技术。在具体讨论每个特性之前，我们重新回到系统整体来考虑：如何造出我们所需要的工程系统并让其良好地运行？实际上，工程活动中包括七个系统，它们的关系如图10-1所示。

环境背景系统（S1）：我们所识别到的问题（如长江的洪水淹没农田），处于一定的环境系统（Context System）中，如长江流域、降水和地形地质等，这为工程活动确定了环境及边界，也确定了支持性及限制性条件。

待研制的系统（S2）：通常称为目标系统（System of Interest，SOI）：如三峡大坝，这个系统试图去解决、处理洪水问题。

实现系统（S3）：要把三峡大坝建造出来，需要实现系统S3，即建造三峡大坝需要各种施工机械、工具、脚手架，当然也包括设计师和工人等，这些元素结合在一起，通过运行，把三峡大坝设计、建造出来。

部署后的系统（S4）：目标系统（SOI）建造完毕后，需要部署到环境系统中，需要经过相应的运输、安装、调试、测试、试运行等，之后才成为可以正常运行的系统，即部署后的系统。对三峡大坝这样不可移动的系统，其建造地和部署地是相同的；对于导弹，则需要从车间部署到阵地，中间可能在库房中存放一段时间，又牵涉到储存问题。区分S4与S2的目的在于，工程系统在建造、制造出来后，还需要经过部署这一个环节，这是一个重要的环节，也有很多的技术问题，如运输性、储存性等。

协作系统（S5）：部署后的系统运行时，都需要一定的协作系统（如三峡大坝发出的电，需要进入电网，需要电网系统的支持）。而卫星的运行，需要地面测控站、接收站的支持与配合。

保障系统（S6）：部署后的系统在运行中可能出现故障，需要维修、维护及保障，此时需要保障系统（如飞机需要加油，需要基地级的维修系统、中继级的维修系统等）。

竞争性的系统（S7）：部署后的系统，可能面临竞争性的系统，这个系统也能够解决 S1 中的问题，而且采取了不同的技术路线，成本也可能不同。这会对待研制的系统构成竞争和压力，迫使研制团队更好地开展工作。

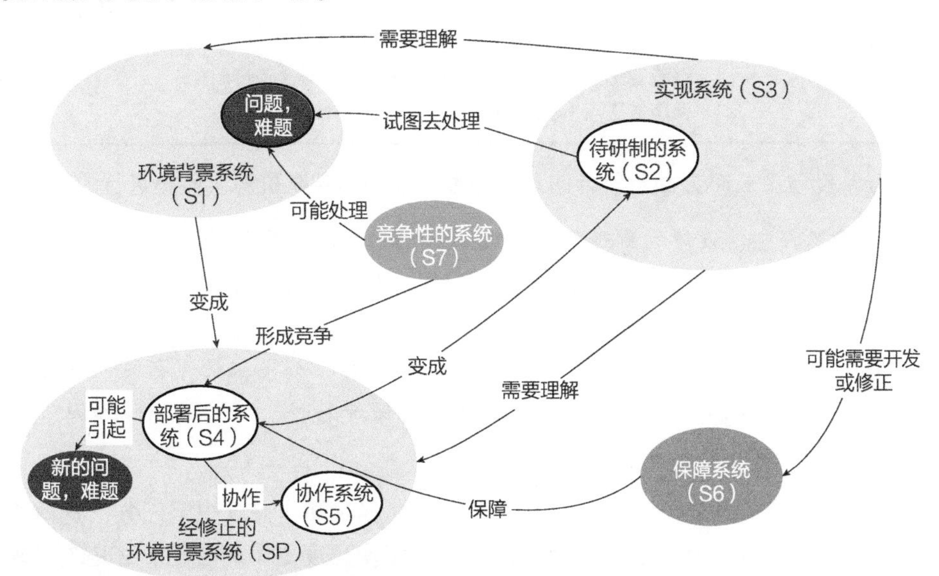

图 10－1　工程活动的七个系统及其相互关系

专业工程的多个方面与这七个系统有密切关系，见表 10－1。

表 10－1　专业工程的分类与七个系统的对应关系

序号	分类	典型的专业工程	七个系统
1	与经济、价值有关的特性	经济可承受性（Affordability） 价值工程（Value Engineering）	竞争性的系统（S7）
2	工程系统本身的特性	质量特性工程（Mass Property Engineering） 电磁兼容性（Electromagnetic Compatibility）	待研制的系统（S2）
3	与工程系统的环境有关的特性	环境工程/影响分析（Environmental Engineering/Impact Analysis） 互操作性分析（Interoperability Analysis）	环境背景系统（S1） 经修正的环境背景系统（SP′）
4	与制造相关的特性	制造与可生产性分析（Manufacturing and Producibility Analysis）	实现系统（S3）
5	与使用和操控有关的特性	易用性分析/人－系统集成（Usability Analysis/Human Systems Integration） 训练需要分析（Training needs Analysis） 安全性（Safety）	部署后的系统（S4）

（续）

序号	分类	典型的专业工程	七个系统
6	与可用性有关的专业工程	可靠性，可用性，维修性（Reliability, Availability, and Maintainability） 后勤工程（Logistics Engineering） 故障预测与健康管理（Prognostics and Health Management） 弹复性工程（Resilience Engineering） 系统安全工程（System Security Engineering） 保障性工程（Supportability Engineering）	协作系统（S5） 保障系统（S6）

专业工程活动包括三个方面：设计的某某特性、计划的某某资源、实际进行的某某活动。

例如，制造工程包括设计的制造特性（可制造性）、计划的制造资源（原材料、机器设备、工人、检测设备、厂房、制造规程等）、实际进行的制造活动；操控工程包括设计的操控特性（易操控性、操控之后能够产生符合用户需求的状态变化）、计划的操控所需要的辅助资源（包括已有的系统、符合要求的、熟练的操控人员，如飞机的飞行员、挖掘机的驾驶员等）、实际进行的操控活动；保障工程包括设计的保障特性、计划的保障资源、实际进行的保障活动。

可靠性、可用性等系统特性，都有“规定条件、规定时间、完成规定任务”这些要求，这实际上是从待研系统的空间环境、时间及系统的状态转变角度提出的规定。这是统一理解各个专业特性（－ility）的原则。

10.1 与经济、价值有关的特性

无论是国家投资研制的系统，还是企业投资研制的系统，都需要关注系统的经济特性和价值特性。因为研制系统是为了解决用户面临的问题，问题的解决意味着价值的创造，用户愿意为此投资研制系统并建造系统。如果研制及建造的成本大于为用户创造的价值，则会得不偿失、不划算。对于商业竞争性的系统，系统的成本、价格更是竞争力的主要因素。

例如，铱星系统技术上很先进，也成功地建成了系统并投入运营，但面临地面光纤通信系统的低成本竞争，铱星系统在商业上难以成功，直接导致铱星公司破产。

运营工程系统的组织机构，内部需要保持合理的、平衡的现金流。它所能够支付的工程系统的全生存周期成本，取决于它能够获得的财务支持。对于公益项目、国防项目，往往来自于政府拨款，由于受国家整体预算的限制，以及多个类似项目的竞争，所以这些钱都是有限的。因此，工程系统全生存周期成本无一例外都面临着有限的预算约束，而且会成为决定项目生死的关键因素。军工型号项目的资金流如图 10－2 所示。

另一方面，成本是项目的三要素（性能、成本、进度）之一，比技术问题、技术方案高一个层次。技术团队主要负责用户需求的满足程度和技术指标的先进性，项目经理必须综合考虑性能、进度和成本三个要素都要满足项目计划，而系统工程师则需要通过总体设计、计划与控制等手段来保证技术工作要满足项目的进度、成本等要求。

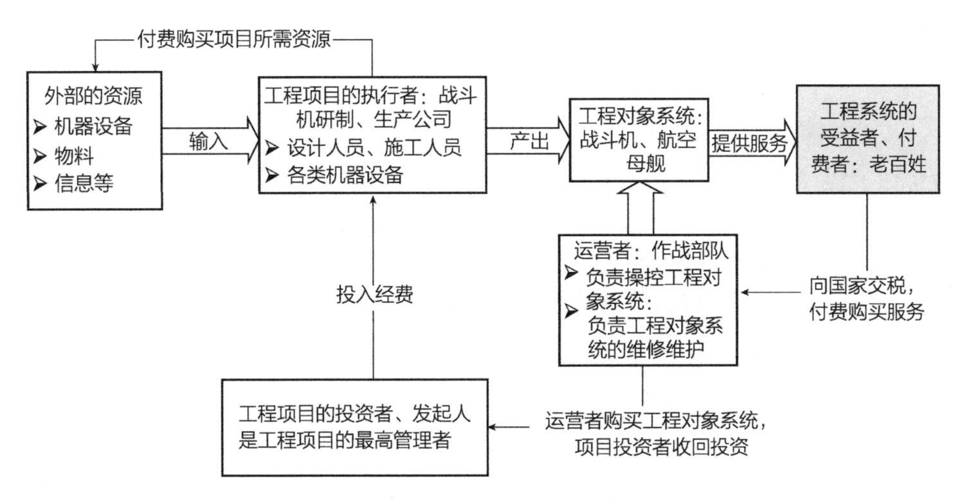

图 10-2　军工型号项目的资金流

10.1.1　经济可承受性

经济可承受性（Afford ability）主要包括三个方面工作：树立全生存周期成本（Life-Cycle Cost，LCC）的理念；尽早采取措施控制成本；在组织管理、企业层次和管理体制上采取措施。

LCC 指的是系统或产品贯穿于其生存周期所带来的总成本，总成本因环境、相关方观点和产品而异。例如，当购买一辆汽车时，主要的成本因素是购买、使用、维护和报废（或者以旧换新价值）的成本，一辆更为昂贵的汽车（购买成本）可能因为使用和维护成本更低以及抵换价值更高，而具有更低的 LCC。但是，如果你是制造商，则需要考虑诸如开发及生产成本等其他成本，包括建立生产线的成本。系统工程师需要从若干个方面考虑成本，并需要知晓相关方的视角。

根据美国防务采办大学《防务采办指南》（2013 年 6 月版）的规定，武器装备生存周期成本由整个生存周期中所产生的研发成本、投资成本、使用和保障成本以及处置成本构成。生存周期成本可以定义为四个主要的成本类别的总和，生存周期成本类型间相互联系，相互交叠，系统全部成本的 70% 都由方案设计阶段决定。武器装备系统越到其后期，改变它的性能、结构和使用条件等固有因素的可能性就越小，因而武器系统全生存周期中前面的阶段对后面的阶段有着很大的决定和制约作用。各阶段对生存周期成本的影响程度各不相同，而且是不断递减的。待到使用、维护阶段，如要想再对减小生存周期成本或使用维护费用有所作为，就有难度了。

10.1.2　价值工程

价值工程（Value Engineering）通过功能分析，力求以最低的全生存周期成本（LLC）获得必要功能，使产品价值不断提高；它又称价值管理或价值分析。价值工程通过对设施、产品、服务或过程等进行功能和全生存周期成本分析，以独有的多学科团队工作方式和严谨的工作计划谋求创新的改进方案，提高项目或产品的价值。

价值工程中关于价值的定义是

$$价值\ (V)=功能\ (F)/成本\ (C)$$

该公式中，功能被看成是产品或服务能够满足客户需求的一种属性，成本指全生存周期成本。需要说明的是，全生存周期成本包括消费者使用该产品的成本。

10.2 工程系统本身的特性

10.2.1 质量特性工程

质量特性工程（Mass Property Engineering，MPE）中的“质量”是指物质的量（Mass），就是牛顿第二定律中的 m。MPE 确保系统或系统元素的质量能够满足要求，需要解决诸如质量、重心等问题，如卫星的重心、配重。

质量还可以作为关键控制指标，研制工作全程都要估计质量指标，以防止最终产品超重。同时，不能过分相信三维建模工具对质量属性的计算，因为有很多因素无法在模型中得到反映。

10.2.2 电磁兼容性

电磁兼容性（Electromagnetic Compatibility，EMC）是指设备或系统在其电磁环境中符合要求运行，并不对其环境中的任何设备产生无法忍受的电磁骚扰的能力。因此，EMC 包括两个方面的要求：一方面是指设备在正常运行过程中对所在环境产生的电磁干扰（Electromagnetic Disturbance）不能超过一定的限值；另一方面是指设备对所在环境中存在的电磁干扰具有一定程度的抗扰度，即电磁敏感性（Electromagnetic Susceptibility，EMS）。

无意的（非故意的）电磁辐射可能引起不可接受的破坏，例如，在一定范围内干扰电子设备或导致电爆装置起爆。该学科包括闪电防护和静电防护等，消除辐射，把无意的辐射控制在一个可接受的水平，或通过把设备从其影响中屏蔽起来可以达到电磁兼容性。电磁兼容性专家提出针对系统内的电磁辐射源，诸如电动机、发电机、动力源、信号和动力线、变压器、继电器等，研究并制订设计准则，以最大限度地减少潜在的辐射。

通常需要进行电气动力系统的详细分析以确定动力汇流参数和动力阻抗，并评价任何意外的静态或瞬态影响。研制试验和合格鉴定试验也包括电磁兼容性试验，以便测量无意的辐射及影响。

国际上对于电子、电器、工业设备产品的抗扰性测试日渐重视，且趋向整合以 IEC 国际规格为测试标准，欧盟率先制定 EMC 防治法规，于 1996 年起全面实施抗扰测试。

10.3 与工程系统的环境有关的特性

10.3.1 环境工程/影响分析

工程系统无论是在研制过程中，还是在后续的使用、保障过程中，都涉及对环境的影响。例如，运载火箭液体燃料中的四氧化二氮对人体有毒，在发射场加注时会对人、环境造成影响。核电站的弃置是一个需要高度关注的问题，因为核燃料要进行无害化处理。目前的国际标准 ISO 14000，可以对一个产品系统整个生存周期中输入、输出及潜在环境影响进行汇总和评价。

欧盟、美国和许多其他政府或组织认可并强制执行一些规章制度，这些规章制度控制并限制系统可能对生物圈产生的环境影响。这些影响包括向空气、水和土地中排放污染物，并且造成诸如富营养化、酸化、土壤侵蚀、养分耗竭、生物多样性丧失及生态系统破坏等问题。环境影响分析的聚焦点在于所提出系统的开发、生产、使用、保持和退役阶段的潜在不良影响。已经在法律上表达出对环境关注的所有政府都限制使用可能会导致人类疾病，或威胁濒危物种的危险物质（例如汞、铅、镉、六价铬以及放射性物质）。这种关注扩展到系统的全生存周期。

弃置分析是环境影响分析中的一个重要分析领域。存放无害固体废物的传统垃圾场在大城市地区已经变得少见，弃置往往涉及以相当大的支出将废物运输至偏远垃圾场。采用焚化的方式进行弃置往往会受到当地社区与居民委员会的强烈反对，并且会带来灰烬处置的问题，因为焚化炉中的灰烬有时被归类为有害废物。全世界范围内的各地社区和政府一直以来都在研究制定有效的新策略，以应对无害废物和有害废物的处置。

10.3.2 互操作性分析

互操作性取决于大型、复杂系统（如体系 SoS）的元素之间的兼容性，这些元素要作为一个整体而工作。系统变得越来越大、越来越复杂，这个特性越显重要。

现代武器装备强调互联互通互操作。信息化战争条件下的武器装备，体系性强，用户的使用环境恶劣，操作使用复杂，装备外围的已有装备多，互联互通互操作性要求高。另一方面，随着电子信息技术的飞速发展，企业希望自己在信息产品系统上的投资可以得到保护，他们也会重视互联互通，即后来的系统、元素能够和之前的已有系统兼容。

10.4 与制造有关的特性

制造，即通过一系列制造规程与工艺步骤将原材料转变为产品，并提供给客户。制造或生产一个系统元素的能力与正确地定义并设计系统的能力同样重要。一个无法制造的设计方案会导致设计返工和项目推迟，同时带来相关的成本超支。为此，每一个设计备选方案的可生产性分析和权衡研究，构成了架构设计过程中不可缺少的部分。

如果设计出的零部件、产品不易制造、不可制造，即工程活动中的实现系统、车间系统不易运行或无法运行，同样不符合系统工程思想，其严重程度和造出来的系统在用户使用场景下无法运行或者运行的效果无法满足用户需求是一样的，都是无法实现用户最终的需求和目的。

系统工程关注工程系统的全生存周期，当然不仅关注产品、系统是如何设计出来的、如何造出来的，还要关注能否批量地、快速地生产出来。生产工作并不是发图之后才开始的，同样也是贯穿全生存周期的，需要提前策划，需要采取先进的手段，如虚拟装配等。在管理上，产品的可制造性要反馈到设计过程，对设计师形成约束。

10.4.1 制造与可生产性分析

制造与可生产性分析（Manufacturing and Producibility Analysis）是开发低成本优质产品中的关键任务。跨学科团队的工作是为了简化设计和稳定制造过程，进而降低风险，减少制造成本、前置时间和周期时间，并且最小化战略物资和关键材料的使用。在系统分析和设计期间识别关键的可生产性需求，将这种需求包括在项目风险分析中。同样，要对前置时间长的项、材料限制、特殊过程以及制造约束进行评价。设计简化也要考虑现成的组装和拆卸，以便于维护和保存材料进行再循环。当生产工程需求对设计产生约束时，应对这些需要进行沟通和文件化。制造方法和过程的选择包括在早期决策中。

空客公司的一些做法值得参考。该公司的工艺文件非常详细，工艺人员先编制工艺文件；然后换一个人，根据工艺文件把所需要的工具一个个按顺序摆好，就像做手术的各种工具那样摆放；然后再换一个人，根据工艺文件，以及摆好的工具、刀具去加工。如果出了错误，那就是工艺编制人员的错误。这样分工很细，实现工艺文件编制的优化及生产效率的提升。

10.4.2 案例——航天装备制造

航天制造系统受人员、机器设备、物料、环境等多种因素的影响和制约。航天装备重要的地位、复杂的技术构成、严酷的使用环境和困难的保障服务等因素，大大提升了航天装备制造过程的复杂度和困难度，主要表现为：

一是航天装备体系结构复杂，分系统之间深度交互耦合，设计难度大，技术状态变换频繁，产品数据信息繁多；工艺复杂，涵盖材料选用、工序安排、刀具使用、装夹方式、切削参数、装配方法、质量检验等内容；现场环境复杂，涉及设备布局、产品流转、资源调度、计划调整等方面。

二是航天装备呈现多项目并举、研制与批产并重的局面。这既需要实现面向用户需求的多品种个性定制，又需要基于平台化、模块化、产品化等手段保证批产任务的完成。在研制领域广泛存在着“一千种各一件”“多品种、小批量”的生产需求。

三是质量可靠性要求高，计划进度要求紧，任务计划多变，要求“一次成功”。再加上装配过程复杂，难以实现自动化流水线式的批量生产，对航天装备组织生产的柔性提出了极高的要求。

航天制造系统是指以生产高端的航天装备产品为目的，由制造过程中的人员、物料、能源、软硬件设备以及相关设计方法、加工工艺、生产调度、系统维护、管理规范等组成的具有特定功能的有机整体。航天制造系统是航天工业体系的重要组成部分，是航天企业中的生产制造部门，该系统中各要素特点见表 10－2。

表 10－2　航天生产制造系统中各要素特点

要素	构成及特点
人员	工艺人员、工人、检验人员、辅助人员等
机器设备设施	各类机床、工装夹具、检验检测设备，更复杂、关联性更强、更难控制，变成了赛博物理系统； 设备布局、产品流转
物料、原材料、零部件	种类多、笨重、庞大、量大、危险、有毒
工艺方法	工序方法：工艺复杂、步骤多、时间长； 材料选用、工序安排、刀具使用、装夹方式、切削参数、装配方法、质量检验等
制造过程中的管理方法	管理方法：工人的管理、工艺的管理、机器设备的管理、物料的管理、信息的管理等
环境	环境要求苛刻（洁净、温度、湿度、振动等），高危，现场环境复杂
信息	人机料法环的信息都要充分关注并协调； 信息种类多、量大、时间敏感性高，要求快速感知、快速传递、快速决策； 资源调度、计划调整

装备制造能力是装备制造系统效能的直接反映。航天装备制造能力体系包括技术能力和管理能力两个方面，如图 10－3 所示。

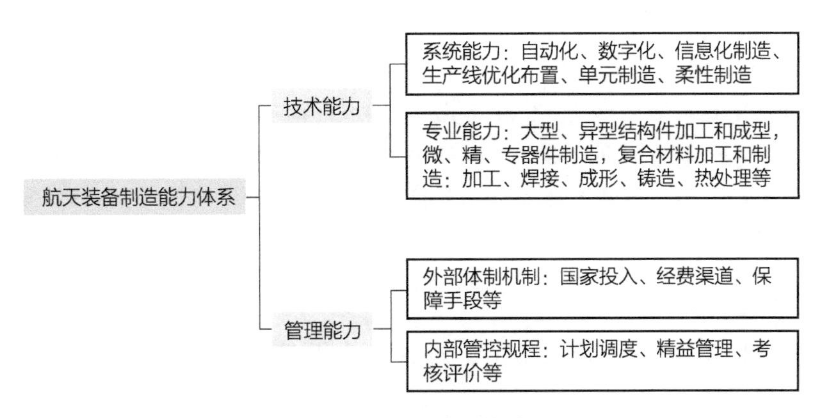

图10-3　航天装备制造能力体系

技术能力包含系统能力和专业能力。系统能力反映了航天装备制造系统在总体层面所表现出来的技术水平和效益效率，包括制造系统的数字化水平（CAD/CAPP/CAE）、自动化水平（CAM）、信息化水平（MRP/ERP/PLM）、生产线优化布置水平、单元制造水平、柔性制造水平等要素。制造系统的系统能力实际上是企业制造模式的直接体现。专业能力则是基于各单位专业和产品特点的个性化制造能力，航天高端装备制造过程涉及大型、异型复杂结构件加工和成形，微、精、专器件制造，复合材料加工和制造等不同领域，涉及机械加工、焊接、成形、铸造、热处理等不同专业的技术以及相关的专测与检验技术等。若这些专业能力存在短板或瓶颈，将会直接影响航天装备制造系统的运行效率和效益。管理能力包含外部体制机制和内部管控规程两个方面。

10.5 与使用和操控有关的特性

使用和操纵，就是让系统运行起来，提供服务、产生价值。在系统的使用阶段，实际上包括两个方面的含义：

一是操纵，是从装备的角度说的，是人直接面对装备，对装备的操作、控制、操控、驾驭、驾驶。

二是运行、运营、运作、作战，是从装备所在的用户大系统说的，是整个大系统的运行。通过大系统的运行来对外提供价值，改变外部某物或某人的状态。

系统在操控人员的控制下，按照预定程序运行，发挥作用，提供服务，产生价值。如高铁列车把乘客从出发点运送到目的地，再如热水器把水烧开供人饮用等。对钢铁冶金工程来说，称为投产（新建造的炼钢厂开始运行，把原料转化成钢铁产品）；对铁路工程来说，称为投运（投入运营，开始载货、运输乘客）；对桥梁工程、道路工程来说，称为投用（投入使用，让各类车辆通行）；总之都是将建成并测试合格后的工程系统移交给需求方，使其运行起来，发挥作用，产生价值，产生效益。

10.5.1 训练需求分析

工程系统越来越复杂，需要对用户、维护者、保障人员进行培训、训练。在研制装备的同时，需要考虑研制模拟训练机、虚拟训练机等，以便未来的使用人员能够快速学习，掌握相关技能。

训练需求分析用于开发培训系统用户、维护人员和保障人员的产品和过程（培训哪些内容、如何培训），以提升各级别任务的人员能力和熟练程度，系统生存周期任何一个点上。这些分析应对执行与系统使用和维护相关的规定任务所需的初期和后续培训。有效的培训分析开始于对概念文件以及目的系统需求的彻底理解。功能或任务的特定列表可根据这些来源确定，并可表达为操作人员、维护人员、行政管理人员和其他系统用户的学习目标。学习目标则决定培训模块及其移交手段的设计和开发。

10.5.2 易用性分析/人-系统集成

首要目标是确保人的能力、局限性被当作系统的关键因素对待。系统中的人可能是单个人、团队、乘员组、组织。

易用性分析/人-系统集成需分析人的以下因素：

人体因素：人的物理特征，站高、坐高、臂展、手的尺寸等。

感觉因素：视觉、听觉、触觉、嗅觉等。

生理因素：环境施加于人的影响，如温度、湿度、振动、噪声等。

心理因素：情感、态度、行为模式等。

不仅关注操作者，还要关注建造者，关注工程系统构建过程中对人的影响，如青藏铁路施工过程的高原缺氧。

10.5.3 安全性

安全性（Safety）是指产品所具有的不导致人员伤亡、系统毁坏、重大财产损失或不危及人员健康和环境的能力，是一种评价产品能否以可接受的风险完成规定功能的特性，在产品设计中必须满足，在产品使用中必须保证。

系统安全性工程，重点是确保为设计工程师提供一个完整的与安全有关的要求，以把系统在开发、生产、使用、保障等过程中的潜在危险最小化。最终目的是部署、运行、维护一个具备可接受的安全风险的系统。

安全性专家分析系统对人员和设备的危害，并采取措施消除或控制这些危害。安全性涉及所有可能受到工程项目计划和使用影响的人员和设备。

安全业务包括制造、试验、包装、装卸、运输、储存以及在发射、试验和使用现场的人员和设备，但不只局限这些方面。

10.6 与可用性有关的专业工程

在系统的运行和使用阶段，运行状态与保障状态互补，因为任何系统都有可能发生故障的（或存在出故障的潜在条件），都是需要维修保障的。对于一次性使用的产品，如导弹，前期的包装、装卸、储存、运输、延寿等保障工作，也需要消耗极大的精力。维修保障和弃置也是对系统的操纵，都会改变系统的状态，只不过此时受益者并不参与到系统的状态改变中，系统处于不可用、不提供服务的状态。

美国空军武器系统效能工业咨询委员会（WSEIAC）中计算系统效能的公式是

$$SE = ADC$$

式中，SE 代表系统效能（System Effect）；A 为可用度（Availability）；D 为可信度（Dependability）；C 为能力（Capability）。

任何武器装备甚至是任何的装备（电视机、计算机等）都需要保障。换句话说，任何武器装备都存在后勤保障问题。从时间角度看，武器装备从诞生之日起，要经历各种状态、各种环境、各种条件，如运输、储存、检测、加注、运行、故障、维修、停机等。这些状态之间的转换，都是保障要研究的问题。最终的目的是提高可用性和战斗力。从定义看，保障性涉及各种状态转换、各种操作的“便利程度”。便利程度的衡量主要包含两大方面：一是所需资源投入的种类、数量、成本；二是所要花费的时间。就是要“快好省”地完成维修维护工作。武器装备生存周期内各种状态示意图如图 10－4 所示。

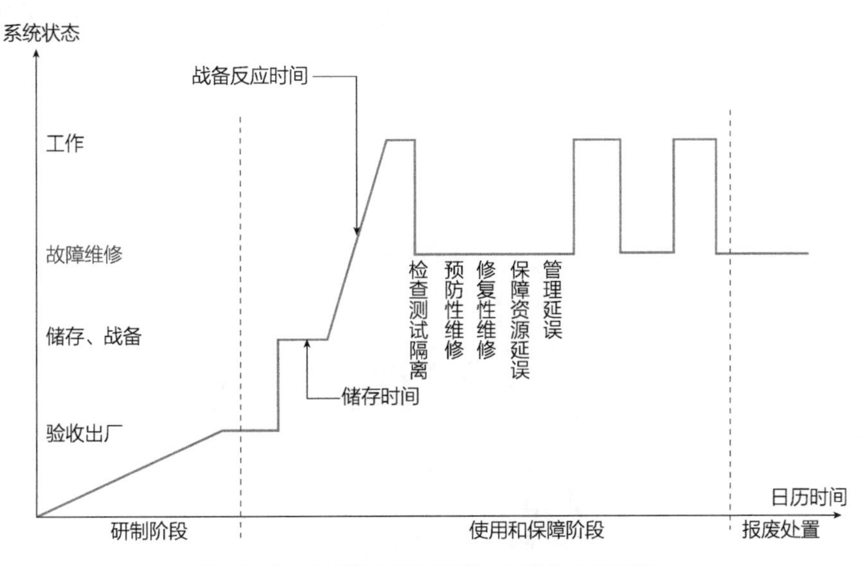

图 10－4　武器装备生存周期内各种状态示意图

10.6.1　可靠性、可用性、维修性

可靠性（Reliability）指的是系统在一定时间内、一定条件下无故障地执行指定功能的能力或可能性。可通过可靠度、失效率、平均无故障间隔时间等来评价系统的可靠性。从设计的角度出发，可靠性又分为基本可靠性与任务可靠性：

基本可靠性考虑系统的所有故障，可以使用“平均无故障间隔时间”（MTTR）参数评价，它会直接影响维修需求；任务可靠性是指系统在执行任务时成功的概率。

可用性（Availability）是在某个考察时间，系统能够正常运行的概率或时间占有率期望值。考察时间为指定瞬间，则称瞬时可用性；考察时间为指定时段，则称时段可用性；考察时间为连续使用期间的任一时刻，则称固有可用性。它是衡量设备在投入使用后实际使用的效能，是设备或系统的可靠性、可维护性和维护支持性的综合特性。

可用性通常可通过可用度、出动架次率与能工作时间比等参数来评价。

维修性（Maintainability）是指产品在规定的条件下和规定的维修时间内，按规定的程序和方法进行维修时，保持或恢复其规定状态的能力，使其维修简便、迅速、经济的质量特性是由产品设计决定的。

维修性中的“维修”包含修复性维修、预防性维修等内容。

10.6.2 故障预测与健康管理

故障预测与健康管理（Prognostics and Health Management，PHM）是指采用传感器信息、专家知识及维修保障信息，借助各种智能算法与推理模型实现武器装备运行状态的监测、预测、判别和管理，实现低虚警率的故障检查与隔离，并最终实现智能任务规划和基于设备状态（历史、当前及未来状态）的智能维护，以取代传统基于事件的事后维修或基于时间的定期检修。

PHM 技术实现了武器装备管理方法从健康监测向健康管理（容错控制与余度管理、自愈调控、智能维修辅助决策、智能任务规划等）的转变，从对当前健康状态的故障检测与诊断转向对未来健康状态的预测，从被动性的反应性维修活动转向主动性、先导性的维修活动，从而实现在准确的时间对准确的部位采取准确的维修活动。

PHM 的功能如图 10－5 所示。

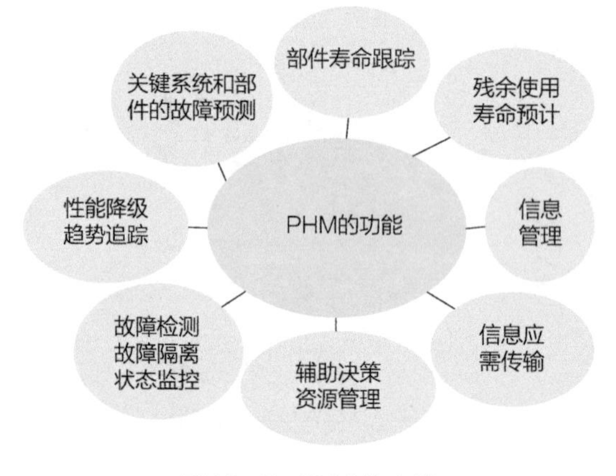

图 10－5 PHM 的功能

10.6.3 后勤工程

后勤工程在所有采办阶段向系统工程过程提供输入。这些输入通常是描述保障和限制的信息，该工程利用系统工程活动中编制的技术资料充实、修改保障计划、方案和要求，用于系统的部署和使用阶段的保障。后勤工程工作是系统工程工作的组成部分，目的是开发并实现一个适用的和费用效益好的系统。该工作利用设计工程绘制的详细图纸制定具体要求，即开发具体的保障项目，如工具、试验设备、人员技能和维修规程。

保障性是指主产品和保障系统有机结合后能满足使用要求的能力。保障系统由保障设备、备件、技术资料、保障设施、保障人员等各种保障资源和一套运行管理制度组成，是一种评价产品在使用和维修过程中能否得到及时有效的资源保障的特性。

产品的设计要“好保障”，保障系统的设计要“保障好”。保障系统常用的评价指标包括：反映产品和保障系统综合特性的使用可用度、战备完好率；反映产品“好保障”特性的使用前检查时间、充电（气、液）时间、飞机的挂弹时间；反映保障系统运行效率的保障延误时间、备件满足率、设施利用率。

10.6.4　弹复性工程

弹复性工程指的是从实际发生的或潜在的不利事件中恢复、适应，或者减缓不利事件的影响，包括预测、生存、恢复（从自然、人为的灾害中恢复）。内部的人为灾害包括操作员失误和设计错误，外部的人为灾害包括恐怖主义袭击等；自然灾害包括极端天气、地质灾害和野火等。

弹复性观点起源于20世纪六七十年代的生态学。1973年，Holling发表了《生态系统的弹复性和稳定性》（Resilience and Stability of Ecological Systems）的开创性论文，为生态弹复性以及各种其他领域的弹复性理论研究提供了基础。Holling将弹复性定义为在维持系统结构、功能和反馈等不变的前提下，通过调整系统状态变量和驱动变量等参数，系统能吸收的扰动。

在工程技术领域，美国国防部提出了工程弹复性系统理论（Engineering Resilience System，ERS），并提出了工程弹复性系统的四个关键特性：

1）击退/抵御/吸收；

2）恢复能力；

3）适应能力；

4）广泛的效用。

工程弹复性系统理论强调对外部干扰的主动适应与对自身故障的主动恢复，大大提升了工程系统的适应能力。

10.6.5　系统安全工程

“安全”在英语中有两个对应的词汇：“Safety”和“Security”。“Safety”关注是否会对外部产生危害，如造成人身伤害、任务失败、系统损毁或财产损失；而“Security”则主要关注是否对自身产生危害，如自身的保密性、完整性和可用性是否受到影响。这两个词汇的含义有很大的不同（为了区分这两个不同的词汇，本书在提到“安全性”时，后面注上相应的英文；在本节，除了注明“Safety”，“安全”都是指“Security”）。

系统安全工程（System Security Engineering）是系统工程的专业工程学科之一，它综合运用科学、技术和工程等层面的理论、方法和技术来指导安全相关专业活动，以实现系统级的安全性。这里的安全（Security）包括保密性、完整性、可用性、可鉴别性、可控性等属性。系统安全工程的目标是确保在系统生存周期中应用适当的安全原则、概念、方法和实践，以实现在不利条件（如破坏、危害和威胁）下保护资产。它还有助于减少系统缺陷，从而降低系统对不利环境的敏感性；同时，系统安全工程还可以提供证据，从而支持系统达到所需的可信度（Level of Trustworthiness）水平。

系统安全工程的主要工作包括：

1）定义相关方安全目标、保护需要、关注点、安全需求以及相关的验证方法。

2）定义系统安全需求和相关的验证方法。

3）开发系统架构和设计的安全视图。

4）识别和评估脆弱性以及对生存周期的影响。

5）设计主动和被动安全功能。

6）提供安全考虑因素，以便为系统工程工作提供信息，目的是减少可能构成安全漏洞的错误、缺陷和弱点，以避免导致不可接受的资产损失。

7）识别、量化和评估安全功能和考虑因素的成本/收益，以便为替代方案、工程权衡和风险处理的决策提供信息。

8）执行系统安全性分析，以支持决策、风险管理和工程权衡。

9）通过基于证据的推理证明，系统的安全声明已得到满足。

10）提供证据证实系统的可信度。

11）利用多种安全性和其他专业来解决所有可行的解决方案，从而提供值得信赖的安全系统。

系统安全工程利用许多安全相关专业（如计算机安全、通信安全、传输安全、防篡改保护、电子辐射安全、人身安全、软件和硬件保障、生物识别技术、密码学等）来实现这个目标。它与许多其他学科（如企业工程、软件工程、硬件工程、人机工程等）相关联。系统安全工程活动由各种类型的组织者实施，包括开发者、产品销售商、集成商、采购方（采购组织或者最终用户）、安全评价组织（系统认证机构、产品评定机构，或者运行认可机构）、系统管理员、可信的第三方（认证机构）和咨询/服务机构等。系统安全工程活动需要这些相关方协调进行。在系统生存周期的各阶段，都要推进系统安全工程的相关活动。

国际标准化组织（ISO）曾先后发布了 ISO/IEC 21827:2002《Information technology — Systems Security Engineering — Capability Maturity Model（SSE－CMM®）》和 ISO/IEC 21827:2008《Information technology — Security techniques — Systems Security Engineering — Capability Maturity Model®（SSE－CMM®）》两个标准，定义了系统安全工程的能力成熟度模型。我国将 ISO/IEC 21827：2002 修改采用为国家标准 GB/T 20261—2006《信息技术　系统安全工程能力成熟度模型》。美国商务部的国家标准技术研究所（NIST）在 2016 年发布了 NIST Special Publication 800－160《Systems Security Engineering — Considerations for a Multidisciplinary Approach in the Engineering of Trustworthy Secure Systems》，对系统工程各过程中需要开展的安全工程工作做了详细的介绍。

SSE－CMM®把系统安全工程划分为三个主要领域：风险、工程和保障（图 10－6）。风险过程识别产品或系统的内在危险，且排列优先顺序。针对这些危险所呈现的问题，系统安全工程过程与其他工程学科一起确定和实现相应的解决方案。最后，保障过程确定安全解决方案的置信度并将其传递给客户。

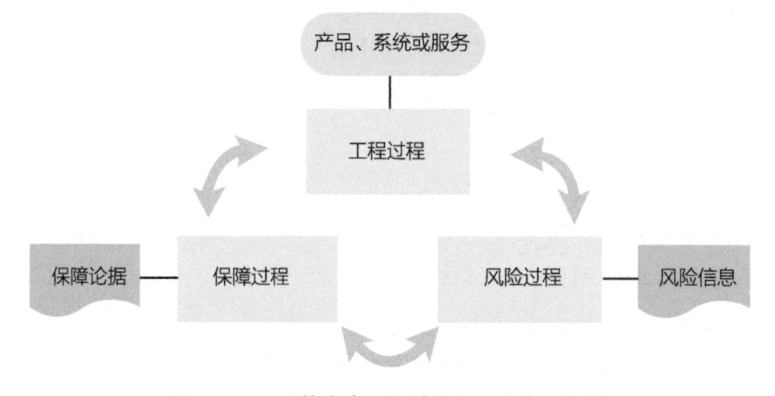

图 10－6　系统安全工程过程有三个主要领域

我国网络安全企业在开展网络安全保障工作中，不断总结经验和教训，逐渐形成了具有中国特色的系统安全工程经验与方法。

例如，我国高度重视网络安全态势感知，对单位、行业或地区的网络安全状况进行全局管控。2017 年，“永恒之蓝”勒索病毒大面积爆发，我国网络安全企业按照“人机结合、人网结合、以人为主”的方式组织处置工作，并取得明显成效。同年，中国互联网安全大会（ISC 2017）将会议主题定为“万物皆变 人是安全的尺度”；强调专家与计算机系统协同工作来处理网络安全问题。另外，我国网络安全工程师也在积极探索将系统工程的思维和方法运用到工作中。

10.6.6　保障性工程

保障性工程（Supportability Engineering）是指保障系统正常运行、实现约定功能的方法和技术。在谈到系统的功能时，实际上隐含了保障性、可靠性、维修性等方面的特征，例如，民航飞机续航能力 1 万千米，实际上隐含了每次飞行要 n 个小时、n 个地勤人员的检修保养等一系列保障方面的特征。因此，保障性工程与后勤工程、可靠性工程、维修性工程、安全工程等并列，属于系统工程中的专业工程之一。

保障性既是系统本身所具备的特征，也是系统整体所表现的特征。离开了保障性，系统将无法正常运转并实现约定功能。以作战系统的保障性为例，从作战使用的角度，作战系统的保障包括作战保障、后勤保障以及使用和维修保障。

1）作战保障包括测绘保障、气象水文保障、电子对抗保障、工程伪装保障、侦察保障和通信保障等。

2）后勤保障包括医疗保障、运输保障、油料物质保障和生活保障等。

3）使用和维修保障包括为使系统发挥、保持和恢复作战功能而实施的技术和管理活动等。

在作战体系中，上述三种保障缺一不可。目前，国外复杂武器装备的使用和保障费用占到装备生存周期费用的 60%，甚至更高，可见系统保障性的重要性。

保障性工程最终是为了实现保障性目标。保障性目标与系统的技术性能目标、其他专业工程目标、研制进度目标、成本目标等一起提出的，并且是相互联系、相互制约的，不存在独立于技术性能指标的保障性需求和保障性目标。保障性目标涉及系统的装备完好性、任务可靠性、任务维修性、作战持续性、保障机动部署性、经济承受性、保障互用性等方面。在整个装备的生存周期内，需要按照系统工程的原理，反复运用定义、分析、综合、权衡、试验和评价技术，才能实现保障性目标。保障性工程成功的关键是实现保障性目标的各项活动的权衡和综合，即统筹兼顾各种关系，统筹解决装备设计和保障系统建设之间及其内部的矛盾和问题。最终以可承受的生存周期费用，实现保障性目标。

保障性工程必须从任务需求出发，提出执行任务的能力要求，并制定保障性目标。保障性目标通过分解、分配、预计、转换、综合、权衡等系统分析工作，形成保障性技术规范。

在装备研制期间，通过装备保障性特性设计和分析、保障资源需求规划、建立与装备设计相匹配的保障系统等工作，来落实保障性技术规范。在装备使用与维修中，通过采取各项保障措施，充分发挥保持和恢复装备执行任务的能力，最终实现保障性目标。

保障性工程贯穿于装备的整个生存周期，主要完成以下工作内容：

1）根据任务需求确定保障性目标和要求，为装备设计和保障系统设计提供依据和约束。

2）进行装备保障性设计，从设计上保证装备执行任务的能力，减少对保障资源的依赖。

3）进行保障系统设计，制定保障方案。统筹考虑成套保障资源，保证在满足作战使用要求和适应装备设计的同时，使装备保障所需的资源最少。

4）进行保障性试验与评价，验证保障性要求的实现情况，评价保障系统。

5）进行装备系统部署和运行保障系统，形成保障能力，并评估、监控和改进保障能力。

6）实施保障性系统工程管理，确保各项工作的最佳组合和有序进行。

10.7 有关案例

10.7.1 案例1——F1赛车的保障性与维修性

在F1比赛中，车手是全世界的关注焦点。但F1毕竟是一个团队的比赛，精确的时间掌控、换胎、加油等工作做得越好，就越有机会充分运用比赛策略并获胜。

进站并不像大家今日所看到的情景。在20世纪70年代，进站时间比现在长得多，而且一团混乱，尤其车手进行计划外的进站时，更是忙成一团。最主要的原因是当时没有电子通信系统。而目前实行的进站形态，是在国际汽联（FIA）修订规则后才衍生出来的。FIA规定车辆的油箱容量限制后，进站工作就必须将加油这个项目列入。

当车手离开跑道进入车队维修区后，“棒棒糖”人（拿着一支如同棒棒糖标示牌的维修区工作人员），负责引导车手将赛车停到正确位置。车辆定位后，立即被前后两个千斤顶举起，然而执行所有进站工作。

在换轮胎的部分，每个轮胎由三个人负责，第一个人负责卸下及装上轮圈的固定螺钉，第二个人负责把旧轮胎拿走，第三个人负责把新轮胎装上。

与此同时，两个工作人员会扛着重达20kg左右的加油枪，同时进行加油动作。

当轮胎更换动作完成之后，立即移除车前及车后的千斤顶，让车辆回到地面。此时“棒棒糖人”也会将手中的标示牌转面，由原本车手看到的“制动”换成“入一档”。

其他的工作人员可以在换胎及加油工作时，调整车上的设定。有些设定的调整，例如通过调整前鼻翼或后尾翼的角度来改变车辆的空气动力设定，这种设定甚至比换胎的速度还要快。其他诸如替换掉车辆损坏部分，通常占用时间最长。因此，像是前鼻翼这种常见的车体损坏部分，已经被设计成可快速更换的零件。

赛车进站维修时还有个重要的工作，那就是由技师将散热器前方的杂物清除掉，以确保散热器可以达到最好的散热效果。这是因为车辆在赛场上跑的时候，会有很多小砂石或是其他跑道上的脏东西被吸进散热器前方。

当车辆在维修的时候，后方会有一名技师待命，只要车辆熄火，这名技师随时用手上所持的电动起动器将发动机发动。

当完成所有的工作之后，技师就会举起他们的手，让“棒棒糖人”来确定工作已经完成。接下来赛车离开维修区重新回到跑道继续比赛。此时“棒棒糖人”的任务就很重要了——他必须确保所有的工作已完成，并且后方没有刚进站或是正要出站的赛车，这才可以举起手中的棒棒糖；车手则是完全依照“棒棒糖人”的指示开动赛车。

这一连串的进站维修动作，在先进的设备和工作人员高素质的合作下，通常只需要7s就可以完成。大多情况下，更换损坏的零件会超过7s，其他是要加入更多的燃油导致的。

F1比赛胜负，不仅取决于汽车的速度、性能，车手的驾驶技能，还有赛车本身的保障性和维修性等。

10.7.2 案例2——航母的维修保障

航母战斗群是美国海军的一个舰队编制，目前已经具备了集成的后勤保障和管理体系。美军在装备配备、后勤管理、后勤战术、指挥控制、协同保障等方面形成了高度一体化的制度。

美国海军航母的后勤保障体系由美国海军后勤部管理，下辖供给、维修、运输和设施四个分支。所有体系高度融合，后勤保障效率极高，下面具体讲有以下几个特点。

一是计划周密的物资供给。海军供给系统司令部（NAVSUP）负责美国航母的供给保障，强调有效、经济和灵活的保障行动。下属的舰艇零件控制中心负责航母设备及零件的保障。航空供给办公室负责航母舰载机设备及零件的保障。机动后勤保障舰和海外军事基地，以及国内的海军供给中心和海军船厂共同负责海军各舰队航母的后勤保障工作。此外，美国海军舰队也设有物资装备办公室，负责航母和舰载机急需零部件的采购维修。

美国国内设有十个后勤保障单位，分别是：弗吉尼亚州诺福克海军船厂、新罕布什尔州普斯茅斯海军船厂、宾夕法尼亚州费城海军船厂、华盛顿州普吉特湾海军船厂、弗吉尼亚州诺福克海军供给中心、南卡罗莱纳州海军供给中心、加利福尼亚州奥克兰海军供给中心、加利福尼亚州海军供给中心、伊利诺伊州海军训练中心和犹他州奥格登国防仓库。这些单位又下辖船厂、弹药库、油库、航空站、训练基地、物资供给中心和医院等分支机构，具体负责航母及舰载机的维修和训练保障工作。

二是分级负责的维修体制。航母维修是保证作战能力和延长使用生存周期的关键环节。美国海军的航母采取三级维修体制：第一级是维修保养，由舰上设备操作人员完成；第二级是中继级维修，在航空修理间内完成；第三级是仓库级维修，在航母停泊基地的修理厂完成。美国专门为航母配置了海军维修和物资装备管理系统（3－M），利用计算机管理维修全过程，检查维修时间表、检查维修方式和所需设备及工具等信息全部通过计算机及时显示，极大提高了维修工作效率。

美国现役航母大都可搭载90架左右的各型飞机，如“乔治·布什”号全长332m，最多可搭载百架舰载机，因此航母舰载机的维修工作量非常大。美国海军负责后勤工作的部长助理确定航母的维修方案，舰载机的仓库级维修由海军作战部下属的海军航空兵系统司令部负责，在岸基海军航空站修理设施上进行。美国海军航母的改装计划由海军部长、部长助理、作战部长、海上系统司令部司令官和航母管理局等召开联合会议商定，在指定海军船厂完成改装工作。

维修需要航母和海军船厂之间进行密切的合作。航母进入船厂前要经历一个月的准备期，进入船厂后要停泊在预定位置的龙骨墩上方，通过绳索系在码头上。在干船坞内的水排空后，航母落降至龙骨墩上进行维修——仅完成这一过程就需要7h的时间。随后航母开始进行“入坞增量维修”，同时将航母的作战、防卫、导航及饮用水系统等其他组成部分进行适时的升级，由此可见，航母的维修也是一项复杂的系统工程。

三是军民结合的运输保障。运输燃料和给养等物资是确保航母在远离本土的作战环境中保持战斗力的重要环节。美军主要依靠海上机动补给和海外基地补给两种方式支援航母作战，通过精细化的运输完成补给任务。美国海军部一名部长助理全面负责后勤运输保障计划的制定和后勤运输管理，海军作战部后勤计划部和物资装备部对主管后勤的副部长负责，具体承办后勤运输事宜。海军供给系统司令部专门设有海军物资装备运输办公室和运输与仓库分部，由其中的运输指挥官负责物资调配。军事海运司令部（MSC）承担美国本土和海外基地的运输任务，同时也负责协调征集民用船只为航母进行运输作业。

四是昂贵复杂的设施保障。设施与工程是航母后勤保障的重要组成部分。美国海军在发展航母过程中，建造了许多大型船坞、码头用于设施保障。美国海军作战部下属的海军设施工程司令部（NAVFAC）专门负责建设工程的规划、设计、建造、维护和管理，承担海军大型军事设施的工程任务，以及防核化生、油库、码头、训练基地和附属建筑的维修。海军设施工程司令部是一个全球性的机构，每年的经费超过80亿美元，用于航母的操作、远征和支援保障。

为确保航母在基地内绝对安全，海军设施工程司令部在海军作战部和海军研究局的支持下，研发了具有反恐/保护部队功能的码头水域屏障系统。该系统由码头安全屏障（PSB）和近岸码头安全屏障（N-PSB）系统组成，用于增强航母和港口设施的安全。码头安全屏障是一种浮动的屏障系统，用来阻止未经许可的水面舰艇进入码头区域，能经受复杂海况考验，能在各种地点阻挡各种威胁。近岸码头安全屏障是一种独立的结构，具有更强的机动性，更适于保护航母这样的单艘舰船。

10.7.3 案例3—— 航母舰载机的出动架次率

1. 基本概念

架次：舰载机从飞行甲板上起飞到着舰称为一架次。只有着舰之后，该架次才结束。无论在空中停留多长时间，只要不着舰，就都属于一个架次。

架次率：架次率是单位时间航母能够出动舰载机的架次量，一般取一天时间（有时是12h，有时是24h）。提高架次率的实质是要求每架舰载机出动多次。在美英新一代航母研制中，海军对架次率提出了比其现役航母更高的要求。美国海军要求“福特”级航母的舰载机出动架次率在“尼米兹”级的基础上提高25%；英国也要求1艘CVF在战争的第一天能够出动108架次攻击战斗机，而已经弃置的英国“卓越”号航母仅能达到梅泰诺26架次的水平。

紧急架次率（也称起飞速率）：通常是十几分钟、几分钟，甚至更短时间，航母以最快速度能够起飞的舰载机数量。与架次率不同，此时每架舰载机只有一次机会，不存在一架舰载机起飞多次的情况。当预警机或其他预警系统发现敌机来袭时，空中巡逻的攻击战斗机很可能不足以应付正在逼近的威胁。此时，航母需要紧急起飞攻击战斗机，尽量将敌机拦截在其反舰武器射程之外，避免对航母编队构成严重威胁。航母及编队的生存能力是航母设计中首要考虑的因素，在这方面，舰载机的紧急架次率理应比架次率的重要性更加突出。紧急架次率是航母在自身面临危机时反应能力的重要指标之一，是国外航母设计的重要考虑因素。美国航母的紧急架次率为3架/min，苏联在设计“库兹尼佐夫”级航母时，将美国航母的紧急架次率指标作为对照。法国“戴高乐”号航母的紧急架次率为2架/min，英国CVF航母的紧急架次率为24架/(15min)。

2. 舰载机的性能和可维护性是影响架次率的重要因素

如果舰载机的性能较好，一次检修之后间隔较长时间才需要再次检修，则舰载机在使用中能够保持较高的完好率，航母就能够在一天内派出更多架次的舰载机。如果舰载机的检修手段快捷方便，能够更快地完成舰载机的检修，则也能够提高架次率。而这些因素几乎不会影响到紧急架次率，因为紧急时刻，只能紧急起飞那些完好的舰载机。架次率要求提高弹射、回收以及所有中间环节的效率，而紧急架次率主要要求提高弹射及其准备效率。

3. 架次率和紧急架次率的共同影响因素

1）舰机接口设备性能和反应时间，如弹射器、阻拦装置的复位和准备时间，飞机升降机的提升速度，舰载机牵引系统的工作效率，喷气偏流板的升降时间等。

2）航空作业效率，如舰载机调度效率、飞行甲板作业程序安排合理性、舰载机挂弹和加油效率等。

3）飞行员和相关人员的充足率、训练和战备水平。训练良好、准备充分的人员能够更为迅速地完成起飞准备工作，从而提高架次率和紧急架次率。部分人员特别是飞行员，受身体疲劳极限的影响，为保证飞行的安全性，每天最多飞行架次有限制。因此在高强度出动任务场景下，还需要考虑是否有重组的飞行员可换班投入使用，这也是影响出动架次率的重要因素。

4）飞行甲板、停机库大小以及布置，使用合理性，这些因素也将影响航母飞行作业的效率。更大的飞行甲板能够停放更多舰载机，在紧急情况下，能够从飞行甲板直接起飞更多的舰载机。

4. 架次率满足补给消耗的需求

提高架次率意味着在单位时间内，舰载机着舰后，需尽快重新起飞，其目的是在空中保持足够数量具备任务能力的舰载机。原因就是，只有舰载机着舰后，才能从航母上补给物质或其他保障，从而继续执行任务。那么，有哪些物质或其他保障必须着舰之后才能补充的呢？从目前来看，主要集中在以下三方面：

1）弹药：迄今为止，在空中飞机只能补给燃油，弹药则无法在空中得到补给，舰载机只有着舰之后，才能补充已经消耗的弹药，或者调整弹药的搭配。

2）飞行员的状态：飞行员并不能在空中无限期飞行，按照人的生理极限，飞行员在空中持续飞行的时间最多为10h。一旦飞行员疲惫不堪，就只能将舰载机降落在航母上，更换飞行员，舰载机才能重新升空执行任务。

3）舰载机的状态：与飞行员的状态类似，舰载机也不能永远保持良好的状态。为了确保安全，任何飞机都有连续飞行时间限制。一旦接近连续飞行时间限制，就必须着舰检查。

弹药在以上三者中最为特殊，一旦需要，舰载机所携带的弹药就可能在极短的时间内全部消耗。

对陆作战是弹药补给的重要需求：在对陆攻击或火力支援作战中，舰载机抵达目标上空后，它所携带的弹药很快就会倾泻一空，地面战争的持续会要求舰载机倾泻更多的弹药。于是，自然要求舰载机能够更多地往返于航母和战场上空之间，为陆战部队提供更有力的支援。美国海军要求新一代航母拥有更高的舰载机出动架次率可以从对陆作战上找到合理的解释，对陆作战是要求舰载机返回母舰补给弹药的重要原因。

大规模空战可能提出弹药补给需求：空战也要求更高的舰载机出动架次率，要求舰载机更频繁地往来于战场与航母之间，携带更多的空空导弹打击敌机。那么，这时的航母编队一定是遭遇了大量敌机，无论是一批次来袭还是分批次来袭。此时，航母以最大能力派遣舰载机奔赴战场上空。如果这些舰载机发射完所有的对空武器之后，仍不能将其全歼，则需要至少部分舰载机返回航母重新装填弹药，继续参战。在这种情况下，舰载机必须安全返回母舰。如果敌机被纠缠在该空域，或在该空域执行优先级别更高的任务，则即便部分航母舰载机从作战空域撤回，敌机也无暇或不愿尾随。一旦敌机尾随已经发射完弹药的航母舰载机，不仅舰载机的生存有问题，还会威胁到航母的安全。或者舰载机能不被敌机察觉地返回母舰，从而避免被击落和将风险带到离航母更近的地方。

对于美国，在进行战争决策时，航母编队指挥官一般不会以数量上明显占劣势的舰载机联队去对抗数量庞大的对方空中力量。如果对方空中力量数量明显多于己方，则可以通过集结更多数量的航母编队，或者以与空军联合作战等方式，平衡敌我力量对比。从近几年的局部战争来看，航母所在一方的空中力量均占优势。然而，对于其他国家，不排除有些时候需要舰载机快速返回母舰挂弹，然后升空再战。

反潜战和反舰战很少会提出弹药补给的强烈需求：反潜战和反舰战的作战对象是潜艇和水面舰艇，各国装备的大中型水面舰艇和潜艇数量都非常有限。除了小艇可能发动规模较庞大的攻击之外，参战的潜艇和大中型水面舰艇几乎不会多于航母舰载机的弹药携带量（美国一个航母编队的舰载攻击战斗机为50架左右，俄罗斯为24架，英国为9架）。而潜艇通常是在靠近航母的地方发起攻击，此时舰载机很难派上用场。因此，在反舰战和反潜战中基本不会迫切要求舰载机返回母舰补给弹药。

综上所述，对陆作战和作战双方势均力敌时的空战最可能要求舰载机返回母舰迅速补充弹药，重新升空作战。

任何编队，其首要任务就是要保证旗舰乃至整个编队的安全，然后才能谈得上对敌攻击。加上航母的高价值特性，其安全显得更为重要。在确保航母及其编队安全的时候，舰载机和飞行员状态的重要性将突显。

为了确保航母及其编队的安全，需要预警机。攻击战斗机升空长期执行预警和护空任务，确保不给敌人可乘之机。此时，对于舰载机而言，最重要的是持续在威胁可能出现的方向或者航母周围的空中执行警戒任务。然而，舰载机和飞行员并不能总是保持最佳状态，经过一段时间后，舰载机需要返回航母，让飞行员休整，并对舰载机进行休整。无人机的出现，将改变必须通过架次率维持空中力量存在的现状，从而使长航时能够在预警和防空中替代架次率。

本章介绍了六大类共16个专业工程活动。这些工程专业是系统工程师在设计和管理系统研制工作中需要考虑的典型系统特性。随着技术的发展，各相关方提出来的系统特性会越来越多，相关的专业工程活动也会越来越多，技术也会不断推陈出新。对于系统工程师来说，需要注意几点：

1）需要根据用户需求和系统使用场景来确定需要考虑的系统特性。

2）需要从系统生存周期早期开始考虑系统特性，并在系统全生存周期和系统各层次来分析、设计和验证这些特性。

3）将专业工程活动与技术活动、技术管理活动紧密结合起来。

这些系统特性最终都是依靠技术工作在系统中实现的，需要技术管理活动来落实这些工作。

参考文献

[1] ISO/IEC/IEEE. Systems and software engineering — system life cycle processes: ISO/IEC/IEEE 15288 [S]. [s. l.]: [s. n.], 2015.

[2] INCOSE. Systems engineering handbook — a guide for system life cycle processes and activities [M]. 4th ed. New Jersey: John Wiley & Sons, 2015.

[3] HOLLING C S. Resilience and stability of ecological systems [J]. Annual Review of Ecology and Systematics, 1973, 4: 1-23.

[4] HOLLAND J P. Engineered resilient systems (ERS) overview [Z]. presentation. U. S. Army Engineer Research and Development Center (ERDC), 2013.

[5] ISO/IEC. Information technology — security techniques — systems security engineering — capability maturity model® (SSE - CMM®): ISO/IEC 21827: 2008 [S]. [s. l.]: [s. n.], 2008.

[6] NIST. Systems security engineering — considerations for a multidisciplinary approach in the engineering of trustworthy secure systems: NIST SP 800-160 [S]. [s. l.]: [s. n.], 2016.

[7] 姚轶崭，彭琳. 谈网络安全工程师的荣耀与担当——运用系统工程的思维和方法让网络世界更安全[J]. 网信军民融合，2018.

第 11 章　基于模型的系统工程

Chapter Eleven

本章重点介绍基于模型的系统工程（Model-based Systems Engineering，MBSE）的主要方法，包括基于模型系统工程的目的和边界、使用 MBSE 的优势、MBSE 相关技术介绍及目前比较流行的 MBSE 工具链相关概念。

国际系统工程学会（INCOSE）在 2007 年发布的《SE 愿景 2020》中，定义 MBSE 是建模方法的形式化应用，以支持系统从概念设计阶段开始一直持续到开发阶段和后续生命期阶段的需求、设计、分析、验证和确认活动。自从 2007 年初 INCOSE 面向工业界学术界发起 MBSE 倡议开始，此定义逐渐被业界普遍接受为 MBSE 的标准定义[1]。与之近似的概念包括基于模型工程（Model-based Engineering，MBE），及通过模型进行整合在生存周期基线中针对能力、系统及产品的需求、分析、设计、执行及验证所需相关技术的工程方法[2]。MBSE 与 MBE 进行比较，其重点强调：

1）基于系统工程方法来执行基于模型的工程方法。

2）其中包括行为分析、系统架构、需求追溯、性能分析、仿真及测试等。

3）基于模型系统工程是采用形式化的建模方法来支持全生存周期中的系统需求、设计、分析、验证和确认。

目前，国内航天和航空工业对 MBSE 较为关注，2013 年中国航空工业集团（简称中航工业）作为企业会员，整体加入系统工程协会（INCOSE）。同年与 IBM 公司签订了系统工程的战略合作协议。传统的系统工程应用已经无法满足行业需求，基于信息技术的系统工程和工具正在复杂产品设计开发过程中起到越来越重要的作用。在学术研究方面，浙江大学 CAD 与 CG 国家重点实验室对 MBSE 开展了研究，对现有复杂产品系统建模方法进行了分析与评述。

MBSE 可以用于捕捉、分析、分享和管理复杂装备开发过程中的相关设计信息，具备如下特点：

1）提升相关方的沟通，采用图形化方法实现产品研发的统一关联和表达，实现产品开发过程中的标准化设计。

2）提升管理系统复杂程度的能力，通过需求牵引、模型驱动、过程集成、自动验证等技术手段实现对产品开发过程变更进行分析与管理。

3）实现产品开发过程中的信息表达非歧义、完备性及一致性，通过标准化的模型实现开发过程中的信息传导不出现理解偏差。

4）增强知识重用，通过模型化方法，实现产品开发过程中的信息以模型方式进行重用。模型的重用可以减少设计变更所花费的研发时间，提升设计效率。

11.1 MBSE 特点

11.1.1　多视图设计模型化

统一模型首先是将系统对象从不同维度、使用多个视图进行描述，包括项目视图、需求视图、功能视图、系统视图、产品视图、运行与维护视图等；然后建立起不同视图之间，以及各视图内部不同要素之间的关联关系，形成统一关联模型[3]。

过程、系统视角与建模过程的集成作为统一模型的基础。如图 11－1 所示，架构描述、建模方法与设计过程需要紧密结合，并以此为基础建立不同视角之间的关系。

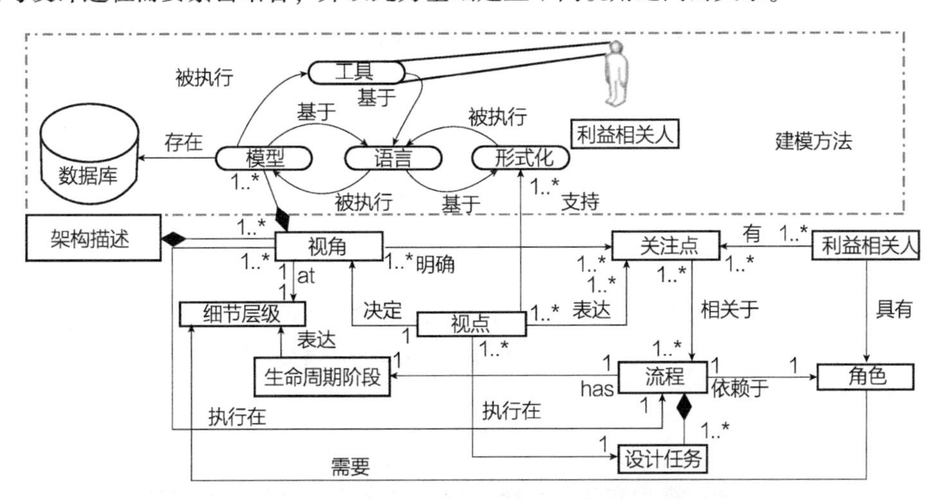

图 11－1　过程、系统视角与建模方法的集成

首先，需要建立起不同层级的需求以及需求之间的关联与追溯，这一过程是要建设不同层级的需求与对应的其他视图之间的关联关系，如功能需求与功能视图的关联、系统需求与系统视图的关联、产品需求与产品视图的关联以及产品运维需求与运行维护视图之间的关联（这一建设过程可能会相对较长，但非常有价值）。

其次，建立起需求视图与项目视图之间的关联。需求是技术过程的主线，是项目管理的技术输入；任务是技术管理过程的主线。通过建立这两者之间的关联关系，将技术管理过程与技术过程进行整合。

最后，将项目视图与其他仿真视图之间建立关联。

上述过程，尤其是后面几步，并没有严格的次序。通过这几个步骤，将系统工程技术过程、技术管理过程以及系统对象进行整合，从而形成统一（关联）模型。

11.1.2　仿真集成化

现有的航天系统设计采用传统的面向过程的建模方法，而该传统的建模方法缺乏自适应能力。当系统模型发生变化时，需要重新编写模型和算法，重用性差。此外，这种方法需要对其系统中的各专业问题进行数学上的简化，极大地影响了模型仿真精度。通常讲，仿真集成化需要做到如下几个方面：

1）对于使用现存模型的优势，可以提高各个领域仿真工具的重用率。

2）异构（使用离散技术和求解技术更适用于系统模型求解）和求解工具（各领域专业模型）的有效结合。

3）数据和模型的集成。

4）协作设计。

5）新模型研发的快速落地。

6）保证工具数据安全性。

11.1.3 研发自动化

1. 架构驱动

通过定义不同视图模型之间的转化规则，实现在系统建模工具中，下层视图由上层视图的元素自动生成[4]。

2. 代码生成

利用模型成为驱动研制过程的主要载体[5]，具体包括：

1）建立产品功能设计模型，通过模型来承载产品功能设计信息，驱动产品开发及文档生成。

2）用于产生本体数据中间件，实现各专业设计师的全面协同设计与建模仿真。设计师通过网络对统一模型进行协同工作，通过分工合作创建全面的系统设计与仿真模型。

3）用于生成对应嵌入式软件代码。

3. 自动验证

在实物产品投产前，通过模型实现全系统虚拟集成仿真及快速原型的自动开发，从而大量减少对方案的自动验证和确认，提高迭代效率。

11.1.4 系统工程整合

1. 点到点集成

实现研制全过程基于模型的“点到点”数字化集成，能够对需求、状态和产品进行全面、快速、正确的响应。通过研制阶段不同类型模型关联和自动转化，实现研制过程基于模型的端到端集成。不同研制阶段的数据与设计信息实现点对点集成，进而实现数据、模型、信息的可追溯、可共享[6]。

2. 横向集成

在系统工程过程中，某一设计节点剖面下所有资源的集成。

3. 纵向集成

在系统工程过程中，不同设计节点所需资源的集成。

11.2 MBSE 的开发方法

11.2.1 MBSE 方法论研究

通常，方法论定义为用于特殊目的的过程、方法及工具的集成。根据 INCOSE 系统工程手册定义[7]，MBSE 方法论定义为采用基于模型方法或模型驱动方法来支持系统工程方法开发的过程、方法及工具。

INCOSE 在 2008 年的一次 MBSE 调研中，6 种主要的 MBSE 方法被调研：

1）INCOSE Object-Oriented Systems Engineering Method（OOSEM）。

2）IBM Rational Telelogic Harmony-SE。

3）IBM Rational Unified Process for Systems Engineering（RUP-SE）。

4）Vitech MBSE Methodology。

5）JPL State Analysis。

6）Dori Object-Process Methodology（OPM）[8]。

本节将从 INCOSE Object-Oriented Systems Engineering Method（OOSEM，面向对象的系统工程方法）为例，重点介绍 MBSE 方法所需相关技术。

11.2.2　MBSE 基于研发过程的设计方法

本研究方案将采用方案整合的方法对系统工程的设计过程进行定义及梳理。在系统工程标准中，用于描述过程方法的标准包括 ANSI/EIA 632:1998、ISO/IEC/IEEE 15288:2008 和 IEEE 1220:2005，见表 11－1。这三种标准各自具有不同的特点和用途，根据三准则比较分析三种标准，见表 11－2。

表 11－1　系统工程标准支持过程设计

	ANSI/EIA 632:1998	ISO/IEC/IEEE 15288:2008	IEEE 1220:2005
系统生存周期	机会评估 投资决策 系统概念设计 子系统设计及提前部署 研发、运行、维护和清楚	概念设计 研发 生产 使用 支持（保障） 退役	系统定义 首要设计 细节设计 FAIT (制造、组装、整合及测试) 生产 支持
细节等级	中间层级	最底层的任务描述	最上层的过程描述

表 11－2　根据三准则比较分析三种标准

	ANSI/EIA 632:1998	ISO/IEC/IEEE 15288:2008	IEEE 1220:2005
确认	提供更加细节验证: 需求验证 、方案表达及最终产品验证	需求确认	最终产品确认
验证	提供更细节的验证: 设计方案验证、最终产品验证、产品成熟度	功能验证	设计验证
内部一致性	最高，在过程及活动中定义关系	中间	最低

表 11－3 为系统工程过程标准的完全比较。以某型发动机健康管理系统研发过程为例，除了需要将传统的设计过程进行重新梳理以外，还需要将其研发过程与发动机设计过程结合。具体的过程设计方法如图 11－2 所示。

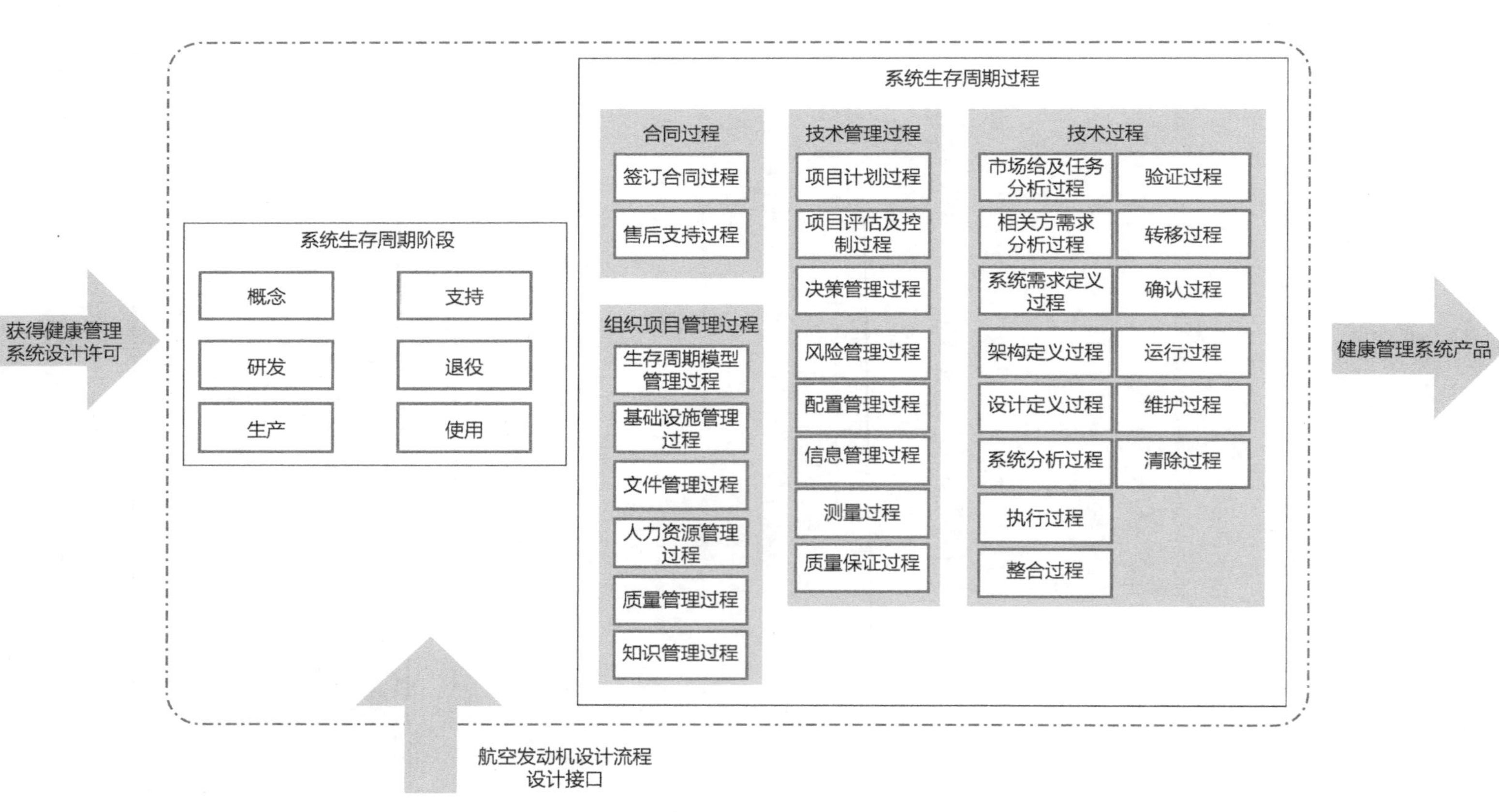

图11-2　基于系统工程的过程设计方法

表 11-3　系统工程过程标准的完全比较

	ANSI/EIA 632:1998	ISO/IEC/IEEE 15288:2008	IEEE 1220:2005
标准范围	定义了 5 种过程组，一共对 13 个过程定义 33 个过程需求，提出一些应用内容及概念	定义了 3 个概念组、4 个过程组、25 个系统生存周期过程，提出每个设计任务的输入输出及任务	定义了研发产品的 14 个通用需求，提出每个系统工程过程的子过程，提供每个子过程的设计任务
生存周期	机会评估 投资决策 系统概念设计 子系统设计及提前部署 研发、运行、维护和清楚	概念设计 研发 生产 使用 支持（保障） 退役	系统定义 首要设计 细节设计及 FAIT（制造、组装、整合及测试） 生产 支持
关注点	企业级系统	产品级系统	必要的工程活动用于产品研发

11.2.3　基于通用建模语言的建模方法

UML（Unified Modeling Language，统一建模语言），是一种图形化的建模语言，主要用于对软件系统进行建模。同时，用户可以利用 UML 提供的扩展机制对 UML 进行扩展，以满足特定领域的建模需求。“UML for Systems Engineering RFP” 由 OMG 和 INCOSE 联合开发，并由 OMG 于 2003 年 3 月发布。该 RFP 文档中描述了扩展 UML 以支持系统工程的需求系统工程，比软件领域覆盖范围更广，除了可能包含的软件组件，还可能包括硬件、人员、设施及过程等更多的系统元素。系统工程师基于 UML 进行建模工作，并不能很好地描述系统。也就是说，在系统工程领域，UML 存在“盲点”，基于当前已有的 UML 元素不足以对复杂系统进行充分有效的表达。因此，系统工程领域在寻求一种更为广泛的建模语言。

SysML 规范正是为了满足这些需求，而由不同的工具供应商、终端用户、学术界及政府代表联合开发制定的，2006 年 7 月 6 日被 OMG 采纳，并于 2007 年发布了 OMG SysML V1.0 版。SysML（Systems Modeling Language，系统建模语言）是一种表述（Specifying）、分析、设计以及验证复杂系统的通用图形化建模语言，复杂系统可能包括软件、硬件、信息、人员、过程和设备等其他系统元素。如图 11-3 所示，SysML 和 UML 间存在交集，即 SysML 中的部分图是和 UML 中的相应图是一致的，例如用例图。同时，SysML 也有基于 UML 扩展而来的图，例如活动图。另外，还有一部分图是 SysML 所特有的，这些图与 UML 间没有关系，例如需求图。

SysML 建模语言中的 SysML 图如图 11-4 所示，可以概括为“3 类 9 种”。SysML 可以分为行为图、需求图和结构图。3 类图又具体化为 9 种模型图。同时，SysML 图与 UML 图存在交集。交集部分是 SysML 和 UML 共有的图，包括序列图、用例图、状态机图、包图，黄色部分是 SysML 基于 UML 扩展而来，包括活动图、模块定义图、内部模块图。还有一部分是 SysML 语言所特有的图，包括需求图和参数图。

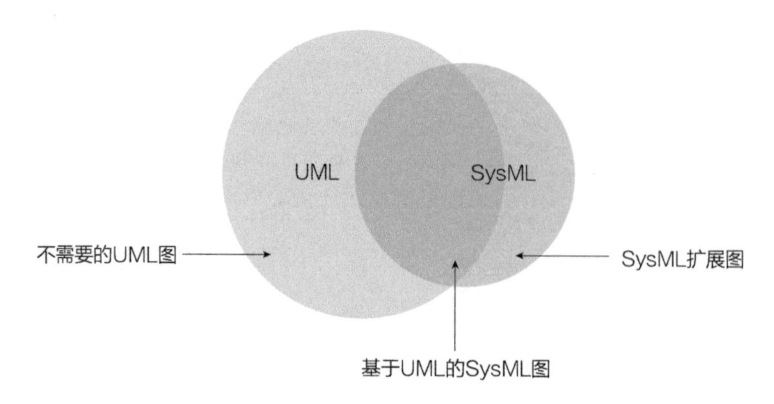

图 11-3 SysML 和 UML 的关系

（引自 https://re-magazine.ireb.org/articles/modeling-requirements-with-sysml）

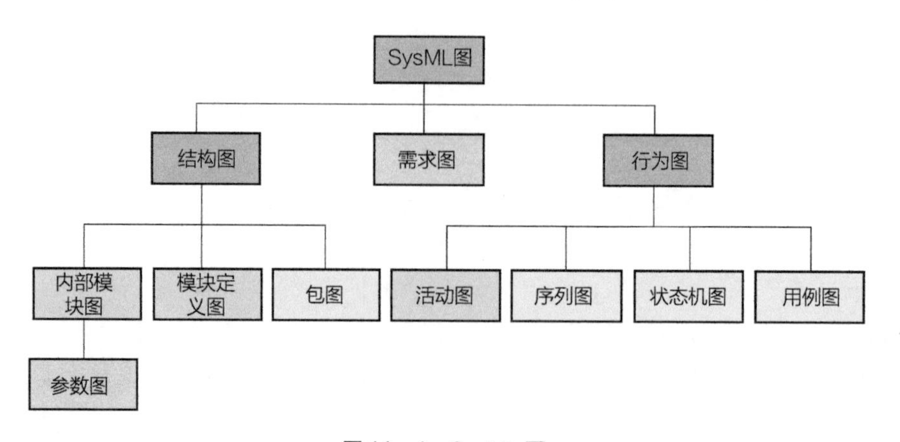

图 11-4 SysML 图

（引自 http://lxalxy.com/detail/?id=11）

业务过程模型和标记法（Business Process Model and Notation，BPMN）是工作流中特定业务过程的图形化表示法。它由业务过程管理倡议组织（Business Process Management Initiative，BPMI）开发。该组织已于2005年与对象管理组织（Object Management Group，OMG）合并，从那时起，BPMN 由 OMG 维护。BPMN 当前版本为2.0，于2011年1月发布[9]。

BPMN 是 OMG 维护的关于业务过程建模的行业性标准。它建立在与 UML 的活动图非常相似的过程图法（Flowcharting）基础上，为"业务过程图（Business Process Diagram，BPD）"中的特定业务过程提供一套图形化标记法。BPMN 的目标是，通过提供一套既符合业务人员直观又能表现复杂过程语义的标记法，同时为技术人员和业务人员从事业务过程管理提供支持。BPMN 规范还提供从标记法的图到执行语言基础构造的映射，尤其是业务过程执行语言（BPEL）。BPMN 仅限于支持对业务过程的建模概念。此外，虽然 BPMN 会显示数据的流（消息）以及活动与数据器物的关联，但它并非数据流图。

11.2.4 特定域建模方法

特定域建模（Domain-Specific Modeling，DSM）是一种使用模型来设计和开发系统（如软件系统、硬件系统）的工程方法。它使用特定域建模语言（Domain-Specific Modeling Language，DSML），建立相关元模型用于表达系统的各方面特性。特定域建模语言倾向于支持比通用建模语言更高级别的实例化，因此在建模的过程中可以较少地对模型进行二次开发和添加底层细节的操作来描述特定系统特性。例如，AADL（Architecture Analysis & Design Language）是一个将 SAE 标准用于嵌入式系统软硬件架构描述的特定域语言，EAST-ADL 是用来描述 AUTOSAR（汽车开放系统架构标准）的架构描述语言。因此，从它们的定义可以得知，DSML 是 UML 和 SysML 相关语言基于不同领域及工业标准的细化。如图 11-5 所示，模型形式化包括语义及语法，语法中包括具体语法及抽象语法，语义中包括语义映射及语义定义域。

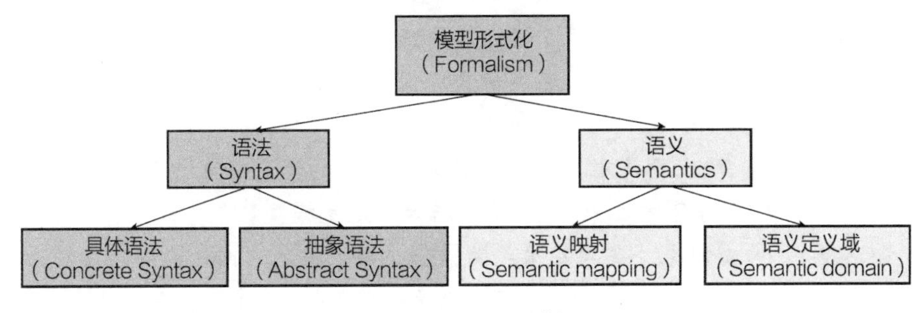

图 11-5　DSML 术语

1）抽象语法中定义 DSML 的组成及它们之间的构成关系。这些信息在模型的元模型（Meta-Model，模型的模型）中表达。

2）具体语法用来显示 DSML 中的图形化及文本化表达，例如 Modelica 语言中的 equation 代表公式（文本化表达），UML 中 class 类的图标（图形化表达）。

3）在语义中，定义了一个模型含义的定义域。其中，包括语义定义域（什么含义）及语义映射（如何赋予模型含义）。

如图 11-6 所示，1+2 作为一个模型的例子。(1，+，2) 可以被看成是文本式的具体语法。而 1+2 所代表的抽象语法是 1 与 2 的加和。这个例子中的语义定义域是自然数，通过语义映射来执行运算，将 1+2 的语义（或含义）是 3。

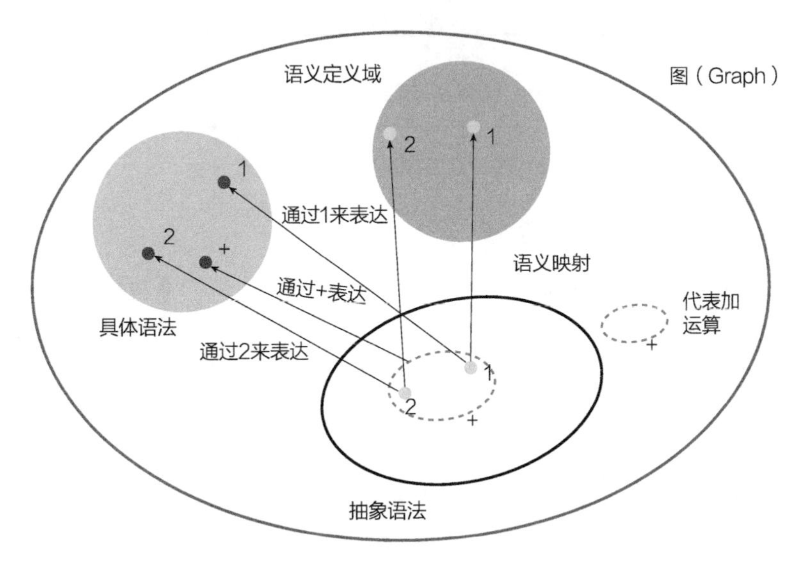

图 11-6　术语含义

基于 GOPPRR 的特定域建模方法

本节将以 GOPPRR 方法为例介绍特定域建模方法。在特定域建模过程中，一般遵循M0～M3 的层次架构，如图 11－7 所示，其具体含义如下：

1）M0：按照系统的视角，即为一种特殊的协定模式用于建立、解释及确认视点来表达某一个系统关切问题。视点是从某一个系统关切问题出发，采用一系列结构式及模块化的表达方法，用于系统架构如何处理一个或者多个系统所关切问题。

2）M1：所建立的特定域模型，用于描述其系统特性。

3）M2：元模型，即模型库。设计完成的模型库可积累成为一种特定域建模语言来描述对应领域问题。

4）M3：元元模型，用于设计元模型。一般为最基础的类，将元元模型实例化后进而实现元模型的设计。在 GOPPRR 方法中，M3 层包括六种元元模型：

① 图（Graph）：一些对象、关系及角色的集合，用于描述它们之间的连接关系。

② 对象（Object）：拥有很多属性的类，用于表达一个存在的对象。关系可以被符号表达。

③ 端口（Point）：对象中的端点符号表达。

④ 属性（Property）：用于定义及描述一些元类型（对象、角色及关系）的特性。

⑤ 角色（Role）：用于连接一个组件和一个关系。

⑥ 关系（Relationship）：两个或者多个对象之间的联系。关系无法单独于对象而存在，对象有很多属性，关系可以被符号表达。

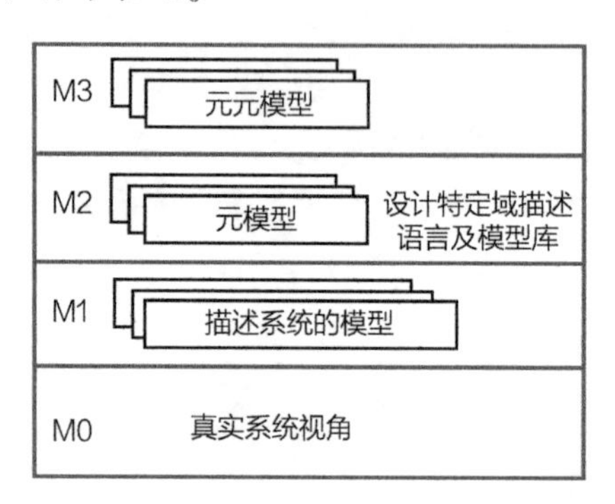

图 11－7 基于 GOPPRR 的特定域建模方法

11.2.5 多架构建模 Karma 语言

多架构建模 Karma 语言是瑞典皇家理工学院、北京理工大学、上海交通大学与工业合作伙伴（如中科蜂巢等）开发的一个基于 GOPPRR 方法的文本式形式化建模语言，是实现基于模型系统工程相关语言建模、架构驱动、代码生成、指标分析验证及需求验证的工具。Karma 语言是特定域建模 DSM 组织（http：//www. dsmforum. org）认可的 MBSE 形式化建模语言。Karma 语言采用文本语言的形式，主要支持：

1）实现不同通用建模语言及框架的模型库开发及建模，如 UML、SysML、BPMN、Capella、DoDAF、UAF 等。

2）实现特定域建模语言建模框架的模型库开发及建模，如 EAST－ADL 等。

3）可定制的架构驱动，即工具中架构模型之间的自动传递及转化。

4）可定制的代码生成，即工具中架构模型向其他代码及数据的自动传递及转化。

5）实现基于 Karma 语言的指标分析及验证。

6）实现基于 Karma 语言的需求验证。

7）支持模型与本体信息的相互转化。

如图 11－8 所示，Karma 建模语言可以支持如下功能：

1）以文本可读的形式化语言表达 MBSE 模型。

2）可以执行架构驱动与代码生成。

3）支持模型状态机和系统架构的指标分解验证。

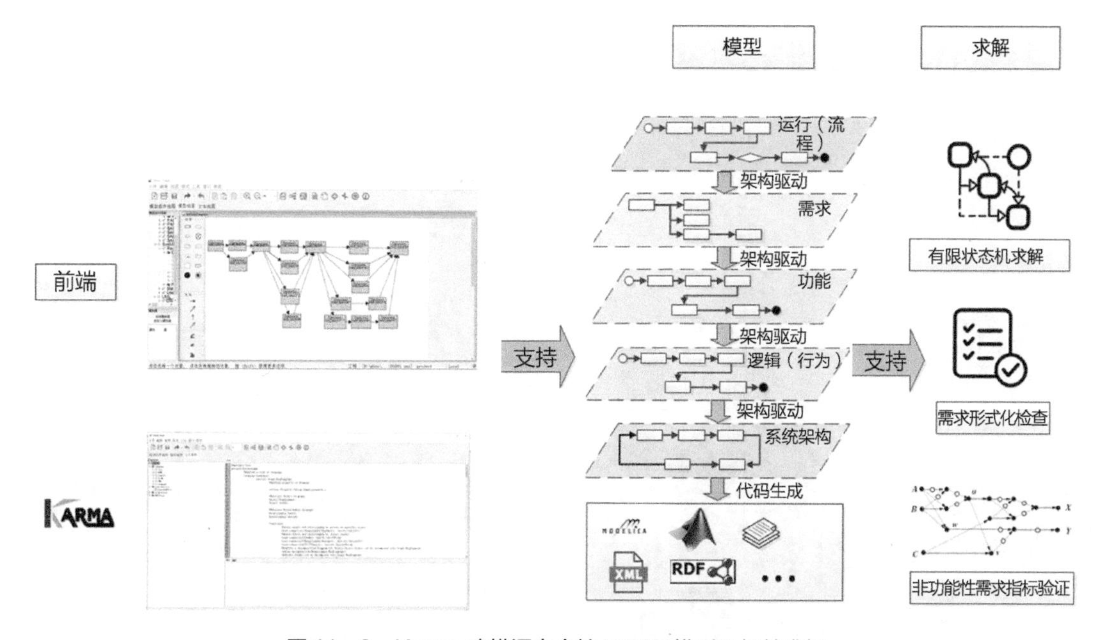

图 11－8　Karma 建模语言支持 MBSE 模型及相关求解

11.3　系统工程相关模型

11.3.1　过程模型

本节通过 BPMN 介绍基于系统工程进行流程建模的过程。BPMN 用一套图形要素做简单的图来描述流程，其基本要素如下：

1）流对象（Flow Object）。

2）事件（Events）、活动（Activities）、关口（Gateways）。

3）连接对象（Connecting Objects）。

4）顺序流（Sequence Flow）、消息流（Message Flow）、关联（Association）。

5）泳道（Swimlanes）。

6）池（Pool）、道（Lane）。

7）器物（Artifacts/Artefacts）。

8）数据对象（Data Object）、组（Group）、注释（Annotation）。

利用这些基本对象，建立业务过程图（Business Process Diagram，BPD），举例如图 11－9 所示。

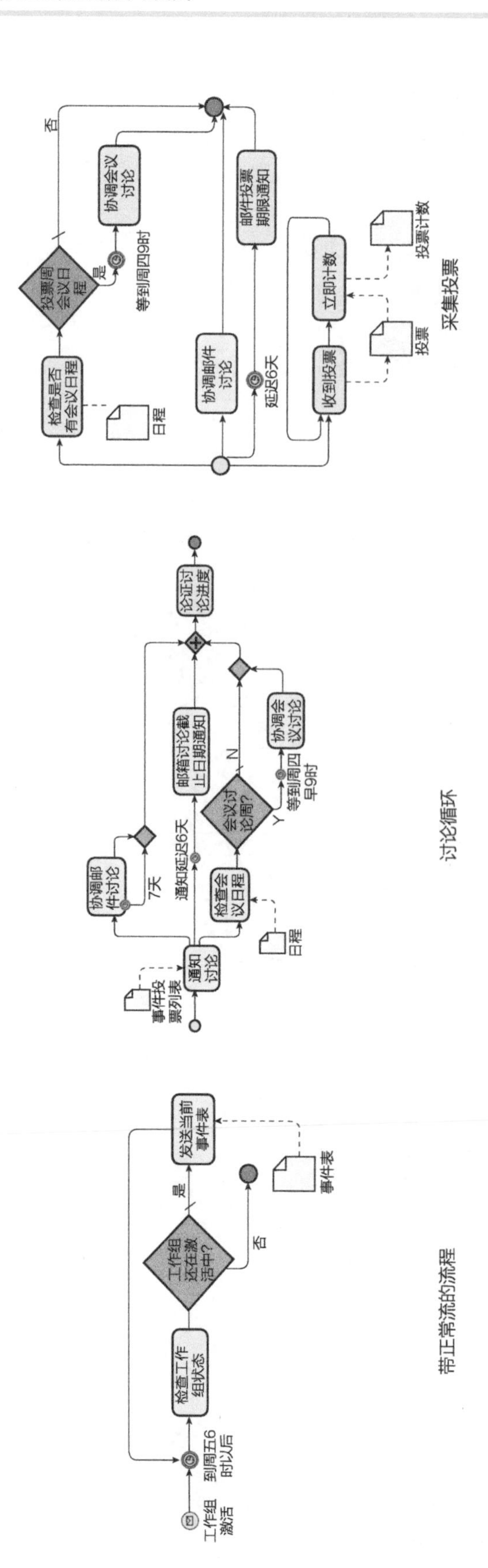

工作组激活
到周五6时以后
检查工作组状态
工作组还在激活中?
否
是
发送当前事件表
事件表
带正常流的流程
事件投票列表
通知讨论
协调邮件讨论
7天
通知延迟6天
检查会议日程
日程
邮箱讨论截止日期通知
会议讨论周?
Y
N
等到周四早9时
协调会议讨论
论证讨论进度
讨论循环
检查是否有会议日程
日程
投票周会议日程
是
否
等到周四9时
协调会议讨论
协调邮件讨论
延迟6天
邮件投票期限通知
收到投票
立即计数
投票
投票计数
采集投票

图 11-9 业务过程

11.3.2　需求模型

1. 需求模型包

本节以 SysML 为例，介绍需求模型的建立方法。需求模型中的不同模块可以与测例模块及其他模块相互连接。SysML 中的需求概念包括标准需求模块、需求子类、需求包及需求关系。

2. 标准需求模型

标准系统建模语言（SysML）及其所描述的相关属性基于特定标示符及文字用于定义系统相关特性，如图 11－10 所示。

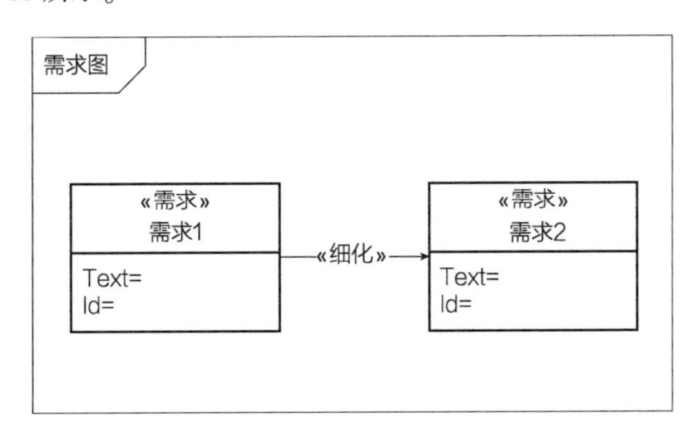

图 11－10　SysML 需求

3. 需求关系

系统模型的应用在系统设计过程中十分有利于捕捉需求。需求模型和系统模型相互配合，进而表达设计需求。

以下是七种用于描述需求模块及与其他模块之间的逻辑关系。这些逻辑关系用于定义需求的层次结构、派生需求、满足需求、验证需求及细化需求。然而，这些连接关系的语义没有定义形式化的标准及对应解释。因此，需要一些系统模型中的对应连接关系用于表达对应需求的逻辑关系。具体相关连接关系介绍见表 11－4。

表 11－4　SysML 的连接关系

关系名称	介　绍	图　例
包含关系 （CONTAINMENT & COMPOSITE）	包含关系用于表达需求包含对应子需求，进而表达需求层次。一个包含需求可以描述为系统需要做 A 和 B，因此对于该系统的需求可以分解为系统需要做 A 及系统需要做 B	“requirement” 需求1 Text=需求1 Id=1 “requirement” 需求2 Text=需求2 Id=2 “requirement” 需求3 Text=需求3 Id=3

（续）

关系名称	介　绍	图　例
派生 （DERIVE）	派生需求关系通常对应下一个系统层级的需求。如图例所示，对于整车系统的需求为 8s 内加速至 60mile/h（1mile/h = 0.44704m/s）。根据这个需求，可以派生出需求为发动机的需求是…… 派生需求关系同样可以用于表达相同系统层级中不同抽象层级的需求之间的派生关系。例如，系统部提出的硬件及软件需求需要通过控制系统部进行分析并派生出更加细化的需求用于反应附加的执行注意事项及约束。这些更加细化的需求通过派生关系来与初始需求进行连接	“requirement” 需求1 / Text=需求1 Id=1 —派生→ “requirement” 需求2 / Text=需求2 Id=2
细化 （REFINE）	细化需求关系是指用一个或多个模型元素来进一步细化另一个模型元素。例如，用例图或者活动图可以用于细化一个条目化的功能需求。在这个例子里，一些条目化需求可以细化一些更加具体的模型元素 细化关系能够表达需求的含义及内容。派生关系和细化关系之间的差别是派生关系仅仅在需求之中产生。另外，派生关系用于表达基于分析的附加约束	“requirement” 需求1 / Text=需求1 Id=1 —细化— “requirement” 需求2 / Text=需求2 Id=2
满足关系 （SATISFY）	满足关系描述设计或者执行的模型概念满足一个或者多个需求。系统建模时用于指定系统设计元素及其所满足的需求 其与验证关系的不同之处是，推断无法完全证明。满足关系就是简单地描述一个需求到一个架构的关系	“requirement” 需求1 / Text=需求1 Id=1 —满足→ “requirement” 需求2 / Text=需求2 Id=2
验证 （VERIFY）	验证关系定义了一个测例或者其他模型元素验证了需求元素。在 SysML 中，测例或者其他元素用于表达需求对应的验证方法	“requirement” 需求1 / Text=需求1 Id=1 —验证→ “requirement” 需求2 / Text=需求2 Id=2
复用 （COPY）	通过项目进行的需求复用。基本应用场景是管理、策略或者契约中的需求用于表达不同产品中的产品需求复用 被复用的需求的条目属性是一个可读的原始资源条目的服用。 但是被复用的需求有不同的 id 和不同的命名空间	“requirement” 需求1 / Text=需求1 Id=1 —复用→ “requirement” 需求2 / Text=需求2 Id=2

（续）

关系名称	介　绍	图　例
追溯 （TRACE）	通用的追溯需求关系提供了一个需求与需求或与其他模型元素之间的追溯关系。追溯的语义包括约束，但这种关系比较弱 然而这些追溯关系可以用于表达相关需求与源文档或者相关需求与对应规范树	“requirement” 需求1 / Text=需求1 Id=1 —追溯→ “requirement” 需求2 / Text=需求2 Id=2

SysML 中大多数需求关系是基于 UML 的依赖关系。箭头指向为从依赖模型元素到非依赖模型元素。因此在 SysML 中，箭头方向与需求流相反，高等级需求指向低等级需求。

4. 需求图与表格

SysML 提供了模型架构，用于表达需求文本及它们与对应模型元素之间的关系。需求图能够描述图形化的需求、表格及树状结构。一个需求同样可以根据其他图来显示需求与其他模型元素的关系。

SysML 可以在表格中（表 11－5）显示模型查询的结果。图标形式用于表达需求之间的关系和属性，其中包括：

- 需求和对应属性。
- 每列包括依赖关系的提供方。
- 每列包括满足需求的模型元素。

表 11－5　需求表格

序号	Id	名称	文本	拥有者	细化	被验证
1	1.4	汽车性能		1 汽车规范		
2	1.4.1	制动距离		1.4 汽车规范		
3	1.4.6	速度上限		1.4 汽车规范		
4	1.4.7	转弯半径		1.4 汽车规范		
5	1.4.8	最大加速度	汽车在 8s 内需要加速到 60mile/h（1mile/h =0.44704m/s）	1.4 汽车规范	开车	最大速度
6	2.1	发动机	发动机最大效率为	2. 发动机规范		

5. 其他需求表达方法

除了基础需求描述以外，其他模型图也可以用于描述需求，见表 11－6。

表 11-6 用于描述需求的其他模型图

模型图	介绍	图例
用例图 （Use Case Diagram）	用例图用于描述系统或者主题对象需要被它的执行人或者环境执行来满足一个目标	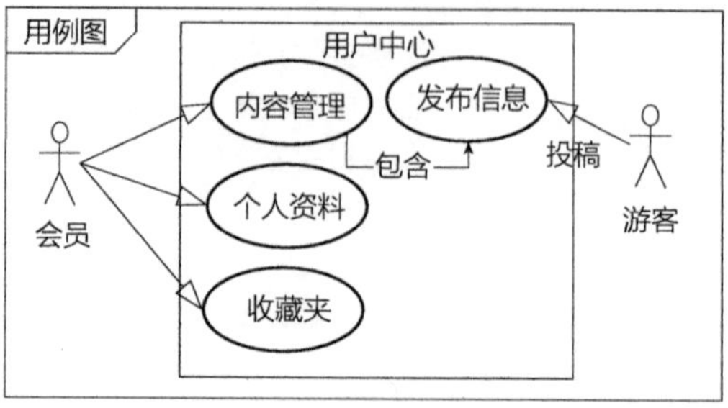 用例图 用户中心 内容管理 发布信息 包含 投稿 会员 个人资料 收藏夹 游客
序列图 （Sequence Diagram）	序列图能够在制定用例中描述人和系统（被看成黑盒）的控制流。这个图表达了不同交互的实例的发送及接收信息，其中竖轴表达时间	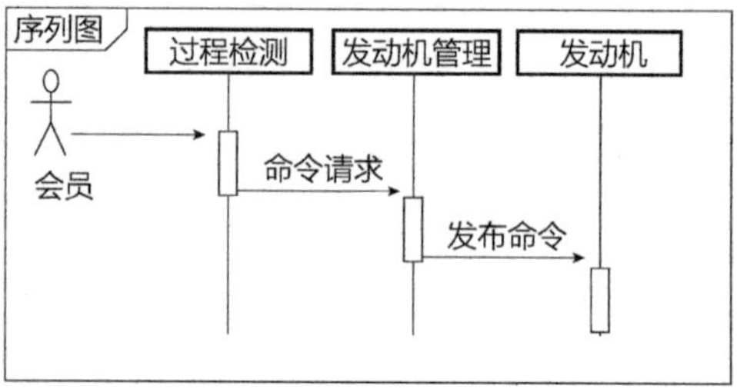 序列图 过程检测 发动机管理 发动机 会员 命令请求 发布命令
状态机图 （State Machine Diagram）	状态机报定义了用于建立离散行为的概念模型、状态转化系统。状态机表达了一个对象状态的转化行为。该图用于描述系统（尤其是外部事项和关系）	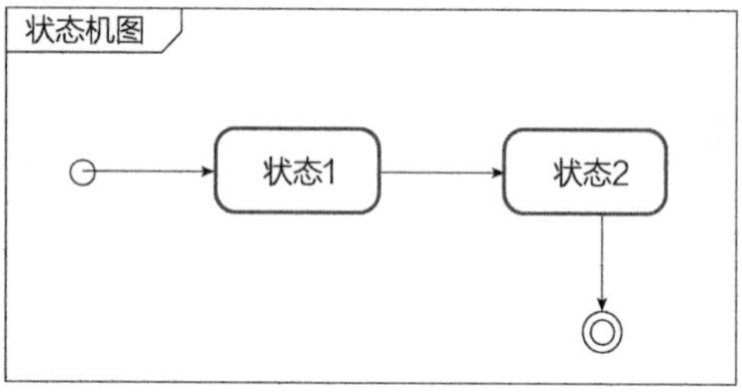 状态机图 状态1 状态2
活动图 （Activity Diagram）	活动图有输入、输出、顺序及条件，用于协调对应的行为。在一个特定的用例中，它用来描述活动所需的顺序	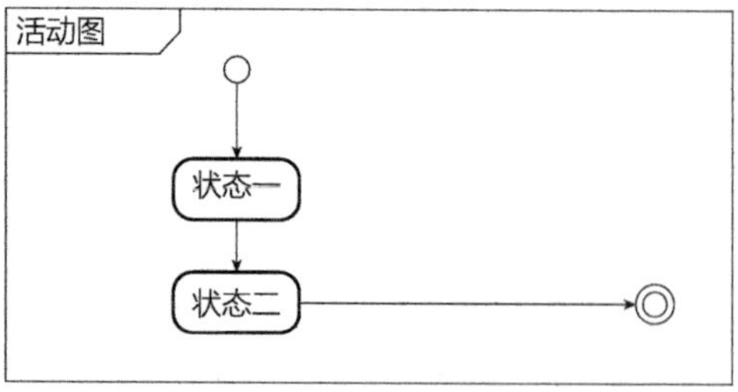 活动图 状态一 状态二
块定义图 （Block Definition Diagram）	块定义图定义了块的特性及块之间的关系，例如关联、概括和依赖。它用于在规则层上表达代表系统环境块的定义	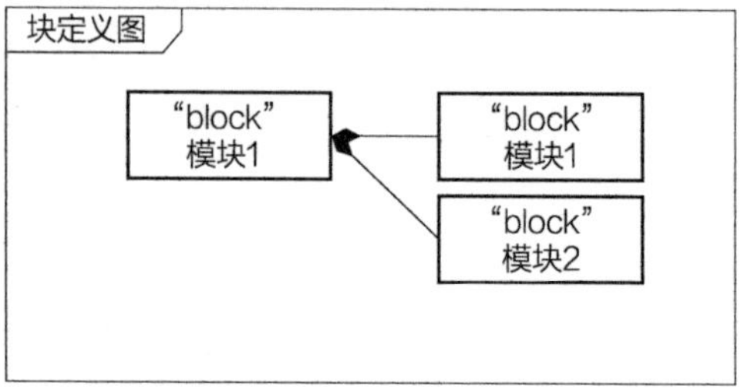 块定义图 “block” 模块1 “block” 模块1 “block” 模块2

（续）

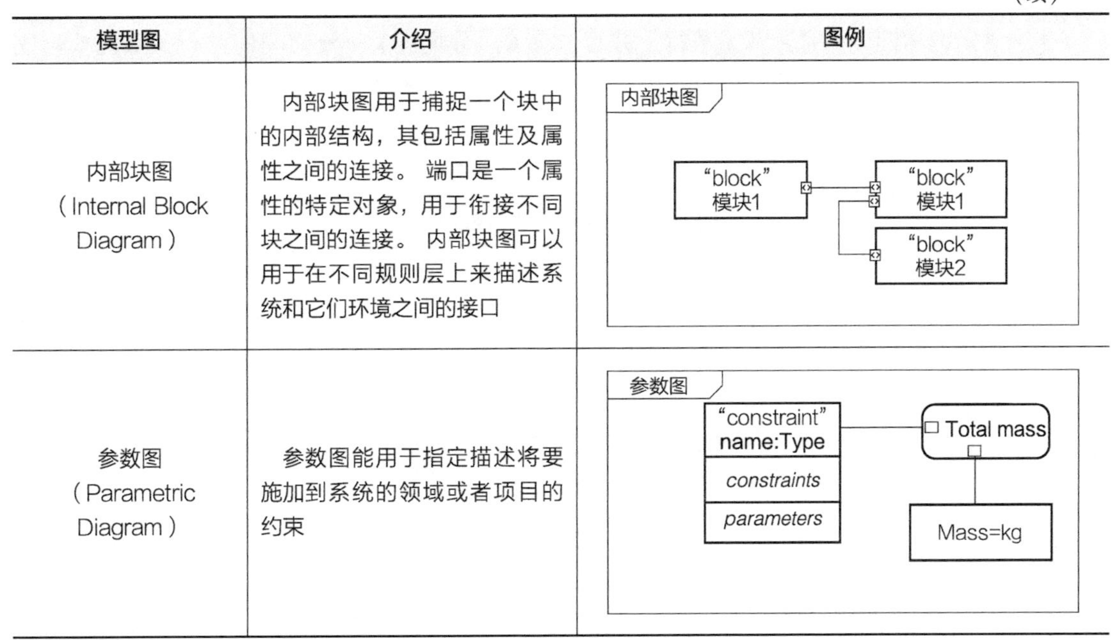

模型图	介绍	图例
内部块图（Internal Block Diagram）	内部块图用于捕捉一个块中的内部结构，其包括属性及属性之间的连接。端口是一个属性的特定对象，用于衔接不同块之间的连接。内部块图可以用于在不同规则层上来描述系统和它们环境之间的接口	内部块图 “block” 模块1 “block” 模块1 “block” 模块2
参数图（Parametric Diagram）	参数图能用于指定描述将要施加到系统的领域或者项目的约束	参数图 “constraint” name:Type constraints parameters Total mass Mass=kg

11.3.3　功能模型

功能模型是表达功能之间依赖关系的静态描述。本节采用 SysML 建模语言对功能模型的组成元素进行形式化表达方法。本文从 SysML 语言规范出发，通过分析各种模型元素的特点，开发出适合功能表达的 SysML 相关图，从而构建可重用的 SysML 功能模型库。

1. SysML 图的选择

SysML 中的活动图作为功能模型的图形化表达形式，用来描述控制流与对象在动作之间的传递关系。这种描述与功能对输入流进行处理、转换的相结合，能够采用不同建模元素分别表示流对象和功能元，这也利于未来构建流模型和功能元模型库以支持功能模型的重用。

2. SysML 表达的功能元素

对上述功能元素的组成（功能元和流）分别采用 SysML 模型进行图形化表达，见表 11 -7。

表 11 -7　功能元素的 SysML 表达

功能元素	SysML 表示
功能结构	活动图
功能元	动作
流	对象流和有向边
物料、能量、信号流	流类型
黑盒	带检的某个动作
预定义的流	活动参数节点或对象节点

3. 功能关系

功能模型的构建不仅需要功能元素，还要确定功能之间、功能与流之间以及流之间的关系并采用 SysML 进行图形化表达。只有模型与关系同时存在时，功能模型的完整性才得以保证。

本文确定的功能关系有分解、串行、并行、合成、分配五类，流之间的并行关系包括合成及分配：合成分为完全合成及比例合成；分配分为比例分配和条件分配。这些功能关系的含义与图形化表达见表 11 - 8。

表 11 - 8　功能关系含义与图形化表达

功能关系		含义	图形化表达
分解		高层功能与低级功能的关系	功能1 功能1.1
串行		流在多个功能间传递	功能1 功能2 功能4 功能3
并行		流同时向多个功能传递	功能2 功能1 功能3
合成	完全合成	多个流合成后传递给同一功能	功能2 功能1 功能3
	比例合成	流按照比例合成后传递给同一功能	功能2 P1 功能1 功能3 P2

（续）

功能关系		含义	图形化表达
分配	比例分配	流按比例分别传递给多个功能	P1 功能2 功能1 P2 功能3
	条件分配	根据选择条件流向不同功能	功能2 功能1 功能3

11.3.4　物理架构模型

本节采用多架构建模方法，以面向对象的图形化方式描述某型航空发动机的物理架构模型，如图 11－11 所示。不同的元模型用于对航空发动机系统的组件进行表达和描述。每个元模型中包含不同属性，用于表达相关组件特性信息。不同组件之间可以通过能量流或者数据、信息流等方式进行连接。

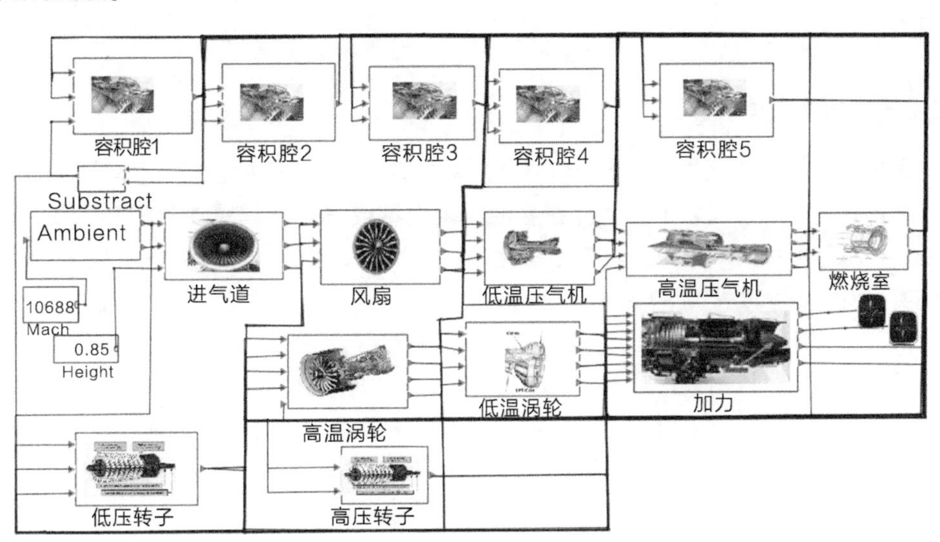

图 11－11　某型航空发动机物理架构的特定域模型

11.3.5　行为模型

逻辑分析与功能分析的不同在于，功能分析是用于表达功能之间依赖关系的静态描述，而逻辑分析将每个系统中的行为以一种时序逻辑的方式进行描述。例如，两个功能所表达的行为的先后执行顺序。SysML 中有四种图（活动图、序列图、状态机图、参数图）可用于表达系统行为模型，它们分别从不同的角度对系统行为方面的设计信息进行描述：

1. 活动图

活动图描述系统复杂动态行为信息，其特点是能够通过活动对事件、能量或数据等流对象进行建模，从而说明这些流对象在系统动态行为的执行序列中发生的变化，即它一方面对系统连续行为发生的逻辑顺序进行描述，另一方面对行为操作的对象及其变化进行说明。

2. 序列图

序列图是用于描述系统动态行为的图类型，表示系统行为的参与者之间的消息交互过程。

3. 状态机图

状态机图用于指定系统行为，主要关注模块的一系列状态，以及响应事件时状态之间可能的转换。状态机图和序列图一样，都可以精确说明一个模块的行为，可以作为生存周期开发阶段的输入项。

4. 参数图

参数图用于表示一种或多种约束（特别是等式和不等式）如何与系统的属性绑定。参数图支持工程分析，包括性能、可靠性、可用性、电力、人力和成本。参数图还可以用于支持候选物理架构的优劣势研究。一般在两种情况下使用参数图建模：

① 需要建立系统约束参数与其值属性的绑定关系。

② 需要建立不同约束表达式中约束参数之间的绑定关系。参数模型可以看作对系统结构模型约束关系的一种补充表达，是一种较为精确的系统模型，构建参数模型的数量过多可能会增加研发成本。

11.4 本体设计方法

本体是指一种“形式化的，对于共享概念体系的明确而又详细的说明”。本体提供的是一种共享词表，也就是特定领域之中那些存在着的对象类型或概念及其属性和相互关系；或者说，本体就是一种特殊类型的术语集，具有结构化的特点，且更加适合在计算机系统中使用；或者说，本体实际上就是对特定领域中某套概念及其相互之间关系的形式化表达（Formal Representation）。本体是人们以自己兴趣领域的知识为素材，运用信息科学的本体论原理而编写出来的作品。它一般可以用来针对该领域的属性进行推理，也可用于定义该领域（也就是对该领域进行建模）。如图 11－12 所示，首先定义不同层级关系中的对象。例如，国家和城市都为一个地区，但是城市在国家中，国家领导城市；然后对对象之间的关系进行梳理。

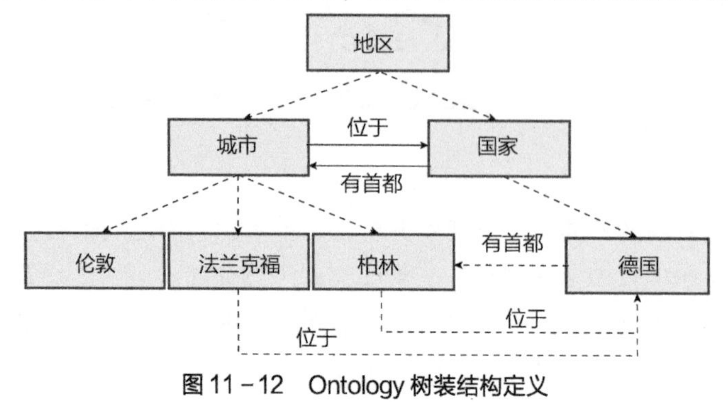

图 11－12　Ontology 树装结构定义

然后采用统一描述语言对本体进行描述，具体可以通过 OWL 语言[10]，XML 语义来表达。例如，根据 APP233，XML 语义格式如下：

```
<ap233:City id = "i1" >
<Name >London < /Name >
< /ap233:City >
```

11.5 验证方法

11.5.1　联合仿真

广义的联合仿真指多于两个求解器共同运算并彼此交互的仿真。狭义的联合仿真是指多于两个的仿真工具共同运算并彼此相互通信的仿真[11]。本节以模型功能接口标准（Functional Mock－up Interface，FMI）与仿真引擎相结合的仿真框架为例，介绍联合仿真工作原理。如图 11－13 所示，领域工程师使用领域建模工具将其领域模型根据 FMI 标准转化为 FMU 模块，整机系统工程师通 Simulink 或其他仿真工具来对 FMU 进行调用并仿真。

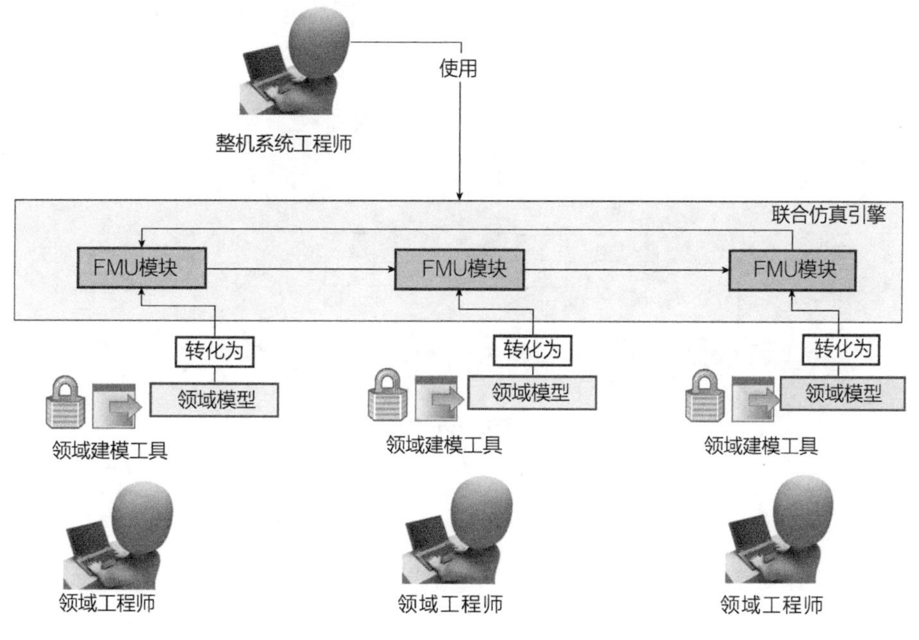

图 11－13　联合仿真案例

11.5.2　统一建模语言 Modelica

Modelica 语言是为解决多领域物理系统的统一建模与协同仿真，在归纳和统一先前多种建模语言的基础上，于 1997 年提出的一种基于方程的陈述式建模语言。Modelica 语言采用数学方程描述不同领域子系统的物理规律和现象，根据物理系统的拓扑结构，基于语言内在的组件连接机制实现模型构成和多领域集成，通过求解微分代数方程系统实现仿真运行。该语言可以为任何能够用微分方程或代数方程描述的问题实现建模和仿真。

Modelica 模型的数学描述是微分、代数和离散方程（组）。相关的 Modelica 工具能够决定如何自动求解方程变量，因而无须手动处理。因此 Modelica 语言能够使开发者集中精力于监理对象的数学模型，而不必关心模型求解和编程实现的过程，因此能够大大提高建模的效率以及模型的可重用性。图 11－14 所示为 Modelica 建模语言示例。

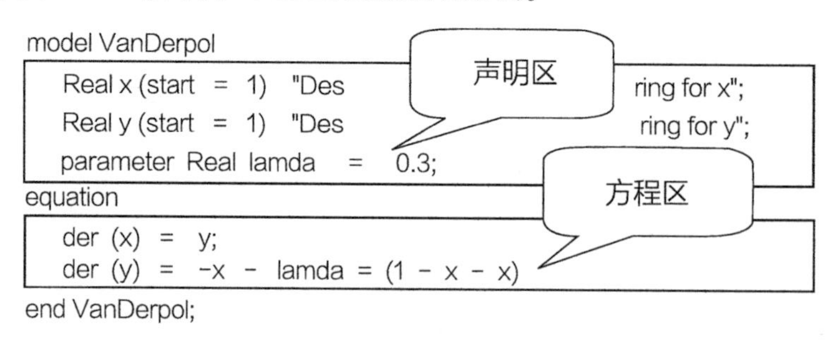

图 11－14 Modelica 建模语言示意

多数通用仿真软件（例如 Simulink、ACSL 等）的图形建模采用信号的框图，图形与实际设备的物理连接关系差异较大。例如，图 11－15 所示为采用 Simulink 建立的简单电机模型。Modelica 采用直观的连接图和方块图混合建模的方式，能够清晰地体现物理系统的实际拓扑结构，图 11－16 所示为采用 Modelica 建立的与图 11－15 相同的电机驱动模型。Modelica 这个特点适用于航天器进行设备级的功能数字样机建模。

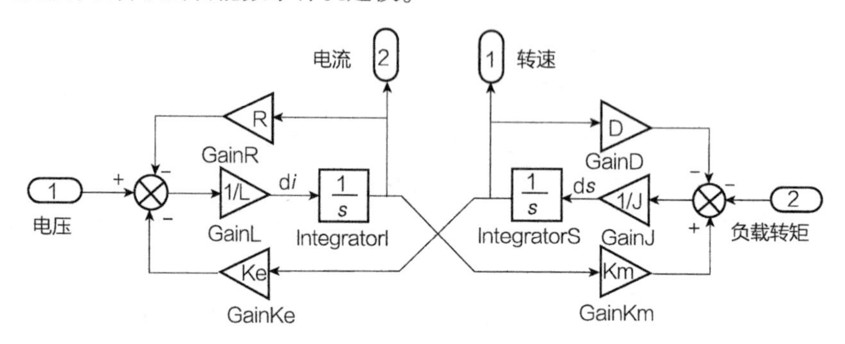

图 11－15 简单电机 Simulink 模型

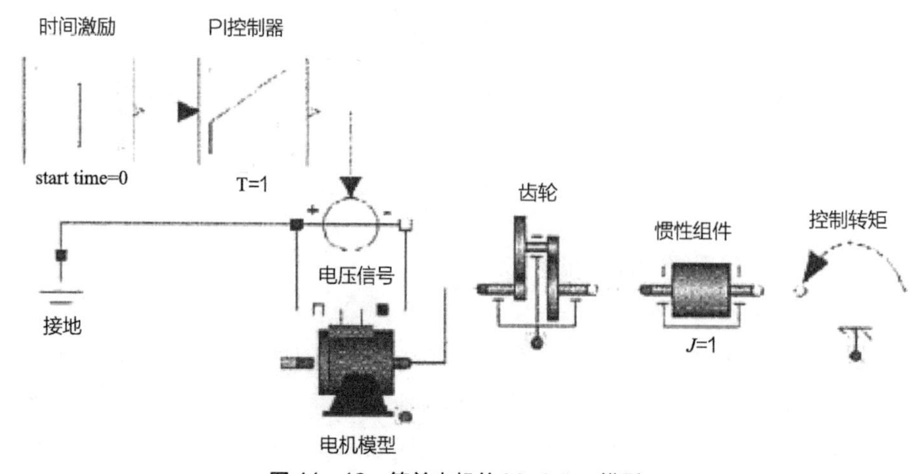

图 11－16 简单电机的 Modelica 模型

11.5.3　领域验证模型

1. 结构模型

结构分析有限元分析模型，如采用有限元的分析方法针对航空发动机控制系统组件进行描述和模型。利用几何体中相互作用的元素，来进行多物理系统仿真，如强度、振动、噪声等。

2. 控制率模型

控制率模型用于模拟航天装备的控制规律，具体分类如下：

（1）Simulink 框图　采用 Simulink 的通用库用于搭建航空发动机控制系统的控制规律。该模型为非实时性模型，建模方便，适合在顶层设计过程中使用。

（2）Automata 状态机模型　采用 MATLAB/Simulink 中的 Automata 对控制规律进行状态机建模，可用于制作实时系统模型，适合在详细设计过程中使用。

（3）M 文件代码控制率代码模型　采用 S-function 或 M 文件对控制规律进行建模，可用于制作实时系统模型，适合应用于详细设计过程。

3. 嵌入式软件模型

（1）实时模型　用于描述软件实时运行信息。具体建模可以采用 VDM 语言建立离散系统的数据模型，适用于软件设计的初级阶段。

（2）测试模型　在软件系统研发后期阶段，需要用到测试模型，用于描述对已经成型的软件代码进行测试的相关信息并自动执行相关测试，适合在软件开发的后期使用。

4. 硬件模型（弱电系统）

（1）实时性能模型　用于描述硬件实时状态的离散系统模型。可采用 Saber、Flowmaster 等工具进行建模或采用 Simulink 中 SimScape 的电子库或 Modelica 模型中电子电源库进行建模。

（2）能耗模型　用于模拟硬件在使用过程中的能量消耗，如芯片耗电、散热等。

5. 燃油系统及执行机构模型

（1）燃油系统性能模型（不包含执行器）　对不同系统层级的燃油系统模型进行建模、验证和仿真，具体可使用 Modelica 模型库、AMESim 等。

（2）燃油系统性能模型（包含执行器，如反推或者矢量装置）　对燃油系统的执行器也需要进行建模。

（3）燃油系统的能耗模型　用于模拟燃油系统在运行过程中的能量消耗，如耗油、散热等。

6. 电子系统模型（强电系统）

（1）强电系统性能模型（不包含弱电系统）　对不同系统层级的强电系统模型进行建模、验证和仿真，具体可使用多领域统一建模语言 Modelica 模型技术、Saber 等。

（2）强电系统性能模型（包含弱电系统）　除了强电系统的执行器以外，弱电系统的也需要进行建模，如控制器硬件等。

（3）强电系统能耗模型　用于模拟强电系统在运行过程中的能量消耗，如耗油、散热等。

7. 控制系统整合模型

整合系统性能模型（不包含发动机模型），用于整合软件、硬件、强电及弱电系统模型，其中包括：

1）控制模型、燃油系统、强电系统的集成（用于设计初期）。

2）软件模型、硬件模型、强电模型与燃油系统的集成（用于设计末期）。

3）整合系统性能模型（包含发动机模型），用于整合控制系统、燃油系统、强电系统与发动机模型。

8. 快速原型模型

用于将真实控制器与虚拟执行机构相结合的验证手段来验证控制性性能。

9. 半物理试验模型

1）控制器模型与半物理试验器结合　控制器模型与半物理试验器相结合的验证手段，用于验证控制率的概念设计。

2）执行机构或发动机模型与半物理试验器和控制器结合　执行机构或发动机模型与半物理试验器和控制器相结合的验证手段，用于验证控制器性能或燃油组件的性能。

3）软件模型与半物理试验器结合　软件模型与半物理试验器相结合的验证手段，用于验证软件设计概念。

10. 安全性分析模型

（1）故障树模型　采用概率计算方法对故障树相关故障概率进行计算，具体模型可以为隐式马科夫模型、贝恩斯网格模型等。

（2）故障不确定性模型　对故障诊断中的一些不确定性进行建模，可以采用隐形马科夫方法。例如，对某一加速度传感器诊断算法中的数据信息模式算法提取进行建模时，在不同采样信号长度及采样周期下，诊断算法的准确性是不同的。因此，其所诊断出来的正常结果也存在着不同程度的风险，例如，诊断算法在高采样周期和低信号长度下所诊断出来的正常模式，其风险比较高；反之，在低采样周期和高信号长度时，其风险相对较低。因此，采用不确定性建模的方法对该现象进行描述。

11. 产品设计模型

产品设计模型主要包括用于产品机械制造和集成的三维 CAD 模型、用于集成电路制造的 EDA 模型、用于软件编制的软件设计模型以及电缆模型。

三维 CAD 模型目前的应用已经比较成熟，模型中除了几何设计信息外，还通过 MBD（基于模型的定义）技术将不同研制和生产阶段所表现出来的特征（如材料、颜色、与其他部件的连接关系）附加于模型中作为制造的依据。

集成电路主要包含于单机层面，因此 EDA 模型主要用于单机产品的设计和制造。

电缆模型用于描述航发系统中的电缆布局。

12. VDM 软件仿真及测试模型

VDM 是在 1969 年为开发 PL/1 语言时，由 IBM 公司维也纳实验室的研究小组提出的。VDM

是一种功能构造性规格说明技术，它通过一阶谓词逻辑和已建立的抽象数据类型来描述每个运算或函数的功能。这种方法在20世纪90年代初欧美许多研究机构和大学中得到了广泛的应用。VDM技术的基本思想是运用抽象数据类型、数学概念和符号来规定运算或函数的功能，而且这种规定的过程是结构化的，其目的是在系统实现之前简短而明确地指出软件系统要完成的功能。由于这种形式化规格说明中采用了数学符号和抽象数据类型，所以可使软件系统的功能描述在抽象级上进行，完全摆脱了实现细节，这为软件实现者提供了很大的灵活性。此外，这种形式化规格说明还为程序的正确性证明提供了依据。应用VDM技术进行系统开发包含形式化规格说明、程序实现和程序正确性证明三个部分。

使用VDM规定形式化规格说明具有以下三个明显的优点：只告诉计算机做什么，提供了程序正确性证明的依据，以及使规格说明描述简练、精确。除了这三个明显的优点外，使用VDM还可以培训程序设计者牢固树立先抽象、后具体的不断证明其正确性的、逐步分解的、自顶向下的开发思想，从而在整个程序开发的全过程中用系统而严密的方法保证所开发程序的正确性。

但是，VDM也存在一些不足之处：

1）由于VDM对抽象数据类型预先定义了运算，而某些用户定义的类型在规格说明描述中无需这么多运算，所以产生了运算冗余。

2）VDM目前还未能建立一整套描述机制，将一个大型系统分解为许多运算而描述出这些运算之间的关系。

3）由于采用数学符号和抽象数据类型，VDM形式规格说明过于形式化，往往不容易理解，这有可能造成未读懂形式规格说明而错误地实现其软件的情况。

11.6 基于模型系统工程工具链

11.6.1 工具链的定义

MBSE工具链是多个建模工具构成的工具包用于支持系统工程工作流，并具备如下特性[12]：

1）该工作流支持系统生存周期中的需求、设计、分析、验证及确认的所有活动。

2）该工具流支持相关方的系统功能性视点及非功能性视点。

3）该工具链包括数据、信息、知识的交互及不同模型之间的转换。

4）工具流的本体支持系统工程。

5）具备很好地可以扩展到已有工程平台的能力。

6）具备整合异构模型的能力。

11.6.2 系统模型建模及模型驱动技术

传统的系统建模和模型驱动框架构建工具链支持航天装备开发流程如图11－17所示。通过系统建模工具建立元模型，使用元模型对航天装备模型的建模仿真过程、航空发动机设计信息、模型信息、数据等进行建模，并通过代码生成器将其转化为指定格式的中间格式数据，如XML。该文件含有仿真过程中所需的全部信息。根据生产的中间格式数据，可控制相关技术资源进行仿真及验证。

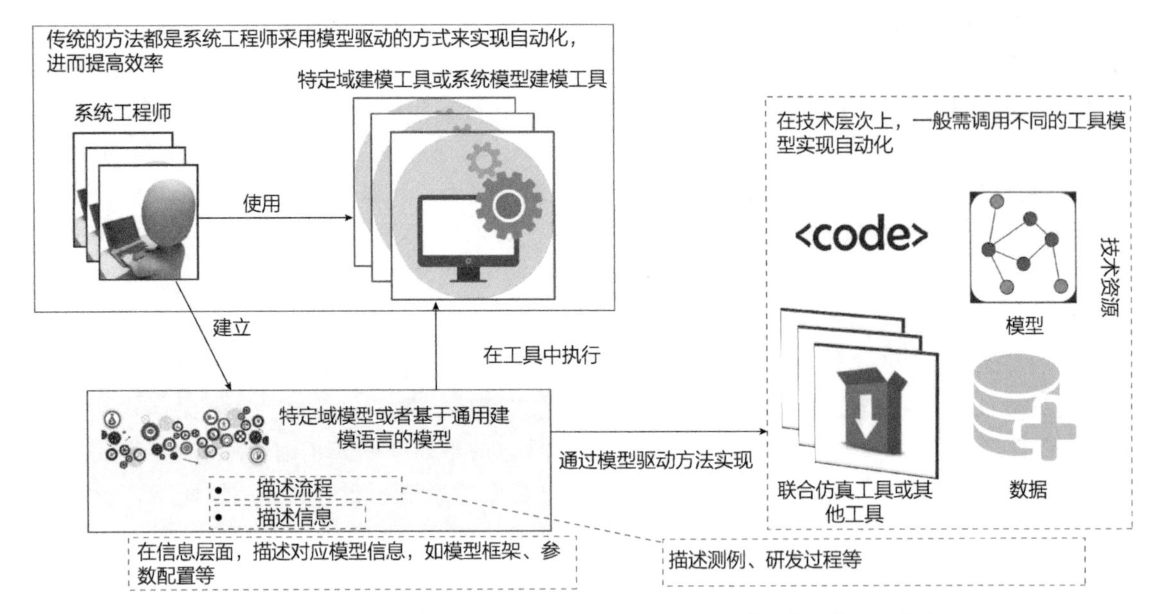

图 11-17 传统的系统建模和模型驱动框架构建工具链支持航天装备开发流程

11.6.3 基于服务设计架构

如图 11-18 所示，采用服务化方法支持工具链的构建，实现了研发过程、设计信息与技术资源之间的无缝链接，进而提高设计效率与鲁棒性[6]：

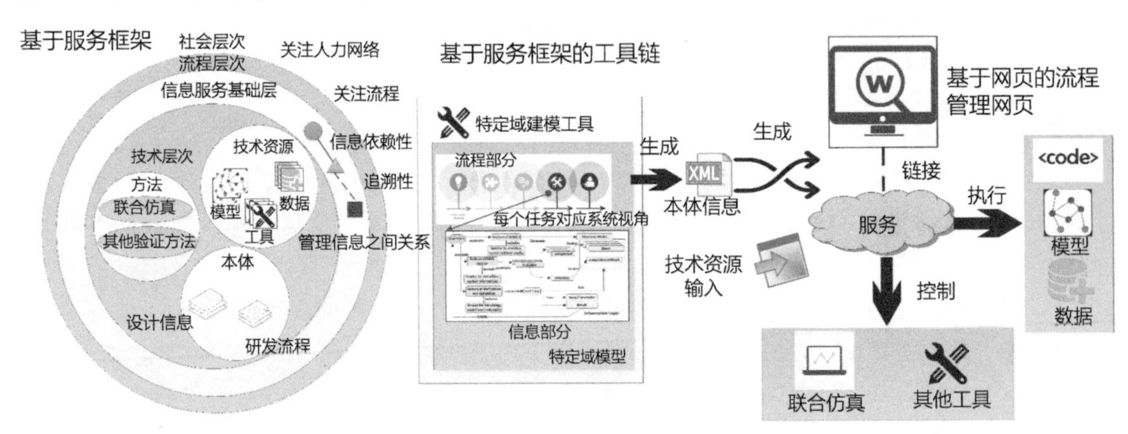

图 11-18 基于服务的设计架构

1）以特定域建模模型作为服务框架输入，通过本体生成相关服务。过程管理系统通过服务执行技术资源，并控制不同的设计工具。

2）通过云服务将不同技术资源、信息服务、研发过程及社交网络层进行整合。

11.6.4 基于模型系统工程的数据显示技术

基于模型系统工程的数据显示方法即采用相关技术手段将模型中的相关语义转化为更易理解、更易读的信息表达方式，以快速捕捉相关方的关注点。如图 11-19 所示，需求、系统工程和架构等模型以及相关设计文档中包含相关内容可以转化为集成本体框架，通过数据可视化方法，不同相关方可以获得相关数据化显示视图[13]。

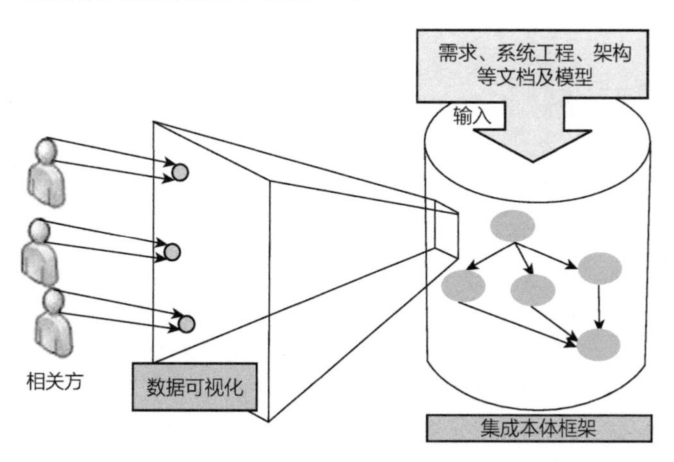

图 11－19　基于模型系统工程的数据可视化框架

本章首先介绍了 MBSE 的特点，然后详细介绍了 MBSE 的开发方法和相关模型，然后介绍了本体设计方法和验证方法，最后介绍了 MBSE 工具链。MBSE 已经成为当前系统工程应用的热点，出现了大量的方法、技术和工具，实践经验也在快速积累。本章介绍了 MBSE 方法的概况，在具体应用时，需要进一步结合工具平台和领域特点，采用相应的方法和技术。

参考文献

[1] LU J, CHEN D J, WANG J, et al. Empirical-evolution of frameworks supporting co-simulation tool-Chain development [J]. *Advances in Intelligent Systems and Computing*, 2018, 745:813－828.

[2] HASKINS C. Systems engineering handbook [J]. INCOSE, 2006:185.

[3] ESTEFAN J A. Survey of model-Based systems engineering (MBSE) methodologies [Z/OL]. https://www.docin.com/P－1004120440.html? docfrom = rrela.

[4] NUMBER O M G D, FILES A S. Business process model and notation (BPMN) [Z]. 2011.

[5] 鲁金直. 异构仿真系统联合仿真技术研究及在航空领域的应用 [D]. 武汉: 华中科技大学, 2013.

[6] LU J, CHEN D, GÜRDÜR D, et al. An investigation of functionalities of Future tool－chain for aerospace industry [J]. *INCOSE Int. Symp.*, 2017, 27 (1):1408－1422.

[7] JACKSON M, WILKERSON M. MBSE－driven visualization of requirements allocation and traceability [J]. *IEEE Aerospace*, 2016:1－17.

实 践 篇

第 12 章　系统工程的裁剪与融合
第 13 章　系统工程的应用

第 12 章 系统工程的裁剪与融合

Chapter Twelve

ISO/IEC/IEEE 15288:2015 构建了一个规模庞大、形式规范的系统工程过程体系，那么，在具体项目中实施系统工程时，是否需要按照标准的要求，原封不动地照搬执行呢？答案当然是否定的。15288 标准面向各行业、各领域和各种系统，意图构建一个完备的系统工程过程的模型，但实际情况是，各种系统的规模、复杂性及技术要求千差万别，严苛地执行 15288 标准规定的所有过程不仅不能起到很好的作用，实施系统工程需要付出时间和资源等代价，反而可能带来更多的负担，从而影响系统工程的应用效果。

实际上，在参考 15288 标准实施系统工程时，最重要的有两点：裁剪、与其他体系的融合。本章就针对这两个问题进行详细讨论。

12.1 系统工程过程裁剪

近年来，系统工程受到人们越来越多的关注。系统工程可以应用于各种大小、各种类型的组织或项目，甚至在日常生活中都可以广泛的应用。在应用的时候，一定要根据具体的情况进行适应性的裁剪，不可生搬硬套，这就需要有一个剪裁过程。

对于大型组织和复杂项目而言，如何使系统工程保持在适宜的正式化程度，已经成为一个重要课题。ISO/IEC/IEEE 15288:2015 标准对系统工程的 30 个过程提出了完备的指南。每个过程都有明确的目标、输入、输出和过程活动步骤，并给出了常用的途径和提示，这些信息可以给组织和项目两级的管理和技术人员十分重要的指导。但这是否就意味着各个组织和项目必须严格按照该标准来实施诸项系统工程过程呢？事实并非如此。各个组织所面临的环境千差万别，因此也应该根据自身情况，进行合理的定制和裁剪。有的过程需要进一步细化、严格化，有的过程则需要适度地粗化、放松标准。而 15288 标准中所规定的系统工程可以作为一个基准参考，在此基础上选择适当的正式化程度。系统工程作为一种途径和方法，可以在头脑中思考运转，也可以在现实中外化为一系列的文档或组织活动。二者相比，后者所需要的时间和成本更高，但也更为严谨和规范，即正式化的程度更高。

系统工程的正式化程度需要把握好“度”，如图 12－1 所示。这就像是一个跷跷板，如果系统工程的投入不够，在产品的后期集成阶段，成本和进度的风险就会很高；如果系统工程的投入过大，其本身也会耗费巨大的时间和成本，而且最后随着系统工程正式化程度的提高，所产生的边际附加值越来越小。因此，要把握好这个平衡，既不能忽视系统工程的作用，又不能夸大系统工程的价值，而是要根据组织和项目的实际来进行适当的裁剪。

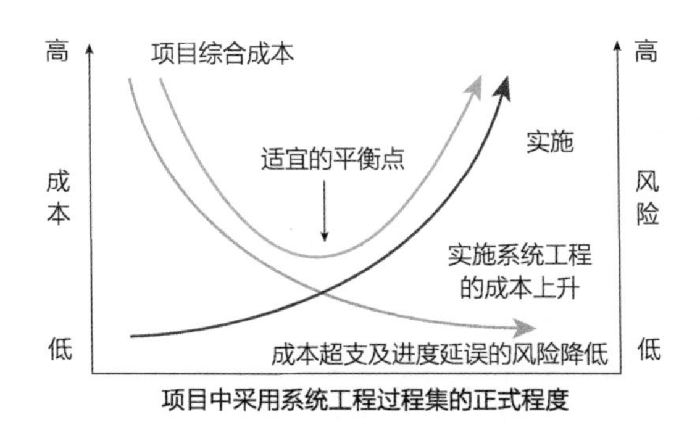

图 12-1 系统工程的应用需要平衡风险与成本

那么如何做好裁剪过程？怎样进行裁剪？

针对这一问题，15288 标准和 INCOSE 手册的表述有细微差别。前者比较强调去除一些不必要的过程，就像园艺工人一样大刀阔斧地裁掉多余的枝丫；而后者还允许有一定的增加或修改，就像画师一样在局部可进行一些精描。可以这样理解，前者重剪，后者重裁。

为了表述方便，在本文中统一用"裁剪"一词来代称，但读者在阅读和理解时，可以将这个词分为两个字来理解。其中，"裁"字不仅包括拿着刀片一样的东西去除多余物，还包括设计、判断、约束、格式等意思。在裁剪之前，通常还要拿着尺子在人的身上量一量，这就相当于组织的度量过程；在裁剪完成后，还要穿针引线，将若干个部分"缝合"起来，才能做出一套合身的衣服出来。

按照裁剪的级别，可以分为组织级裁剪和项目级裁剪。在实践中，可以先剪后裁。15288 标准明确了 30 个过程，十分清晰，只要查阅标准，便可以一目了然。组织在应用时，可以根据自身情况和所面临的环境不同，挑选那些对于本组织或项目有重大参考价值的过程作为实施的重点，剩余的仅作为一般性的参考，这便是"剪"。在"剪"的过程中，需要注意的是对 15288 标准整体性、完善性的影响，以及是否会产生不利的后果。接下来，还要进行"裁"，即以挑选出来的 15288 标准过程为基准，结合本组织或本项目实际情况进行"私人定制"，甚至可以增加一些个性化的组织管理过程，最终生成一套适合本组织或项目特点的生存周期标准模型集，真正实现"量体裁衣"。

12.1.1 裁剪的过程

根据 INCOSE 手册，裁剪过程的示意图如图 12-2 所示。

从图 12-2 中可以看出，其输入包括组织的战略计划、生存周期模型集，输出包括组织级和项目级这两级裁剪的策略。裁剪过程的主要活动包括：

1）分析环境、制定裁剪的尺度和依据；

2）选定待裁剪的过程，识别和分析外部环境；

3）收集各方意见和信息，包括成本、进度、风险、质量、评审、协调、决定方式等；

4）做出裁剪决策；

5）出台新的过程，并使剩余未被裁剪的过程与之适应。

下面分别来介绍组织级和项目级的裁剪。

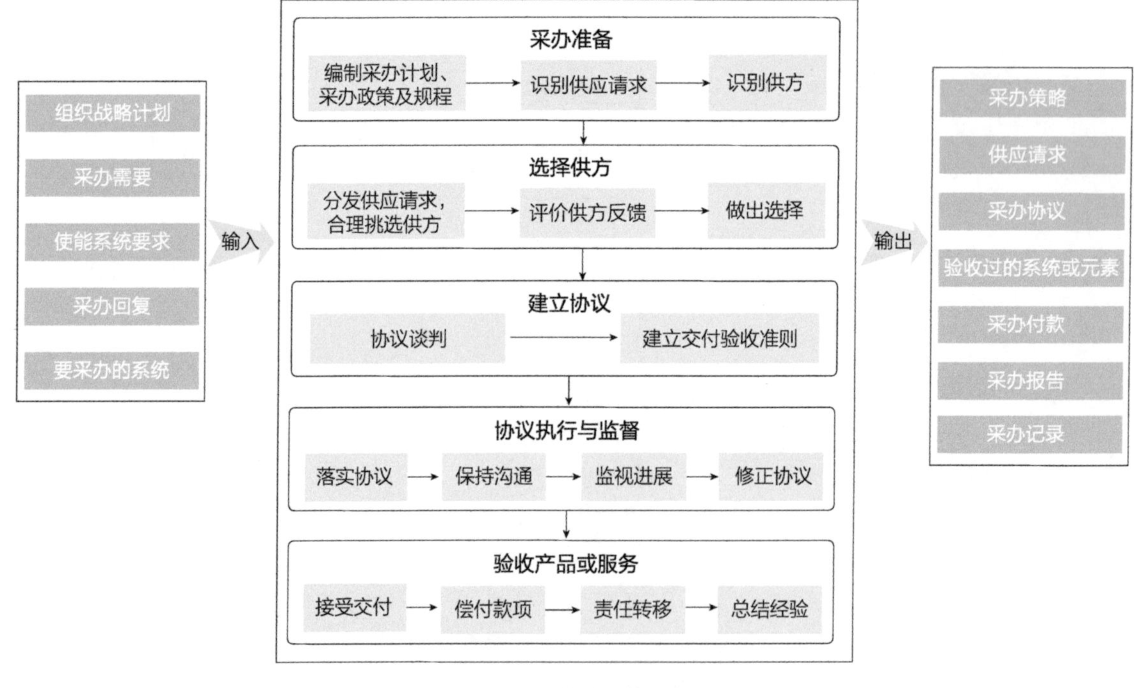

图 12-2 裁剪过程的示意图

组织级的裁剪要注意下面五点：

1）搞懂组织。如果不懂组织，最好不要轻易做出裁剪或改革的决定。原因很简单，如果裁剪者连对象都没有摸清楚，那么很可能会陷入迷失。这包括组织的战略规划、业务结构、决策流程等。

2）搞懂新标准。弄明白新标准的出发点是什么，主要内容是什么，有哪些关键点。

3）因地制宜。要使标准适应组织，而不是反过来，千万不要“削足适履”，这一点很重要。

4）适度固化。用制度化的形式对相关过程进行适度固化。

5）允许裁剪。裁剪永远都是必要的。这个世界是运动的，因此一定要与时俱进，不断改进。

项目级的裁剪需要注意以下四点：

1）相关方和客户的共识。现代经济社会需要各方遵循一定的规则，采用一致标准很有益处。

2）项目预算、进度等要求。一般而言，项目预算和进度越紧张，就越需要进行更多的裁剪。

3）风险承受度。一般而言，风险承受度越高，可以进行更多的裁剪，以提高效率。

4）系统复杂度。一般而言，系统复杂度越低，可以进行更多的裁剪，以提高效率。

12.1.2 裁剪的建议

1. 常用方法和技巧

常用的裁剪方法和技巧如下：

1）去除不必要的输出物、活动、任务，并添加一些新的输出物、活动战略，只有适合本项目或本组织的，才是最好的。

2）寻求独立的第三方来批准决策。这样可以提升裁剪的公平、公正和合理性。

3）诉诸决策管理过程进行裁剪。决策管理过程的规范性有助于做出更高质量的裁剪决策。

4）每个阶段至少裁剪一次。对于大型复杂工程项目，这是比较好的实践方式之一。

5）基于生存周期各个阶段的环境来驱动裁剪过程。各项环境因素对裁剪有较大影响。

6）将裁剪限定在组织之间已经达成的框架协议内。若裁剪违反了事先的协议或约定，可能会造成分歧或冲突。

7）裁剪要考虑到各方的利益、客户和组织的目标、政策以及相关法律。尽量满足各方需求，并达成一致。

8）随着建立的相互信任水平，去除一些多余的活动。信任程度的提升，对于简化流程、提高效率有重要作用。

9）在裁剪过程结束时，颁布一套新的过程。可以为后续的实施提供一个较完整的基线版本。

10）识别裁剪过程的假定前提和准则。在全生存周期中不断优化，避免形成路径依赖。

2. 主流方向

简化是裁剪的主流方向。就系统工程而言，ISO/IEC/IEEE15288:2015 标准给出了一整套应对复杂系统的解决方案。全文一共有 30 个过程，其中有 14 个技术过程、8 个管理过程、6 个使能过程、2 个协议过程。虽然 ISO 组织已经尽可能地进行了简化处理，但对于大多数组织、大多数项目来说，这套体系依然过于庞大和复杂，需要结合自己的实际进行合理的裁剪；否则，投入的时间精力等各项资源占用过多，会让组织内的执行者望而却步，有可能导致半途而废或流于形式。

3. 小微组织的应用裁剪

ISO/IEC 29110 系列标准定义了小微组织实施系统工程和软件工程的生存周期概要，为 15288 标准在小微组织中的应用提供了全方位裁剪指南。

4. 常犯错误

在裁剪的过程中，人们经常会犯一些错误。常见的错误包括：

1）刻舟求剑——未经裁剪过程便直接复用曾使用过的裁剪模式。先前用过的过程已经事过境迁，新的环境已发生较大变化，这时就不能简单地套用以前的老办法、旧流程。

2）教条主义——为了所谓的“安全”或免责，简单套用全部过程和活动。有时执行者由于能力不足或思维惰性，不愿开展裁剪过程，便直接套用。

3）先入为主——不考虑组织实际情况，直接使用预制过的某种裁剪模式。裁剪决策者在启动裁剪之前已经有一个预设的结果，就跳过裁剪过程，直接采用头脑中的预设方案。

4）以偏概全——未能代表全部的相关方。这样的裁剪会招致争议。

在应用系统工程方法解决问题时必须小心，不要掉进上述“陷阱”中。开展细致的调查研究并坚持走完裁剪过程是很有必要的。

12.1.3　NASA 关于裁剪的实践

NASA 非常重视裁剪工作。在 2016 版的《NASA 系统工程手册》中，仅对少数的内容进行了更新，其中却有非常重要的一项变化，就是大幅增加了与裁剪相关的章节内容。NASA 的相关实践是一个非常好的参考案例。

NASA 认为系统工程能够以逻辑化的方式，在增进 NASA 组织的核心工程能力的同时，提高其型号项目的安全性、任务成功率和经济性。这种方式可以应用于所有的硬件、软件和人机集成系统，也可以应用于项目的全生存周期和各个系统层级。为了更好地实施系统工程，NASA 还发布了一份《NASA 系统工程过程与要求》（NASA Systems Engineering Processes and Requirements，内部文档编号为 NPR 7123.1B）。这是一份非常重要的文档，清晰地阐述了组织内实施系统工程的相关要求。这份 NPR 文档适用于 NASA 的总部及各大中心，并扩散分发到各个项目团队、全体职员和外协分包商。相关要求不仅适用于航天器、飞行器等型号项目，还可以应用于技术研发、深化改革、信息化等项目。文件中多次提到裁剪和定制（tailoring and customization）。

裁剪是一种减轻工作压力的有效方式。它强调在遵守系统工程相关规定的同时，根据本组织或本项目的实际目标、约束条件、风险状况，允许有一定的适应性改变。裁剪可以缓解制度刚性与现实状况之间的矛盾。良好的裁剪可以进一步解放生产力，使系统工程迸发出更大的活力。因此，裁剪通常被认为是系统工程不可分割的重要组成部分。

系统工程在不同类型项目的应用中各有特征。大型项目往往对系统工程有严格的要求。例如，空间站、载人飞船、航天飞机、火星探测器、月球基地等项目，因其投资巨大、意义深远、风险较高等缘故，必须以严、慎、细、实的工作态度加以认真对待，来不得半点马虎和大意。但是，对于一些小型项目，为了提高工作效率，应当基于有限的资源进行适当的裁剪和简化。例如，一些技术演示和验证类项目，通常经费有限、时间较短、风险承受度较高，完全可以采用更为简易的系统工程过程，从而使相关方获得更高的经济性和满意度；如果采用和大型项目同等严格的系统工程过程，那么将会使工作变得十分繁琐和复杂，反而降低了系统工程的有效性。

1. 裁剪的依据

项目级系统工程裁剪的依据包括：

（1）任务类型 例如，载人航天器型号项目的要求通常比无人探测器的要求更高、更严格，这样可以最大限度地确保航天员生命财产的安全。

（2）任务的重要性 如果某个型号项目关乎国家或组织的未来，或者与国家、组织的战略发展密切相关，就不应当为了降低工作量而大幅裁剪。

（3）可承受的风险等级 如果组织或单位能承受更高的风险，那么系统工程有关的一些技术要求可以适度放宽。

（4）复杂度 复杂度越高，系统工程的要求越严格，反之，复杂度越低，系统工程相关过程的实施可有更大的自由度。

（5）生存周期 长寿命的任务要比短期任务更加严格地执行系统工程的相关规定。

（6）成本大小 投资巨大的项目、价值不菲的产品，需要更加严格地执行相关要求。

（7）约束条件 约束条件越多、越复杂，越应当进行周密的部署、严格的执行。

2. 裁剪途径

裁剪主要有三种途径，可以归纳为“去”“减”“缩”。其中：

"去"是指去除不必要的要求。例如，一个项目假若没有外协，全由本团队承制，便可以去掉或简化"合同管理"的相关要求；一个产品如果只有硬件，不涉及软件研制，就可以去掉"软件研制"的相关要求。

"减"是指为了减少工作量，可以合并某些事项。例如：对于小型项目，某些项目报告中的章节内容和篇幅可以压缩，页数可以减少，文档可以合并，甚至输出文档的数目也可以减少。

"缩"是指工作的正式程度可以按一定比例缩小。例如，对于微型项目，一些不重要的会议过后，会议纪要的严格程度可以降低，甚至可以不用编写；报告的形式可以用幻灯片来替代正式的文档报告等。

除了裁剪，还可以进行定制（Customizing）。这包括调整系统工程各个过程的实施方式、模板格式、时机选择等具体形式。

总体来说，和大型、超大型复杂项目相比，NASA 对于低复杂度的小型项目鼓励采用更加简便的过程、更少的评审次数。

3. 符合表

在裁剪的过程中，符合表（Compliance Matrix）可以发挥重要作用。

系统工程的手册通常由本组织的高层发布，作为各级下属单位或项目办执行的总依据。但是通常也会授予各级组织或项目办公室一定的自由裁量权，允许对某些条款进行适应性的变更。对于这些变更，必须由下级提出申请，经上级批准之后生效。符合表可以帮助双方明确有哪些地方采取了继承，哪些地方进行了变更。

下面提供两个典型的符合表样例。上下级组织之间的裁剪符合表，见表 12－1 所示。每个组织根据上级要求和本级实际进行裁剪和定制。对于不符合的地方需要注明，并给出合理的解释。同理，每个项目也可以根据本组织的要求进行定制和修改，见表 12－2。其共同点是两级裁剪均须经过上级的批准，方可正式生效。

表 12－1　组织级裁剪符合表的样例（1）

序号	条款编号	条款描述	理论依据	归口管理	符合性	解释理由
SE－1	2.1.4.a	各厂所负责人应当建立本单位内部实施系统工程的政策、流程和过程	研究院发布的系统工程实施要求适用于各单位。各单位应当根据各自业务实际，阐明本单位的政策、工作步骤及其他配套过程文档。各厂所负责人或分管领导应当予以落实	总师办	符合	
SE－2						
SE－3						
…						

提交人：　　　　　　　　　　　　　　　　　　批准人：

________________　　　　　　　　　　　　　　________________

所厂负责人　　（日期）　　　　　　　　　　　研究院负责人　　（日期）

表 12－2　项目级裁剪符合表的样例（2）

序号	条款编号	条款描述	理论依据	归口管理	符合性	解释理由
SE－1	2.1.5.2	各所厂的每项要求，技术团队应当对照检查，在项目计划中注明是否严格执行	各所厂发布的系统工程实施要求适用于各型号。各型号应当根据实际，阐明本型号是否完全参照执行了相关规定，或者对某些规定进行了适应性修改。这些内容和信息应当在项目策划书中申明，并通过所厂领导或分管领导的审批	所办	符合	
SE－2						
SE－3						
…						

提交人：　　　　　　　　　　　　　　　　　　　　批准人：

项目经理　　（日期）　　　　　　　　　　　　　　所厂负责人　　（日期）

在符合性一栏中，可以根据实际填入“符合”（Full Compliant）、“裁剪”（Tailor）、“未用”（Not Appliable）。其中，“符合”是指 100% 遵循相关要求，“裁剪”是指经过了适应性定制，“未用”是指未加应用或未涉及。系统工程管理计划（SEMP）是一份重要文档，相关的裁剪和定制都应当被记录其中。

12.2　系统工程体系的融合

当前，各行业的企业一般都建立了符合本行业要求的管理体系，也会建立信息化管理系统。在实施系统工程体系时，必须面对现实情况，不可能推倒重来，而是要将系统工程体系与现有的体系和条件融合起来，对原体系不足的地方加以补充和增强。系统工程体系是蕴含了系统管理的一般性原理，而且吸收了以前各种管理体系的优点，因此，它与其他体系进行融合有很好的基础。

12.2.1　与其他管理体系融合

在组织内实施系统工程方法和体系，需要进行技术研发流程和管理体系的变革，还涉及人力资源、基础设施、投资等相关方面。为了使系统工程体系能够真正贯彻实施，就需要与组织已有的管理体系有效融合起来。

当前，与系统工程紧密相关的体系主要包括 ISO 9000 质量管理体系和基于 CMM/CMMI 成熟度模型的管理体系。应该将系统工程有关的要求融入这些管理体系当中去，不能搞成“两张皮”。

质量管理体系是指在质量方面指挥和控制组织的管理体系。质量管理体系是组织内部建立的、为实现质量目标所必需的、系统的质量管理模式。它将资源与过程结合，以过程管理方法进行系统管理，根据企业特点选用若干体系要素加以组合。它一般由与管理活动、资源提供、产品实现以及测量、分析与改进活动相关的过程组成，涵盖了从确定顾客需求、设计研制、生产、检验、销售、移交之前全过程的策划、实施、监控、纠正与改进活动的要求，一般以文件化的方式成为组织内部质量管理工作的要求。ISO 9000 质量管理体系是国际标准化组织（ISO）制定的国际标准之一。该标准可帮助组织实施并有效运行质量管理体系，是质量管理体系通用的要求和指南。我国在 20 世纪 90 年代将 ISO 9000 系列标准转化为国家标准（目前的国标版本是 GB/T 19000—2016《质量管理体系 基础和术语》、GB/T 19001—2016《质量管理体系 要求》、GB/T 19002—2018《质量管理体系 GB/T 19001—2016 应用指南》)，随后，各行业也将 ISO 9000 系列标准转化为行业标准（例如，我国军标对应的标准是 GJB 9001C—2017《质量管理体系要求》)。ISO 9000 质量管理体系的总体思路、过程设置以及过程定义，与 ISO/IEC/IEEE 15288:2015 有很多相似之处。其实，ISO/IEC/IEEE 15288 在改版时，也考虑了与 ISO 9000 体系结合的问题。因此，在建立 ISO 9000 质量体系的组织建设系统工程体系时，应该将系统工程管理的要求落实到 ISO 9000 质量管理体系当中去。

CMMI（Capability Maturity Model Integration）是一套融合了多学科的可扩充的产品集合，它是对于组织在定义、实施、度量、控制和改善其过程的实践中各个发展阶段的描述。研制 CMMI 模型的初始动机是为了利用两个或多个单一学科的模型实现一个组织的集成化过程改进。CMMI 模型为组织的过程能力提供了一个阶梯式的改进框架，它指明了一个组织需要开展哪些工作、这些工作之间的关系以及开展工作的先后次序，一步一步地做好这些工作而使软件组织走向成熟。2010 年，CMU/SEI 发布 CMMI 模型的最新版本 CMMI 1.3，包括 CMMI-DEV 1.3、CMMI-ACQ 1.3 和 CMMI-SVC 1.3；2018 年 3 月 8 日，CMMI 机构官网发布最新的 CMMI 2.0 标准。我国军方根据 CMMI-DEV 1.2 发布了 GJB 5000A—2008 等标准，目前正在全面修订，即将颁布新版的 GJB 5000B 标准。以 CMMI-DEV 1.3 为例，它包括 5 个等级（初始级、受管理级、已定义级、定量管理级、持续优化级)，涉及 22 个过程域。CMMI 体系也是基于过程的方法，控制的要素与 ISO/IEC/IEEE 15288 标准类似，因此在应用时，也可以通过裁剪的方法，将 CMMI 体系的要求与系统工程体系融合起来。

12.2.2 与信息化工具融合

目前，已经有很多信息化工具支持系统工程的技术过程和管理过程，未来，这些系统工程工具将得到长足发展。系统工程工具将促进系统工程的实践，成为组织集成的工程环境的一部分。系统工程工具将支持高保真仿真，支持数据可视化的沉浸式技术，支持数据集成、搜索和推理的语义 Web 技术，以及支持协作的通信技术。系统工程工具将受益于基于互联网的连接和知识表示，以便与相关领域交换信息。系统工程工具将与 CAD / CAE / PLM 环境、项目管理和工作流工具集成，作为更广泛的计算机辅助工程和企业管理环境的一部分。未来的系统工程师将会非常熟练地使用支持 IT 的系统工程工具。基于扎实理论基础的方法和工具将通过利用建模、模拟和知识表示的进步力量，推进以满足市场对创新、生产力、上市时间、产品质量和安全的需求，从而满足日益多样化的相关方群体的需求。

当前，企业（尤其是高科技企业）的科研生产和人、财、物管理活动，已经高度依赖于信息化手段。例如，制造业正在推动数字化制造技术的落地与推广，它利用基于网络的 CAD/CAE/CAPP/CAM/PDM 集成技术，实现产品全数字化设计与制造；研发信息化技术与企业资源计划（ERP)、供应链管理（SCM)、客户关系管理（CRM）相结合，形成制造企业信息化的总体构架；并进一步向虚拟设计、虚拟制造、虚拟企业、动态企业联盟、敏捷制造、网络制造以及制造全球化等方向发展。

在实施系统工程体系时，要与这些信息化平台、工具紧密结合。产品的需求分析、设计、实现、验证等全流程工作可以依托专业的信息化工具来实现。同时，要充分利用信息手段实现数据收集与管理、过程跟踪、质量管理等工作。目前，许多单项的系统工程研发或管理工作都有对应的信息化工具提供支持。对于用户来说，重点是对这些工具的集成应用，以及在集成应用过程中体现组织自身的管理诉求和组织特点。

本章小结

本章介绍了系统工程裁剪和系统工程融合，它们是系统工程落地实施的重要问题。15288标准提出了体系化的、庞大的系统工程过程，标准是一样的，但是，各单位应用系统工程的效果却差别很大。造成这种情况的一个重要原因就是各单位的裁剪和融合工作效果参差不齐。无论是裁剪还是融合，前提条件都是要充分理解系统工程标准的含义和要求。在此基础上，还需要了解自身的需求和能力，然后再去创造性地实行系统工程方法，包括裁剪工作和融合工作。

参考文献

[1] ISO/IEC/IEEE. Systems and software engineering — System life cycle processes: ISO/IEC/IEEE 15288 [S]. [s. l.]: [s. n.], 2015.

[2] INCOSE. Systems engineering handbook — a guide for system life cycle processes and activities. [M]. 4th ed. New Jersey: John Wiley & Sons, 2015.

[3] NASA/SP. NASA Systems Engineering Handbook: NASA/SP - 2016 - 6105 Rev 2 [S]. [s. l.]: [s. n.], 2016.

第13章　系统工程的应用

Chapter Thirteen

无论是研制新系统还是更新旧系统，都可以应用系统工程的方法。系统工程在工程各领域大有用武之地，尤其是在国防军工领域的复杂系统研制工作中，系统工程可以有效地管控风险并优化方案，降低项目返工、经费超支或进度延期的概率，得到了国防军工行业的高度重视。

不同领域在系统工程应用时具有不同的侧重点，我国在推动系统工程应用时，也具有自身鲜明的特点。本章简要介绍了典型行业应用系统工程的情况以及我国典型行业应用系统工程的情况，为读者提供参考。

13.1 典型工程专业的应用情况

系统工程应用在不同的专业领域时有不同的侧重点，应用效果也各不相同。本节从几个典型的专业工程领域出发介绍系统工程应用时的特点。正如苏东坡在《题西林壁》诗中所说，“横看成岭侧成峰，远近高低各不同。不识庐山真面目，只缘身在此山中。”通过不同行业的系统工程的应用对比，我们对此会有一个更加全面的理解。如果要将系统工程应用于另外一个新的行业，那么可以从这些行业中有所借鉴并汲取经验。

13.1.1 航天工业

航天系统的典型特征是要研制的系统将要离开地球大气层，并需要用无线电和地面站保持密切通信。这类系统成本极高，且一旦发射升空，硬件几乎不可维修。因此，要求系统具有极高的可靠性，最好是首次部署就确保成功，否则将有可能造成无法挽回的后果。

航天工业的系统工程应用的成熟度很高，有许多可以参考的标准和案例。在航天系统的工程实践中，测试验证相关的过程向来很受重视，相关的评审往往是航天系统研制的重要里程碑。与之有关的总装、集成和测试（Assembly Integration and Test，AIT）工作也成为人们关注的重点。另外，由于航天系统高投入、高风险的特质，风险管理备受推崇，尤其是在引入了新技术或者技术状态发生了新变化等情况下。我国航天工业应用系统工程的情况见13.2节。

航天工业领域存在着众多标准，主要包括空间无线电通信相关标准、电子和数据标准等。近年来，ISO和IEEE的标准在航天领域也越来越普及。美国军方也出台了多部相关的标准（MIL），美国宇航局（NASA）和欧洲宇航局（ESA）也都发布了众多的标准。在系统工程方面，NASA发布了自己的系统工程手册（NASA Systems Engineering Handbook）（详情请见第2章）。

13.1.2 汽车工业

汽车工程领域有着大量的标准，比如ISO 26262《道路车辆功能安全》、IEC 62196《电动车交流式充电座系列标准》等。目前我国绝大多数电动汽车，所使用的充电接口的制式便是由IEC 62196 标准规定的。

相对于这些标准，系统工程标准则为非强制性标准，在应用时需要结合汽车工业的传统、产品个性和企业实际情况，以及产品、客户、技术共同驱动应用系统工程的需求。另外，由于汽车工业及产业链已经十分成熟，尤其需要注意成套设备（OEM）协作厂商的协议过程，具体可以参考本书的第 8 章。

13.1.3 基础设施建设工业

近年来，我国的基础设施建设如火如荼。港珠澳大桥、贵州 500 米口径球面射电望远镜（FAST）便是这类工程的典型代表。这类系统的特点是周期长，一般不做初样产品，外部接口（环境、合同、协议等）众多，并且影响深远。系统工程的应用有助于基础设施建设工业的效果费用比（又称性价比）得到提升。INCOSE 还发布了专门针对大型基建项目的指南：《大型基础设施建设项目中的系统工程应用指南（*Guide for the Application of Systems Engineering in Large Infrastructure Projects*）》。

13.1.4 武器装备工业

除了航天工业以外，武器装备工业是系统工程另一个深深植根的领域。可以说，主要是航天和武器装备工业的发展促进了系统工程的诞生和发展。

武器系统的典型特征是技术系统复杂，涉及的相关方众多，面临着各种极端工况，且大多要求较长的生存周期。此外，还重视后勤保障工程和人因工程，要求武器系统好用、易用、耐用。在武器装备工业中，也有许多可以参考的标准和案例。我国也发布了面向武器装备行业的系统工程标准 GJB 8113—2013《武器装备研制系统工程通用要求》。需要注意的是，ISO/IEC/IEEE 15288 标准作为由国际标准化组织发布的一项面向各个行业的公共标准，为了做到通用化，许多具有军工特点的条款已经被删除了，而在武器系统应用系统工程时，需要充实、细化这些具有军工特点的“苛刻”要求。

13.1.5 交通运输工业

交通运输工业需要平衡商业利益和来自公众的压力。系统工程可以用来管理交通运输系统的复杂性。上海磁悬浮专线、高铁、大飞机都属于这类系统。值得说明的是，上海磁悬浮专线工程作为少数几个案例之一，被作为大系统复杂度局部验证的典型案例，收录在 INCOSE 系统工程手册（4.0 版）之中。

人因工程也是需要考虑的重要方面。具体来说，交通运输系统需要兼顾公众和操作员的舒适性，不同国家和民族对于舒适性的要求也不尽相同。

13.1.6 医疗工业

在系统工程的众多应用领域之中，生物制药、医疗系统是一个正在快速崛起的领域。这个行业的特点是风险大、复杂度高。这从动辄上千万的各种价值不菲的医疗设备中可见端倪。在这一领域中，系统工程大有用武之地。例如，高端医疗设备的研制便需要软件和硬件的密切配合。医疗软件开发时若考虑不周可能导致设备运行故障，在极端情况下病人可能受到严重的人身伤害（可参考 Therac-25 案例）。另外，系统工程中的需求管理过程也对生物制药、医疗系统的研制十分有益。

13.2 我国应用系统工程的情况

正如第1章所述，我国在发展和应用系统工程时，既吸收了国际上的先进技术成果，又结合了自身的经验，发展出了具有自身特色的系统工程方法和系统科学体系。近年来，随着信息化技术的发展，我国各工程行业加强了与国际同行的交流与协作，积极引进以建模和仿真为代表的系统工程方法、技术和工具，并在实践过程中逐渐改进和完善，正在创建新一代具有中国特色的系统工程方法、技术和工具体系。

13.2.1 我国航天领域应用情况

中国航天工业自创建以来，管理体制历经调整变化，研制任务不断更新换代，而系统工程方法却是中国航天工业几十年管理实践不变的主旋律，是弹、箭、星、船研制成功的保证。1962年，中国航天从第一枚自研导弹发射失败的案例中总结出重视总体方案设计、充分进行地面试验、严格执行研制程序的经验教训，这成为中国航天发展系统工程的第一个里程碑。

20世纪90年代，我国进行市场经济体制改革，我国航天工业面临的外部环境发生了很大的变化，在计划经济体系下形成的思想观念、体制机制等已经不能适应当时的环境，在研制过程中出现了许多低水平、重复性的质量问题，飞行试验成功率下降。特别是，1996年2月15日，中国CZ－3B运载火箭发射国际通信708卫星失败；1996年8月18日，中国CZ－3火箭发射中星七号通信卫星失败，这两次失败使我国航天事业陷入了非常困难的境地。

面对这些失败，中国航天工业认真总结经验教训，结合新的任务形势，提出了许多针对性的措施，包括技术归零的五条原则（定位准确、机理清楚、问题复现、措施有效、举一反三）、管理归零五条标准（过程清楚、责任明确、措施落实、严肃处理、完善规章）以及技术更改五条原则（论证充分、各方认可、试验验证、审批完备、落实到位）。这些措施对于解决中国航天质量问题起到了非常重要的作用。

在总结20世纪90年代一系列改革措施的基础上，1997年中国航天颁布了《中国航天总公司强化科研生产管理的若干意见（试行）》和《强化型号质量管理的若干要求》。这两个规定在《暂行工作条例》的基础上，进一步发展了航天系统工程方法，主要体现在以下几个方面：

1）重申了总体设计部的技术抓总的地位与作用。

2）型号研制实行总指挥负责制。

3）严格执行研制程序和控制各阶段的技术状态。

4）加强安全性、可靠性设计与试验管理。

5）推进软件工程化等。

在采取了一系列措施后，中国航天逐渐走出了困境，进入了新的发展时期，自1996年以来，中国航天成功率达到了国际领先的水平。

1999年以后，中国航天分为中国航天科技集团公司和中国航天科工集团公司。在总结以往经验和研究分析新形势、新任务、新体制的基础上，航天科技集团公司于2004年颁布了《航天型号管理规定（试行）》。这个规定体现了市场经济条件下航天系统工程管理的理念和方法，主要有以下内容：

1）明确各项工作要以科研生产为中心，成功是硬道理。

2）对航天型号工程管理的全过程、各方面做出了原则规定。

3）强调自主创新与适应市场经济规律。

4）在某项目领域实行项目管理等。

在后续的航天科技生产活动中，航天科技集团推行精细化质量管理，建立质量与可靠性数据包，开展独立的风险评估和技术成熟度评估等工作。中国航天的领导和专家也不断总结中国航天系统工程的内涵和方法。

当前，我国航天事业发展进入崭新的历史阶段，正在加速由航天大国向航天强国迈进。继承、巩固和发展航天系统工程，是中国航天迎接机遇、面对挑战的必然选择，这也是将航天系统工程方法推广应用到国民经济建设其他领域的基础和前提。

13.2.2 我国航空领域应用情况

中国航空工业集团有限公司（简称中航工业）从2013年开始推广基于模型的系统工程信息化使能平台建设，制定了“十二五”期间基于模型的系统工程导航、试点与工程应用三步走的推广策略，成立系统工程推进组织机构，加入INCOSE，引进知识体系和培训与认证体系。

2013年，中航工业开始推动MBSE方法论研究、知识体系导入、平台建设、实施服务和最佳实践推广工作。2014年，由工程型号管理部门和科技与信息化部联合成立中航工业系统工程推进委员会，制定和发布全集团航空产品系统工程信息化平台建设规划，指导在型号工程研制中贯彻系统工程的理论和方法，引领系统工程过程体系、使能工具等共性技术的研究、应用和验证；联合INCOSE、清华大学，并利用系统工程信息化推进卓越中心的专业人才团队，建立国际认可的系统工程师培训和认证体系，全年累计培养135名系统工程师。

2014年，在飞机总体、航电系统和发动机控制等领域的17家单位积极开展基于模型的系统工程试点应用工作，覆盖未来飞行器运行场景以及飞机总体、飞行控制系统、导航系统、座舱显示系统、综合通信导航识别系统、应急动力系统、发动机控制等专业领域的需求管理、架构设计和系统综合等开发过程。

2015年，中航工业大力推进MBSE方法及工具在航空产品开发中的应用，从总部、直属单位、成员单位全面贯彻系统工程推进路线，以重大型号应用为牵引，带动全集团系统工程推进工作，并启动在航空发动机、机电系统领域MBSE的推广工作；成立系统工程专家组，分享最佳实践，建立航空运载器、航空发动机和航空系统领域系统工程协同链路，进行系统工程技术成熟度研究；持续开展国际系统工程师认证，开展8期、超过200人的培训，加速培育与国际接轨的系统工程师领军人才。

同时，中航工业的金航数码将工程信息化领域的5个部门合并为系统工程应用中心，以复杂系统开发V模型为主线，下设需求工程、集成研发、仿真工程、设计与制造一部/二部/三部共六大业务部，开展复杂系统工程整体解决方案的策划、规划、咨询、开发等工作，给航空各领域提供数字空间下覆盖复杂系统开发全过程解决方案，并持续开展系统工程、机械工程、电子工程、软件工程、六性与适航等方面的过程、方法与工具平台的研究。

13.2.3 我国核工业领域应用情况

核工业是核能开发、利用的综合性新兴工业体系，包括铀矿开采、铀同位素分离、核燃料元件制造、各种类型反应堆、核电站、核动力装置、放射性废物的处理与处置、核武器生产、核技术应用等众多的生产企业和科研、设计单位。核工业在国民经济中具有重要作用，是典型军民融合发展产业。系统工程被广泛应用于核工业的各项工作当中。

1954 年，我国决定发展原子能，在当时极其落后的工业基础上，全国统筹协作，发挥“两弹一星”精神，以惊人的速度，建立了铀矿勘探开采、核材料生产、核武器与核动力研制的一整套工业体系，分别于 1964 年、1967 年、1971 年成功试制了原子弹、氢弹及核潜艇，并很快装备军队，从而确立了我国核大国的国际地位。“两弹一星”的成功实践是我国系统工程发展的重要源泉和土壤，也是我国系统工程应用的典范。

在民用核能领域，建设核电站是一项复杂的工程，需要从选址、设计、设备制造、建造、运行和退役全周期统筹，牵涉企业众多，产品门类繁杂，持续时间长。无论是工程建设，还是设备的研发、设计、制造及采购，都需要系统工程为指导，做好需求、接口、状态等技术管理。安全是核电的生命线，历史上已经出现了多次极其严重的核事故，一次次促使核电厂建立更加严格的安全标准，使核电安全质量保证体系被严格遵守和持续改进。中核电厂设计软件的验证与确认工作（V&V）是世界上最严苛的认证，需要投入巨大的人力物力。这些均是系统工程的应用。核电厂还需要融入前端核燃料生产、后端乏燃料后处理及放射性废物处理和整个核燃料循环体系，这涉及的工作更复杂。

为进一步提高核能的安全性、经济性和可持续性，研发新一代核能及燃料循环系统是世界核能发展的重要趋势，是多个核大国的国家战略。在新型核能系统和先进核燃料循环技术的研发过程中，各国越来越多地利用以系统工程为基础的相关先进工具，比如利用虚拟反应堆从物理层面进行仿真，用于核电厂的延寿评估；又比如采用数字仿真系统进行三维设计及验证、虚拟建造等，有效地缩短了设计、验证及建造周期，提高了管理效率，从而提高了核能系统的经济性。目前仿真软件公司均在积极开拓核电业务。

总而言之，在原子能发展初期，核工业是系统工程的重要来源；在先进核能系统持续发展的今天，系统工程是其高效发展的重要保障。系统工程在我国核工业的应用将越来越深，越来越广。

13.2.4　我国船舶领域应用情况

系统工程方法论在船舶领域已得到了广泛应用，表现在以下几个方面：

1）舰船产品的研制规范采用了系统工程的主要原则和思路。系统工程将系统研制过程分为技术过程与技术管理过程，技术过程遵循的是生存周期“V”模型，技术管理过程构建的是从项目策划到项目度量，再到项目监控的反馈控制闭环结构。舰船产品系统级的研制规范也采用了系统工程阶段划分的思路，分为需求分析、设计、建造、测试与运行维护几大阶段。但在部分阶段中考虑了船舶行业自身的特点，如在测试阶段，划分为陆上联调、系泊航行与航行实验三个子阶段，是系统工程在船舶行业本地化的产物。舰船产品的软件产品研制工作遵循了 GJB5000A 规范，该规范来源于 CMMI 标准，是系统工程方法与软件开发过程相结合的产物。因此，舰船产品无论是系统还是软件，其研制规范都符合系统工程的原则和思路。

2）船舶行业正大力发展基于模型的系统工程方法（MBSE）。传统的系统工程方法（基于文本的系统工程）缺少对工程经验数据的积累，积累的文本不利于后续项目的重用，而模块化与重用化是提高工作效率的重要创新模式。目前，船舶行业中的以模块化设计、模块化建造和模块化装配为主要内容的模块化造船技术已成为提升造船效率的重要手段。而模块化造船的核心是设计的数字化与模型化，将传统的经验转换成数字模型，开展数字化设计与数字化验证——这正是MBSE思想的核心思想。在船舶行业舰载系统的设计过程中，也在大力推行精益研发平台，在精益研发平台中嵌入了MBSE技术过程和技术管理过程，用于定义产品研发流程，使得工作经验不足的工程人员也能按照系统工程的规范开展工作。MBSE是系统工程的重要发展方向，同样也是船舶工程领域新的创新发力点。

3）船舶系统为各行业系统提供了集成应用平台，为系统工程向体系工程发展奠定了工程基础。随着工程系统越来越复杂，出现了体系（系统之系统）的概念。船舶集成系统，如海上编队系统或海上联合作战系统等都是典型的体系级系统，这些集成系统由多个独立运行、自主管理的系统组合而成，相互协同共同完成顶层任务。在这些体系构建的指导中，传统的系统工程无论是技术过程还是技术管理过程都存在不足，需要新的过程模型指导，即从系统工程发展到体系工程。船舶行业中的中国船舶系统工程研究院是开展体系工程理论探索的典型代表，它创建了国内第一本以体系工程为主要研究内容的学术杂志《体系工程》，并在体系工程理论方面提出了“V++”体系集成演化模型。

13.2.5 我国兵器领域应用情况

随着陆战模式和使命任务的变化以及信息技术的发展，以坦克装甲车辆为代表的兵器装备信息系统的功能越来越复杂，系统结构越来越综合，信号类型越来越多样化，对传统的设计方法和设计流程也提出了改进和更新的需求。模型驱动的设计方法因其独立于实现的业务模型设计与验证的优势也被逐渐地引入兵器装备系统设计领域。

早期，车辆信息系统一直处于分立式的系统结构，完成各个功能的子系统都具有一套完整和独立的系统功能设备。各子系统的功能结构简单，系统间交联较少，因此在设计上也相对独立。20世纪80年代以来，由于电子技术的发展和数字化战场发展的需要，信息系统有了进一步的发展，出现了车辆综合显示与控制的联合式信息系统。它主要在输入输出端对显示控制系统的周边键和操纵装置进行了集成并简化了系统设计，但在系统功能上并未进行有效整合，各子系统仍然使用专用的软硬件资源。由于系统功能简单、结构相对独立，所以传统串行的设计方法尚能够支持系统的有效实现。

未来战争是基于网络信息体系的联合作战，车辆信息系统向着任务多元化、功能复杂化、结构综合化的方向发展，信息系统实现了感知、功能、处理、操作显示等综合后，使得信息采集、传输、处理和显控为多个系统或功能所共用。同时子系统的功能也需要多个部件或软件的共同参与才能完成，因此各部件的功能接口与信息接口变得非常复杂。传统的系统设计方法在设计新一代车辆信息系统的过程中产生了越来越多的问题。要实现一个异构且功能复杂的系统必须在顶层对系统功能和结构进行规划，对子系统的设计进行规范和约束。在系统设计流程中，总体设计向上是为满足需求，与需求相关联，是对需求的分解和实现；向下是为了约束子系统的设计和实现，是指导子系统及功能部件开发的直接输入。因此，总体设计的作用越来越突显，它是整车信息系统设计最基础、最重要的环节之一。总体设计的好坏不仅会影响整车信息系统的功能架构实现、资源的配置，而且会直接影响设计迭代的周期以及系统设计的有效性。

在我国坦克装甲车辆等兵器装备的研制工作中，正在积极推动应用系统工程方法，推动研制流程和方法的科学化、信息化。车辆信息系统进行总体设计和验证的基本框架如图13-1所示。系统采用自顶向下的设计方法，以任务需求、性能需求和使用需求为起点，分解信息系统任务，通过任务建模和任务流程分析给出系统信息要求，通过信息建模和信息流程分析给出系统功能要求，在系统功能建模和功能验证的基础上提出功能实现子系统的要求。在系统体系结构框架的整体约束下，将系统功能合理分配到子系统中，并建立基于子系统模型的系统功能集成数字样机；经过对数字样机的功能匹配、优化、集成仿真验证，为形成系统总体方案，完成设计要求、规范的制定提供依据。系统研究的每个阶段均通过仿真验证和技术的反复迭代实现，能够确保技术、方案的可行性和可实现性。

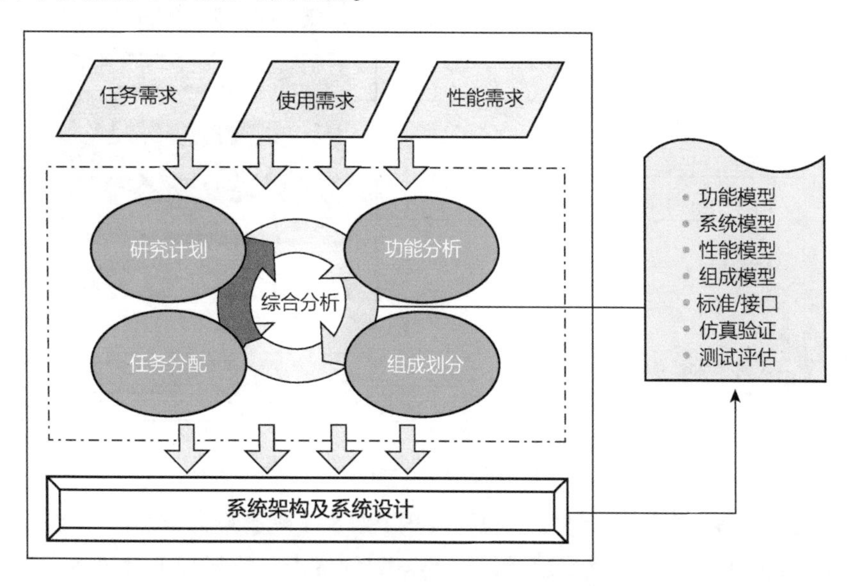

图 13－1　总体设计和验证的基本框架

基于 SysML 的车辆信息系统设计方法是面向坦克装甲车辆的设计需求，以 Harmony SE 的方法为基础形成的，如图 13－2 所示。基于模型的信息系统设计主要分为需求分析、顶层设计、详细设计、ICD 设计和数字化原型仿真验证。

1）在需求分析中，总体设计人员对用户需求进行分析，形成系统需求和系统用例模型（即车辆任务模型），并将其在需求与模型知识库中管理。

2）在顶层设计中，根据需求模型和任务模型分析，得到可执行的系统模型，包括系统的活动图、时序图和状态机，分别为信息系统的功能模型、信息流模型和状态机，并更新系统需求规格说明书，然后将其在需求与模型知识库中进行管理。

3）在详细设计中，以系统最优实现为目标进行架构分析，得到信息系统架构模型，然后进行功能分配，并设计系统内部的信息流。

4）以系统架构分解为基础，在 ICD 设计阶段输出信息系统的逻辑接口，最终得到子系统架构模型、逻辑 ICD 以及子系统/部件需求规格说明书。

5）系统建模设计过程中同步开展 COP 设计，完成系统界面的设计和开发，并通过与系统模型进行联合仿真以验证系统的功能逻辑和数据流的有效性和正确性。

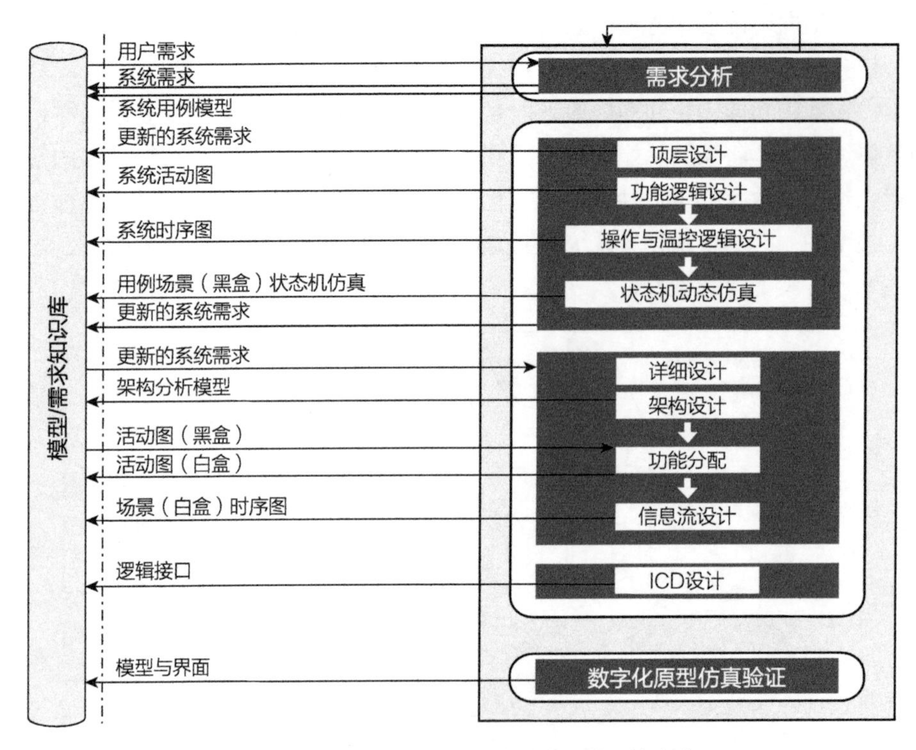

图 13-2 基于 SysML 的车辆信息系统设计方法

模型驱动的车辆信息系统设计方法从设计流程上解决了现有设计方法中存在的层次不清晰、功能未解耦等问题，充分利用了标准建模语言 SysML 的优点，清晰规范地描述了系统，还可以对系统模型进行仿真验证，从而支持科学合理地对车辆信息系统进行设计。模型驱动的车辆信息系统设计方法将在我国兵器领域得到越来越广泛的应用。

13.2.6 我国民机领域应用情况

大型民用飞机项目是一项极其复杂的系统工程，民机型号研制需要将主制造商作为一个复杂系统，从企业的层级上统筹考虑产品系统的设计研发和生产制造，并将供应链管理也纳入系统工程的过程中，用系统工程的视角，组织、整合和利用现有资源，以更加快速、高效地开展企业的生产活动，同时需要在更大的范围内整合资源，以生产出更优质的、更具竞争力的产品。

中国商飞系统工程发展立足于型号经验，不断在民机研制实践中总结提炼，不断完善后再投入实践。通过 ARJ21-700、C919 项目的摸爬滚打，在摸索中总结，“发现问题、解决问题”，在实践中完善项目工作机制，逐步构建了项目的基本系统工程要素，主要包括建设、推广实施和度量改进三个方面。

第一，围绕全生存周期，通过过程集成的方法，从开发产品与服务过程、全生存周期管理过程、组合管理过程三大方面，全面构建系统工程过程体系。过程体系构建采用自上而下的方式，横向为产品生存周期时间轴，以产品阶段里程碑划分作为节点，纵向为过程域，包括技术和管理的各系统工程相关要素，每个过程域内部采用端到端的方式，针对过程执行对象（中心、部门、小组、人员等）对应工作的颗粒度，通过过程定义文件、要求规定文件、程序作业文件、模板检查单文件、指南文件、工具方法等载体内容，逐级细化分解。

充分考虑理论和实际有机结合的方式，包括从应用学科角度出发，形成的系统工程政策、手册等方法学内容以及从项目实践出发，形成的可直接用于规范和指导项目实施的操作性内容；同时工作本身考虑“点面结合”，在实现对全过程覆盖的同时，突出对全生存周期技术状态管理、需求捕获、组织架构建设等重点要素的进一步完善加强。

第二，系统工程的项目推广实施，包括两个方面：一方面是采用大规模、各层级的培训来宣贯理念、传递知识、教授方法，为此公司筹划建立了针对不同层级要求的系统工程师和项目经理人的培训体系；另一方面是建立基于组织过程的项目管理手段，在项目中实施系统工程。此项目管理手段基于系统工程建设形成的过程资产，在项目前期，结合项目产品内容（PBS），建立项目 WBS、OBS、CBS 等管理范围定义，形成项目管理和系统工程的工作规划。基于工作规划，采用基于 IPT 的项目团队进行项目实施，并采用科学有效的方式进行实时管控。

第三，系统工程的度量改进，针对系统工程过程的实施有效性，对项目的过程绩效进行度量和评价；同时，采用六西格玛过程优化和基于能力成熟度模型（CMMI）的评估，不断提升系统工程体系的成熟度。

目前，中国商飞系统工程旨在通过加强上面三方面的工作，从传统系统工程和项目管理方法的角度，夯实中国商飞的产品系统工程。中国商飞公司还在进一步对系统工程的未来发展进行积极研究和实践探索，包括现已初步形成的综合产品系统工程、企业系统工程和系统之系统工程的中国商飞系统工程理论基础，对基于模型系统工程的发展路径和技术重点进行积极有效的探索，为民机系统工程后续向更广、更深入的领域发展和模式升级做好准备。

13.3 系统工程的应用展望

随着历史的不断发展，科技的复杂度不断提高，未来，人类将面对越来越多的大型和复杂的工程系统，系统工程将在其中发挥越来越重要的作用。2014 年，INCOSE 发布了《A World In Motion – System Engineering Vision 2025》（运动中的世界——系统工程愿景 2025），展望了系统工程未来的应用情况。

1. 应用领域不断扩大

系统工程将满足全球系统工程重大进展的需要，其相关性和影响力将超越传统的航空航天和国防系统，并扩展到更广泛的工程、自然和社会系统领域。特别是，系统工程将越来越多地与全球社会技术和大型事业系统（如城市交通）相关。系统工程还将有助于评估和分析全球气候系统等社会物理系统，使相关方和决策者了解组织和公共政策行动的紧急影响。

2. 应用于政策制定

通过构建替代政策执行的成本、收益和风险评估体系，系统工程将取代其他与系统相关的综合学科，如经济学、人类生态学、地理学和经济人类学。严谨的系统方法有助于决策者选择具有成本效益、安全和可持续的政策，同时这些政策更广泛地被相关方所接受。

3. 更加全面整合相关方需求

系统工程将全面整合多个市场、社会和环境等相关方的需求，以应对“端到端”的生存周期考虑和长期风险。建立系统架构方法，并解决日益复杂的、系统相关的相关方的关注。系统架构、设计和分析跨学科、跨领域地和生存周期阶段进行集成，以提供单一、一致、明确的系统表示。这确保了整个系统工程过程的完整性和完整可追溯性，并为所有相关方提供了多个系统视图，以解决普遍存在的问题。

4. 支持跨组织合作

系统工程将支持跨越不同组织和区域边界以及广泛学科的协作，系统工程将成为跨区域、跨文化、跨组织、跨学科和全生存周期阶段的协作企业工程的关键集成者。这将导致多学科工程工作流程和数据被集成，以支持敏捷计划规划、执行和监控。合作将扩展到整个供应链，以便客户、主要成员、分包商和供应商在整个开发阶段得到整合。

未来，系统工程将由越来越多的专业人士实施。他们不仅拥有应用领域的技术敏锐性，而且还掌握了系统和时代整合挑战所必需的下一代工具和方法。系统工程师的角色和能力将扩大，以应对未来系统日益复杂和多样化的问题。系统工程师对项目的技术领导作用将被确立为项目成功的关键。系统工程角色还在日益多样化的工作环境中支持和集成更广泛的社会技术学科、技术和相关方关注点。系统工程师将整合跨越全球和文化边界以及系统边界的计划和社会技术问题；将理解日益复杂的系统，包括与系统相互依赖和人类交互相关的紧急行为；将解决跨越更广泛的学科、应用和技术领域的安全性、经济可行性和可持续性等问题。

本章首先介绍了系统工程在典型工程领域的应用情况，从这些情况可以看到，各行业因为自身复杂性、安全性等情况的不同，应用系统工程的需求和严苛性也有不同，各行业在系统工程领域建立的标准规范和积累的经验也会差别很大。然后，从本章介绍了我国典型行业应用系统工程的情况。可以看到，我国航天工业最早应用系统工程，并形成了具有中国特色的系统工程管理方法，核工业、航空、船舶、兵器等行业也正在积极引入并发展系统工程，尤其重视基于模型系统工程方法的引进和应用。最后，本章展望了系统工程未来的应用情况，根据 INCOSE 的研究，未来系统工程将在更广的领域得到应用，也将发挥更大的作用。

参考文献

[1] INCOSE. Systems engineering handbook — a guide for system life cycle processes and activities.（4th ed）[M]. New Jersey：John Wiley & Sons，2015.

[2] BRUCE B，CHRISTOPHER O，SANFORD F，et al. A world in motion – system engineering vision 2025 [J]. INCOSE. 2014.

[3] 郄永军. 体系化推进系统工程流程、方法和工具平台在航空产品开发中的应用 [J]. 航空制造技术，2014，462（18）：64–67.

[4] ZHENG X H. Development and application of chinese aerospace systems engineering method [Z]. International Astronautical Congress. 2014.

[5] 贺东风，赵越让，钱仲焱，等. 中国商用飞机有限责任公司系统工程手册 [M]. 上海：上海交通大学出版社，2017.

附　录

Appendix

附录 A　重要术语定义

需要 （Need(s)）	根据牛津英语词典，“需要”是想要或需要的事物。对于系统来说，“需要”往往是一个或多个相关方缺乏但想要或期望的能力或事物。在系统工程执行中，至少有三方面情况：做工程的企业内部客户的项目；与外部实体在协议下开发；用于未来销售的企业产品开发
需求 （Requirement(s)）	1. 用户解决问题或达成目标所需要的条件或能力 2. 系统、系统组件必须满足的或者必须具备的，用以满足合同、标准、规范或其他正式的强制性文档的条件或能力 3. 在 1 或 2 中条件句或能力的文档化陈述（IEEE） 需求是识别系统、产品或过程特性或约束的描述，它是明确的、清晰的、独特的、一致的、独立的（不是分组）和可验证的，是相关方可接受的必须的内容（INCOSE 系统工程手册）
相关方（Stakeholder）	对系统拥有合法利益的任何实体（个人或组织）（INCOSE 系统工程手册）
约束（Constraint）	外部对系统的需求、设计和实现或对用于开发或修改系统的过程强加的限制
使用构想/作战想定 （Concept of Operations）	针对组织领导层的口头和/或图形化陈述，描述整体运营或系列运营的假设和意图，以便涵盖各种新的能力。（ANSI/AIAA，2012；ISO/IEC/IEEE 29148，2011）
基线 （Baseline）	在特定时间点经过正式评审认可的产品状态描述，它是进行更改、验证和其它管理活动的基础
派生需求 （Derived Requirement）	从需求的收集和组织到演绎或推断特定的系统配置和解决方案的需求
运行概念 （Operational Concept）	针对特定系统或一组相关的新系统、现有系统或修改系统的运行或一系列运行，组织的假设或意图的口头和/或图形化描述。（ANSI/AIAA G043A，2012）
运行场景 （Operational Scenario）	想象中事件序列的描述，其包括产品或服务与环境和用户的交互，以及其产品或服务组件之间的交互
效能度量 （Measure of Effectiveness）	通过评估生产和提交的产品或系统相关技术成果，判断相关方的期望是否满足的度量指标
性能度量 （Measure of Performance）	当设计完成时，用于确定产品或系统的效能

（续）

架构 （Architecture）	一个系统在其所处环境中所具备的各种基本概念和属性，具体体现为其所包含的各个元素、它们之间的关系以及架构的设计和演进原则之中（ISO/IEC 42010：2011）
视角 （Viewpoint）	一个针对某视图所采用的观察角度的定义，是构建和使用某视图的规约的描述（通常采用一个适当的模式或模版的形式）。通俗地说，视图描述了所看到的内容；而视角则描述了站在何处进行观察——一个能够决定你所能看到的事物的制高点或角度（TOGAF 9）
架构视图 （Architecture View）	针对一系列相互关联的关注点的表达。一个视图描述了采用某个视角后所看到的事物。架构视图可以通过模型来进行表述，从而为不同的干系人根据各自针对架构的关注点而分别提供描述。一个视图从本质上讲不一定以可视化或图形化的方式进行展示（TOGAF 9）
活动（Activity）	耗费时间和资源一系列行为，对得到一项或多项结果的实现或贡献是必要的
使能系统 （Enabling System）	在其生存周期阶段期间能补充目标系统，但不必在操作中直接对其功能做出贡献的一个系统
企业（Enterprise）	组织的一种形式，责任是根据协议获得供应产品和（或）服务
组织（Organization）	有职责、职权和关系安排的一群人和设施
过程（Process）	一系列相互关联或相互影响的活动，使输入转换为输出
项目（Project）	为创造独特的产品、服务或成果而进行的临时性工作
阶段（Stage）	与系统描述或系统本身状态有关的系统生存周期内的一段时期
系统（System）	由相互作用和相互依赖的若干组成部分结合成的具有特定功能的有机整体
系统元素（System Element）	系统的组成部分
目标系统（System of Interest）	生存周期中被考虑的系统
体系 （System of Systems）	又称为“系统之系统”。系统元素本身也是系统的系统
系统工程 （System Engineering）	系统工程是一种实现成功系统的跨学科的方法和途径。它专注于在开发周期的早期阶段就定义客户的需要和所需要的功能，将需求文档化，然后通过设计综合和系统确认来推进工作，同时考虑运营、成本与进度、性能、培训与支持、测试、制造、弃置等所有的问题。系统工程将所有的专业和专家群体集成为一个团队，形成一个结构化的开发过程，实现从概念到生产到运营。系统工程综合考虑所有客户的商业需求和技术要求，其目标是提供一个满足客户需要的合格产品
可靠性（Reliability）	系统在一定时间内、一定条件下，无故障地执行指定功能的能力或可能性
可用性 （Availability）	在某个考察时间，系统能够正常运行的概率或时间占有率期望值。可用性通常可通过使用可用度、出动架次率与能工作时间比等参数来评价
维修性（Maintainability）	产品在规定的条件下和规定的维修时间内，按规定的程序和方法进行维修时，保持或恢复其规定状态的能力

（续）

保障性 （Supportive）	系统（装备）的设计特性和计划的保障资源满足平时和战时使用要求的能力称为保障性。保障性是装备系统的固有属性，它包括两方面含义：与装备保障有关的设计特性和保障资源的充足及适用程度。保障性的定量要求通常以与战备完好性相关的指标提出,例如，使用可用度（A0）、能执行任务率（MCR）、出动架次率（SGR）、再次出动准备时间。装备保障资源方面的定量要求包括保障设备利用率、保障设备满足率、备件利用率、备件满足率、人员培训率等
价值工程 （Value Engineering）	通过功能分析，力求以最低的产品寿命总成本获得必要功能，使产品价值不断提高的现代管理技术，又称价值管理或价值分析
生存周期（Life cycle）	系统、产品、服务、项目或其他人工实体从概念产生到退役报废的演进过程
生存周期模型 （Life Cycle Model）	可以按阶段组织的、关于生存周期的过程和活动框架，也作为交流和理解的共同参考
生存周期过程 （Life Cycle Processes）	一组相互关联的活动，用于系统、软件或硬件产品的开发或评估。每项活动都由一组任务构成。生存周期过程之间可以相互重叠
过程目的 （Process Purpose）	过程执行的顶层目标，以及过程有效实施的预期成果。过程实施的目的是保证相关方获益
过程成果 （Process Outcome）	成功实现过程目的后得到的可见结果。一个过程成果可以是具体的产出物，也可以是状态的显著变化或特定约束（如需求或目标）的满足
过程参考模型 （Process Reference Model）	根据过程目的和过程成果所描述的某个生存周期或应用领域中各种过程的定义，连同描述这些过程之间相互关系的架构，两者一起组成的模型
过程评估模型 （Process Assessment Model）	基于一个或多个过程参考模型，用于评估指定过程质量特性的模型。对于某一特定过程质量特征的过程评估模型可以在模型名称中纳入包括该质量特征的描述，如关注过程能力的过程评估模型可以称为“过程能力评估模型”
项目阶段（Project Phase）	一系列逻辑相关的项目活动，最终完成一项或多项可移交成果
任务（Task）	必要的、推荐的或允许的行动，旨在促进实现某个过程的一个或多个成果。相关任务通常被分组以形成活动

附录 B 缩略语

缩写	全称	翻译
BABOK	Business Analysis Body Of Knowledge	业务分析知识体系
BRS	Business Requirements Specification	业务需求规格说明书
ConOps	Concept of Operations	使用构想 （民用领域）， 作战想定 （军事领域）
COTS	Commercial Off-The-Shelf	商用货架产品
FAIT	Fabrication, Assembly, Integration, and Test	制造、装配、集成和测试
FBS	Functions Breakdown Structure	功能分解结构
FBSE	Functions-Based Systems Engineering	基于功能的系统工程
FFBD	Functional Flow Block Diagram	功能流程框图
IDT	Integrated Development Team	集成开发团队
IPO	Input Process Output	输入 - 处理 - 输出
MBSE	Model Based Systems Engineering	基于模型的系统工程
MoE	Measure of Effectiveness	效能度量
MoP	Measure of Performance	性能度量
MoS	Measures of Suitability	适合性度量
OCD	Operational Concept Document	运行概念文档
OpsCon	Operational Concept	运行概念
RVTM	Requirements Verification and Traceability Matrix	需求验证与追踪矩阵
SEBoK	Guide to the Systems Engineering Body of Knowledge	系统工程知识体系指南
SoI	System of Interest	目标系统
SoW	Statement of Work	工作描述
StRS	Stakeholder Requirements Specification	相关方需求规格说明
SyRS	System Requirements Specification	系统需求规格说明
SySPG	System Engineering Process Group	系统工程过程组
TPM	Technical Performance Measure	技术性能度量

附录 C　国外系统工程标准指南手册列表

序号	标准指南代号	出版/发布组织	年份	标准指南手册名称	备注
1	AFSCM 375-5	美国空军	1966	Systems Engineering Management Procedures	
2	MIL-STD-499	美国空军	1969	Systems Engineering Management	
3	MIL-STD-499A	美国国防部	1974	Engineering Management	
4		Lexington Books	1976	A Guide to Systems Engineering and Management（Stanley M. Shinners）	
5	FM 770-78	美国陆军	1979	Systems Engineering	
6	MDA 903-82-C-0339	国防系统管理学院	1983	System Engineering Management Guide（洛克希德导弹和空间公司）	
7	MDA 903-85-C-0171	国防系统管理学院	1986	System Engineering Management Guide（Booz, Allen & Hamilton Inc.）	
8	AD-A223168	国防系统管理学院	1989	Systems Engineering Management Guide	
9	ANSI/AIAA G-043	ANSI/AIAA	1992	Guide for the Preparation of Operational Concept Documents	被替代
10	MIL-STD-499B	美国国防部	1994	Systems Engineering	草案
11	EIA/IS 632	EIA	1994	Systems Engineering	
12	IEEE 1220	IEEE C/S2ESC	1994	Application and Management of the Systems Engineering Process	试用，被替代
13	NASA/SP-6105	NASA	1995	NASA Systems Engineering Handbook	被替代
14	IEEE 1220	IEEE C/S2ESC	1998	Application and Management of the Systems Engineering Process	被替代
15	ISO/IEC 15026	ISO/IEC JTC 1/SC 7	1998	Information Technology—System and Software Integrity Levels	被-3 替代
16	ISO/IEC TR 15271	ISO/IEC JTC 1/SC 7	1998	Information Technology—Guide for ISO/IEC 12207:1995（Software Life Cycle Processes）	被 ISO/IEC TR 24748-3：2011 替代
17	ANSI/EIA-632	GEIA G-47	1999	Processes for Engineering a System	2003 年重新确认
18		国防系统管理学院	1999	Systems Engineering Fundamentals	
19	ISO/IEC TR 16326	ISO/IEC JTC 1/SC 7	1999	Software Engineering—Guide for the Application of ISO/IEC 12207 to Project Management	被替代

（续）

序号	标准指南代号	出版/发布组织	年份	标准指南手册名称	备注
20	ISO 15704	ISO/TC 184/SC 5	2000	Industrial Automation Systems—Requirements for Enterprise-Reference Architectures and Methodologies	Amd 1: 2005,将被替代
21	INCOSE SE Handbook v2	INCOSE	2000	Systems Engineering Handbook - A “How to” Guide for All Engineers	被替代
22		美国国防采办大学	2001	Systems Engineering Fundamentals	
23	ISO/IEC 15288	ISO/IEC JTC 1/SC 7	2002	Systems Engineering—System Life Cycle Processes	被替代
24	ISO/IEC 15939	ISO/IEC JTC 1/SC 7	2002	Software Engineering—Software Measurement Process	被替代
25	EIA-731.1	EIA	2002	Systems Engineering Capability Model	被替代
26	DOE G 200.1-1A	美国能源部	2002	Department of Energy Systems Engineering Methodology	V3
27	ISO/IEC TR 19760	ISO/IEC JTC 1/SC 7	2003	Systems Engineering—A Guide for the Application of ISO/IEC 15288:2002（System Life Cycle Processes）	被ISO/IEC TR 24748-2：2011替代
28	IEEE 15288	IEEE C/S2ESC	2004	Adoption of ISO/IEC 15288:2002 Systems Engineering—System Life Cycle Processes	被替代
29	INCOSE-TP-2003-016-02	INCOSE	2004	Systems Engineering Handbook - A “What to” Guide for All SE Practitioners（Version 2a）	被替代
30	ISO/IEC 16085	ISO/IEC JTC 1/SC 7	2004	Information Technology - Software Life Cycle Processes - Risk Management	被替代
31		美国海军	2004	Naval Systems Engineering Guide	
32	IEEE 1220	IEEE C/S2ESC	2005	Application and Management of the Systems Engineering Process	被替代
33	RGAERO 000 77	BNAE	2005	Programme Management—Guide for the Management of Systems Engineering	被替代
34	INCOSE-TP-2003-002-03	INCOSE	2006	Systems Engineering Handbook—A Guide for System Life Cycle Processes and Activities	被替代

35	ISO 19439	ISO TC 184/SC 5	2006	Enterprise Integration—Framework for Enterprise Modelling	
36	ISO/IEC 15289	ISO/IEC JTC 1/SC 7	2006	Systems and Software Engineering—Content of Systems and Software Life Cycle Process Information Products（Documentation）	被替代
37	ISO/IEC 16085	ISO/IEC JTC 1/SC 7	2006	Systems and Software Engineering Life Cycle Processes Risk Management	将被替代
38	FAA_NAS_SEM_VER3.1	FAA	2006	National Airspace System:System Engineering Manual	被替代
39	ISO/PAS 20542	ISO TC 184/SC 4	2006	Industrial Automation Systems & Integration-Product Data Representation & Exchange-Reference Model for Systems Engineering	被 ISO 10303-233:2012 替代
40	ISO/IEC/IEEE 26702	ISO/IEC JTC 1/SC 7	2007	Systems Engineering—Application and Management of the Systems Engineering Process	等同于 IEEE 1220-2005。被 24748-4:2016 替代
41	ISO/IEC 15939	ISO/IEC JTC 1/SC 7	2007	Systems and Software Engineering—Measurement Process	被替代
42	NASA/SP-2007-6105 R1	NASA	2007	NASA Systems Engineering Handbook	被替代
43	ISO/IEC TR 24774	ISO/IEC JTC 1/SC 7	2007	Systems and Software Engineering—Life Cycle Management—Guidelines for Process Description	被替代
44	ISO/IEC/IEEE 42010	ISO/IEC JTC 1/SC 7	2007	Systems and Software Engineering—Recommended Practice for Architectural Description of Software-Intensive Systems	被替代
45	ISO/IEC/IEEE 15288	ISO/IEC JTC 1/SC 7	2008	Systems and Software Engineering—System Life Cycle Processes	被替代
46	ISO/IEC TR 15504-6	ISO/IEC JTC 1/SC 7	2008	Information Technology—Process Assessment—Part 6: An Exemplar System Life Cycle Process Assessment Model	被替代
47	ISO/IEC 24773	ISO/IEC JTC 1/SC 7	2008	Software Engineering—Certification of Software Engineering Professionals—Comparison Framework	被 ISO/IEC 24773 1:2019 替代
48	ISO/IEC 21827	ISO/IEC JTC 1/SC 27	2008	Information Technology—Security Techniques—Systems Security Engineering—Capability Maturity Model®（SSE-CMM®）	

（续）

序号	标准指南代号	出版/发布组织	年份	标准指南手册名称	备注
49	ISO/IEC TR 90005	ISO/IEC JTC 1/SC 7	2008	Systems Engineering—Guidelines for the Application of ISO 9001 to System Life Cycle Processes	废止. 无新版
50	ECSS-E-ST-10C	ECSS	2009	Space Engineering—System Engineering General Requirements	被替代
51	ISO/IEC/IEEE 16326	ISO/IEC JTC 1/SC 7	2009	Systems and Software Engineering—Life Cycle Processes—Project Management	将被替代
52	ISO/IEC TR 24766	ISO/IEC JTC 1/SC 7	2009	Information Technology—Systems and Software Engineering—Guide for Requirements Engineering Tool Capabilities	
53	ISO 31000	ISO/TC 262	2009	Risk Management—Principles and Guidelines	被替代
54	IEC 31010	ISO/TC 262	2009	Risk Management—Risk Assessment Techniques	将被替代
55		DOT, Caltrans	2009	Systems Engineering Guidebook for Intelligent Transportation Systems	v3.0
56	ISO/IEC TR 18018	ISO/IEC JTC 1/SC 7	2010	Information Technology—Systems and Software Engineering—Guide for Configuration Management Tool Capabilities	
57	INCOSE Handbook 3.2	INCOSE	2010	Systems Engineering Handbook—A Guide for System Life Cycle Processes and Activities	被替代
58	ISO/IEC TR 15026-1	ISO/IEC JTC 1/SC 7	2010	Systems and Software Engineering—Systems and Software Assurance—Part 1:Concepts and Vocabulary	Cor 1:2012，被替代
59	ISO/IEC TR 24748-1	ISO/IEC JTC 1/SC 7	2010	Systems and Software Engineering—Life Cycle Management—Part 1:Guide for Life Cycle Management	被替代
60		美国国防采办大学	2010	Integrated Defense Acquisition, Technology, & Logistics Life Cycle Management Framework	V5.4
61	DoDAF v2.02	美国国防部	2010	The DoDAF Architecture Framework, Version 2.02	
62	IEEE 1471	IEEE C/S2ESC	2010	IEEE Recommended Practice for Architectural Description for Software-Intensive Systems	被 ISO/IEC/IEEE 42010 替代

63	ISO/IEC TR 24774	ISO/IEC JTC 1/SC 7	2010	Systems and Software Engineering—Life Cycle Management—Guidelines for Process Description	
64	ISO/IEC/IEEE 24765	ISO/IEC JTC 1/SC 7	2010	Systems and Software Engineering—Vocabulary	被替代
65	ISO/IEC/IEEE 42010	ISO/IEC JTC 1/SC 7	2011	Systems and Software Engineering—Architecture Description	将被替代
66	ISO/IEC/IEEE 29148	ISO/IEC JTC 1/SC 7	2011	Systems and Software Engineering—Life Cycle Processes—Requirements Engineering	被替代
67	ISO/IEC/IEEE 15289	ISO/IEC JTC 1/SC 7	2011	Systems and Software Engineering—Content of Life-Cycle Information Products（Documentation）	被替代
68	IEEE 24748-1	IEEE C/S2ESC	2011	Adoption of ISO/IEC TR 24748-1:2010 Systems and Software Engineering—Life Cycle Management—Part 1:Guide for Life Cycle Management	被替代
69	ISO/IEC TR 24748-2	ISO/IEC JTC 1/SC 7	2011	Systems and Software Engineering—Life Cycle Management—Part 2:Guide to the Application of ISO/IEC 15288:2008	被 ISO/IEC/IEEE 24748-2:2018 替代
70	ISO/IEC TR 24748-3	ISO/IEC JTC 1/SC 7	2011	Systems and Software Engineering—Life Cycle Management—Part 3:Guide to the Application of ISO/IEC 12207:2008	
71	ISO/IEC 15026-2	ISO/IEC JTC 1/SC 7	2011	Systems and Software Engineering—System and Software Assurance—Part 2:Assurance Case	
72	ISO/IEC 15026-3	ISO/IEC JTC 1/SC 7	2011	Systems and Software Engineering—Systems and Software Assurance—Part 3:System Integrity Levels	被替代
73	ISO/IEC TS 15504-9	ISO/IEC JTC 1/SC 7	2011	Information Technology Process Assessment Part 9:Target Process Profiles	
74	ISO/IEC TS 15504-10	ISO/IEC JTC 1/SC 7	2011	Information Technology—Process Assessment—Part 10:Safety Extension	
75	IEEE 1012	IEEE C/S2ESC	2012	System and Software Verification and Validation	被替代

（续）

序号	标准指南代号	出版/发布组织	年份	标准指南手册名称	备注
76	IEEE 24774	IEEE C/S2ESC	2012	Adoption of ISO/IEC TR 24474:2010 Systems & Software Engineering Life Cycle Management Guidelines for Process Description	
77	IEEE 24748-2	IEEE C/S2ESC	2012	Adoption of ISO/IEC TR 24748-2:2011 Systems and Software Engineering— Life Cycle Management— Part 2:Guide to the Application of ISO/IEC 15288 （System Life Cycle Processes）	被ISO/IEC/IEEE 24748-2:2018 替代
78	ISO/IEC 15026-4	ISO/IEC JTC 1/SC 7	2012	Systems and Software Engineering—System And Software Assurance—Part 4:Assurance in the Life Cycle	将被替代
79	ISO/IEC/IEEE 31320-1	ISO/IEC JTC 1/SC 7	2012	Information technology—Modeling Languages—Part 1: Syntax and Semantics for IDEF0	
80	ANSI/AIAA G-043A	ANSI/AIAA	2012	Guide for the Preparation of Operational Concept Documents	
81	SEBoK V1.0	BKCASE	2012	Guide to the Systems Engineering Body of Knowledge	被替代
82	ISO 10303-233	ISO TC 184/SC 4	2012	Industrial Automation Systems and Integration—Product Data Representation and Exchange—Part 233:Systems Engineering	
83	ISO/IEC 26551	ISO/IEC JTC 1/SC 7	2012	Software and Systems Engineering—Tools and Methods for Product Line Requirements Engineering	被替代
84	ISO/IEC 26555	ISO/IEC JTC 1/SC 7	2013	Software and Systems Engineering—Tools and Methods for Product Line Technical Management	被替代
85	NATO-AAP-48	NATO 标准局	2013	NATO Systems Life Cycle Processes	
86	ASD-STAN PREN 9277	CEN/ASD	2013	Aerospace series—Programme Management—Guide for the Management of Systems Engineering	被替代
87	ISO/IEC 15504-6	ISO/IEC JTC 1/SC 7	2013	Information Technology—Process Assessment—Part 6: An Exemplar System Life Cycle Process Assessment Model	将被 ISO/IEC TS 33060 替代
88	ISO/IEC 26550	ISO/IEC JTC 1/SC 7	2013	Software and Systems Engineering—Reference Model for Product Line Engineering and Management	被替代

89	ISO/IEC 15026-1	ISO/IEC JTC 1/SC 7	2013	Systems and Software Engineering—Systems and Software Assurance—Part 1:Concepts and Vocabulary	被替代
90	ISO/IEC TR 33014	ISO/IEC JTC 1/SC 7	2013	Information Technology—Process Assessment—Guide for Process Improvement	
91	ISO/IEC 27036	ISO/IEC JTC 1/SC 27	2013-16	Information Technology—Security Techniques—Information Security for Supplier Relationships	共 4 个部分
92		MITRE Corporation	2014	The MITRE Systems Engineering Guide	
93	FAA_SEM_V1.0.1	FAA	2014	Systems Engineering Manual	
94	IEEE 15288.1	IEEE C/S2ESC	2014	Application of Systems Engineering on Defense Programs	被替代
95	IEEE 15288.2	IEEE C/S2ESC	2014	Technical Reviews and Audits on Defense Programs	被替代
96	BABOK® Guide V3	IIBA®	2015	Business Analysis Body of Knowledge	
97	ISO/IEC/IEEE 15288	ISO/IEC JTC 1/SC 7	2015	Systems and Software Engineering—System Life Cycle Processes	
98		NDIA	2015	Guidance for Utilizing Systems Engineering Standards （IEEE 15288.1 and IEEE 15288.2） on Contracts for Defense Projects	
99	ISO/IEC 33001	ISO/IEC JTC 1/SC 7	2015	Information Technology—Process Assessment—Concepts and Terminology	
100	ISO/IEC 33002	ISO/IEC JTC 1/SC 7	2015	Information Technology—Process Assessment—Requirements for Performing process Assessment	
101	ISO/IEC 33003	ISO/IEC JTC 1/SC 7	2015	Information Technology—Process Assessment—Requirements for Process Measurement Frameworks	
102	ISO/IEC 33004	ISO/IEC JTC 1/SC 7	2015	Information Technology—Process Assessment—Requirements for Process Reference, Process Assessment and Maturity Models	
103	ISO/IEC 33020	ISO/IEC JTC 1/SC 7	2015	Information Technology—Process Assessment—Process Measurement Framework for Assessment of Process Capability	

（续）

序号	标准指南代号	出版/发布组织	年份	标准指南手册名称	备注
104	EIA-IS-731.1	EIA	2015	Systems Engineering Capability Model	
105	ISO/IEC/IEEE 15289	ISO/IEC JTC 1/SC 7	2015	Systems and Software Engineering—Content of Life-Cycle Information Items（Documentation）	被替代
106	INCOSE-TP-2003-002-04	INCOSE	2015	Systems Engineering Handbook—A Guide for System Life Cycle Processes and Activities	
107	ISO/IEC TS 30103	ISO/IEC JTC 1/SC 7	2015	Software and Systems Engineering—Lifecycle Processes—Framework for Product Quality Achievement	
108	EN 9277	CEN/ASD	2015	Aerospace Series—Programme Management—Guide for the Management of Systems Engineering	2014 年出草案版
109	ISO/IEC 15026-3	ISO/IEC JTC 1/SC 7	2015	Systems and Software Engineering—Systems and Software Assurance—Part 3:System Integrity Levels	
110	ISO/PAS 19450	ISO/TC 184/SC 5	2015	Automation Systems and Integration—Object-Process Methodology	
111	ISO/IEC 26550	ISO/IEC JTC 1/SC 7	2015	Software and Systems Engineering—Reference Model for Product Line Engineering and Management	
112	ISO/IEC 26555	ISO/IEC JTC 1/SC 7	2015	Software and Systems Engineering—Tools and Methods for Product Line Technical Management	
113	ISO/IEC 26551	ISO/IEC JTC 1/SC 7	2016	Software and Systems Engineering—Tools and Methods for Product Line Requirements Engineering	
114	IEEE 1012	IEEE C/S2ESC	2016	System, Software, and Hardware Verification and Validation	
115	ISO/IEC TS 24748-1	ISO/IEC JTC 1/SC 7	2016	Systems and Software Engineering—Life Cycle Management—Part 1:Guidelines for Life Cycle Management	被替代
116	ISO/IEC/IEEE 24748-4	ISO/IEC JTC 1/SC 7	2016	Systems and Software Engineering—Life Cycle Management—Part 4:Systems Engineering Planning	
117	ISO/IEC TS 24748-6	ISO/IEC JTC 1/SC 7	2016	Systems and Software Engineering—Life Cycle Management—Part 6:System Integration Engineering	

118	ISO/IEC 33071	ISO/IEC JTC 1/SC 7	2016	Information Technology—Process Assessment—An Integrated Process Capability Assessment Model for Enterprise Processes	
119	ISO/IEC 26557	ISO/IEC JTC 1/SC 7	2016	Software and Systems Engineering—Methods and Tools for Variability Mechanisms in Software and Systems Product Line	
120	ReqIF™ v1.2	OMG	2016	Requirements Lnterchange Format	
121	NASA/SP-2016-6105 R2	NASA	2016	NASA Systems Engineering Handbook	
122	ECSS-E-ST-10C Rev1	ECSS	2017	Space Engineering—System Engineering General Requirements	
123	ISO/IEC 19514	OMG, ISO/IEC JTC 1	2017	Information technology—Object Management Group Systems Modeling Language（OMG SysML）	SysML 1.5
124	ISO/IEC TS 33030	ISO/IEC JTC 1/SC 7	2017	Information Technology—Process Assessment—An Exemplar Documented Assessment Process	
125	ISO 18676	ISO/TC 20/SC 14	2017	Space Systems—Guidelines for the Management of Systems Engineering	
126	ISO/IEC/IEEE 24748-5	ISO/IEC JTC 1/SC 7	2017	Systems and Software Engineering—Life Cycle Management—Part 5:Software Development Planning	
127	ISO/IEC 26558	ISO/IEC JTC 1/SC 7	2017	Software and Systems Engineering—Methods and Tools for Variability Modelling in Software and Systems Product Line	
128	ISO/IEC 26559	ISO/IEC JTC 1/SC 7	2017	Software and Systems Engineering—Methods and Tools for Variability Traceability in Software and Systems Product Line	
129	ISO/IEC/IEEE 15289	ISO/IEC JTC 1/SC 7	2017	Systems and Software Engineering—Content of Life-Cycle Information Items（Documentation）	将被替代
130	ISO/IEC/IEEE 15939	ISO/IEC JTC 1/SC 7	2017	Systems and Software Engineering—Measurement Process	
131	ISO/IEC/IEEE 24765	ISO/IEC JTC 1/SC 7	2017	Systems and Software Engineering—Vocabulary	
132	ISO/IEC/IEEE 12207	ISO/IEC JTC 1/SC 7	2017	Systems and Software Engineering—Software Life Cycle Processes	

（续）

序号	标准指南代号	出版/发布组织	年份	标准指南手册名称	备注
133	ISO/IEC TS 33073	ISO/IEC JTC 1/SC 7	2017	Information Technology—Process Assessment—Process Capability Assessment Model for Quality Management	
134	CMMI V2.0	CMMI Institute LLC.	2018	Capability Maturity Model Integration	
135	TOGAF V9.2	The Open Group	2018	The Open Group Architecture Framework TOGAF® Standard	
136	ISO 31000	ISO/TC 262	2018	Risk Management—Guidelines	
137	ISO/IEC/IEEE 29148	ISO/IEC JTC 1/SC 7	2018	Systems and Software Engineering—Life Cycle Processes—Requirements Engineering	
138	ISO/IEC/IEEE 24748-1	ISO/IEC JTC 1/SC 7	2018	Systems and Software Engineering—Life Cycle Management—Part 1:Guidelines for Life Cycle Management	
139	ISO/IEC/IEEE 24748-2	ISO/IEC JTC 1/SC 7	2018	Systems and Software Engineering—Life Cycle Management—Part 2:Guidelines for the Application of ISO/IEC/IEEE 15288:2015	
140	SEBoK V1.9.1	BKCASE	2018	Guide to the Systems Engineering Body of Knowledge	
141	BIZBOK® Guide v6.5	Business Architecture Guild®	2018	A Guide to the Business Architecture Body of Knowledge	
142	OSLC 3.0	OASIS	2018	Open Services for Lifecycle Collaboration©	
143	INCOSE-TP-2018-002-1	INCOSE	2018	INCOSE Systems Engineering Competency Framework	
144	ISO/IEC 26553	ISO/IEC JTC 1/SC 7	2018	Information Technology—Software and Systems Engineering—Tools and Methods for Product Line Realization	
145	ISO/IEC 26554	ISO/IEC JTC 1/SC 7	2018	Information Technology—Software and Systems Engineering—Tools and Methods for Product Line Testing	
146	ISO/IEC 26556	ISO/IEC JTC 1/SC 7	2018	Information Technology—Software and Systems Engineering—Tools and Methods for Product Line Organizational Management	
147	ISO/IEC（TR）29110	ISO/IEC JTC 1/SC 7	2012-18	Systems and Software Engineering—Lifecycle Profiles for Very Small Entities（VSEs）	共16个部分

148	ISO/IEC/IEEE 24748-7	ISO/IEC JTC 1/SC 7	2019	Systems and Software Engineering—Life Cycle Management—Part 7:Application of Systems Engineering on Defense Programs	
149	ISO/IEC/IEEE 24748-8	ISO/IEC JTC 1/SC 7	2019	Systems and Software Engineering—Life Cycle Management—Part 8:Technical Reviews and Audits on Defense Programs	
150	ISO/IEC/IEEE 15026-1	ISO/IEC JTC 1/SC 7	2019	Systems and Software Engineering—Systems and Software Assurance—Part 1:Concepts and Vocabulary	
151	ISO/IEC 24773-1	ISO/IEC JTC 1/SC 7	2019	Software and Systems Engineering—Certification of Software and Systems Engineering Professionals—Part 1:General Requirements	
152	ISO/IEC/IEEE FDIS 15289	ISO/IEC JTC 1/SC 7	待定	Systems and Software Engineering—Content of Life-Cycle Information Items（Documentation）	制订中
153	ISO/IEC/IEEE FDIS 21839	ISO/IEC JTC 1/SC 7	待定	Systems and Software Engineering—System of Systems（SoS）Considerations in Life Cycle Stages of a System	制订中
154	ISO/IEC/IEEE FDIS 21841	ISO/IEC JTC 1/SC 7	待定	Systems and Software Engineering—Taxonomy of Systems of Systems	制订中
155	ISO/IEC/IEEE FDIS 42020	ISO/IEC JTC 1/SC 7	待定	Software, Systems and Enterprise—Architecture Processes	制订中
156	ISO/IEC/IEEE FDIS 42030	ISO/IEC JTC 1/SC 7	待定	Software, Systems and Enterprise—Architecture Evaluation Framework	制订中
157	ISO/IEC FDIS 26552	ISO/IEC JTC 1/SC 7	待定	Software and Systems Engineering—Tools and Methods for Product Line Architecture Design	制订中
158	ISO/IEC FDIS 26560	ISO/IEC JTC 1/SC 7	待定	Software and Systems Engineering—Tools and Methods for Product Line Product Management	制订中
159	ISO/IEC DIS 26561	ISO/IEC JTC 1/SC 7	待定	Software and Systems Engineering—Methods and Tools for Product Line Technical Probe	制订中
160	ISO/IEC DIS 26562	ISO/IEC JTC 1/SC 7	待定	Software and Systems Engineering—Methods and Tools for Product Line Transition Management	制订中

（续）

序号	标准指南代号	出版/发布组织	年份	标准指南手册名称	备注
161	ISO/IEC/IEEE DIS 21840	ISO/IEC JTC 1/SC 7	待定	Systems and Software Engineering—Guidelines for The Utilization of ISO/IEC/IEEE 15288 in the Context of System of Systems（SoS）	制订中
162	ISO/DIS 15704	ISO/TC 184/SC 5	待定	Enterprise Modelling and Architecture—Requirements for Enterprise-Reference Architectures and Methodologies	制订中
163	ISO/IEC/IEEE DIS 16326	ISO/IEC JTC 1/SC 7	待定	Systems and Software Engineering—Life Cycle Processes—Project Management	制订中
164	IEC/DIS 31010	ISO/TC 262	待定	Risk Management—Risk Assessment Techniques	制订中
165	ISO/IEC/IEEE CD 16085	ISO/IEC JTC 1/SC 7	待定	Systems and Software Engineering—Life Cycle Processes—Risk Management	制订中
166	ISO/IEC/IEEE CD 15026-4	ISO/IEC JTC 1/SC 7	待定	Systems and Software Engineering—System And Software Assurance—Part 4:Assurance in the Life Cycle	制订中
167	ISO/IEC PDTR 33017	ISO/IEC JTC 1/SC 7	待定	Information Technology Process Assessment Guidance for Assessor Training	制订中
168	ISO/IEC PDTR 33018	ISO/IEC JTC 1/SC 7	待定	Information Technology—Process Assessment—Guidance for Assessor Competency	制订中
169	ISO/IEC/IEEE AWI 42010	ISO/IEC JTC 1/SC 7	待定	Software, Systems and Enterprise—Architecture Description	制订中
170	ISO/IEC AWI 24773-3	ISO/IEC JTC 1/SC 7	待定	Software and Systems Engineering—Certification of Software and Systems Engineering Professionals—Part 3:Systems Engineering	制订中
171	ISO/IEC AWI TS 33060	ISO/IEC JTC 1/SC 7	待定	Information Technology—Process Assessment—Process Assessment Model for System Life Cycle Processes	制订中
172	ISO/IEC（PDTR/CD/NP TR/NP）29110	ISO/IEC JTC 1/SC 7	待定	Systems and Software Engineering—Life Cycle Profiles for Very Small Entities（VSEs）	共 7 部分制订中

附录 D 文档模板

D.1 业务需求规格说明（BRS）模板

本文档根据 ISO/IEC/IEEE 29148:2018 翻译整理。

1 简介

1.1 业务目的

描述在组织层面寻求新的业务或改变当前业务以适应新的管理环境的原因和背景。在这种情况下它应该描述该系统将有助于满足业务目标。

1.2 业务范围

定义业务领域考虑以下因素：

a）通过名称识别业务域。

b）定义业务活动的范围包括在相关业务领域。可以按照与直接业务活动相关的分组织和外部实体来定义范围，或业务活动要执行的功能。它有助于显示范围以外的环境实体。

c）描述正在开发或更改的系统的范围。描述包括假设业务活动支持的系统。

1.3 业务概况

描述相关业务领域主要的内部分块和外部实体，以及它们是如何相互关联的。建议图表描述。

1.4 定义

1.5 主要相关方

列出相关方或相关方的类别，并描述它们将如何影响组织和业务。

2 参考文献

3 业务管理需求

3.1 业务环境

定义需要考虑的内部和外部环境因素，在理解新的或现有业务，以及为将要开发或改变的系统获取相关方需求中所要考虑的内外部环境因素。环境因素可能包括影响业务进而影响到系统的外部条件，如市场趋势、法律法规、社会责任以及技术基础等。

3.2 使命、目的与目标

描述通过应用提案系统或由该提案系统所产生的业务结果。

3.3 业务模型

描述业务目标有望实现的方法。描述应该集中由将要开发或改变的系统所支持的方法，如，产品和服务，地理分布和地域，分销渠道，商业联盟和伙伴关系，财务和盈利模式等。

注意：业务模型元素的详细讨论和定义业务可以在有 OMG 制定的业务动机模型（BMM）规范中找到。

3.4 信息环境

描述组织级的、决定多个信息系统公共基础的总体战略。它应包括下列事项：

a）项目组合。当多个系统项目正在运行或计划的业务目标一致，那么，项目组合管理策略将确定项目之间的优先级，相互定位，以及其他可能的约束。

b）长期系统计划。当公共系统基础或架构已经确定或计划，它就应该被视为各种可能的设计决策的约束条件。

c）数据库配置。中有关于组织全局数据的，组织级的数据库配置计划、以及可用性和可访问性约束应该被确定。

4 业务运行需求

4.1 业务过程

描述业务程序活动以及流程中可能的系统接口。这些信息项的目的是表达在环境中系统如何支持业务活动。一般来说，业务流程采用分解和分类形成层次结构。每个业务流程应该在层次结构中有唯一的名称和编号。个别系统过程应该用图形来表达活动序列。

4.2 业务运营策略和规则

描述在执行业务流程中应用的逻辑，包括业务流程中业务活动开始、分支和终止的条件与顺序；

业务流程的判断准则；

或者可能会在 SyRS 和 SRS 功能需求中处理和解决的计量公式。

策略和规则必须要有唯一的名称和编号，并在业务流程描述中被引用。

4.3 业务运行约束

描述实施业务流程的条件。这些条件可能是在性能方面的约束（如，当某一触发事件发生后，这一过程应在一天内完成），或可能来自于必备的管理，如，“每一个过程的发生必须被监控和记录”。

4.4 业务运行模式

描述指导不稳定状态下业务运行的方法，例如，由于一些密集发生的事件使得业务运行非常忙碌的状态。一个不稳定的业务状态包括：由于一些意外的情况如事故或自然灾害引起提案系统不可用时的手动操作模式。

4.5 业务运行质量

定义业务运行所需的质量水平。例如，处理紧急性的业务流程比业务流程的可靠性有更高的优先级。

注：这包括高层级的可用性目标和使用质量（效能、效率、满意度以及避免使用风险，见 ISO 9241-220：-9.3.1.1）

4.6 业务结构

识别和描述与系统相关的业务结构，如组织结构（分部和部门）、角色和职责结构，地理结构和资源共享结构。可能会有必要建立这些结构与系统功能的关联，并支持未来的结构性变化。

5 提案系统初步运行概念

5.1 初步运行概念

描述提案系统的一种高层级方式，表明将要提供的运行特性，没有指定设计细节。以下信息应包括：

a）运营政策和约束

b）提案系统的描述

c）系统运行模式

d）用户类型和其他相关人员

e）支持环境

5.2 初步运行场景

描述用户/操作者/维护人员在重要的使用环境中如何与系统交互的例子。场景被描述为系统支持业务过程的一个活动或一系列活动。

场景应该有唯一的名称和编号，应该在前面业务过程的描述中被引用。

注：更多关于使用环境和可用性需求的信息参见 ISO/IEC 25030，ISO/IEC TR 25060，ISO 9241-220 以及 ISO 9241-210。

6 其他初步生存周期概念

初步描述 SoI 被采办、部署、支持、弃置。

7 项目约束

描述执行项目可控的成本和进度约束。

8 附录

8.1 缩写与缩略语

D.2 运行概念（OpsCon）文档

1 概述

系统运行概念（OpsCon）文档描述系统将要做什么（不是将要怎么做）和为什么（理由），运行概念文档是面向用户的文档，从用户的视角描述将要交付的系统的特性。该文档用于同采办方、用户、供应商及其他组织要素行定量或定性的全面沟通。

用户应该形成独立的系统运行概念（OpsCon）和系统需求规格（SyRS）文档。运行概念（OpsCon）尤其关注从用户视角的所有必要需求，可以基于用户的经验和知识使用图表和词汇表。主要的价值包括：问题定义、系统所涉人员有关的约束与机会，非指定评估的形成，系统所需的约束、机会与灵活度的说明，以及需求优先级的设置。但是，本文档不排除产生那些构成系统运行概念（OpsCon）和 SyRS 的信息项。

2 范围

2.1 概述

提供运行概念文档的概要描述和系统适用范围。

2.2 标识

包括 OpsCon 所适用的系统或子系统的标识号，标题，缩略语等。如果整个系统以秩序结构或网络方式开发，那么必须描述相关的 OpsCon 文档同其他 OpsCon 文档之间的关系。

2.3 文档综述

总结和扩展描述 OpsCon 文档的目的、动机，目标受众，以及使用该 OpsCon 文档相关的保密和隐私考虑，并概述其他部分内容。大多数情况下，OpsCon 文档的目的可能包括：

- 用于跟采办方或供应商沟通用户对提案系统的需要与期望；
- 用于沟通采办方或供应商对用户需要的理解以及系统必须如何运行以满足这些需要。

OpsCon 文档有时候也用于其他目的，例如，在不同的用户群体之间、不同的采办组织之间以及不同的供应商之间达成共识。

OpsCon 文档的目标受众包括几类人：

- 用户，阅读该文档以确定他们的期望与需要是否被正确地描述，或者验证他们的需要被供应商理解；
- 采办方，阅读该文档以获得用户的需要和/或供应商对这些需要的理解的相关知识；
- 供应商，使用该文档作为系统生存周期活动的基础，熟悉问题域的新团队成员以及 OpsCon 所适用的系统。

2.4 系统综述

简要陈述 OpsCon 所适用的系统或子系统的目的，描述系统基本特性，识别项目发起人，用户主体，供应商组织，支持主体，认证机构，运营中心或系统运行网址，同时也要识别同现有系统或提案系统相关的其他文档。强烈推荐采用图形化的系统综述，这包括上下文图、顶层目标图以及其他类型的可以描述系统及其环境的图。该文档可能被引用到（包括但不限于）：项目授权、相关的技术文档、意义、相关项目关联文档、风险分析报告以及可行性研究。

3 参考文档

列举在 OpsCon 文档中参考的所有文档的编号、主题、版本和数据，以及识别无法通过正常渠道获得的所有文档的来源。

4 现有系统与条件

4.1 概述

描述现有系统或条件（包括自动或手工）。如果没有现有可改变的系统，那么需要描述激发提案系统的条件，在这种情况下，随后的章节将针对性地描述激发条件，介绍问题域。这可以让读者更好地理解期望改变和提升的理由。

4.2 背景、目标与范围

提供对现有系统或条件的综述，包括适用性、背景、使命、目标和范围，除此之外，本章节还要提供对现有系统动机的简要概述，例如，系统的动机可能包括执行某些任务或对抗某些威胁情况。现有系统的目标，跟战略、解决方案、策略、方法以及实现他们技术一起也要被定义。运行模式、用户类型以及同运行环境的接口等定义提案系统范围的内容，在本章节只做概要性描述，在后面的章节才做详细描述。

4.3 运行策略与约束

描述现有系统或条件所适用的运行策略与约束。运行策略是关于现有系统运行的预定管理决策，通常以通用陈述或理解的形式指导决策行为。策略会限制自由地决策，运行约束会限制现有系统投入运行。运行约束包括下列因素：

a）对系统运行时间的限制，可能受访问安全终端的限制；

b）操作系统的人员数量限制；

c）计算机硬件限制（如，需要运行在 X 型号计算机上）；

d）运行设计限制，比如办公空间。

4.4 现有系统或条件描述

描述现有系统或条件，根据情况可能包括以下内容：

a）运行环境及其特征；

b）主要的系统元素及元素之间的关联；

c）外部系统或程序的接口；

d）现有系统的能力、功能/服务与特征；

e）从用户的视角，使用图、表等形式描述输入、输出、数据流、控制流、手工或自动的流程，尽可能理解现有系统或条件；

f）系统运行的成本；

g）运行风险因素；

h）性能特征，如速度、产能、体积、频率等；

i）质量属性，如：可靠性、可用性、正确性、效能、可扩展性、灵活性、互操作性、维修性、可移植性、可重用性、保障性、生存性、易用性等；

j）在紧急情况下运行的安全、保密、隐私、完整性、连续性条款；

k）支持系统的逻辑需求

本章节的目的是通过描述现有系统如何运行，让读者能够充分地了解现有系统，可以采用图形化的工具和技术，这在后面即将描述提案系统的 OpsCon 文档同样适用。比较有用的图形化工具有：WBS、N^2图展示功能或物理接口、时序或活动图、功能流图（FFBD）、结构图、配置图、数据流图（DFD）、对象图、环境图、情节串联图板、实体关系图等。

运行环境要描述在适当情况下应该识别出用于运行现有系统的设施、设备、计算机硬件、软件、人员及运行程序，必要的时候甚至详细描述运行设备的数量、版本、能力等。

4.5 现有系统或条件的运行模式

描述现有系统或条件各种运行模式（如，运行、退化、维修、训练、紧急、替代、平时和战时、陆基、飞行、活跃及闲置模式等）。包括适用所有用户类型的所有模式。重要的模式包括退化、备份和紧急模式，如果涉及对系统可以产生重大影响的不同地理位置和装备，那么这些模式就尤其重要。

这个章节将被分解成很多小章节，每一种模式一个章节。系统流程、程序以及能力或功能会被关联到每一种模式上，适当情况下可以使用交叉引用矩阵。

4.6 用户类型或其他相关人员

用户类型通过用户与系统的交互方式来区分。区分用户类型的因素包括：职责、技能水平、工作活动以及通用户的交互模式。不同的用户类型具有明显的跟系统交互的场景，在这种情况下，用户可以是跟提案系统有交互的任何人，包括运营者、数据输入人员、系统操作人员、运行支持人员、维修和培训人员等。

4.6.1 组织结构

描述跟现有系统有关的不同用户群体和用户类型的组织结构。可以使用组织结构图来描述。

4.6.2 用户类型轮廓

提供现有系统的每一类用户的轮廓，如果某些用户扮演了不同的角色，每一种角色都需要作为一种独立的用户类型识别出来。

现有系统的每一类用户，包括操作者、维护和培训人员，都需要作为一个独立章节描述。每个章节需要提供用户类型的描述，包括职责、学历、背景、技能水平、活动，以及通提案系统预期的交互模式。

4.6.3 用户类型之间的交互

描述与现有系统有关的不同用户类型之间的交互，尤其是操作者和维修人员之间的交互。交互可能发生在现有系统的用户之间，也可能是在用户和非用户之间，不论是在组织内还是跨组织，一旦他们涉及与现有系统的交互，都需要描述，正式或非正式的交互都包含在内。

4.6.4 其他相关人员

描述其他不直接与系统发生交互、但是影响和受到现有系统影响的人员。例如，经营管理者、政策制定者、用户的顾客等，虽然这些人员不跟系统直接交互，但是他们会影响或受到系统的影响。

4.6.5 支持环境

描述现有系统的支持概念和支持环境，包括机构，设施、设备、支持软件，维修与更换标准，维修等级和周期，存储、分布和供应方式。

5 变更的理由和性质

5.1 概述

描述现有系统或条件的缺点从而构成开发新系统或修改现有系统的动机，从讨论现有系统转移到描述提案系统，如果没有现有系统可以在其上进行更改，本节应该说明新系统的特性并为其提供充分的理由。

5.2 变更的理由

本章节应该：

a）简要总结用户需要、使命、目标、环境、接口、人员或其他因素有哪些方面的新或变化，使得需要新系统或修改系统。

b）总结当前系统或条件的不足或局限，无法应对新的或变化的因素。

c）提供新系统或修改系统的理由：

1）如果提案系统要满足一个新机会，描述为什么要开发新系统去满足这个机会的理由；

2）如果提案系统改善当前运行，描述决定改变现有系统的理由；

3）如果提案系统实现了新的功能，解释为什么这个功能是必须的。

5.3 描述期望的变更

总结新的或修改的能力、功能、流程、接口以及其他所学的变更以响应4.1章节中确定的因素。变更应该基于现有系统，如果没有现存系统可供修改，要总结新系统能提供的能力，包括：

- 能力改变。描述将要被增加、删除、修改的功能和特征，以便新系统或修改系统能满足需求和目标；
- 系统流程改变。描述转换数据的流程或流程组的改变，产生具有相同数据的新输出，具有新数据的相同输出，或者都包含。
- 人员改变。描述由于新需求，用户类型变化或两者导致的人员改变；
- 环境改变。描述运行环境的改变，可能导致系统功能、流程、接口、人员的改变，和/或运行环境不变，但由于系统功能、流程、接口、人员的改变在环境中创建过程发生的改变。
- 支持改变。描述因系统功能、流程、接口，或人员的改变导致的支持需求改变，和/或因支持环境改变导致的系统功能、流程、接口、或人员的改变；
- 其他改变。描述会影响到用户但不在上述所列条目中的其他改变。

5.4 变更优先级

在期望的变更和新特征之间确定优先级，每一个变更可分为必不可少的、理想的、可选的等类别。可取的和可选的变更在他们的类别中按优先级排序。如果没有现存系统可供改变，在本章节需要对提案系统的特征进行分类与优先级排序。

- 基本特征。由新系统或修改系统提供，需要解释每一个基本特征如果未能实现所造成的结果影响；
- 理想特征。由新系统或修改系统提供，理想特征要按优先级排序，解释每一个理想特征为什么能让人满意的理由；
- 可选特征。可以由新系统或修改系统提供，可选特征要按优先级排序，解释每一个可选特征为什么可选的理由。

把每一个期望的变更和新特征分类到基本的、理想的和可选的目录中，这对于指导提案系统生存周期决策很重要。这也有助于在预算或成本削减或者超预期情况下，决定哪些特征必须完成，哪些可以延期或裁剪。

5.5 考虑到但未包含的变更

识别被考虑到但未包含在前述章节的变更与新特征，并说明未被包含的理由。通过描述考虑到但未包含在提案系统的变更和特征，作者将他们的分析活动结果记录在案，这有助于让其他的有关人员，不论是用户、采办方或供应商，能够知道哪些确定了变化和特征被考虑过，以及为什么未被包含。尤其在软件中，很少有那种能表明被改变、改进或仍不安全的外部迹象。

5.6 假设和约束

描述适用于确定的变更和新特征的任何假设和约束。

6 提案系统概念

6.1 概述

描述由前述章节确定的期望变更带来的提案系统结果。以高层及方式描述提案系统，表明将要提供的特征而不是设计的细节。描述方法和细节层次依赖于具体条件，细节层次要足以全面地解释提案系统如何按照预期去运行以满足用户需要和购买者的需求。某些必要的情况下，可以在 OpsCon 中提供一些设计细节。OpsCon 不包含设计规格，但为了能充分地说明提案系统的运行细节，可以包含某些典型的设计策略示例。实际的设计约束需要包含到提案系统的描述中，而且必须明确地识别出来以避免引起误解。

6.2 背景、目标和范围

提供对新系统或修改系统的综述，包括适用性、背景、使命、目标和范围，另外还需要提供提案系统背景描述，本章节要提供对提案系统动机的简要概述，例如，某些任务的自动化或利用新机会。新系统或修改系统的目标，跟战略、解决方案、策略、方法以及达成目标的推荐技术等一起被定义。运行模式、用户类型以及同运行环境的接口等定义提案系统范围的内容，在本章节只做概要性描述，在后面的章节才做详细描述。

6.3 运行策略和约束

描述提案系统所适用的运行策略与约束。运行策略是关于新系统或修改系统运行的预定管理决策，通常以通用陈述或理解的形式指导决策行为。策略会限制自由地决策，运行约束会限制提案系统投入运行。运行约束包括下列因素：

a）对系统运行时间的限制，可能受访问安全终端的限制；

b）操作系统的人员数量限制；

c）计算机硬件限制（如，需要运行在 X 型号计算机上）；

d）运行设计限制，比如办公空间。

6.4 提案系统描述

本章节包含提案系统描述的主要内容，包括以下方面：

a）运行环境及其特征；

b）主要的系统元素以及这些元素之间的相互关联；

c）外部系统或程序的接口；

d）提案系统的能力或功能

e）从用户的视角，使用图、表等形式描述输入、输出、数据流、手工或自动的流程，尽可能理解提案系统或条件；

f）系统运行的成本；

g）运行风险因素；

h）性能特征，如速度、产能、体积、频率等；

i）质量属性，如：可靠性、可用性、正确性、效能、可扩展性、灵活性、互操作性、维修性、可移植性、可重用性、保障性、生存性、易用性等，以及

j）在紧急情况下运行的安全、保密、隐私、完整性、连续性条款。

6.5 运行模式

描述提案系统各种运行模式，如，规定的、退化的、维修、训练、紧急、替代、平时和战时、陆基、飞行、活跃及闲置模式。包括适用所有用户类型的所有模式。重要的模式包括退化、备份和紧急模式，如果涉及对系统可以产生重大影响的不同地理位置和装备，那么这些模式就尤其重要。

6.6 用户类型和其他相关人员

6.6.1 概述

用户类型通过用户与系统的交互方式来区分。区分用户类型的因素包括：职责、技能水平、工作活动以及通用户的交互模式。不同的用户类型具有明显的与系统交互的场景，在这种情况下，用户可以是跟提案系统有交互的任何人，包括运营者、数据输入人员、系统操作人员、运行支持人员、维修和培训人员等。

6.6.2 组织结构

描述与提案系统有关的不同用户群体和用户类型的组织结构。

6.6.3 用户类型轮廓

提供提案系统的每一类用户的轮廓，如果某些用户扮演了不同的角色，每一种角色都需要作为一种独立的用户类型识别出来。

提案系统的每一类用户，包括操作者、维护和培训人员，都需要作为一个独立章节描述。每个章节需要提供用户类型的描述，包括职责、学历、背景、技能水平、活动，以及通提案系统预期的交互模式。

6.6.4 用户类型之间的交互

描述与提案系统有关的不同用户类型之间的交互，尤其是操作者和维修人员之间的交互。交互可能发生在提案系统的用户之间，也可能是在用户和非用户之间，不论是在组织内还是跨组织，一旦他们涉及与提案系统的交互，都需要描述，正式或非正式的交互都包含在内。

6.6.5 其他相关人员

描述其他不直接跟系统发生交互、但是影响和受到新系统影响的人员。例如，经营管理者、政策制定者、用户的顾客等，虽然这些人员不跟系统直接交互，但是他们会影响或受到新系统（或被修改系统）的影响。

6.7 支持环境

描述提案系统的支持概念和支持环境，包括机构，设施、设备、支持软件，维修与更换标准，维修等级和周期，存储、分布和供应方式。

7 运行场景

场景是步进式地描述提案系统如何在给定环境下运行、与用户交互以及同外部交互。场景以一种让读者逐步地穿过提案系统从而获得对系统功能和交互的全面理解的方式进行描述。场景通过描述如何交互，将系统的所有部分、用户和其他实体融为一体。场景也可以用来描述系

统不能做什么。

场景按照章节组织，每一个章节描述一个运行时序，包括系统的规则，系统与人以及系统与其他系统之间的交互。运行场景应该描述提案系统的所有运行模式和识别到的所有用户类别，每一个场景包括：事件、活动、激励、信息与交互等广泛的信息，以便充分理解提案系统的运行。适用原型、情节串联图板以及其他多媒体形式都有利于充分表达系统运行。

大多数情况下，有必要对每一个场景开发多种不同的变形，包括正常的运行、压力处理、异常处理、退化模式运行等。

场景运行需要遵循几个重要规则。第一，将系统的独立部件整合成一个整体，场景是帮助理解所有组成部分如何相互交互提供整体运行能力的；第二，场景规则是提供提案系统运行细节的，系统如何运行以及如何提供不同的运行特征，从而更好地理解用户的规则。

场景也支持仿真模式开发，帮助派生需求定义和分配，识别和准备原型以处理关键问题。另外，场景也可以作为开发初始的用户手册草案的基础、以及测试大纲的基础，同时场景也可以用于采办方和供应商验证系统设计是否满足相关方需要和期望。

场景可以有多种表达方式，一种是根据提案系统主要的过程功能确定场景，使用这种方法，一个过程就得一个章节，每个章节还要包括更多更低层级的子章节，每一个章节描述一个过程。另一种方法是“基于威胁”开发场景，每一个场景依据一类贯穿提案系统的事物处理类型来确定。这种情况下，每一个章节包含每一种交互类型的一个场景，再加上退化、压力负载和备份运行模式的场景。其他的可行方法包括依据系统的用户能力的信息流，依据控制流，或者依据系统关注的对象和事件来确定场景。

场景是 OpsCon 重要组成部分，场景数量和细节层次定要根据项目风险识别和危急程度来确定。

8 影响总结

8.1 概述

描述提案系统对用户、供应商、运营和维护组织的运行影响，以及新系统在开发、安装或培训期间对用户、采办方、供应商、运行和维护组织的临时影响。

这一信息可以让所有受到影响的组织对更换新系统的代价有所准备，并提前针对新系统在开发和交付期间对采办方、用户群体、运行和维护组织的影响做出规划。

8.2 运行影响

运行影响可以根据提案运行期间针对用户、支持、运行或维护组织期望的影响，分解成更细节的描述。包括：

- 与主计算机运行中心或备用计算机运行中心的接口；
- 程序上的变化；
- 新数据源的使用；
- 输入系统的数据数量、类型和时间的变化；
- 数据保留需求的变化；
- 基于紧急、灾难、异常条件的新运行模式；
- 所需数据不是现成的情况下新的输入方法；

- 运行预算变化;
- 运行风险变化。

8.3 组织影响

组织影响可以根据提案运行期间针对用户、开发、支持、运行或维护组织期望的影响，分解成更细节的描述。包括:

- 职责的修改;
- 增加或削减的职位;
- 培训或再培训用户;
- 人员数量、技能水平、职位或分布的变化;
- 紧急、灾难、异常情况下在一个或多个备用站点进行应急操作所需的人员数量、技能水平。

8.4 开发期间的影响

开发期间的影响可以根据提案系统开发项目期间针对用户、开发、支持或维护机构期望的影响，分解成更细节的描述。包括:

- 签订合同之前的研究、会议、讨论;
- 系统初始能力和版本进化审查、DEMO、评估，开发或修改数据库以及所需的培训等，涉及的人员和支持;
- 新系统和现有系统平行运行;
- 提案系统测试期间的运行影响。

9 提案系统分析

9.1 概述

分析提案系统的价值、局限、确定、备选考虑。

9.2 价值

提案系统可能获得的定性和定量的优势总结，最好能够同前面所描述的缺陷关联起来。包括:

- 新能力。增加的新特征或功能。
- 增强的能力。现有能力升级。
- 删除的能力。被移除的不再使用、废弃的、造成混乱的或危险的能力。
- 提高的性能。更好的响应时间、减少存储需求、提升质量、降低系统/用户劳动强度等。

9.3 缺点与不足

提案系统可能存在的定性和定量的缺点或局限性总结。包括:

- 退化或缺失的功能;
- 退化或少于期望的性能

- 超出预期的资源使用；
- 不良运行影响；
- 同用户设想的冲突以及其他约束。

对环境的负面影响，包括社会、地缘政治和经济环境。需要预测系统引入和在环境中使用时可能造成影响的特征。

9.4 备选考虑

描述主要的替代考虑，权衡分析结果和达成决定的理由。在 OpsCon 中的备选考虑只是运行备选而不是设计备选，除非设计备选被新系统期望的运行能力所限制。如果不记录就可能丢失该信息，从而不知道当初是否对给定的方法进行了分析和评估，或者为什么拒绝一个特定的方法或方案。

10 附录

为了让 OpsCon 文档更易于使用和维护，有些文档可以置于附录中，图表、分类的数据等等。每一个附录都要在文档主体中被引用。

11 术语表

术语表应该在概念分析过程和开发 OpsCon 文档期间持续维护和升级，包括按字母顺序的缩写和缩略语表、它们在文档中的意思，以及术语和定义。为避免误解，所有定义都要检查并在文档所有地方保持一致。

D.3 相关方需求规格说明（StRS）模板

本文档根据 ISO/IEC/IEEE 29148:2018 翻译整理。

1 简介

1.1 相关方目的

从组织层面描述组织从事新业务或改变现有业务以适应新的管理环境的理由和背景。这部分内容应该描述提案系统如何对达成业务目标贡献价值。

1.2 相关方范围

从以下几方面去定义业务域：

a）通过名称识别业务域。

b）定义业务关注领域内的业务活动范围。范围可以根据组织的部门以及跟业务活动直接相关的外部实体，或者由业务活动所执行的功能来定义。这有助于明确在范围之外的外部环境实体。

c）描述系统将要别开发或改变的范围，包括那些由系统所支持的业务活动假设。

1.3 概况

描述业务域所关注的内部分块与外部实体以及它们之间的关系。推荐使用图表描述。

1.4 定义

1.5 相关方

列出相关方或相关方类型清单，并描述他们跟开发和运行系统的关系。

2 参考文献

3 业务管理需求

3.1 业务环境

定义需要考虑的内部和外部环境因素，在理解新的或现有业务，以及为将要开发或改变的系统获取相关方需求中所要考虑的内外部环境因素。环境因素可能包括影响业务进而影响到系统的外部条件，如市场趋势、法律法规、社会责任以及技术基础等。

3.2 使命、目的与目标

描述通过应用提案系统或由该提案系统所产生的业务结果。

3.3 业务模型

描述业务目标有望实现的方法。描述应该集中由将要开发或改变的系统所支持的方法，如，产品和服务，地理分布和地域，分销渠道，商业联盟和伙伴关系，财务和盈利模式等。

注意：业务模型元素的详细讨论和定义业务可以在有 OMG 制定的业务动机模型（BMM）规范中找到。

3.4 信息环境

描述组织级的、决定多个信息系统公共基础的总体战略。它应包括下列事项：

a）项目组合。当多个系统项目正在运行或计划的业务目标一致，那么，项目组合管理策略将确定项目之间的优先级，相互定位，以及其他可能的约束。

b）长期系统计划。当公共系统基础或架构已经确定或计划，它就应该被视为各种可能的设计决策的约束条件。

c）数据库配置。关于组织全局数据的，组织级的数据库配置计划、以及可用性和可访问性约束应该被确定。

4 系统运行需求

4.1 系统过程

描述系统在环境中如何支持业务活动。通常，系统过程来自可分解和分类的层次结构的业务过程。每一个系统过程在结构中给定唯一的名称和编号，个别系统过程应该用图形来表达活动序列。

4.2 系统运行策略与规则

把业务运行策略与规则在系统需求规范（SyRS）和软件需求规范（SRS）中的功能需求中处理与解决。

4.3 系统运行约束

描述在执行业务过程中，系统需要具备的条件和功能需求。

4.4 系统运行模式与状态

描述支持系统运行的运行模式和状态。

4.5 系统运行质量

定义系统运行所需的质量水平，如性能、能力、可靠性、安保、可维修性、可移植性。比如，处理紧急性的过程优先级高于过程的可靠性。

注：质量需求指南详见 ISO/IEC 25010。

5 用户需求

用户需求是用于为设计提供基础，以及评估系统满足确定的用户需要的需求。用户需求包括有关使用的质量需求（如可用性），识别期望的结果及相关的质量准则；用户系统交互需求，识别所需的交互以获得期望的结果以及约束，这些约束可能限制设计的自由以及满足用户需求的解决方案的实现。用户需求可被用来作为运行场景的基础，识别出如何通过同系统的交互来满足这些需求。

对于一个设计，确定的使用环境（如，系统被使用在什么环境中）也应该被作为用户需求规范的一部分加以明确，以便清楚地识别需求在什么条件下适用。可用性需求和系统的目标包括可度量的效能、效率以及在特定使用环境中的达标准则。

注 1：关于使用环境的更多信息参见 ISO/IEC 25030 及 ISO 9241-11。关于日常产品的使用环境的更多信息参见 ISO 20282-1。

注 2：关于用户需要与需求的更多资料参见 ISO/IEC TR 25060，ISO/IEC 25064，ISO 9241-210 以及 ISO 9241-220。

6 定义提案系统生存周期概念

描述提案系统的一种高层级方式，表明将要提供的运行特性，没有指定设计细节。以下信息应包括：

a）运营政策和约束；

b）提案系统的描述；

c）系统运行模式；

d）用户类型和其他相关人员；

e）支持环境。

6.1 运行概念

注：关于系统运行概念文档的内容详见《运行概念模板》。

6.2 运行场景

描述用户/操作者/维护人员在重要的使用环境中如何与系统交互的例子。场景被描述为系统支持业务过程的一个活动或一系列活动。

场景应该有唯一的名称和编号，应该在业务过程的描述中被引用。

注：更多关于使用环境和可用性需求的信息参见 ISO/IEC 25030，ISO/IEC TR 25060，ISO 9241-220 以及 ISO 9241-210。

6.3 其他生存周期概念

详细描述采办概念、部署概念、支持概念、弃置概念的相关内容。

7 项目约束

描述执行项目可控的成本和进度约束。

8 附录

8.1 缩写与缩略语

D.4 系统需求规格说明（SyRS）模板

1 简介

本文档定义了系统需求规格（SyRS）的标准内容。项目应根据项目章程并依照系统需求规格说明书文档产生以下信息项内容。文档内容的组织（比如顺序以及章节结构）可以根据项目文件规范进行选择。

1.1 系统目的

定义正在开发或修改系统的原因。

1.2 系统范围

定义系统范围要考虑下列内容：

a）通过名称定义要产生的系统。

b）参照并表述早期定型的需要分析结果，以简短但明确的形式表达用户问题。它解释了系统将做什么或者不做什么去满足这些需要。

c）描述系统的应用。在这一部分，应该尽量准确地描述所有相关的高层利益、目的和目标。

1.3 系统概述

1.3.1 系统环境

综述层面描述系统的主要元素，包括人的要素以及它们如何相互作用。系统概述包括适当的图表和描述，以提供系统的背景，定义所有跨越系统边界的重要接口。

1.3.2 系统功能

描述主要的系统能力、条件和约束。

1.3.3 用户特征

识别出每一类系统用户/操作者/维护者（按功能、位置、设备类型），每一组的数量以及其使用系统的性质。

注意：在适当的地方，SyRS 和 SRS 的用户特性应该是一致的。

2 参考

3 系统需求

3.1 功能需求

定义适用于系统运行的功能需求。

3.2 可用性需求

定义在使用需求和系统目标中的可用性和质量。包括在特定环境中使用系统的可度量的效能、效率、满意度标准以及避免伤害。

3.3 性能需求

定义关键性能条件及与其相关的能力，考虑以下内容：

a）动态行为或变化的发生（例如，比例、速度、运动和噪音水平）。

b）所需设备满足用户需要的耐久能力的定量标准，在规定环境和其他条件下，包括最低预期总寿命，所需的持续运行时域和计划使用率。

c）运行阶段和模式的性能需求。

3.4 系统接口需求

详细描述用于系统元素之间及与外部实体的接口需求。系统元素之间的接口应该包括与人的接口，与外部实体（包括其他系统）的接口。

定义任何关系或约束与接口相关的（例如，通信协议，专用设备，标准，固定格式）。每个接口可能代表一个双向的信息流。在适当的时候，可以使用图表来表示接口。

3.5 系统运行

3.5.1 人机集成需求

参考适用的文件，并详细说明任何特殊或独特的要求，例如，对人员和通讯以及人员/设备的交互等功能分配的约束。

定义那些因为操作的敏感性以及任务的危险性而需要集中人因工程注意的特定区域、位置，或设备（即，在这些区域的人为错误的影响会特别严重）。

注：ISO 9241-220 包含了一个正式的模型，可用于在系统开发与运行中描述、评估和改进以人为中心的过程。

3.5.2 可维护性需求

详细描述定量可维护性的需求，其适用于计划维修和支持环境中的维护。例如：

a）时间（例如，平均和最大的停机时间，反应时间，周转时间，平均修复时间的平局值和最大值，维修间隔平均时间）；

b）效率（例如，维修人员每小时特定的维护活动，运行准备完好率，每运行小时的维修时间，预防性维修的频率）；

c）维护的复杂性（例如，人数和技能水平，各种支持设备，拆卸/更换/维修组件）；

d）维护行动指数（例如，每运行小时的维护成本，每次检修的工时数）；

e）系统内的组件和组件内的部件的可达性。

3.5.3 可靠性需求

定量描述系统的可靠性需求，包括可靠性需求被满足的条件。也可以包括可靠性分配模型，以支持将指定的可靠性数值分配给系统的功能，通过可靠性的分担实现所需的系统可靠性。

3.5.4 其他质量需求

定义系统如何实现其他的质量需求，如兼容性、可移植性等。

3.6 系统模式和状态

如果系统能够以各种模式或状态存在，那么定义出这些模式或状态，适当使用图表来定义模式与状态需求。

3.7 物理特性

3.7.1 物理需求

包括重量、体积和尺寸的约束。包括系统将被安装的建筑特征，被本规格所覆盖的、使用或服务于项目的材料需求，覆盖铭牌和系统标识需求，设备的互换性和工艺。

3.7.2 适应性需求

定义发展、扩展、容量和收缩的需求。例如，如果该系统需要未来的网络带宽，相应的硬件应指定额外的卡槽，以适应新的网卡。

3.8 环境条件

包括系统所可能遇到的环境条件。应考虑以下几个方面：

a）自然环境（例如：风、雨、温度、植物、动物、真菌、霉菌、沙子、盐雾、灰尘、辐射、化学和浸泡）；

b）诱导环境（例如：运动、冲击、噪声、电磁、热）；

c）电磁信号环境；

d）自诱导环境（例如：运动、冲击、噪声、电磁、热）；

e）威胁；

f）合作环境；

g）法律/法规、政治、经济、社会和商业环境。

3.9 系统安保需求

定义系统的安保需求，涉及容纳系统的设施和系统本身运行两方面的安保需求。安保需求的一个例子是描述保密和隐私需求，包括对系统的访问限制，如登录程序日志和密码，以及数据保护和恢复方法。这包括：保护系统的意外或恶意访问、使用、修改、破坏，或泄露。特别是在高安全性嵌入式系统，要包括分布式日志或数据集历史，分配到不同的单一系统的某些功能，或在某些系统区域之间的通信限制等。

3.10 信息管理需求

定义由系统接收、产生以及输出信息的管理方面的需求。例如，系统所需接收和存储的信息的类型和数量，系统所处理的信息的所有权或其他保护，以及对信息的备份和归档需求。

3.11 政策与法规需求

详细描述任何会影响系统运行和性能的相关组织政策，以及任何相关的外部监管需求，或由正常商业行为所施加的约束。例如，多语言支持，劳工政策，人员信息保护，向监管机构报告。

详细描述健康和安全标准，包括系统的设计、设备的特点、操作方法和环境的影响，如有毒系统和电磁辐射。

3.12 系统生存周期支持需求

概述质量活动，如评审、测量收集和分析，以帮助实现质量体系。生存周期支持还包括提供所需设施，提供运行级别和场站级别的支持、备件、采购与供应、补给、技术文档和数据，支持人员培训、初始干部培训和初始承包商后勤支持。

3.13 包装、处理、装载和运输需求

定义施加在系统上以确保系统在其预期的运行环境中可以被包装、处理、装载与运输的需求。

4 验证

提供计划的验证途径和方法以证明系统或系统元素合格。验证信息项推荐采用并行方式与第3章内容对应描述。

5 附录

5.1 假设和依赖

列出任何适用于系统需求的假设和依赖关系，这些假设和依赖应在更低层系统需求的分配和派生中加以考虑。

5.2 缩写与缩略语